BAKTERIOLOGISCHE GRUNDLAGEN DER CHEMOTHERAPEUTISCHEN LABORATORIUMSPRAXIS

VON

P. KLEIN

DR. MED. · DOZENT FÜR HYGIENE UND MIKROBIOLOGIE
AN DER MEDIZINISCHEN AKADEMIE DÜSSELDORF

MIT 52 ABBILDUNGEN

SPRINGER-VERLAG
BERLIN · GÖTTINGEN · HEIDELBERG
1957

ISBN 978-3-642-49094-1   ISBN 978-3-642-85721-8 (eBook)
DOI 10.1007/978-3-642-85721-8

Herr Prof. KIKUTH, in dessen Institut die hier mitgeteilten Erfahrungen gewonnen worden sind, hat die Bearbeitung aller einschlägigen Fragen besonders großzügig gefördert. Der Dank für dieses Patronat kann nicht besser zum Ausdruck gebracht werden als durch Zueignung dieses Buches an Prof. KIKUTH aus Anlaß seines 60. Geburtstages.

Düsseldorf, den 1. September 1956   P. KLEIN

Diese Ausgangspunkte sind es, die uns bewogen haben, auf eine Beschreibung der zahllosen Modifikationen, die es von jedem Verfahren gibt, zu verzichten. An Stelle einer Sammlung aller möglichen, technisch ausführbaren Methoden haben wir versucht, das Grundgerüst des mikrobiologisch-chemotherapeutischen Experimentes, soweit dieses klinischen Fragen dient, herauszuarbeiten und dem Verständnis näherzubringen. Dabei sind die praktisch wichtigen Verfahren so ausführlich dargestellt, daß sie nach dem Text des Buches ohne weiteres aufgebaut werden können. Die diesbezüglichen Angaben sollen aber mehr als Beispiele für die Anwendung der erläuterten allgemeinen Grundsätze dienen und brauchen keineswegs in allen Einzelheiten als unverrückbarer Codex angesehen werden. Ein tieferes Verständnis der Grundprinzipien wird den Laboratoriumsarbeiter ohnehin zu eigener Kritik und damit zur weitgehenden Emanzipation von mehr oder weniger willkürlich festgelegten technischen Daten bringen. Das Gewicht der Darstellung liegt dementsprechend nicht so sehr auf den Arbeitsvorschriften als vielmehr auf ihrer Begründung und Herleitung aus allgemeinen Grundsätzen. Daß wir über den rein bakteriologisch-technischen Rahmen hinaus versucht haben, gewisse Probleme der Klinik von unserem Standpunkt aus zu beleuchten, wird uns — so hoffen wir — kein Leser verübeln. Die Tätigkeit des Bakteriologen kann sich nur in engster Verflechtung mit der Beurteilung des Patienten ergeben und nicht mit der des gezüchteten Erregerstammes! Wir haben besonders beim Kapitel der Sensibilitätsbestimmung versucht, diesem Grundsatz zu folgen.

Bei der Auswahl des Gebotenen war für uns in erster Linie die eigene Erfahrung maßgebend. Daneben haben wir uns aber doch bemüht, dem Leser den Zugang zu der umfangreichen Literatur zu erleichtern. Neben wichtigen Einzelarbeiten enthält das Literaturverzeichnis eine Reihe zusammenfassender Darstellungen. Für das Nachschlagen von ganz speziellen Fragen, empfehlen wir insbesondere das hervorragende Werk von GROVE und RANDALL. Eine annähernd vollständige und ausführliche Berücksichtigung der Literatur bis 1949 findet sich im Standardwerk der Oxforder Autoren.

Die besonderen Verhältnisse der chemotherapeutischen Untersuchung für Tuberkulose konnten im Rahmen dieses Buches nicht berücksichtigt werden. Das dadurch entstehende Manko ist aber sicherlich nicht sehr bedeutsam, denn gerade auf diesem Gebiet haben sich einheitliche und rationelle Verfahren viel früher und erfolgreicher durchgesetzt als bei den bakteriellen Infektionen. Wir verweisen hier vor allem auf die Richtlinien des „Deutschen Zentralkomitees zur Bekämpfung der Tuberkulose".

Bei der Abfassung dieser Darstellung hat der Autor von zahlreichen Seiten Anregung und Hilfe erfahren. Als besonders wertvoll hat sich dabei die rege Anteilnahme der wissenschaftlichen Leitung der Farbenfabriken Bayer A.-G., Leverkusen, erwiesen. Hier danke ich besonders Herrn Dr. ROLF BUNGE für viele fruchtbare Diskussionen. Im Hinblick auf die notwendige Verflechtung der Darstellung mit klinischen Problemen hat uns Herr Dr. HENGEL, Medizinische Klinik Heidelberg, vielseitige Hilfe geleistet. Ihm schulde ich ebenso Dank wie Frl. E. HOLLENDER, auf deren weitgehend selbständiger Laboratoriumsarbeit der größte Teil der niedergelegten Ergebnisse beruht. Nicht zuletzt soll Herrn Dr. FERDINAND SPRINGER für sein verständnisvolles Eingehen auf alle Wünsche des Autors und die schöne Ausstattung gedankt werden.

Vorwort

Das hier vorgelegte Buch wendet sich in erster Linie an den praktisch tätigen Bakteriologen des Krankenhauslaboratoriums und des Untersuchungsamtes. Darüber hinaus soll aber auch das Interesse des Arztes für die Grundlagen und Voraussetzungen seiner chemotherapeutischen Arbeit geweckt und vertieft werden.

Für die Gestaltung der einzelnen Kapitel waren Erfahrungen maßgebend, die wir in Diskussionen mit den behandelnden Ärzten sowie bei der Unterweisung von Laboratoriumsbesuchern, Studenten und technischen Assistentinnen sammeln konnten. Wir haben im Umgang mit unseren Gästen immer wieder festgestellt, daß in vielen Laboratorien die Tendenz besteht, irgend eine der publizierten Methoden mechanisch nachzuarbeiten und sich dabei ängstlich an jede, auch die nebensächlichste Angabe des Autors zu klammern, als hinge das Gelingen des Versuchs allein hiervon ab. Nun fördert ohne Zweifel das Studium der Literatur solche Neigungen. Die meisten Arbeiten beschränken sich ja tatsächlich auf die Wiedergabe von Arbeitsvorschriften. Der Unerfahrene ist meistens nicht in der Lage, von sich aus zu beurteilen, welche der angegebenen Versuchsbedingungen für das Gelingen unerläßlich sind und welche getrost geändert werden können. Es bleibt dann nichts anderes übrig, als den Test in allen Einzelheiten zu kopieren. Nun bringt aber das buchstabengetreue Nacharbeiten von Methoden stets Unannehmlichkeiten mit sich. Jedes Institut hat ja seinen besonderen Zuschnitt im Hinblick auf Nährböden, Glaswaren usw. und dies „Klima" kann erfahrungsgemäß nicht ohne komplizierte Neubeschaffungen, Nachbestellungen u. ä. geändert werden. Die Schwierigkeiten, die sich hieraus ergeben, sind geeignet, manchen Anfänger zu entmutigen. — Auf der anderen Seite ist zu beobachten, daß sich das Interesse an der chemotherapeutischen Mikrobiologie auch beim Erfahrenen vielfach auf technische Einzelheiten, auf die reine Laboratoriumsroutine, beschränkt; minutiöse Arbeitsanweisungen werden besonders begrüßt. Bei diesem Wunsch „nach Rezept" zu arbeiten, wird oft vergessen, daß für das Zustandekommen der biologischen Phänomene, die im Reagenzglasversuch beurteilt werden sollen, ein kompliziertes Zusammenwirken zahlreicher Experimentalfaktoren Voraussetzung ist. Eine wissenschaftlich fundierte, kritische Beurteilung von mikrobiologischen Befunden kann aber nur dann erfolgen, wenn über die Art und Weise, wie diese Befunde zustandekommen, prinzipiell Klarheit besteht. Diese Forderung gilt nicht nur für den Bakteriologen, dem in der täglichen Arbeit der chemotherapeutische Versuch zum Schema zu erstarren droht, sondern auch für den Kliniker, der aus dem bakteriologischen Test unter Zuhilfenahme pharmakodynamischer Daten sein therapeutisches Vorgehen ableiten soll. Hinzu kommt die Tatsache, daß die Erzeuger von Chemotherapeutica zum Zwecke der Werbung häufig mit in-vitro-Versuchen argumentieren. Eine kritische Urteilsbildung ist für den solcherart angesprochenen Arzt ohne ein tieferes Verständnis der mikrobiologischen Grundlagen kaum möglich.

Inhaltsverzeichnis

Berichtigung

Seite 102, 2. Absatz und Seite 125, 3. Absatz
„Penicillin K" statt „Penicillin X".

I. Einleitung. Bedeutung und Stellung der mikrobiologischen Betrachtungsweise im Entwicklungsgang der Chemotherapie

Als Chemotherapie bezeichnen wir die Lehre von der Behandlung der Infektionskrankheiten mit relativ niedermolekularen Stoffen, welche, direkt und selektiv an dem Parasiten angreifend, die in den infizierten Organismus eingedrungenen Erreger schädigen. Durch diese Merkmale wird die Chemotherapie von den Behandlungsprinzipien abgegrenzt, welche eine Stärkung der spezifischen oder unspezifischen Abwehrkräfte des Wirtsorganismus erstreben, wie die Therapie mit Heilserum, Vaccine, unspezifischen Reizkörpern, Vitaminen und Hormonen. Die chemische Struktur und die Herkunft der Chemotherapeutica sind sehr verschiedenartig. Ein Teil stammt aus den Laboratorien der organischen Chemie (Chemotherapeutica im engeren Sinne), wie z. B. die Sulfonamide oder das Isoniazid; ein anderer Teil ist das Produkt gewisser Pflanzen, vor allem von niederen Pilzen und Bakterien. Diese in der belebten Natur aufgefundenen Stoffe werden als Antibiotica bezeichnet. Eine scharfe Trennungslinie zwischen Chemotherapeutica im engeren Sinne und den Antibiotica ist heute nicht mehr zu ziehen, da von den meisten Antibiotica die Struktur bekannt und die Synthese gelungen ist; so ist z. B. bei dem Chloramphenicol seine großtechnische Synthese als „Chemotherapeuticum" sogar besonders wirtschaftlich im Vergleich zu der biologischen Produktion durch den Pilz als „Antibioticum". Man pflegt heute unter dem Begriff „Chemotherapeuticum" sowohl die synthetisch hergestellten Körper als auch die Naturstoffe zusammenzufassen. Der auf eine Formulierung von WAKSMAN zurückgehende Begriff des Antibioticums wird damit dem von EHRLICH inaugurierten Begriff „Chemotherapeuticum" subsumiert. Dieser letztere hat sich in letzter Zeit noch ausgeweitet: Nicht nur durch die Entdeckung der Naturstoffe, sondern auch dadurch, daß versucht wird, eine Chemotherapie der nicht infektiösen Erkrankungen, nämlich der Tumoren zu begründen. Außerdem kennen wir eine Reihe von Antibiotica, für die das erwähnte Kriterium des niedrigen Molekulargewichtes nicht mehr in der strengen Form zutrifft, wie dies z. Z. der ersten Begriffsbildung der Fall war.

Die Wirkung der chemotherapeutischen Körper gegenüber den parasitären Mikroorganismen manifestiert sich als eine Stoffwechselstörung der Erregerzelle; diese kann zu einer Verlangsamung der Keimvermehrung führen und in völligen Wachstumsstillstand oder sogar in einen Absterbevorgang ausgehen. Um Keimschädigungen dieser Art zu erzielen, ist es notwendig, die Erreger über eine genügend lange Zeit einer wirksamen Konzentration des Chemotherapeuticums auszusetzen. Alle Maßnahmen der klinischen Anwendung laufen demzufolge darauf hinaus, an den Orten des Organismus, wo sich Krankheitserreger befinden, eine antimikrobiell wirksame Konzentration des verabreichten Chemotherapeuticums zu erzeugen und zu unterhalten. Da die verschiedenen Erregerarten und -stämme gegenüber der schädigenden Wirkung zahlreicher Chemotherapeutica eine sehr unterschiedliche Empfindlichkeit aufweisen, hängt der Behandlungserfolg zum großen Teil davon ab, daß bei dem Kranken das „richtige", „optimale" Medikament ausgewählt wird. Wir verlangen von einem solchen zunächst gewisse pharmakodynamische Eigenschaften: Nach Verabreichung soll die aktive Substanz am Krankheitsherd in hohen Konzentrationen möglichst lange verweilen, ohne daß es zu toxischen Erscheinungen kommt; daneben sollen ihre antimikrobiellen Eigenschaften die Gewähr dafür bieten, daß die im Gewebe erzeugte Konzentration einen maximalen Schädigungseffekt gegenüber der Erregerpopulation zur Folge hat.

Es leuchtet ein, daß es für den behandelnden Arzt von höchster Wichtigkeit ist, bei jedem in Betracht kommenden Chemotherapeuticum die beiden Hauptelemente der klinischen Wirksamkeit zu kennen: Sowohl die zu erwartende Organkonzentration als auch die Empfindlichkeit des jeweiligen Erregers gegenüber der Arzneimittelwirkung müssen im Einzelfall veranschlagt werden. Eine Bewertung dieser Größen kann heute auf Grund geeigneter Experimente in Form einer quantitativen Aussage bei den meisten Stoffen erfolgen. Dieses Buch beschäftigt sich mit den Prinzipien und der Ausführung solcher Verfahren, welche die Bestimmung der Organkonzentration einerseits und die der Erregerempfindlichkeit andererseits mit den Hilfsmitteln der Bakteriologie ermöglichen.

Der Gedanke, den gemeinschaftlichen Nenner aller chemotherapeutischen Wirkungen in der direkten Schädigung der Parasitenzelle zu suchen, ist in Form einer Arbeitshypothese zwar sehr früh aufgetaucht. Es hat aber einer Entwicklung von mehr als vier Jahrzehnten bedurft, um daraus ein in sich geschlossenes, experimentell fundiertes Gebäude zu errichten, wie es heute vor uns steht. Diesen Vorgang zu verfolgen, ist nicht allein historisch interessant; manche der Fragen, die uns im folgenden beschäftigen, sind erschöpfend erst dann zu beantworten, wenn man sich den Entwicklungsgang der mikrobiologischen Vorstellungen in der Chemotherapie vergegenwärtigt.

Die erfolgreiche Anwendung des Quecksilbers gegen Syphilis und die Ipecacuanhatherapie gegen Ruhr sind Beispiele dafür, daß es schon lange vor der bakteriologischen Ära auf rein intuitiv-empirischem Weg gelungen ist, Substanzen von hoher chemotherapeutischer Wirksamkeit aufzufinden. Ein Kennzeichen dieser Entdeckungen ist das Element der Zufälligkeit, d. h. das Fehlen jeder vorausgegangenen systematischen Suche. Das bleibende Verdienst PAUL EHRLICHS ist es, an die Stelle dieser blinden Empirie die „gezielte" systematische Untersuchung zahlreicher Stoffklassen gesetzt zu haben. Er und UHLENHUTH hatten erkannt, welch entscheidende Bedeutung dem experimentellen Modell der Krankheit in Gestalt des Tierversuches zukommt: Es dient als Prüfobjekt, um die therapeutische Eignung der zu untersuchenden Substanzen zu erproben. Seither figuriert der Tierversuch als das Sieb, welches den Forscher befähigt, aus der Unzahl chemischer Klassen und Körper die wirksamen Verbindungen herauszulesen.

Wenn auch in der chemotherapeutischen Forschung der Frühzeit das Probieren stets über Studieren gegangen ist, so hat sich doch angesichts der Fülle von unbekannten Möglichkeiten die Notwendigkeit ergeben, gewisse Vorstellungen darüber zu entwickeln, wie man sich den kurativen Effekt eines Chemotherapeuticums im Tierkörper nun eigentlich vorzustellen habe, welche Eigenschaften eine chemotherapeutisch brauchbare Substanz mithin besitzen müsse. Das Resultat dieser Überlegungen ist ein System von Postulaten und Hypothesen, die als „chemotherapeutisches credo" dieser Zeit gelten können; dieses hat in anschaulich-prägnanten Sätzen und Formeln durch EHRLICH eine Art Kodifikation erfahren. Die theoretischen Vorstellungen EHRLICHs waren zwar auf spekulativem Wege gewonnen worden und hatten auch keinen unmittelbaren Einfluß auf die Gestaltung und Bewertung der eigentlichen Experimente; sie entschieden aber oft schon vor Beginn der experimentellen Prüfarbeit darüber, in welcher Stoffklasse der Untersucher Erfolgschancen vermutete und damit letzten Endes doch auch über den Erfolg.

In der theoretischen Betrachtungsweise EHRLICHs erscheint erstmalig der Gedanke von der Schädigung der Parasitenzelle durch das Chemotherapeuticum. Bei Untersuchungen über die selektive Farbaufnahme bestimmter Zellelemente bei der histologischen Präparation folgerte EHRLICH, daß es zwischen dem biologischen Substrat und den verwendeten Farbstoffen ganz bestimmte und charakteristische Grade der Affinität geben müsse. Über diese entscheide die chemische Struktur des Farbstoffes ebenso wie die des in Frage stehenden Zellbausteins. Die Vereinigung von Farbe und Substrat erfolge durch besonders reaktionsfähige chemische Gruppen, die als „Rezeptoren" bezeichnet wurden. Im weiteren Ausbau und in der Übertragung dieser Idee auf chemotherapeutische Probleme stellte EHRLICH die Forderung auf, daß ein ideales Chemotherapeuticum eine maximale Affinität (Bindungsbereitschaft) zum Krankheitserreger und eine minimale Affinität zu den Zellen des erkrankten Organismus haben solle. EHRLICH strebte eine Kombination von hoher „Parasitotropie" und niederer „Organotropie" an. Das Verhältnis dieser beiden Größen diente als Maßstab für die chemotherapeutische Brauchbarkeit (chemotherapeutischer Index).

Über das Schicksal der Parasitenzelle nach der Bindung des wirksamen Stoffes konnte es zu der Zeit EHRLICHs eigentlich kaum Meinungsverschiedenheiten geben. Man rechnete mit der Abtötung des Parasiten nach Bindung des Chemotherapeuticums. Es ist wichtig zu vermerken, daß in der Theorie EHRLICHs die Frage der Einwirkungs*dauer* des Chemotherapeuticums überhaupt nicht berührt wurde. Aus seinen Aussagen ist indessen zu entnehmen, daß er sich die Bindung der parasitotropen Substanz als eine sehr schnell beendete Reaktion vorstellte, die bei genügend hoher Dosis quantitativ verlaufen, d. h. zu einer augenblicklich erfolgenden Abtötung der gesamten Erregerpopulation führen sollte. Diese Vorstellungen über den Verlauf der Abtötung durch das Chemotherapeuticum stützen sich offensichtlich auf die im Prinzip schon damals bekannte Wirkungsweise der Desinfektionsmittel. In diesem Sinne ist mit dem Wort von der „Magna therapia sterilisans" eine direkte, ohne die Mithilfe des Körpers erfolgende Abtötung der Parasiten im Wirtskörper gemeint, die in Analogie zu dem Abtötungsvorgang bei der Desinfektion äußerst rasch verlaufen sollte. EHRLICH erhoffte anfänglich vom Salvarsan, daß die Heilung der Syphilis schlagartig durch eine einzige Injektion erfolge. Die Tatsache, daß beim Menschen die Gesamtdosis auf mehrere Injektionskuren verteilt werden mußte, ist nicht darauf zurückzuführen, daß die grundsätzliche Wichtigkeit der Einwirkungs*dauer* auf den Parasiten als entscheidender Parameter der Wirkung erkannt worden wäre; es ist diese Anwendungsform vielmehr von der Giftigkeit der Arsenpräparate erzwungen worden.

Die ersten Formulierungen der EHRLICHschen Auffassung über die mikrobiologischen Grundlagen der im Tierexperiment beobachteten Wirkungen mußten zunächst reine Mutmaßungen bleiben, da gerade die Erreger der bisher erfolgreich angegangenen Infektionen, nämlich die Trypanosomen und Spirochäten bei ihrer Züchtung außerhalb des Tierkörpers große Schwierigkeiten boten. 1907 zeigte aber UHLENHUTH, daß zwei im Tierversuch gegen Trypanosomen erfolgreich verwendete Stoffe, das Trypanrot und das Atoxyl im Reagenzglas auf Trypanosomen keinerlei Wirkung ausüben. EHRLICH antwortete hierauf zwei Jahre später mit der Feststellung, daß dreiwertige Arsenpräparate sehr wohl einen abtötenden Effekt im Reagenzglas zeigen und folgerte, das fünfwertige Arsen des Atoxyl werde im Wirtsorganismus in dreiwertiges Arsen reduziert und entfalte damit erst die antiparasitäre Wirkung. Die gleiche Ansicht war kurz vorher von LEVADITI vertreten worden. Wir wissen inzwischen, daß diese Deutung nicht nur für den Fall der fünfwertigen Arsenpräparate richtig ist; man hat seither auch andere Stoffe kennengelernt, die als mikrobiologisch inaktive Vorstufen der eigentlich wirksamen Körper verabreicht werden und aus denen im Stoffwechsel des Wirtsorganismus die antimikrobiellen Stoffe erst sekundär entstehen, wie z. B. beim Prontosil.

Die Erkenntnis, daß es zur chemotherapeutischen Aktivierung gewisser Stoffe der Mitwirkung des Wirtsorganismus bedarf, bedeutet die erste Einschränkung der ursprünglichen Theorie EHRLICHs. Aus ihr entwickelte sich als Gegengewicht zu der Lehre von der direkten Einwirkung der Chemotherapeutica auf die Parasiten ein Hypothesensystem, welches eine Auswirkung chemisch-antibakterieller Wirkungen im infizierten Tierkörper überhaupt leugnete und die chemotherapeutische Heilung als das Resultat einer erfolgreichen Aktivierung der körpereigenen Immunitätskräfte durch das Chemotherapeuticum ansah. Hauptvertreter dieser Auffassung waren in Deutschland UHLENHUTH und in Frankreich LEVADITI. Der Gegensatz ihrer Anschauungen zur EHRLICHschen Lehre hat nicht lange gedauert. EHRLICH selbst machte die ersten Konzessionen, als er erklärte, daß ein Chemotherapeuticum nur dann seinen maximalen Effekt entfalten könne, wenn es auf der Höhe der Erkrankung angewendet, einen „ictus immunisatorius" produziere. Nach EHRLICHs Tod fand sich kein Anhänger, der die Lehre von der Parasitotropie in ihrer ursprünglichen Entschiedenheit und Strenge verfochten hätte. Die Anschauungen UHLENHUTHs und LEVADITIs hatten demgegenüber an Boden gewonnen. Viele Autoren versuchten, sie mit den EHRLICHschen Ideen zu vereinigen. Hierbei konnte naturgemäß nicht immer folgerichtig verfahren werden. Den notwendigerweise auftretenden inneren Widersprüchen wurde indessen keine große Beachtung geschenkt, weil schlüssige Experimentalbelege für keine der beiden Ansichten beizubringen waren und der Schwerpunkt der eigentlichen Forschungsarbeit ja doch auf dem Gebiet der tierexperimentellen Empirie lag. So hat z. B. noch DOMAGK im Jahre 1932 in seiner berühmten Mitteilung über die Wirkung des Prontosils bei der streptokokkeninfizierten Maus besonders betont, daß das Präparat in vitro keinerlei Wirkung zeige und eben diesen Befund zum Anlaß genommen, dem Prontosil die Eigenschaften eines „echten Chemotherapeuticums" zuzuerkennen, welches nur im Tierkörper, nicht aber im Reagenzglas wirke. Andererseits war der theoretische Ausgangspunkt für die Prüfung der sulfonierten Azofarbstoffe und damit auch des Prontosil gerade deren bekannt hohe und selektive Affinität zu organischem Material gewesen, also ein Gesichtspunkt, der unzweifelhaft den Stempel EHRLICHs trägt. Einige Jahre später hat LEVADITI sogar die Ansicht ausgesprochen, das Prontosil wirke über eine Steigerung der Phagocytose.

Mit dem Vordringen der Lehre von der indirekten, über die Abwehrkräfte des Tierkörpers erfolgenden Wirkung der Chemotherapeutica veränderte sich auch die Stellung des Tierversuchs und wurde schließlich zur Prinzipienfrage erhoben. Wir dürfen wohl annehmen, daß der Entschluß EHRLICHs, am infizierten Tier zu arbeiten, in erster Linie technisch begründet war, da ein anderer „Nährboden" als das Tier für Trypanosomen eben nicht zur Verfügung stand. Die späteren Autoren, auf welche die Lehre von UHLENHUTH und LEVADITI stärker gewirkt hat, haben den Tierversuch naturgemäß auch da als einziges Forschungsmittel betrachten müssen, wo die Züchtung der Erreger im Reagenzglas mit Leichtigkeit möglich war. Damit hat die chemotherapeutische Theorie, die z. Z. EHRLICHs ohne Zusammenhang mit Fragen der eigentlichen Untersuchungstechnik mehr akademisch-interpretierend diskutiert worden ist, plötzlich einen entscheidenden Einfluß auf die praktische Gestaltung des chemotherapeutischen Suchinstruments selbst bekommen: Während EHRLICH mangels einer Alternative notwendigerweise den Tierversuch verwenden *mußte*, hat sich DOMAGK, dem für die Prüfung an Streptokokken ja auch der Reagenzglastest zur Verfügung gestanden hätte, aus grundsätzlichen Erwägungen heraus bewußt für den Tierversuch entschieden. Man kann sagen, daß ohne diese Entscheidung das Prontosil und damit die Sulfonamidtherapie wohl schwerlich entdeckt worden wäre, wenn heute auch andere Gründe dafür als maßgeblich angesehen werden müssen als die generelle Richtigkeit der Thesen UHLENHUTHs.

Die Entdeckung des Prontosils schien einen Höhepunkt und einen glänzenden Beweis für die Richtigkeit derjenigen Theorie zu bedeuten, welche die antiparasitäre Wirkung des Chemotherapeuticums als unwichtig betrachtete und im chemotherapeutischen Effekt lediglich eine auf medikamentösem Weg erzielte Stärkung der organismischen Abwehrleistung sehen wollte. In Wirklichkeit aber ist das Prontosil gerade zum Ausgangspunkt für eine großartige Entwicklung unserer Kenntnis vom Wesen der *antibakteriellen Wirkung* bei der Chemotherapie geworden und hat die Lehre vom Stoffwechsel und vom Wachstum der Mikroorganismen weit über den Rahmen der Chemotherapie hinaus in ungeahnter Weise befruchtet.

Das Prontosil erwies sich im Reagenzglas gegenüber Streptokokken als wirkungslos, bis TREFOUEL, NITTI und BOVET zeigten, daß der Träger der eigentlichen chemotherapeutischen Wirkung ein im Organismus entstehendes Reduktionsprodukt des roten Prontosil, das weiße Sulfanilamid ist. Damit war erwiesen, daß die Azogruppe für die chemotherapeutische Wirkung belanglos, hingegen die Sulfonamidgruppe unentbehrlich ist. Für das Sulfanilamid konnte nun gezeigt werden, daß es auch im Reagenzglas antibakteriell wirkt, wenn auch nur unter Einhaltung besonderer Versuchsbedingungen. Die später erfolgende Entdeckung WOODs, daß die Wirkung der Sulfonamide durch die p-Aminobenzoesäure aufgehoben werden kann, hat zum ersten Male gezeigt, daß es bei der antibakteriellen Wirkung chemotherapeutischer Stoffe nicht nur eine Alternative zwischen gänzlicher Wirkungslosigkeit und Abtötung gibt, sondern auch Schädigungsformen, die man vorher nicht kannte. Man lernte die reversible Wachstumsbehinderung (Bacteriostase) als mikrobiologische Grundlage für den kurativen Effekt der Sulfonamide kennen.

Die Entdeckung der Antagonisten der Sulfonamidwirkung hatte aber nicht nur für die Formulierung des neuartigen Begriffs „Bacteriostase" Bedeutung. Es konnte darüber hinaus gezeigt werden, daß der wichtigste Sulfonamid-Antagonist, die p-Aminobenzoesäure im Stoffwechsel zahlreicher Mikroorganismen eine wichtige Rolle spielt. Man folgerte daraus, daß bei der Sulfonamidvergiftung der Bakterienzelle die p-Aminobenzoesäure durch das strukturähnliche Sulfonamid aus der Bindung zu einem hypothethischen Ferment „verdrängt" werde; die dadurch entstehende Stoffwechselblockade führe zum Wachstumstillstand. Diese in Vorstellungen der Fermentchemie wurzelnden Ideen führten FILDES 1940 dazu, ein rein mikrobiologisch begründetes System chemotherapeutischer Postulate zu entwerfen. Hierbei forderte er, weitere lebenswichtige Stoffwechselfaktoren in der Bakterienzelle aufzufinden, ihre Struktur aufzuklären und dann zu versuchen, sie mit ähnlich strukturierten „Vettern" aus dem Stoffwechsel der Bakterienzelle zu verdrängen. In der Tat hat sich mit einer ganzen Reihe solcherart entwickelter Körper im Reagenzglas ein Wachstumsstillstand erzielen lassen. Die unter diesen theoretischen Auspizien unternommenen Versuche haben aber nur ein einziges Präparat ergeben, welches im Tierkörper einen chemotherapeutischen Effekt erzielt: Die antituberkulöse p-Aminosalicylsäure. Alle übrigen in vitro wirksamen Präparate erwiesen sich in vivo als unbrauchbar. Die Theorie von FILDES hat aber trotz mancher Enttäuschung das unbestreitbare Verdienst, die Aufmerksamkeit wieder auf die Tatsache gelenkt zu haben, daß die Chemotherapie dem Wesen nach mit einer antibakteriellen Wirkung verbunden ist. Als Ausgangspunkt für die Suche nach wirksamen Substanzen haben die Forderungen von FILDES an Bedeutung verloren. In der Entwicklung der Biochemie stellen sie aber einen Markstein dar.

Die von FLEMING 1929 entdeckte antibakterielle Wirksamkeit des Penicillins hat 11 Jahre später durch FLOREY und CHAIN zu der Anwendung dieses Stoffes im Tierexperiment und dann auch beim Menschen geführt. Die wichtigsten Einzelheiten dieser Entwicklung dürfen als bekannt vorausgesetzt werden. Im Hinblick auf das Thema unserer Betrachtung ist es besonders wichtig, daran zu erinnern, daß das Penicillin von Anfang an eine Entdeckung der Reagenzglasbakteriologie war. Als Hilfsmittel bei seiner Reinigung sind durch die Oxforder Forscher rein mikrobiologische Prüfmethoden ausgearbeitet und verwendet worden. Mit diesen konnte die antibakterielle Wirksamkeit der verschiedenen Präparate und Chargen schnell und sicher beurteilt werden. Die englischen Autoren zweifelten offenbar keinen Augenblick daran, daß der chemotherapeutische Erfolg des Penicillins im Tierversuch gleichbedeutend mit seiner antibakteriellen Wirkung sei. Sie sind in dieser Hinsicht sicherlich von theoretischen Vorstellungen, wie sie kurz vorher von UHLENHUTH und LEVADITI geäußert worden waren, gänzlich unbelastet geblieben. Der zweite große Abschnitt in der Entwicklung der Antibiotica begann, als WAKSMAN mit der systematischen Durchforschung der Bodenpilze begann. Hierbei wurde wiederum primär nicht nach *chemotherapeutischen Stoffen* im Sinne des Tierexperiments gefahndet, sondern nach *antibakteriellen Effekten* im Sinne des Reagenzglasversuchs. Es zeigte sich dann auch, daß nur sehr wenige der aufgefundenen antibakteriell aktiven Stoffe im Tierkörper chemotherapeutisch wirken. Abgesehen von der Giftigkeit dem Wirt gegenüber, lernte man eine ganze Reihe weiterer Eigenschaften kennen, welche eine Substanz außer ihrer antibakteriellen Wirksamkeit noch besitzen muß, um im Tierkörper und beim Menschen verwendbar zu sein. Das Fazit lautet, daß zwar nicht jede antibakterielle Substanz Infektionskrankheiten heilen kann, daß aber die antibakterielle Wirkung als Vorbedingung und Basis für die eigentliche therapeutische Wirkung unerläßlich ist.

Im Zuge des Ausbaues der Antibiotica-Therapie sind nicht nur die Erkenntnisse als bahnbrechend anzusehen, die man im Hinblick auf das Vorkommen, die Auffindung, Reinigung und Produktion der neuen Nährstoffe sammelte. In stetem Zusammenhang mit den klinischen Erfahrungen wurde daneben Schritt für Schritt das Verhalten der neuen Stoffe im Organismus geklärt, also die Toxicität, Verweildauer, Ausscheidung, Inaktivierung und Konzentration in den einzelnen Organen. Mit dem Ausbau der begrifflichen Grundlagen für diese Entwicklung ist bereits z. Z. der Sulfonamidtherapie und teilweise schon vorher begonnen worden. Wir erwähnten bereits, daß das Element der *Einwirkungszeit* in der chemotherapeutischen Betrachtung EHRLICHs ebensowenig eine Rolle spielte, wie der Begriff der Mindestkonzentration im Hinblick auf die antibakterielle Wirkung. Dementsprechend erfolgte die klinische Anwendung der ersten Chemotherapeutica ausschließlich nach Gesichtspunkten der ärztlichen Empirie. So ist z. B. die Dosierung des Salvarsans ebenso wie die Frage der Kurdauer Gegenstand zahlreicher Diskussionen gewesen, ohne daß für die Fixierung der optimalen Dosis ein anderes Orientierungsmittel zur Verfügung gestanden hätte als schwer vergleichbare und vieldeutige Heilungsstatistiken. Erst im Verlauf der Untersuchungen über den antibakteriellen Sulfonamideffekt wurde es klar, daß die Keimschädigung und damit die kurative Wirkung eine Funktion bestimmter Experimentalgrößen ist, nämlich der Konzentration des Chemotherapeuticums, der Empfindlichkeit der Erregerpopulation u. a. m. Es ist das Verdienst von MARSHALL, gezeigt zu haben, daß die ersten Vorstellungen, die man über die antibakterielle Natur der chemotherapeutischen Sulfonamidwirkung entwickelt hatte, auf den Vorgang der chemotherapeutischen Wirkung beim Menschen übertragen werden konnten. MARSHALL konnte zeigen, daß beim gleichen Erreger der klinisch-therapeutische Erfolg im wesentlichen von der im Gewebe vorhandenen Konzentration abhängt, und daß diese wiederum mit der Dosis und der Verabreichungsform in Beziehung steht. Damit ist die klinische Pharmakologie der Sulfonamide begründet worden. Es setzte sich damit auch in der Klinik endgültig die Erkenntnis durch, daß die Ursache der chemotherapeutischen Wirkung der antibakterielle Effekt ist. Man lernte überdies verstehen, daß der therapeutische Erfolg eines Stoffes, dessen antibakterielle Wirkung in vitro nachweisbar ist, im Tierkörper nicht von unerforschlichen „Vitalfaktoren" abhängt, sondern von relativ einfachen, analysierbaren Gesetzmäßigkeiten pharmakodynamischer Art. Das Studium der Pharmakodynamik der einzelnen Stoffe und ihrer Auswirkung auf den chemotherapeutischen Erfolg ist bei den Antibiotica besonders verfeinert worden und kann heute als ein Grundpfeiler der klinischen Prüfung gelten. Hierbei werden die Bestimmungen der Konzentration durchweg auf Grund der antibakteriellen Aktivität, also mikrobiologisch vorgenommen.

Besondere Bedeutung kommt der Tatsache zu, daß in der Entwicklungsarbeit der Antibiotica — im Gegensatz zu den Sulfonamiden — mikrobiologische Methoden des Wirksamkeitsnachweises im Vordergrund gestanden haben. Dies hat im Verein mit den Kenntnissen über die in vivo erzielbaren Konzentrationen zu bakteriologisch formulierbaren Aussagen über die chemotherapeutische Ansprechbarkeit der einzelnen Erreger geführt. Es zeigte sich bei der Ermittlung der bakteriologisch wirksamen Mindestkonzentration für eine große Zahl von Keimen, daß die in vitro beurteilte Empfindlichkeit grundsätzlich parallel mit dem klinischen Erfolg der entsprechenden Therapie läuft. Ein Ergebnis dieser klinisch-bakteriologischen Untersuchungen sind die Begriffe „Sensibilität" und „Resistenz". Sie dienen heute als Grundlage für die bakteriologisch fundierte Indikation: Die Auffindung von zahlreichen Antibiotica hat es notwendig gemacht, für den gezüchteten Erreger des einzelnen Krankheitsfalles den wirksamsten der zur Auswahl stehenden Körper zu ermitteln. Hierbei haben sich bakteriologische Methoden in hohem Maße durchgesetzt und die „Sensibilitätsbestimmung" im Reagenzglas ist heute bei Berücksichtigung der komplizierenden Faktoren und der Pharmakodynamik der einzelnen Stoffe von größter Bedeutung für die schnelle Einleitung der optimalen Therapie.

Überblicken wir den Entwicklungsgang der bakteriologischen Vorstellungen in der Chemotherapie, so ergibt sich ein vielfältiges Nebeneinander. Die rein mikrobiologischen Vorstellungen EHRLICHs fanden ihre Antithese in Strömungen, deren Wortführer UHLENHUTH eine rein organismische Betrachtungsweise vertrat. Keine der beiden Anschauungen war mehr als eine Hypothese und in den zwanziger und anfangs der dreißiger Jahre ist dann auch eine gewisse Zurückhaltung im Formulieren von chemotherapeutischen Theorien festzustellen, während die tierexperimentelle Empirie reiche Ergebnisse bringt (Tropenkrankheiten, Streptokokken). Die 1940 formulierte Lehre von der Verdrängung hat als Ausgangspunkt für die Suche nach neuen Stoffen nur geringe Bedeutung — in dieser Zeit aber erfährt durch das Aufkommen der Antibiotica die Lehre von der Parasitotropie ihre glänzende Rechtfertigung. Bei der systematischen Suche nach neuen Stoffen wird der mikrobiologische Versuch definitiv legitimiert. Die klinische Analyse des Ablaufs der chemotherapeutischen Heilung und ihrer Voraussetzungen wird mit Hilfe bakteriologischer Methoden zu einem Gebiet, welches der Messung und damit der präzisen Beurteilung zugänglich ist. Heute ist unser therapeutisches Handeln am Krankenbett durch eine umfassende Analyse der Arzneimittelwirkung wesentlich sicherer fundiert als vor wenigen Jahren. Es kann für die meisten der in der Chemotherapie verwendeten Stoffe schon vor Beginn der Behandlung ein exakt begründeter Heilplan festgelegt werden, wobei die individuellen Faktoren des Einzelfalles weitgehend Berücksichtigung finden. Es wird dabei den pharmakologischen Eigenschaften des Medikamentes (Organkonzentration, Verweildauer, Nebenwirkungen) ebenso Rechnung getragen wie der Intensität und der Art seiner antibakteriellen Wirkung. Die Beurteilung dieser Faktoren erfolgt tagtäglich in jeder Klinik und in jeder Sprechstunde. Sie beruht zum großen Teil auf mikrobiologisch gewonnenen Daten. Diese ermöglichen qualitative und quantitative Aussagen: Einmal wird die Wirkungsart der Stoffe auf die Erregerpopulation bestimmt und berücksichtigt und zum andern die Wirkungsgröße. Diese Dinge sind es, die in den folgenden Kapiteln dargestellt werden sollen.

II. Erscheinungen der chemotherapeutischen Wirkung im Reagenzglasversuch

Im vorhergehenden Abschnitt ist dargelegt worden, daß die chemotherapeutischen Wirkungen aller am Krankenbett verwendeten Stoffe auf eine unmittelbare Beeinflussung der Lebensvorgänge innerhalb der Erregerzelle zurückzuführen sind. Diese Erkenntnis hat sich, wie wir gesehen haben, nur allmählich Bahn gebrochen; sie ist aber seit dem Aufkommen der Antibiotica als Grundlage für die wissenschaftliche Betrachtung chemotherapeutischer Probleme sowohl in der Forschung als auch in der Klinik allgemein anerkannt. Zur Urteilsbildung ist dem Arzt der quantitativ ausgewertete mikrobiologische Versuch unentbehrlich. Bevor aber die quantitative Erfassung des antibakteriellen Effektes geschildert wird, erscheint es notwendig, die Frage nach seiner *Qualität* aufzuwerfen, d. h. nach der Art und Weise, in welcher ein antibakterieller Stoff eine Kultur von Mikroorganismen überhaupt beeinflußt. Wir betrachten als Ärzte hierbei die Keimpopulation als Ganzes und fragen danach, inwieweit sich unter dem Einfluß des chemotherapeutischen Stoffes ihre Größe ändert.

Von einer grundsätzlich andersartigen Fragestellung ausgehend, interessiert sich der *Biochemiker* für die genauere Analyse der durch die Chemotherapeutica bewirkten Störung im Zellstoffwechsel. Diese Betrachtungsweise berücksichtigt im Gegensatz zu dem zuerst erwähnten Gesichtspunkt die Kultur nicht als Ganzes; sie strebt vielmehr danach, die Einwirkung der Chemotherapeutica im Hinblick auf den Chemismus der einzelnen Zelle zu analysieren. Die Bedeutung der so gewonnenen Erkenntnisse liegt vorwiegend auf dem Gebiet der reinen Biologie. Wir werden die hierher gehörigen Fragen deshalb nur insoweit behandeln, als sie direkte Auswirkungen auf die medizinisch wichtigen Probleme zeigen.

A. Bacteriostase und Bactericidie

1. Untersuchungsverfahren

Keimzahlbestimmung bei chemotherapeutischen Versuchen. Wir studieren den Einfluß eines chemotherapeutischen Stoffes auf das Schicksal einer Kultur dadurch, daß wir die Zahl der in ihr vorhandenen bzw. verbleibenden Keime wiederholt bestimmen. Es wird also die Populationsbewegung während der Einwirkung des antibakteriellen Stoffes verfolgt und mit dem Verhalten einer unbehandelten Kontrollkultur verglichen. Das Prinzip der Keimzählung besteht entweder in der Anlage einer Subkultur auf festem Nährboden und Auszählung der entstehenden Kolonien oder aber in der direkten optischen Bestimmung der Zellzahl. Als drittes Verfahrensprinzip kommt dazu noch die fortlaufende Messung der Stoffwechselgröße.

Die *Subkulturverfahren* ermitteln — allgemein gesprochen — die Zahl der vermehrungsfähigen Teilchen in der zu prüfenden Suspension durch Aussaat in einen neuen Nährboden. Die Zahl der subkulturfähigen Partikel wird dabei für gewöhnlich mit der Zahl der lebenden Zellen gleich gesetzt. Es ist wichtig, hierbei folgendes klarzustellen:

1. Die Gesamtheit der Kultur setzt sich aus toten und lebenden Zellen zusammen. Über die Gesamt-Zellzahl gibt das Verfahren keine Auskunft, sondern nur über die Zahl der *lebenden* Zellen. Durch Zusammenballung können Aggregate aus mehreren Zellen entstehen, von denen bei besserer Dispergierung unter Umständen jede einzelne eine Kolonie für sich bilden würde. Dieser Fehler kann bei nicht diffus wachsenden Keimen erheblich ins Gewicht fallen.

2. Als Kriterium für die Bezeichnung „lebend" gilt die Fähigkeit der Zellen, auf einem bestimmten Nährboden, der konventionell als „optimal" betrachtet wird, zur Vermehrung

zu gelangen. „Lebend" bedeutet also jeweils „subkulturfähig in bezug auf das gerade verwendete Züchtungsverfahren".

Die technische Ausführung des Zählverfahrens durch Subkultur erfolgt in seiner klassischen Form dadurch, daß flüssiger Agar von 50° mit abgestuften Mengen der Keimsuspension vermischt und ausgegossen wird. Nach einer entsprechend bemessenen Bebrütungszeit werden die ausgewachsenen Kolonien gezählt und die ermittelte Zahl auf die Volumeneinheit der Suspension umgerechnet.

Spezielle Nachteile dieses Verfahrens: 1. Beim Studium solcher Dosen des Chemotherapeuticums, die den bacteriostatischen Schwellenwert des Stammes um mehr als das 50 bis 100fache überschreiten, ist damit zu rechnen, daß der mit der Kultur in den Nährboden verbrachte Hemmstoff das Auswachsen der Kolonien hindert. Dies ist besonders dann zu befürchten, wenn die Keimzahl der Suspension so niedrig liegt, daß schon die erste Verdünnungsstufe die auszählbare Koloniedichte ergibt.

2. Schlechte Sichtbarkeit der einzelnen Kolonien bei trübem Agar, zart wachsenden Keimen u. ä.

3. Es ist nicht zu übersehen, wie sich die unvermeidliche Hitzeeinwirkung bei chemotherapeutisch bereits geschädigten Keimen auswirkt.

4. Erheblicher Material- und Arbeitsaufwand.

Eine zweite Möglichkeit, die Subkulturmethode zu praktizieren, ist die Verwendung von *Membranfiltern*[138]. Dies Verfahren ist das weitaus beste.

Es werden von der zu prüfenden Suspension Verdünnungsschritte in Zehnerpotenzen angelegt, wobei schließlich jedes Röhrchen 9 ml der entsprechenden Verdünnung enthält; jede Verdünnungsstufe wird durch einen bakteriendichten Membranfilter (SARTORIUS, Göttingen CO_5, Sterilisierung durch Auskochen) gesaugt. Anschließend werden 20—50 ml Kochsalzlösung durch den Filter geschickt, um die Reste des Antibioticums aus dem Filter herauszuwaschen. Das Filterblatt wird anschließend abgenommen und mit derjenigen Fläche, welche im Filtergerät der stützenden Glasfritte aufliegt, auf eine Agarplatte gelegt, wobei Falten und Luftblasen bei der Steifheit des Filterblattes leicht zu vermeiden sind. Die zurückgehaltenen Bakterien liegen auf der der Luft zugekehrten Seite des Filterblattes und sind somit vom Agar durch die poröse Folie getrennt; diese imbibiert sich in kürzester Zeit mit der flüssigen Phase des Agars und die zurückgehaltenen Keime wachsen zu Kolonien aus. Diese sind als farblose punkt- oder knöpfchenförmige Erhabenheiten ohne weiteres zu erkennen. Einfacher ist es allerdings, wenn man sie anfärbt. Dies kann z. B. dadurch geschehen, daß man den Filter auf eine Endoplatte legt; die Kolonien von lactosespaltenden Keimen zeigen dann den bekannten Fuchsinglanz. Bei dextrosespaltenden Keimen ersetzt man den Milchzucker des Endo-Nährbodens einfach durch Dextrose und erhält das gleiche Resultat[57]. Sind besonders anspruchsvolle Keime zu zählen, z. B. Streptokokken oder Hämophilus, so legt man den Filter auf eine Blutagar- bzw. Levinthalplatte. Die entstehenden kleinen Kolonien sind in diesen Fällen kaum sichtbar. Sie können aber nach dem Auswachsen dadurch sichtbar gemacht werden, daß der Filter vom Nährboden abgenommen wird und in gleicher Weise auf einen Tellurit-haltigen Agar, z. B. auf die Clauberg-II-Platte gelegt wird[138]. Die auf dem Filter erschienenen Kolonien reduzieren innerhalb von 10—20 min das Tellurit und färben sich tiefschwarz. Sie erscheinen auf dem weißen Filter als schwarze Punkte. Zur Zählung sucht man sich das Filterblatt einer geeigneten Koloniedichte heraus. Um Doppelzählungen zu vermeiden, legt man über das Filterblatt eine Glasplatte und markiert auf dieser durch einen Tintenpunkt den Ort der in die Zählung einbezogenen Kolonien. Die gefundene Zahl wird durch 9 dividiert und mit dem Verdünnungsfaktor der verarbeiteten Charge multipliziert. Es resultiert damit die Keimzahl pro ml der unverdünnten Ausgangssuspension.

Vorteile des Membranfilter-Verfahrens. 1. Es besteht die Möglichkeit, die letzten Reste des Antibioticums auszuwaschen.

2. Bequemlichkeit: Die Zählung gefärbter Kolonien ist denkbar bequem.

3. Es können anspruchsvolle Keime, z. B. Pertussis, ebenso gezählt werden wie Coli.

4. Genauigkeit. Es ergaben sich beispielsweise bei 5 gesondert vorgenommenen Zählungen ein und derselben Suspension folgende Werte pro ml: $93 \cdot 10^5$; $92 \cdot 10^5$; $97 \cdot 10^5$; $95 \cdot 10^5$; $85 \cdot 10^5$.

5. Hohe Empfindlichkeit. Es können ohne Schwierigkeit Keimzahlen bestimmt werden, die pro ml kleiner sind als 1.

Nachteile. 1. Hohe Kosten (Preis für 1 Filterblatt —,20 DM).

2. Erheblicher Arbeitsaufwand.

Die *optischen Methoden* der Keimzahlbestimmung basieren auf der direkten Auszählung der Zellen in einer Kammer von bekanntem Volumen. Dieses Verfahren dient aber meistens nur zur Eichung der indirekten Methoden. Diese bestehen in der photometrischen Registrierung der Trübung, wobei als Maßstab eine mit dem betreffenden Stamm angelegte Eichkurve dient[121a]. Die abgelesenen Trübungswerte werden entweder zur mikroskopisch ermittelten Zellzahl oder (seltener) zum Trockengewicht der Kultur in Beziehung gesetzt. Folgende Grundsätze sind bei der Anwendung der optischen Keimzahlregistrierung zu beachten:

1. Das Resultat der Trübungsmessung gibt uns lediglich die Summe der lebenden und der abgestorbenen Zellen an. Die alleinige Anwendung dieses Verfahrens bleibt auf solche Fälle beschränkt, bei welchen das Wachstum ohne nennenswertes Absterben verläuft. Im Hinblick auf die Erkennung von Absterbevorgängen ist diese Methode nämlich „blind“. Wir können mit ihr zwischen Wachstumsstillstand und Absterben keine Unterscheidung treffen, da tote ebenso wie lebende Bakterien in gleicher Weise Licht absorbieren.

2. Sie ergibt bequem registrierbare Werte nur für Keimdichten, die höher sind als 10^6/ml.

3. Die Teilchengröße und der Dispersitätsgrad spielen für die nephelometrische Meßtechnik eine große Rolle. Bei der Turbidimetrie kann man sie innerhalb weiter Grenzen vernachlässigen.

4. Vorgänge der Bakteriolyse verändern die Lichtdurchlässigkeit z. B. beim Penicillin.

Vorteile. Es ist die bequemste Methode.

Die Anwendung der optischen Zählung kann nach dem Gesagten praktisch nur als Ergänzung zur Subkulturmethode empfohlen werden, und zwar zur genaueren Analyse derjenigen Fälle, bei welchen Absterbevorgänge mit solchen der Zellneubildung zu gleicher Zeit stattfinden.

Die Beurteilung der antibakteriellen Wirkung im Hinblick auf die Größe der Population kann schließlich noch dadurch erfolgen, daß als Maßstab für die Zahl der lebenden Keime die *Größe* ihres *Stoffwechselumsatzes* pro Zeiteinheit bestimmt wird. Man mißt z. B. den Sauerstoffverbrauch oder die Glykolyse der Kultur für jede halbe Stunde des interessierenden Zeitabschnittes. Die Messungen erfolgen am besten in der WARBURGschen Apparatur[76, 77]. Hierbei ist folgendes zu berücksichtigen:

1. Die Methode eignet sich nicht dazu, Aussagen über die absolute Keimzahl zu treffen. Einzelne Stoffwechselwerte sind überhaupt nicht zu deuten. Rückschlüsse sind lediglich an Hand einer Reihe von aufeinanderfolgenden Umsatzzahlen möglich; hierbei kann aber nichts anderes beurteilt werden als die Geschwindigkeit, mit welcher die Werte zunehmen oder abnehmen.

Es wird hierbei die für den Stoffwechsel ermittelte Zuwachsgeschwindigkeit als direktes Maß für die Vermehrungsrate der lebenden Zellen angesehen. Positive Geschwindigkeiten werden als Zeichen dafür angesehen, daß die Kultur wächst, negative gelten als Zeichen für Absterbevorgänge. Hierbei wird vorausgesetzt, daß sich die Stoffwechselintensität der lebenden Zellen die ganze Zeit über nicht ändert und daß gleichzeitig mit dem Ende der Subkulturfähigkeit die Stoffwechselumsätze auf Null sinken. Im allgemeinen treffen diese Voraussetzungen mit befriedigender Genauigkeit zu.

2. Die Methode der Stoffwechselregistrierung ergibt im allgemeinen meßbare Werte erst bei Keimdichten, die höher sind als 10^6/ml.

3. Die Versuchsdauer kann meistens nur auf einige Stunden ausgedehnt werden. Es können also nur solche Vorgänge veranschaulicht werden, die schnelle Änderungen bringen.

4. Nicht alle Arten von Mikroorganismen lassen sich unter den besonderen Bedingungen der WARBURG-Apparatur züchten.

5. Ein großer Vorteil der Methode ist, daß sie bequem die gleichzeitige Verfolgung des Schicksals von 8—10 Kulturen bei zahlreichen Meßpunkten gestattet. Sie ist deshalb für Übersichtsversuche vorzuziehen. Immer aber bedarf sie einer Kontrolle ihrer Voraussetzungen durch Subkultur.

6. Es muß besonders betont werden, daß das Verfahren in der beschriebenen Form nicht den Zweck verfolgt, den Einfluß von Chemotherapeutica auf den Zellstoffwechsel selbst zu

studieren. Es dient nur dazu, Rückschlüsse auf Zellvermehrung oder -untergang zu ziehen. Als Voraussetzung gilt hierbei gerade, daß der gemessene Stoffwechselprozeß durch das Chemotherapeuticum zu Lebzeiten der Zelle überhaupt nicht beeinflußt wird.

Berücksichtigung der Wachstumsphasen. Will man den Einfluß eines Stoffes auf die Größe der lebenden Kultur studieren, so muß man sich darüber im klaren sein, daß der gleiche Stamm auf dasselbe Mittel sehr verschiedenartig reagieren kann. Das Schicksal der Population hängt bei einem bestimmten Chemotherapeuticum und einem gegebenen Stamm von folgenden Faktoren ab:

1. Von der Phase ihres Vermehrungszyklus.
2. Von der Dosis des Antibioticums.
3. Vom Nährboden, in welchem sie sich z. Z. der, antibakteriellen Wirkung befindet.
4. Von der Dichte ihrer Population.
5. Von der Geschwindigkeit ihres Wachstums.

Mit dem Einfluß dieser Größen auf die Veränderungen der Keimzahl durch antibakterielle Stoffe werden wir uns im nächsten Absatz beschäftigen. Hier sollen nur einige Bemerkungen zu Punkt 1 gebracht werden.

Bringt man eine bestimmte Anzahl von Zellen in einen Nährboden, so erfolgt die Vermehrung in mehreren Phasen[22, 121a] (Abb. 1). Die Keime zeigen in der ersten Phase keinerlei Vermehrung, wohl aber eine Größenzunahme. In der zweiten Phase steigt die Keimzahl mit zunehmender Geschwindigkeit an. In der dritten Phase ist das Maximum der Assimilationsrate erreicht; die Wachstumsgeschwindigkeit bleibt auf ihrem maximalen Wert konstant. Die Vermehrung erfolgt in diesem Stadium nach dem Schema einer Exponentialfunktion: Die Keimzahl verdoppelt sich in regelmäßigen Zeitintervallen (exponentielle oder logarithmische Wachstumsphase). Auf einem Koordinatensystem, in welchem die y-Achse logarithmisch geteilt ist, wird die graphische Darstellung der logarithmischen Phase

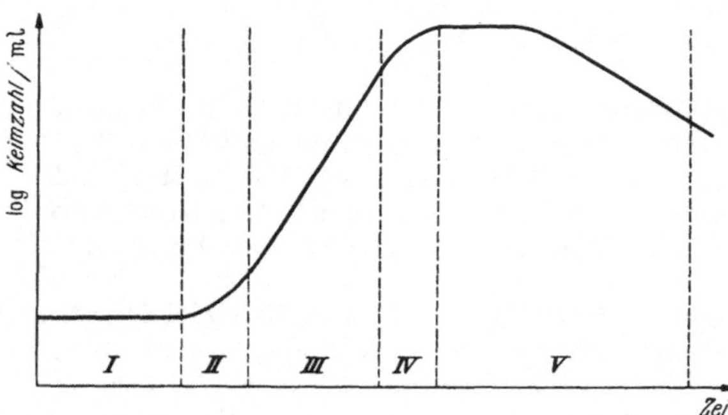

Abb. 1. Wachstumsphasen einer Bakterienkultur (schematisch)

als „Wachstumskurve" zur Geraden. Die Neigung dieser Geraden zur x-Achse gibt dabei ein Maß für die Wachstumsgeschwindigkeit. Diese wird als mittlere Verdopplungszeit formuliert. Diese Größe gibt an, welcher Zeitraum in der logarithmischen Phase für eine Verdopplung der Keimzahl benötigt wird. Für leicht züchtbare Erreger, wie E. coli oder Staph. aureus beträgt sie in zuckerhaltiger Bouillon 15—20 min. Bei den langsamer wachsenden Hämophilen beträgt sie 60 min und mehr. Am Ende der logarithmischen Phase (Abb. 1, IV) nimmt die Vermehrungsgeschwindigkeit durch Erschöpfung des Nährbodens oder durch zu hohe Keimdichte progressiv ab. Die wachsende Kultur wird allmählich zur ruhenden Kultur; bei dieser erfolgen keine Teilungen. Man beobachtet in dieser Phase häufig eine langsamer oder schneller verlaufende Abnahme der Erregerzahl. Dieses sog. Spontanabsterben ist Kennzeichen der meisten ruhenden Kulturen.

Will man bei dem chemotherapeutischen Reagenzglasversuch die Wachstumsphase der Erreger berücksichtigen, so ergeben sich 3 Möglichkeiten der Versuchsanordnung, die streng voneinander zu unterscheiden sind[76]:

1. Man bringt Keime aus einer zur Ruhe gekommenen Bouillon in einen neuen Nährboden, der den zu prüfenden Stoff enthält. Eine gleich große Einsaat wird in

einem Kontrollversuch ohne Zusatz geprüft. Die Keimzahl beider Versuche wird laufend ermittelt.

2. Man sät die gleiche Zahl von Zellen in 2 Chargen eines flüssigen Nährbodens ein und bringt das Inoculum zum Wachstum. Sobald die logarithmische Phase erreicht ist und sich die Wachstumsgeschwindigkeit nicht mehr ändert, setzt man bei einer der wachsenden Kulturen den zu prüfenden Stoff hinzu. Mit Beginn der Einsaat werden bei beiden Kulturen laufend Keimzahlbestimmungen durchgeführt.

3. Man wäscht die Keime einer Kultur auf der Zentrifuge gründlich mit glucosehaltigem Phosphatpuffer und suspendiert sie schließlich darin. Die so behandelten Keime befinden sich in einem Milieu, welches durch seinen Zuckergehalt nur die Aufrechterhaltung des Betriebsstoffwechsels ermöglicht, jedoch mangels stickstoffhaltigem Nährsubstrat keinerlei Assimilationsvorgang erlaubt. Diese Suspension besteht also aus gänzlich „ruhenden" Zellen. Man nimmt zwei gleiche Chargen dieser Suspension und setzt der einen die interessierende Substanz zu. Fortlaufende Keimzählung.

Mit Hilfe dieser drei Grundversuche kann die Wirkung eines antibakteriellen Stoffes auf die Keimzahl der betroffenen Kultur erschöpfend analysiert werden. Aufgabe des Folgenden ist es, mit Hilfe dieser drei Versuche die Besonderheiten der Wirkung bei den einzelnen Chemotherapeutica zu studieren. Man pflegt das Verhalten eines Stoffes im Hinblick auf die Beeinflussung der Keimzahl zusammenfassend als „Wirkungsmodus" zu bezeichnen; für die Kennzeichnung seiner Auswirkungen auf den Zellstoffwechsel verwendet man öfters das Wort „Wirkungsmechanismus". Beide Ausdrücke werden aber auch synonym gebraucht.

Wir formulieren im folgenden alle Angaben über die Menge an zugesetzten Stoffen als Endkonzentration; wir geben also die nach dem Zusatz in dem flüssigen Versuchssystem vorhandene Konzentration in γ/ml oder Einheiten/ml an. Die Formulierung der Einsaatgrößen erfolgt analog in Form von Dichteangaben als Zellzahl/ml.

2. Der Wirkungscharakter der einzelnen Stoffe

Untersucht man das Schicksal einer Reihe von Kulturen, die unter der Einwirkung verschiedener Chemotherapeutica stehen, so kann man feststellen, daß bei ein und demselben Stoff der Charakter der erzielten Wirkung sehr wechselt. Es erweist sich andererseits aber auch, daß der gleiche Bakterienstamm auf die Zugabe verschiedener Stoffe sehr uneinheitlich reagiert. Die Unbeständigkeit des antibakteriellen Effektes geht soweit, daß bestimmte Stämme sogar dem gleichen Stoff gegenüber ein wechselndes Verhalten zeigen. Die antibakterielle Wirkung scheint hiernach tatsächlich von proteushaftem Charakter zu sein. Bei näherer Betrachtung zeigt sich indessen, daß die vielfältigen Erscheinungsformen der Schädigung letzten Endes auf zwei elementare Geschehnisse innerhalb der Kultur zurückgeführt werden können; von diesen kann das eine, das andere oder aber beide zusammen auftreten. Es kommt in einer Population, die mit einer wirksamen Substanz in Berührung ist, entweder zu einer Behinderung der Assimilationsvorgänge, die ihrerseits wieder zur Verlangsamung oder Unterbrechung der Vermehrung führt; oder aber es tritt eine mit dem Leben nicht vereinbare Schädigung auf, die wir als Absterbevorgang zu Gesicht bekommen. Gelegentlich laufen beide Vorgänge nebeneinander her. Auf diese beiden Grundformen des antibakteriellen Effektes beziehen sich die bekannten Ausdrücke *Bacteriostase* und *Bactericidie.* Bei ihrer Benutzung ergeben sich vielfach Unklarheiten dadurch, daß man versucht, sie bestimmten Stoffen und Stoffklassen als Beiwort zuzuordnen, um deren Wirkungscharakter generell etwa als „Wirkungstyp" zu kennzeichnen. Es wird dabei oftmals vergessen, daß die Begriffe „Bacteriostase" und „Bactericidie" Populationsbewegungen bezeichnen, die ihrem Wesen nach an die Besonderheiten einer ganz bestimmten Versuchsanordnung gebunden sind. Wenn man dementsprechend einige Stoffe in Bausch und Bogen als Bacteriostatica und andere wieder als Bactericidica bezeichnet, so verschleiert diese schematische Klassifizierung etwas sehr wichtiges, die Tatsache nämlich, daß die meisten dieser Substanzen in der Lage sind, beide Effekte zu produzieren. Es gibt Stoffe, deren Wirkungscharakter von Versuch zu Versuch und von Stamm zu Stamm wechselt und daneben auch andere, die in ihrer Wirkung eine ausgesprochene Einförmigkeit zeigen. Bei den letzteren ist ein Wechsel in der Natur des antibakteriellen Effektes nur in Grenzfällen und

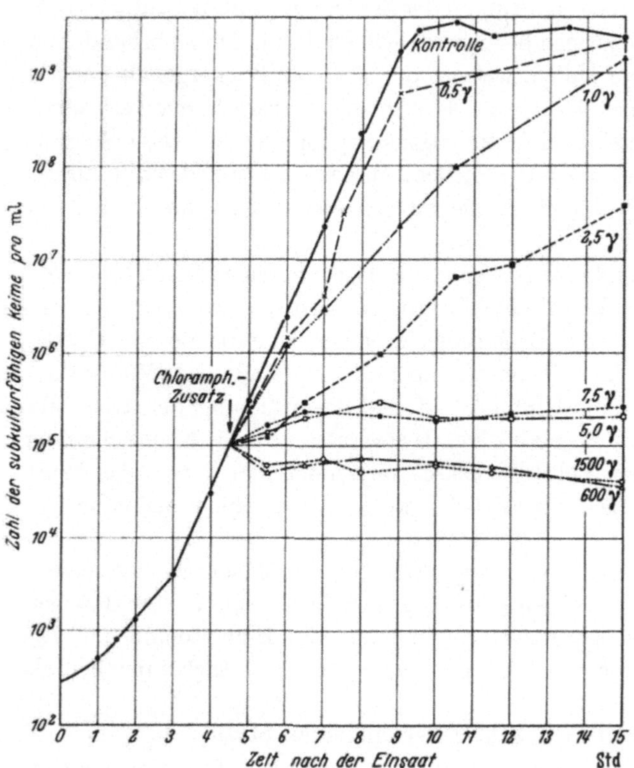

Abb. 2. Wirkung verschiedener Chloramphenicoldosen auf wachsende Typhusbakterien

unter besonderen Bedingungen zu beobachten. So kann man z. B. sagen, daß die Sulfonamide fast stets bacteriostatisch wirken und das Penicillin so gut wie immer bactericid. Gerade an Hand dieses Sachverhaltes ist es üblich geworden, als Erläuterung für den Begriff Bacteriostase den Sulfonamideffekt zu beschreiben; bei der didaktischen Behandlung des Themas „Bactericidie" nimmt den entsprechenden Platz meistens das Penicillin ein. Dieses Vorgehen führt unseres Erachtens nicht selten zu falschen Vorstellungen. Wir möchten deshalb für den Anfang bewußt ein anderes Beispiel wählen und analysieren die *Wirkung des Chloramphenicols*[57, 100a, 102].

Wir lassen eine Einsaat von 300 Zellen/ml in mehreren Bouillonansätzen zur Vermehrung kommen und zählen die Keime mit dem Membranfilterverfahren (Abb. 2). Nach $4\frac{1}{2}$ Std., also zu einem Zeitpunkt, in welchem die Wachstumsgeschwindigkeit bereits ihr Maximum erreicht hat, setzen wir den einzelnen Ansätzen verschiedene Mengen Chloramphenicol zu; die Endkonzentrationen liegen zwischen 0,5 γ/ml und 1500 γ/ml. Man erkennt, daß die unbehandelte Kontrollkultur ihr Wachstum logarithmisch fortsetzt und nach 10 Std. abgeschlossen hat. Das Wachstum der mit Chloramphenicol behandelten Kulturen wird, wie man sieht, in verschiedenem Ausmaß verlangsamt. Die niederen Konzentrationen bremsen das Wachstum nur geringfügig ab, während höhere Dosen die Kultur gänzlich zur Ruhe zwingen. Für die vorzeitige Überführung der Kultur in diese künstliche, erzwungene Ruhephase ist offensichtlich die gleiche Wirkung verantwortlich zu machen wie für die Verlangsamung des Wachstums; zwischen der vollkommenen Arretierung aller Wachstumsvorgänge durch hohe Dosen und der bloßen Verlangsamung durch kleine Konzentrationen bestehen — wie man annehmen muß — Unterschiede nur in bezug auf die Wirkungsintensität, während der Wirkungsmechanismus sich qualitativ nicht ändert. Dabei sind zwei Erscheinungen besonders hervorzuheben: Einmal tritt die Verlangsamung des Wachstums sofort nach Zusatz des Antibioticums ein; das Chloramphenicol kommt demnach ohne Latenzperiode zur Wirkung. Die zweite bemerkenswerte Tatsache ist, daß das Chloramphenicol mit der restlosen Blockierung aller Vermehrungsvorgänge das Maximum seines Effektes auch erreicht hat. Überschreitet man die Dosis, welche gerade ausreicht, die Kultur total zur Ruhe zu zwingen, um ein Vielfaches, so unterscheidet sich die Wirkung dieser übersteigerten Dosis in nichts von der gerade noch vollwirksamen. Das Chloramphenicol greift demnach bei dem geprüften Typhusstamm isoliert am Vermehrungsprozeß an und ist nicht in der Lage, die Zelle über diesen Eingriff hinaus weiter zu schädigen und zum Absterben zu bringen. Seine Wirkung ist reversibel: Wenn es aus dem Milieu verschwindet, erweist sich die vorher teilungsuntüchtige Zelle in der Subkultur als vermehrungsfähig und bildet eine Kolonie. Säen wir ruhende Typhusbakterien in eine chloramphenicolhaltige Bouillon ein, so ergibt sich prinzipiell das gleiche Bild wie eben beschrieben: Die Keime bleiben bei entsprechenden Konzentrationen in völliger Ruhe, oder aber sie vermehren sich „gebremst". Auf gänzlich ruhende Keime in stickstofffreier Suspension schließlich hat Chloramphenicol überhaupt keine Wirkung.

An Hand der geschilderten Versuche können wir vorläufig als Bacteriostase ein medikamentös erzwungenes Verhalten einer Bakterienkultur bezeichnen; dieses besteht im Verharren in absoluter Ruhe, obgleich alle übrigen Bedingungen für die Vermehrung gegeben sind. Das Phänomen der Wuchsverlangsamung kann dementsprechend als „Subbacteriostase" bezeichnet werden. Es sollte hierbei aber bedacht werden, daß dieser Ausdruck nur solchen Arten der Wuchsverlangsamung zukommt, die bei weiterer Steigerung ihr mögliches Maximum an Wirkung in der Bacteriostase erreichen. Es gibt nämlich, wie wir gleich sehen werden, Formen der nicht kompletten Wirkung, die für sich allein betrachtet als Wuchsverlangsamung imponieren, bei einer Steigerung der Dosis aber in einen Absterbeprozeß übergehen. Der geschilderte bacteriostatische Charakter der Chloramphenicolwirkung gilt nicht nur für alle Stämme der Gattung S. typhi, sondern, soweit bisher bekannt ist, für die Mehrzahl der pathogenen Erreger innerhalb der Humanmedizin. Es gibt aber Ausnahmen: Untersucht man die Wirkung des Chloramphenicols an einem Stamm der Flexner-Ruhr oder an einem Sporenbildner der Subtilisgruppe, so zeigt sich ein gänzlich anderes Verhalten als es eben geschildert wurde.

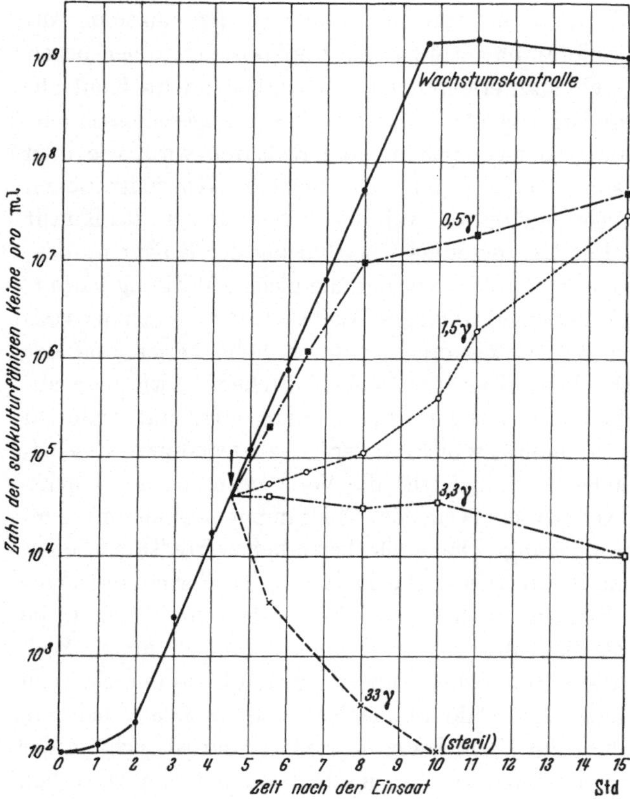

Abb. 3. Wirkung verschiedener Dosen Chloramphenicol auf wachsende Vegetativformen eines aeroben Sporenbildners der Subtilisgruppe

Wir wählen als Objekt für den nächsten Versuch einen Sporenbildner der Subtilisgruppe. Entsprechend dem vorigen Beispiel wird er in Bouillon zum Wachstum gebracht und während der logarithmischen Phase mit Chloramphenicol verschiedener Konzentrationen „überfallen". Abb. 3 zeigt, daß die geringen Konzentrationen von 0,5 γ/ml und 1,5 γ/ml eine deutliche Wuchsverlangsamung bewirken; ein Zusatz von 3,3 γ/ml scheint zur vollkommenen Ruhe zu führen. Dieser Effekt kann aber nicht als „Bacteriostase" im Sinne eines echten Wirkungsmaximums bezeichnet werden. Eine weitere Steigerung der Dosis führt nämlich zu einer Reduktion der

Keimzahl: Es erfolgt bei 33 γ/ml ein relativ schnell verlaufender Absterbeprozeß, der nach 10 Std. zur Sterilisierung der Kultur führt. Das Chloramphenicol bewirkt also bei diesem Versuch in der entsprechenden Konzentration einen Absterbeprozeß, der als Bactericidie bezeichnet werden kann. Dieser Ausdruck ist viel unverbindlicher zu definieren als der Ausdruck Bacteriostase und bezeichnet einfach eine solche Abnahme der Keimzahl, die fortlaufend und merklich schneller verläuft, als das Spontanabsterben der gleichen, aber in Ruhe befindlichen Kultur.

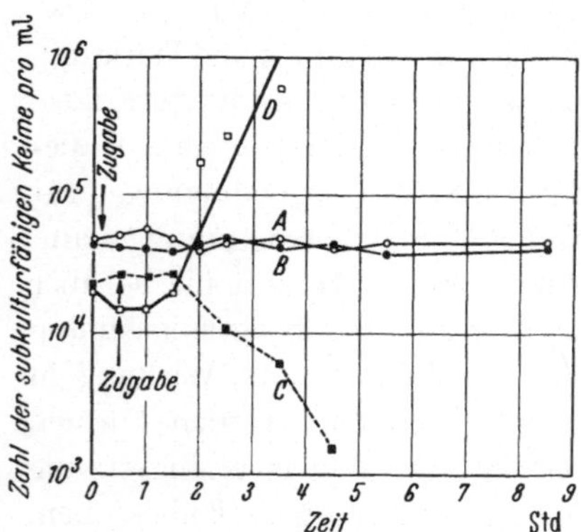

Abb. 4. Wirkung von Chloramphenicol auf gewaschene, ruhende Vegetativformen des Sporenbildners. *Kurve A:* Suspension in Phosphatpuffer + 0,1% Dextrose (Kontrolle). *Kurve B:* Suspension in Puffer und Zusatz von 100 γ/ml Chloramphenicol. *Kurve D:* Suspension in Puffer und Zusatz von Bouillon (Eintritt des Wachstums). *Kurve C:* Suspension in Puffer u. Zusatz von Bouillon und 100 γ/lm Chloramphenicol (Absterben)

Die bactericide Wirkung des Chloramphenicols ist aber neben der Tatsache, daß sie nur bei gewissen Stämmen auftritt, noch an bestimmte zusätzliche Bedingungen gebunden: Sie kann bei ruhenden Keimen nicht verwirklicht werden. Abb. 4 zeigt das Schicksal einer Kultur, die gewaschen und in stickstofffreier Pufferlösung suspendiert, lediglich Glucose für ihren Betriebsstoffwechsel zur Verfügung hat. Die Keimzahl dieser in absoluter Ruhe befindlichen Kultur sinkt kaum ab. Man sieht, daß auch die Zugabe einer hohen Konzentration keinerlei Wirkung auf die Keimzahl ausübt. Auch höchste Dosen ändern hieran nichts. Fügt man aber zugleich mit dem Chloramphenicol Baustoffe in Form von Pepton hinzu, so bewirkt das Antibioticum unter diesen Bedingungen ein rasches Absterben, während ein Zusatz von Pepton ohne Chloramphenicol die Kultur zur Vermehrung bringt. Man kann nach dem Ausfall dieses Experimentes sagen, daß das Chloramphenicol auf die Zelle offenbar nur dann abtötend wirkt, wenn diese z. Z. seiner Wirkung im Begriffe ist, Stickstoff zu assimilieren oder die Möglichkeit dazu bekommt. Man kann überdies zeigen, daß der Absterbevorgang durch Chloramphenicol um so schneller vor sich geht, je höher der Assimilationsumsatz der Kultur z. Z. der antibiotischen Attacke ist.

Abb. 5 zeigt zwei Kulturen des untersuchten Sporenstammes: Die eine wird bei 40° und die andere bei 31° C bebrütet.

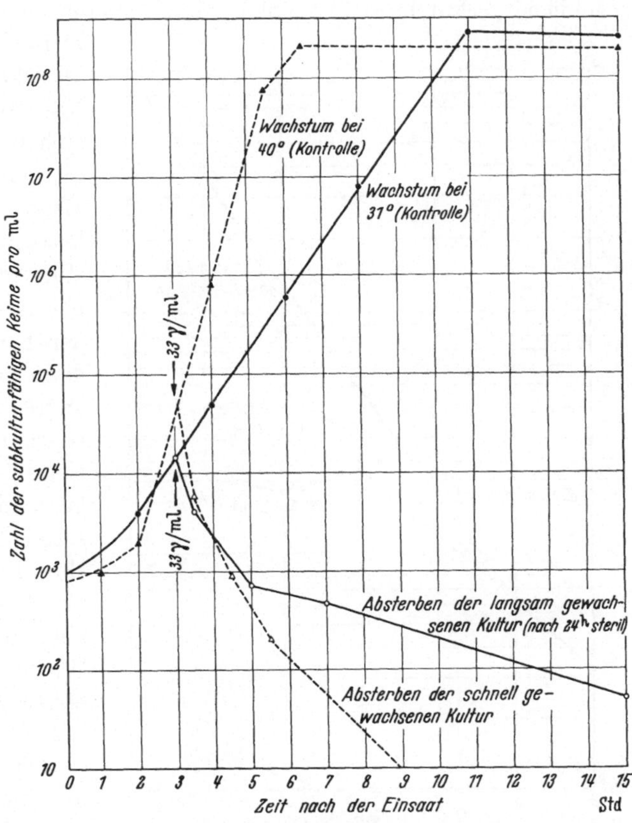

Abb. 5. Wirkung einer bactericiden Dosis Chloramphenicol bei verschiedenen Graden der Wachstumsgeschwindigkeit

Die bei 40° gehaltene Kultur zeigt deutlich schnelleres Wachstum als die bei 31° gezüchtete. In beiden Kulturen löst ein Zusatz von Chloramphenicol einen Absterbevorgang aus. Man sieht aber, daß die Keimzahl der schnell gewachsenen Kultur unter der Chloramphenicoleinwirkung rascher absinkt als bei der langsam wachsenden Population. Dieses Experiment demonstriert die Bedeutung, welche dem Stoffwechselzustand der Kultur für die Qualität der antibakteriellen Wirkung zukommt. Es erscheint uns wichtig, schon an dieser Stelle darauf hinzuweisen, daß die bactericide Wirkung in ihrer Intensität grundsätzlich von der Wachstumsgeschwindigkeit der Kultur abhängig ist. Es ist hierbei gleichgültig, um welche chemotherapeutischen Stoffe oder Stämme es sich handelt.

Die Untersuchung der Chloramphenicolwirkung bei verschiedenen Bakterien zeigt mithin, daß ein und dasselbe Chemotherapeuticum sehr verschiedenartige Auswirkungen auf das Schicksal der Kultur haben kann: Gegenüber Typhusbakterien und anderen pathogenen Keimen beschränkt sich der Eingriff des Chloramphenicols ausschließlich auf den Ablauf der Assimilationsvorgänge. Diese werden behindert oder total blockiert, wobei als Wirkungsmaximum das Phänomen der Bacteriostase beobachtet wird. Die betroffenen Zellen werden durch keine noch so hohe Dosis abgetötet. Bei anderen Erregern hingegen erweist sich die Störung der Assimilationsprozesse durch Chloramphenicol als ein durchaus nebensächliches, sekundäres Phänomen; eine Behinderung der Wachstumsvorgänge ist hier lediglich innerhalb eines engen Dosisbereiches nachzuweisen. Im Vordergrund des Störungsbildes stehen Absterbevorgänge, die in diesem Fall als das eigentliche Wesen des antibiotischen Eingriffes betrachtet werden müssen. Das Wirkungsmaximum besteht hierbei in der raschen Sterilisierung der Kultur. Die Keime sind nur dann für die abtötende Wirkung angreifbar, wenn sie z. Z. der Berührung mit dem Antibioticum im Begriff sind, Stickstoff zu assimilieren, d. h. also nur im physiologischen Zustand des Wachstums. Ihre Bereitschaft zum Absterben als Ausdruck ihrer Empfindlichkeit gegenüber der bactericiden Wirkung ist um so größer, je höher ihre Wuchsgeschwindigkeit z. Z. des antibiotischen Eingriffs ist.

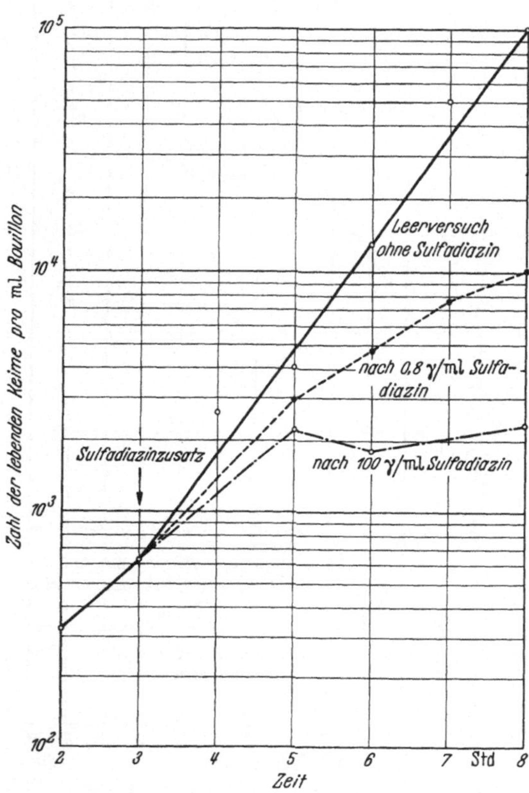

Abb. 6. Wirkung von Sulfadiazin auf wachsende Ruhrbakterien

Die erläuterten Grunderscheinungen der antibakteriellen Wirkung finden sich im Prinzip zwar bei allen Chemotherapeutica. Es zeigt aber sowohl die Erscheinung der Bacteriostase als auch die der Bactericidie bei den einzelnen Stoffen besondere Züge.

Die *Wirkung der Sulfonamide*[76] betrifft in allen denkbaren Versuchsanordnungen eigentlich immer nur die Vorgänge der Vermehrung, so daß man diese Stoffe am ehesten als „Bacteriostatica" bezeichnen könnte. Bei der Untersuchung des Wirkungsprinzips der Sulfonamide muß darauf Rücksicht genommen werden, daß ihre Wirkung durch gewisse, in den üblichen Nährboden enthaltenen Antagonisten abgeschwächt oder aufgehoben wird. Das gleiche ist bei großen Einsaaten der Fall. Über den bacteriostatischen Wirkungscharakter der Sulfonamide läßt die Abb. 6 keinen Zweifel. Es wurde bei diesem Versuch eine kleine Zahl von Ruhrbakterien in mehrere Ansätze eines antagonistenfreien Nährbodens eingesät und die Keimzahl mit der Membranfiltermethode verfolgt. Nach Erreichen der logarithmischen Wachstumsphase werden zu der Kultur 0,8 γ/ml und 100 γ/ml Sulfadiazin zugesetzt. Die kleinere Sulfonamidkonzentration verlangsamt, wie aus Abb. 6 hervorgeht, das Wachstum nur mäßig, während die höhere Dosis zur Bacteriostase führt. Hierbei ist zu beachten, daß der Stillstand des Wachstums nicht augenblicklich nach der Zugabe des Hemmstoffes einsetzt, sondern erst nach einem Zeitraum von etwa 3 Std. Während dieses Intervalls zeigt die sulfonamidbehandelte Kultur keine merkliche Abweichung vom Vermehrungstempo der unbehandelten Kontrollkultur. Erst nach einigen unbehinderten Keimzahlverdopplungen geht die Kultur brüsk in den Ruhezustand über. Zum Unterschied von dem sofort eintretenden Wachstumsstillstand bei Chloramphenicol wirkt sich der bacteriostatische Sulfonamideffekt erst nach einer Wirkungslatenz aus. Diese ist in ihrer Dauer zwar variabel, wird aber stets gefunden. Sie zeigt sich auch dann, wenn man stickstofffrei suspendierten, ruhenden Kulturen durch Peptonzusatz die Möglichkeit gibt zu wachsen, aber gleichzeitig mit dem Pepton eine genügend hohe Dosis Sulfonamid appliziert. Es erfolgen einige Wachstumsschritte und erst dann tritt sekundär die Wachstumshemmung ein [76].

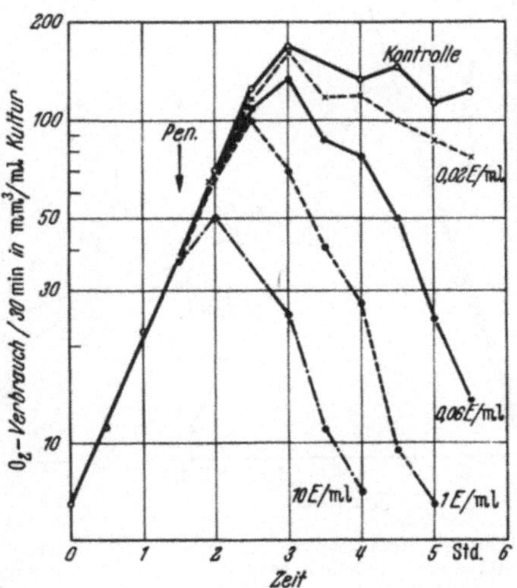

Abb. 7. Wirkung verschiedener Penicillinkonzentrationen auf Staph. aur. in der Wachstumsphase

Die Wirkung der Sulfonamide beschränkt sich bei allen geprüften Keimen auf die Wachstumsbehinderung. Abtötungsvorgänge werden im Bereich der chemotherapeutischen Konzentrationen nicht beobachtet. Wenn die Sulfonamide somit als typische Vertreter der rein bacteriostatischen Wirkungsform in Erscheinung treten, so ist das *Penicillin* im Hinblick auf seine bactericide Wirkung als ihr Gegenstück zu bezeichnen [1, 63a, 77].

Ein penicillinempfindlicher Stamm des Staph. aureus wird in Bouillon zum Wachsen gebracht und in der logarithmischen Phase mit verschiedenen Konzentrationen Penicillin attackiert (Abb. 7). Als Methode zur Beurteilung der Wachstums- und Absterbevorgänge ist in diesem Versuch die Registrierung des Sauerstoffverbrauchs benutzt worden. Nach dem Zusatz von 0,02 E/ml Penicillin geht die Proliferation eine Zeitlang ohne Verlangsamung weiter; dann aber hört sie auf und es erfolgt zuerst langsam und dann mit zunehmender Geschwindigkeit ein Absterbevorgang, der nach einiger Zeit logarithmisch verläuft. Seine Geschwindigkeit hängt von der Dosis ab: Je höher diese ist, desto steiler wird der Abfall der Kurve. Allerdings erreicht die Absterbegeschwindigkeit schon bei der Dosis von 0,06 E/ml ihr Maximum. Weitere Erhöhungen der Penicillindosis bewirken, wie man sieht, lediglich eine Verkürzung der Wirkungslatenz, aber keine Zunahme der Absterbegeschwindigkeit. Die Absterbekurven nach 0,06 E/ml, nach 1 E/ml und nach 10 E/ml zeigen den gleichen Steilheitsgrad. In einigen Fällen kann man mit übergroßen Dosen Penicillin sogar eine Herabsetzung der Absterbegeschwindigkeit bewirken. Abb. 8 zeigt diese Erscheinung an einem Enterokokkenstamm (Registrierung der Glykolyse): Der Zusatz von 5 E/ml Penicillin bewirkt ein

2*

Maximum an Absterbegeschwindigkeit, während die 10fache Dosis den Abtötungsvorgang deutlich verlangsamt. Dieses paradoxe Verhalten wird Zonenphänomen genannt[54].

Wenn ruhende Keime in eine penicillinhaltige Bouillon gebracht werden, so unterliegen sie bei genügend hoher Dosis dem typischen Abtötungsvorgang. Er

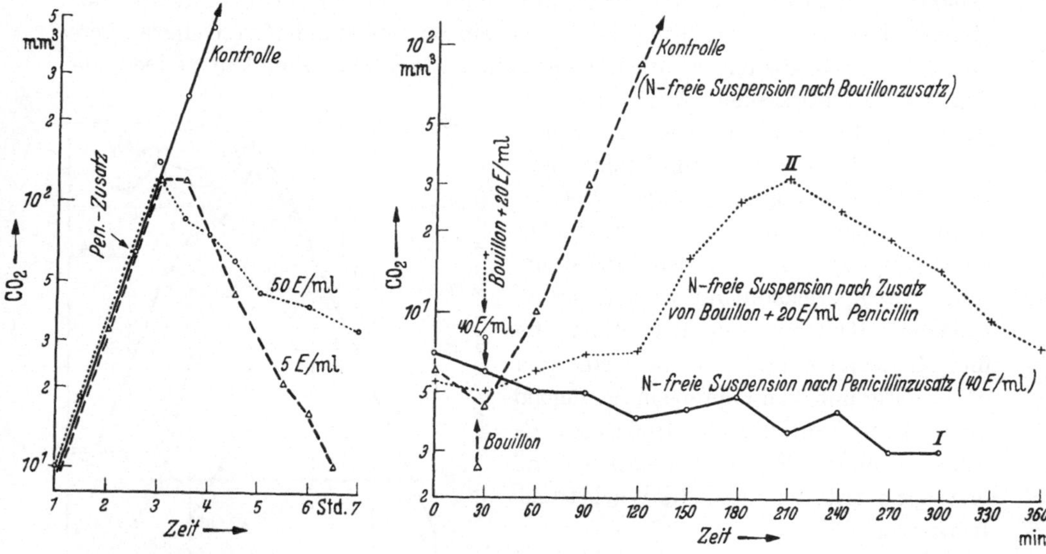

Abb. 8. Herabsetzung der Absterbegeschwindigkeit nach Penicillinzusatz bei übergroßen Dosen. Streptococcus faecalis

Abb. 9. Wirkungslosigkeit von Penicillin bei ruhenden viridans-Streptokokken (Kurve I). Der zusammen mit Bouillon erfolgende Penicillinzusatz bewirkt erst nach einigen Verdopplungen einen Absterbevorgang (Kurve II). Der Zusatz von Bouillon allein ermöglicht ungestörte Proliferation

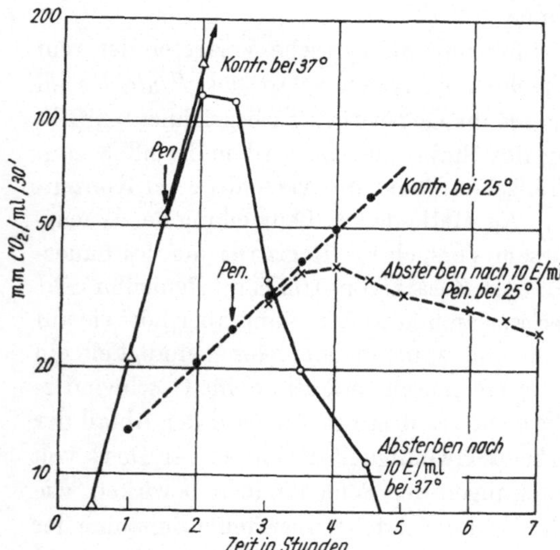

Abb. 10. Wirkung der gleichen Dosis Penicillin bei hoher und bei niedriger Vermehrungsgeschwindigkeit (viridans-Streptokokken)

erfolgt aber mit geringerer Geschwindigkeit. Analysiert man die Vorgänge genauer, so kann man auch hier nachweisen, daß der Penicillingehalt den Keimen zunächst das Wachstum erlaubt. Erst nach 1—2 Verdopplungen der Keimzahl setzt der Absterbevorgang ein (s. Abb. 9). Auf gänzlich ruhende Bakterien hat Penicillin überhaupt keine Wirkung. Auch hier sind Wachstumsvorgänge die Voraussetzung dafür, daß die bactericide Wirkung einen Angriffspunkt findet. In gleicher Weise, wie wir es beim Chloramphenicol gesehen haben, ist beim Penicillin der Abtötungseffekt proportional mit der Intensität des Assimilationsstoff

wcehsels z. Z. des antibiotischen Eingriffs[78]. Dies zeigt Abb. 10. Ein Viridansstamm wird einmal bei 25° und ein zweites Mal bei 38°C bebrütet. Bei der schnell wachsenden

Kultur erfolgt nach Zusatz von 10 E/ml Penicillin ein äußerst rasches Absterben. Bei der langsam proliferierenden Kultur zeigt die Kurve zwar ebenfalls abfallende Tendenz; die Reduktion der Keimzahl geht aber derart langsam vor sich, daß man darüber streiten kann, ob ein Unterschied zum spontanen Absterben einer ruhenden Kultur überhaupt besteht. Bei einer sehr niedrigen Proliferationsgeschwindigkeit kann also die Bactericidie des Penicillins soweit abgeschwächt werden, daß der antibakterielle Effekt vorwiegend als Vermehrungshemmung imponiert. Dieser Wechsel im Wirkungstyp erfolgt mit der Veränderung der Wachstumsgeschwindigkeit nicht brüsk und auch nicht grundsätzlich im Sinne des Wirkungsmaximums. Er zeigt uns aber doch, daß beim Penicillin die Frage nach dem Wirkungscharakter keine einfache Alternative zwischen Bactericidie und Bacteriostase ist, sondern Übergänge bestehen. Dies wird noch deutlicher, wenn man als Kriterium der Wirkungsintensität nicht mehr die *Geschwindigkeit*, sondern den *Enderfolg* der Penicillinwirkung betrachtet.

Beim Penicillin gibt es zahlreiche Situationen, in welchen der Absterbeprozeß der Kultur bis zur Sterilisierung fortschreitet. In anderen Fällen aber besteht keine Möglichkeit, durch Penicillin eine restlose Abtötung der Kultur herbeizuführen[53, 116, 142]. Die Population wird zwar dezimiert, der Absterbeprozeß macht aber nach einer gewissen Zeit halt. Eine gewisse Zahl von Zell-Individuen (persisters) entzieht sich der Abtötung definitiv und kann auch durch höchste Konzentrationen nicht vernichtet werden. Die Rate der Individuen, die unabhängig von der Dosis definitiv überleben, hängt vor allem von Stamm und Species ab, daneben aber auch von den Versuchsbedingungen. Eine Population, die im Ruhezustand in penicillinhaltige Bouillon eingesät wird, zeigt einen höheren Anteil an „unverwundbaren" Individuen als eine Kultur, die mitten in der logarithmischen Phase vom Penicillin angegriffen wird. Bei gleichen Versuchsbedingungen ist die Überlebensrate eines Stammes einigermaßen konstant: Die Zahl der in einer penicillinhaltigen Bouillon überlebenden Individuen verändert sich proportional mit der Größe der anfänglich eingesäten Kultur. Bei Stämmen, die das Phänomen der „persisters" zeigen, ist eine Sterilisierung erst dann zu erreichen, wenn die Einsaatgröße einen bestimmten Grenzwert unterschreitet. Die „Sterilisierungsbereitschaft" eines Stammes gegenüber Penicillin hängt bis zu einem gewissen Grade mit der im Röhrchentest festgestellten Empfindlichkeit zusammen. Stämme von höchster Empfindlichkeit zeigen eine niederere Überlebensrate als relativ resistente. Besonders hoch ist die Überlebensrate bei Viridans-Streptokokken und Enterokokken. Hier konnte gezeigt werden, daß zwei nach dem Röhrchentest gleichempfindliche Streptokokkenstämme im Hinblick auf die Rate der Überlebenden völlig verschiedenartige Verhältnisse zeigten: Ein Viridansstamm hatte eine Überlebensquote von 23%, während der Stamm des hämolysierenden Streptococcus nur 0,05% Überlebende aufwies. Die Überlebenden Individuen zeigten im Röhrchentest dieselbe Empfindlichkeit gegenüber Penicillin wie der Mutterstamm[142].

Man kann die Erscheinung der unvollkommenen Abtötung zunächst dadurch erklären, daß man in der Zusammensetzung der Population eine mehr oder weniger große Heterogenität annimmt. Daß es sich bei den Überlebenden aber nicht einfach um solche Individuen handelt, die penicillinresistent sind, ist sicher. Hierfür spricht schon der erwähnte Befund, nach welchem die Empfindlichkeit der überlebenden Individuen identisch mit derjenigen der Mutterkultur ist. Wir können eine

Heterogenität der Kultur höchstens insoweit annehmen, als für einen Teil der Zellen das Penicillin als Bactericidicum wirkt, während es gegenüber einem anderen Teil, nämlich den persisters, offensichtlich als Bacteriostaticum figuriert. Über die Ursachen für das bactericidie-refraktäre Verhalten der „persisters" können wir aber nur Vermutungen anstellen. Es besteht die Möglichkeit, daß in der Kultur von Haus aus ein bestimmter Prozentsatz von Zellen an der Vermehrung nicht teilnimmt. Diese Zellen sind naturgemäß für die abtötende Wirkung des Penicillins nicht erreichbar.

Die *Wirkung des Streptomycins* auf Bakterienkulturen ähnelt weitgehend derjenigen des Penicillins. Sie ist indessen weniger genau untersucht[1, 16, 63b]. Auf ruhende Mikroorganismen hat Streptomycin in therapeutischen Dosen keinen Einfluß. In der Literatur findet man oft die Angabe, daß niedere Dosen bacteriostatisch und höhere bactericid wirken. Angaben dieser Art sind dann besonders nichtssagend, wenn sie auf einer einzigen Keimzählung beruhen. Darüber hinaus wird oftmals rein qualitativ geurteilt: Ein unvollständiger Dezimierungsvorgang wird als Bacteriostase und erst die Sterilisierung als Bactericidie bezeichnet. Demgegenüber muß betont werden, daß die Begriffe „Bacteriostase" und Bactericidie" nichts mit dem Sterilisationserfolg zu tun haben. Es liegt ihnen also weder ein Endresultat noch ein Zwischenwert in der Keimzahlbewegung zugrunde;

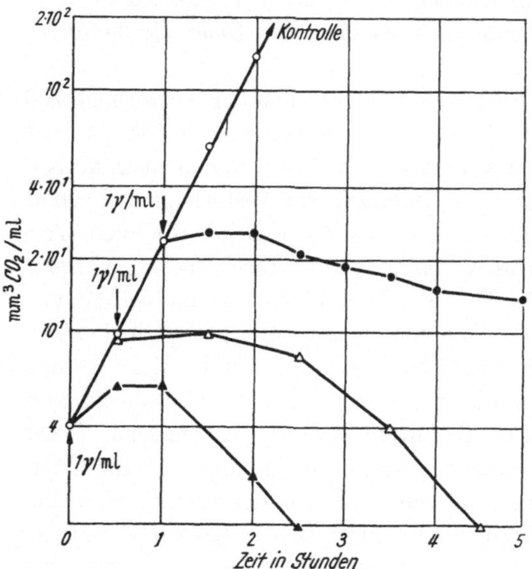

Abb. 11. Abschwächung der bactericiden Wirkung von Oxytetracyclin bei hoher Keimdichte

sie geben lediglich Angaben über die Geschwindigkeit der Keimzahlbewegung und ihr Vorzeichen, bezogen auf die Kontrolle. Bewertet man nach diesem Gesichtspunkt die Arbeiten über Streptomycin, so kann es keinen Zweifel darüber geben, daß die „Bacteriostase" des Streptomycins in den meisten Fällen dem entspricht, was wir als langsam verlaufende Abtötung bezeichneten. Eine relativ geringgradige Erhöhung der Streptomycinkonzentration, z. B. die Verdopplung oder Vervierfachung, hat so gut wie immer zur Folge, daß der bactericide Wirkungscharakter klar zutage tritt. Es gilt also für Streptomycin prinzipiell das gleiche, was für Penicillin gesagt wurde.

Die Vertreter der *Tetracyclingruppe* sind das Tetracyclin selbst, sodann das Oxytetracyclin (Terramycin) und das Chlortetracyclin (Aureomycin). Ihre Wirkung auf die lebende Kultur ist je nach den Experimentalbedingungen bactericid oder bacteriostatisch[79, 94, 95, 96]. Man kann im großen ganzen sagen, daß eine Population von empfindlichen Erregern durch eine genügend hohe Konzentration Tetracyclin dann abgetötet wird, wenn ihre Keimdichte sehr klein ist. Ist die Keimdichte groß, so führt die gleiche Konzentration lediglich zur Bacteriostase.

Abb. 11 zeigt dies Verhalten am Beispiel des Oxytetracyclin. Man sieht, daß die
Wirkung von 1 γ/ml Oxytetracyclin nur dann als Abtötung in Erscheinung tritt,
wenn das Antibioticum auf eine relativ geringe Zahl von Keimen trifft. Übersteigt
die Keimdichte ein gewisses Maß, so bleibt die Wirkung bacteriostatisch und wird
erst bei einer entsprechenden Dosiserhöhung bactericid. Die Abtötungsgeschwin-
digkeit ist ebenso wie bei den bereits behandelten Antibiotica ihrerseits von der
Wuchsgeschwindigkeit der Kultur abhängig: Sie verringert sich, wenn die Keime

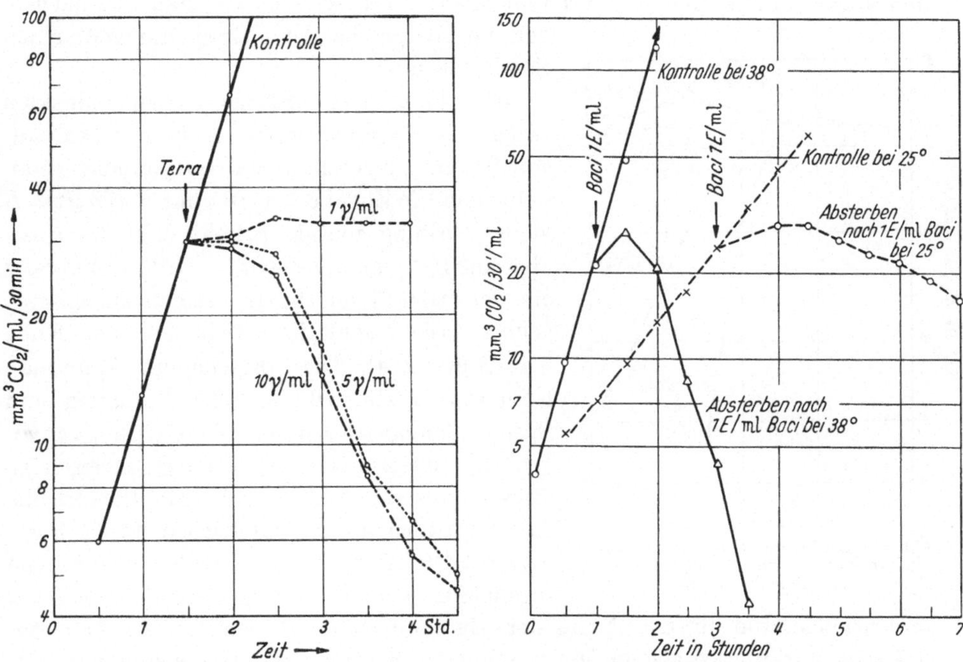

Abb. 12. Bacteriostatische und bactericide Wirkung von Oxytetracyclin bei schnell wachsenden viridans-Streptokokken

Abb. 13. Wirkung mäßiger Dosen von Bacitracin auf eine Staphylokokkenkultur bei schnellem und langsamem Wachstum

z. Z. des antibiotischen Eingriffs langsam assimilieren und erhöht sich im gegenteiligen Fall. Bei einigen der untersuchten Stämme zeigt sich, daß der Wirkungscharakter bei ein und demselben Stamm „umschlagen" kann. So besitzt z. B.
gegenüber schnell wachsenden Viridans-Streptokokken das Oxytetracyclin auch
bei hohen Keimdichten einen ausgesprochen bactericiden Charakter. Unterschwellige Dosen führen zur Wuchsverlangsamung; diese geht bei geringen Steigerungen der Konzentration aber schnell in einen Absterbevorgang über (Abb. 12).
Entzieht man dem Nährboden das Pepton, so führen bei sonst gleichen Versuchsbedingungen auch die höchsten Dosen Oxytetracyclin zu keinem Absterbevorgang
mehr, sondern bewirken eine reine Bacteriostase[96]. Sät man eine dichte Kultur
ruhender Keime in einen Oxytetracyclinhaltigen Nährboden, so ist auch mit
extremen Dosen lediglich eine Verhinderung des Vermehrungsvorganges festzustellen. Eine bactericide Wirkung kann in dieser Versuchsanordnung überhaupt
nur bei äußerst geringen Keimzahlen beobachtet werden. Nach diesen Befunden
ist die Wirkung der Tetracyclingruppe generell als bacteriostatisch anzusehen. Der

bactericide Effekt ist ein Sonderfall bei extremen Versuchsbedingungen. Es ist in vivo jedenfalls nicht damit zu rechnen.

Das *Bacitracin*[71] hat einen Wirkungsmodus, der sehr an das Penicillin erinnert. Abb. 13 zeigt, daß ein Stamm von Staph. aur. durch geringe Konzentrationen Bacitracin abgetötet wird. Man sieht in der Abb. 13 außerdem, daß das Phänomen der Absterbeverlangsamung bei niederen Wuchsgeschwindigkeiten auch hier zutrifft. Bacitracin kann somit als Bactericidicum mit denselben Einschränkungen bezeichnet werden wie sie für das Penicillin gelten: Es wirkt auf Keime, die sich in völliger Ruhe befinden, überhaupt nicht. In dieser Hinsicht stellt die nächste der zu besprechenden Erscheinungen einen Sonderfall dar.

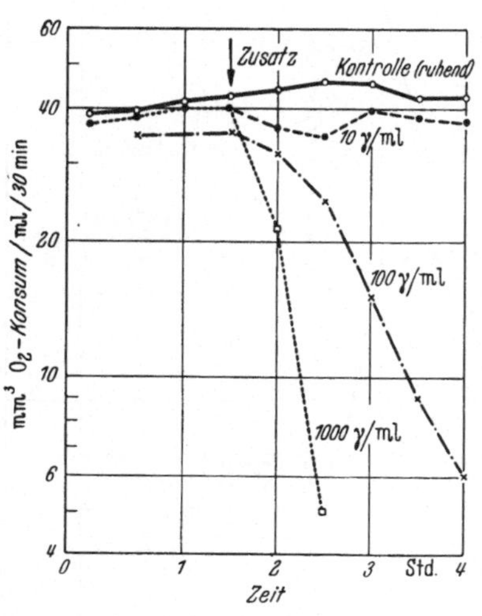

Abb. 14. Bactericide Wirkung von Polymyxin B auf ruhende Staphylokokken (Desinfektionstyp)

Abb. 14 zeigt eine Suspension von ruhenden Zellen des Staphylococcus aureus in einer baustofffreien, glucosehaltigen Suspension. Man sieht, daß die Zugabe von 10 γ/ml *Polymyxin B* keine Wirkung zeitigt. Erhöht man die Dosis aber auf 100 γ/ml und mehr, so tritt ein Vorgang ein, der in der Chemotherapie zu den Ausnahmen gehört: Die Population stirbt aus der Ruhe heraus direkt ab. Diese Erscheinung kann man beim Polymyxin nicht an allen Stämmen und Species demonstrieren. Bei P. aeruginosa (pyocyanea) ist es uns z. B. nicht gelungen, eine direkte, aus der Ruhe erfolgende Bactericidie zu verwirklichen. Das Absterben durch Polymyxin tritt bei wachsenden Kulturen hingegen regelmäßig ein. Es erfolgt bereits bei Konzentrationen, die in der Nähe der Hemmungsdosis liegen[83a]. Die bacteriostatische Wirkung ist also auf einen schmalen Konzentrationsbereich beschränkt. Schon eine Verdopplung der hemmenden Minimaldosis bringt den bactericiden Charakter des Polymyxins zum Vorschein. Das gleiche gilt für das *Tyrothricin*. Auch hier haben wir bei geringen Dosen eine vorwiegend bacteriostatische Wirkung, die erst bei höheren Konzentrationen in die Bactericidie übergeht[126, 143]. Auch hier kann man bei einigen Stämmen ein direktes, aus der Ruhe erfolgendes Absterben produzieren[113a]. Auch *Neomycin* wirkt bactericid, sobald die hemmende Dosis überschritten wird[72, 154]. Der Übergang zur Bactericidie erfolgt schon bei geringen Dosisüberschreitungen.

Man kann Polymyxin B und Neomycin mit Einschränkungen als Bactericidica bezeichnen. In gewissem Sinne gehört auch Tyrothricin dazu[113a]. Die Einschränkungen bestehen darin, daß die bactericide Wirkung sehr schnell abgeschwächt wird, sobald die Dichte der Population ansteigt. Dies ist bei dem typischen Bactericidicum Penicillin und auch beim Bacitracin nicht der Fall.

Zum Schluß sei das *Erythromycin* genannt. Es wirkt in niederen Dosen eher bacteriostatisch. Unter besonderen Experimentalbedingungen und bei hohen Dosen erfolgt ein ähnliches Absterben wie beim Penicillin[66a].

Überblicken wir die mitgeteilten Befunde, so besteht kein Zweifel daran, daß der Effekt der chemotherapeutischen Stoffe eine ganz besondere Form der antibakteriellen Wirkung darstellt. Der Modus dieser Wirkung kann zwar mit den Begriffen „Bactericidie" und „Bacteriostase" summarisch charakterisiert werden. Die reine Ausprägung des Wirkungstyps gibt es aber nur bei den Sulfonamiden als Bacteriostatica und dem Penicillin, dem Streptomycin und dem Bacitracin als Bactericidica. Alle übrigen Stoffe zeigen je nach der Versuchsanordnung und dem geprüften Stamm einmal Wachstumshemmung und ein andermal Abtötung. Diese tritt aber nur unter ganz besonderen Bedingungen in Erscheinung. Der gemeinschaftliche Nenner aller chemotherapeutischen Körper ist demnach nicht die Abtötung, sondern die Vermehrungshemmung. Nur in wenigen, besonders gelagerten Fällen scheint eine abtötende Wirkung auch im Organismus möglich und bedeutungsvoll zu sein (Meningitis[106], Endocarditis lenta[81]). Sie ist aber nur beim Penicillin, Streptomycin und deren Kombination zu erwarten, allenfalls beim Bacitracin[84, 92, 98]. Durch diese Erkenntnis wird uns sehr eindrucksvoll demonstriert, daß die Chemotherapie immer nur die eine Hälfte der Arbeit zur Überwindung der Infektion übernehmen kann, nämlich die Schädigung der Erreger (Bacteriostase); die andere Hälfte muß von den Abwehrkräften des Wirtsorganismus getan werden. Die Chemotherapie ist in diesem Sinne als ein obligates Zusammenwirken von Medikament und körpereigener Keimvernichtung anzusehen.

Ganz besonders deutlich tritt das Problem der Bacteriostase bei der Tuberkulosetherapie zutage: Die bisher zur Verfügung stehenden Mittel sind alle nur „tuberkulostatisch". Da bei Tuberkulose die körpereigene Keimvernichtung langsamer und unvollständiger erfolgt als bei den bakteriellen Infektionen, hat die Chemotherapie der Tuberkulose vor allem die Aufgabe, die schnell verlaufenden, exsudativen Formen zu bremsen bzw. zum Stillstand zu bringen — dies bedeutet cum grano salis eine Überführung der akuten Form in die chronische. Sobald dieser Schritt vollzogen ist, bleibt für die Tuberkulostatica kaum mehr eine Angriffsfläche; die weitere Eindämmung, Abriegelung, Organisation und Konsolidierung der Herde ist von diesem Zeitpunkte an mehr ein immunbiologisches Problem als eines der Chemotherapie. Der lediglich unterstützende Charakter der Chemotherapie im Infektionsgeschehen tritt bei der Tuberkulose somit besonders instruktiv in Erscheinung.

Das Phänomen der Bacteriostase, wie sie der Chemotherapeut versteht, ist geeignet, besonders deutlich zu demonstrieren, daß der chemotherapeutische Erfolg etwas gänzlich anderes ist als die Abtötung einer Kultur durch Desinfektionsmittel. Wenn auch eine begriffliche Trennung der *Desinfektionsmittel* von den *Chemotherapeutica* in letzter Konsequenz nicht befriedigend möglich ist, so ist es aus didaktischen Gründen doch unerläßlich, sich die hauptsächlichen Unterschiede schematisch vor Augen zu halten. Die Desinfektionsmittel haben gegenüber den Chemotherapeutica eher den Charakter von allgemeinen Protoplasmagiften: Sie zeigen eine wesentlich geringere Selektivität, haben also kein scharf umrissenes Wirkungsspektrum, sondern einen von Species und Stamm relativ unabhängigen Effekt. Sie reduzieren stets die Population im Sinne eines Dezimierungsvorganges, wenn sie auch nicht immer und schlagartig zur Sterilisierung führen. Es ist dabei prinzipiell gleichgültig, ob das Desinfektionsmittel die Kultur in der Ruhe antrifft oder während der Vermehrung: Ein Absterbeprozeß ist stets nachzuweisen. Seine Geschwindigkeit und das Ausmaß seines Enderfolges hängen dabei von der Dosis und den Versuchsbedingungen ab. Demgegenüber zeigen die chemotherapeutischen Substanzen ein überaus charakteristisches, scharf begrenztes Wirkungsspektrum. Sie wirken bacteriostatisch oder bactericid. Charakteristisch ist jedoch die Tatsache, daß sich eine Kultur von ruhenden Bakterien gegenüber der abtötenden

Wirkung von Chemotherapeutica mit wenigen Ausnahmen refraktär verhält. Aus dem skizzierten Wirkungsmodus der Chemotherapeutica muß man den Schluß ziehen, daß ihre Wirkung auf die Zelle nicht im Sinne einer schlagartigen und irreversiblen Alteration lebenswichtiger Zellstrukturen zu verstehen ist, wie wir es für eine Reihe von Desinfektionsmitteln annehmen müssen. Auch von dieser Seite aus gesehen liegt es viel näher, sich die Wirkung der Chemotherapeutica als Blokkade gewisser Stoffwechselreaktionen vorzustellen, wobei die Zellen der Population entweder assimilationsunfähig werden, im übrigen aber alle intakt bleiben (Bacteriostase), oder aber an einer durch die selektive Stoffwechselhemmung bedingten Mangelerscheinung bzw. an der Anhäufung toxischer Zwischenprodukte absterben (Bactericidie).

Es sei noch ausdrücklich darauf hingewiesen, daß wir die Begriffe „Bacteriostase" und „Bactericidie" in der Chemotherapie anders formulieren, als es in der Lehre von den Desinfektionsmitteln üblich ist. Der Desinfektionsfachmann bezeichnet einen Effekt dann als bacteriostatisch, wenn nach einer gegebenen Zeit überhaupt lebende Keime gefunden werden. Der Begriff Bacteriostase und Bactericidie wird hier nach dem Sterilisationserfolg definiert. Diese Verwendung der Begriffe ist wissenschaftlich nicht korrekt und kann nur als Lizenz an die besonderen Interessenpunkte der Desinfektionspraxis akzeptiert werden.

B. Synergismus und Antagonismus
1. Begriffsbestimmung

In der Chemotherapie werden die Worte „Synergismus" und „Antagonismus" gebraucht, um den Modus des Zusammenwirkens innerhalb einer Kombination von antibakteriellen Arzneimitteln zu kennzeichnen. Dies geschieht, indem die Wirkungsgröße der Kombination mit derjenigen ihrer Einzelkomponenten verglichen wird. Die hierbei verwendeten Begriffe sind der Pharmakologie entlehnt. Ihr ursprünglich scharf umrissener Inhalt hat sich in der Mikrobiologie allerdings ausgeweitet und verändert.

In der Pharmakologie spricht man im Hinblick auf das Zusammenwirken zweier Medikamente mit *gleichsinnig gerichtetem* Endeffekt dann von *Synergismus*, wenn die Wirkung der Kombination höher ist als jede der beiden Einzelwirkungen, jedoch nicht höher, als der einfachen Wirkungssumme entspricht. Es kann dabei im günstigsten Fall zu einer verlustlosen Superposition beider Einzelwirkungen kommen (additiver Synergismus). In anderen Fällen ist der Kombinationseffekt zwar größer als jede der beiden Einzelwirkungen, jedoch kleiner als die Wirkungssumme; die Kombination ergibt einen relativen Wirkungsverlust (unteradditiver Synergismus). Ist die Wirkung der Kombination größer, als es bei verlustloser Addition der Einzelwirkungen der Fall wäre, so spricht man nicht mehr von Synergismus, sondern von *Potenzierung*. Diese zeigt ein Plus an Wirkung, welches durch einfache Superposition nicht erklärt werden kann. — Zeigen die Einzeleffekte *gegensinnige Richtung*, so ergibt die Kombination einen Wirkungsverlust. In diesem Fall sprechen wir von *Antagonismus*.

Es soll beispielsweise die Kombination der Medikamente A und B untersucht werden, und zwar für die festgelegten Konzentrationen C_A und C_B. Es wird hierzu am gleichen biologischen Objekt die Wirkungsgröße für C_A, für C_B und schließlich für die Kombination $C_A + C_B$ geprüft.

Strenggenommen dürfen die Wirkungsgrößen nur dann mit einfachen Operationen der Arithmetik bearbeitet und verglichen werden, wenn bestimmte Voraussetzungen als gegeben anzusehen sind oder arbitrarisch als gegeben angenommen werden.

Erstens: Die gemessenen Effekte von C_A und von C_B müssen ebenso wie die der Kombination $C_A + C_B$ im Endeffekt qualitativ gleich sein, um sinnvoll nach demselben Maßsystem bewertet und ausgedrückt zu werden. Zweitens wird vorausgesetzt, daß die Dosis-Wirkungskurven für A und für B kongruent verlaufen[113]. Die arithmetische Bewertungsform selbst setzt drittens schließlich einen linearen Verlauf der Dosis-Wirkungsbeziehung innerhalb des Untersuchungsbereiches voraus. Gerade diese Voraussetzung ist nicht oft gegeben.

Es können sich bei einer Auswertung nach diesen Kriterien folgende Möglichkeiten ergeben:

1a) C_A und C_B wirken im Endeffekt gleichsinnig. Ihre Kombination $C_A + C_B$ zeigt eine Wirkung, die nach dem verwendeten Maßsystem der Summe beider Einzelwirkungen entspricht. Beispiel: C_A verursacht 15 mm Blutdrucksteigerung; C_B verursacht 15 mm Blutdrucksteigerung. Die Kombination $1/2\,C_A + 1/2\,C_B$ bewirkt wiederum eine Erhöhung um 15 mm. Zusammenfassende Bezeichnung: *additiver Synergismus*.

b) C_A bewirkt eine Steigerung des Blutdruckes um 20 mm. C_B bewirkt ebenfalls eine Erhöhung um 20 mm. Die Kombination $1/2\,C_A + 1/2\,C_B$ ergibt eine Steigerung um 15 mm. Bezeichnung: *Unteradditiver Synergismus*.

2. C_A und C_B wirken gleichsinnig. Die Wirkung ihrer Kombination ist größer als die Summe der Einzelwirkungen. Beispiel: C_A steigert den Blutdruck um 15 mm, C_B ebenfalls um 15 mm. $1/10\,C_A + 1/10\,C_B$ ergeben zusammen wieder 15 mm. Zusammenfassende Bezeichnung: *Potenzierung*.

3. C_A hat für sich allein überhaupt keine erkennbare Wirkung — auch in hohen Dosen nicht. C_R wirkt auch allein. Die Wirkung der Kombination $C_B + C_A$ ist wesentlich höher als die Wirkung von C_B. Beispiel: Das selbst nicht antibakterielle Kobalt[87a] (C_A) verstärkt die Wirkung des antibakteriellen Penicillins (C_B). Zusammenfassende Bezeichnung: *Wirkungsaktivierung*. (Eine genauere Bezeichnung existiert nicht.) A figuriert als „Aktivator" für B.

4. C_A und C_B wirken beide für sich allein, aber gegensinnig. Der Effekt der Kombination entspricht der Differenz beider Einzelwirkungen. Beispiel: C_A verursacht eine Blutdruckerhöhung von 20 mm. C_B bewirkt eine Blutdrucksenkung von 20 mm. Die Kombination $C_A + C_B$ ergibt annähernd den Ausgangsblutdruck. Zusammenfassende Bezeichnung: *Antagonismus*.

5. C_A und C_B wirken beide für sich allein und gleichsinnig. Ihre Kombination ergibt indessen einen Wirkungsverlust; die erzielte Wirkung ist im Endresultat kleiner als jede der beiden Einzelwirkungen. Beispiel: C_A bewirkt die Heilung von 40% der infizierten Tiere, C_B von 20%. Die Kombination $C_A + C_B$ erzielt aber nur 5% Heilungen. Zusammenfassende Bezeichnung: *Interferenz*, bezogen auf den Endeffekt.

6. C_A zeigt für sich allein keinerlei Wirkung. C_B wirkt für sich allein. In der Kombination $C_A + C_B$ ist die Wirkung kleiner als die von C_B allein. C_A schwächt also, ohne selbst eine Wirkung zu zeigen, den Effekt von C_B ab. Beispiel: Die p-Aminobenzoesäure C_A, die für sich allein indifferent ist, schwächt die antibakterielle Wirkung der Sulfonamide C_B ab. Zusammenfassende Bezeichnung: *Wirkungsabschwächung*. A ist ein *Inhibitor* für B.

Es soll nicht verschwiegen werden, daß bei Betrachtung der Arzneimittelkombinationen jeder Versuch, scharfe Definitionen herauszuarbeiten, auf große Schwierigkeiten prinzipieller Art stößt, sobald die Frage diskutiert wird, wie ein Arzneimittelpaar im Hinblick auf sein Zusammenwirken generell und unabhängig von der Konzentration charakterisiert werden soll. Es leuchtet ein, daß hierbei unter Umständen jede Konzentrationskonstellation eine andere Charakteristik verlangt.

Verwendung der Bezeichnungen in der Mikrobiologie. Die erläuterten Begriffe werden in der Mikrobiologie nicht in der strengen Form benutzt wie in der Pharmakologie. Ihre Verwendung erfolgt mehr summarisch, ja oftmals inkonsequent. Der begriffliche Unterschied zwischen Antagonismus, Interferenz und Inhibitorwirkung wird in der mikrobiologischen Terminologie nicht genau berücksichtigt. So bezeichnet man z. B. die Aufhebung der Sulfonamidwirkung durch die p-Aminobenzoesäure allgemein als Antagonismus obwohl der Ausdruck Inhibitor hier besser am Platze wäre. Bei der Kombination von Antibiotica ergibt sich, wie noch berichtet werden wird, gelegentlich die Erscheinung, daß zwei begrenzt bactericide Stoffe in der Kombination einen Abtötungseffekt erzielen, der in dieser Form von keinem der einzelnen Medikamente erreicht wird — auch mit den höchsten Dosen nicht. Obgleich diese „Wirkungsaktivierung" die Qualität des Wirkungscharakters selbst berührt, wird sie als Synergismus bezeichnet. Zwischen Synergismus und Potenzierung wird zudem kein scharfer Unterschied gemacht. Die Ausdrücke werden in den meisten Arbeiten synonym benutzt.

Eine grundsätzliche Schwierigkeit der Mikrobiologie ist in der Tatsache zu sehen, daß bei der Reaktion des lebenden Objekts auf das Arzneimittel die Grenzen zwischen der Wirkungslosigkeit und dem maximalen, nicht weiter zu steigernden Effekt meistens sehr dicht beieinanderliegen. Man kann daher als Maß für die Wirkungsgröße Abstufungen in der Reaktion des Objekts nicht verwenden. Die Bewertung erfolgt nach dem System der Schwellendosis: Es wird ein Effekt von ganz bestimmter Größe und Beschaffenheit als fester Prüfmaßstab genommen; als Ausdruck für die Wirkungsgröße eines Arzneimittels wird dann die kleinste Dosis ermittelt, die den festgelegten Effekt noch gerade erzielt. Als maßstäbliche Effekte dieser Art dienen: Unterdrückung des makroskopisch sichtbaren Wachstums im Bouillonröhrchen, Sterilisierung einer bestimmten Einsaat, Reduzierung der 18 Std.-Ernte auf 50% gegenüber der Kontrolle u. a. m. Man geht dabei so vor, daß man die Schwellenkonzentration für das Medikament A und das Medikament B einzeln bestimmt. Dann wird die Schwellendosis für A in Gegenwart verschiedener Konzentrationen von B eruiert und umgekehrt. Es kann durch den Zusatz von B eine Herabsetzung der Schwellendosis für A erfolgen oder aber (sehr selten) eine Steigerung derselben. Eine zusammenfassende Charakterisierung des untersuchten Arzneimittelpaares kann nur erfolgen, wenn die Veränderung der Schwellendosis für A als *Funktion* der zugesetzten Menge von B lückenlos dargestellt wird und umgekehrt.

Die wissenschaftlich korrekte Kennzeichnung eines Kombinationspaares ist in der Mikrobiologie in mancher Hinsicht problematischer als in der Pharmakologie. Vor allem gilt dies, sobald man versucht, die Befunde quantitativ zu formulieren. Es sei auch hier wieder an die erwähnten grundsätzlichen Voraussetzungen bezüglich der Dosis-Wirkungskurven hingewiesen, die wir bei unserem Objekt — wohl meistenteils zu Unrecht — als gegeben ansehen müssen, da ihre Ermittlung auf unüberwindliche Schwierigkeiten theoretischer Art stößt. So bleibt der Versuch, die experimentell demonstrierte Wirkungssteigerung zweier Stoffe quantitativ zu formulieren, eigentlich graue Theorie. Immer hat deshalb die generelle Aussage über das Verhalten einer Kombination vorwiegend qualitativ-orientierenden Charakter. Sie besitzt auch nur dann Verbindlichkeit, wenn die Veränderung der Wirkungsgröße in extremer Form vor sich geht, oder wenn eine Änderung der Wirkungsqualität erfolgt.

Jede Untersuchung einer chemotherapeutischen Kombination hat zur Voraussetzung, daß die Wirkung an Hand genau festgelegter Kriterien registriert und bewertet wird. Es kann ein und demselben Arzneimittelpaar die Bezeichnung „Potenzierung" mit sehr verschiedenartigen Versuchsanordnungen zuerkannt worden sein: Es kann sich dieser Ausdruck auf die makroskopische Prüfung der Wachstumshemmung im Reihenverdünnungstest beziehen; es kann ihm aber ebensogut eine Prüfung der Absterberate zugrundeliegen. Es sollte im Interesse der Klarheit bei Verwendung der Ausdrücke Synergismus und Antagonismus stets angegeben werden, ob sie sich auf die Prüfung des Keimwachstums oder auf die Untersuchung der Bactericidierate beziehen. Erfolgt dies nicht, so sind unzulässige Verallgemeinerungen die Folge.

2. Zusammenwirken zweier Stoffe im Hinblick auf die Wachstumshemmung

Um die bacteriostatische Kraft eines Chemotherapeuticums gegenüber einem bestimmten Stamm beurteilen zu können, ermitteln wir im Reihenverdünnungstest diejenige Konzentration, welche gerade noch ausreicht, eine bestimmte Aussaat in Bouillon an der makroskopisch sichtbaren Vermehrung zu hindern. Die abgelesene Hemmungsdosis dient als Maß für die Größe der bacteriostatischen Kraft des Medikamentes bzw. als Maß für die Empfindlichkeit des Stammes. Läßt

man eine Kombination von zwei Stoffen A und B auf den Stamm wirken, so erhebt sich die Frage, ob die bacteriostatische Kraft der Kombination $A + B$ größer oder kleiner ist als der Summe beider Einzelwirkungen entspricht. Zur Beantwortung dieser Frage bietet sich im Sinne der einleitenden Ausführungen nur ein Weg: Wir müssen feststellen, ob und wie sich die Hemmungsdosis für das Medikament B in Gegenwart eines Zusatzes von A verändert, ob also der Stamm in Anwesenheit einer bestimmten Dosis A empfindlicher gegen B wird. Wir betrachten hierbei B als „Basis" (Hauptmedikament) und bezeichnen A

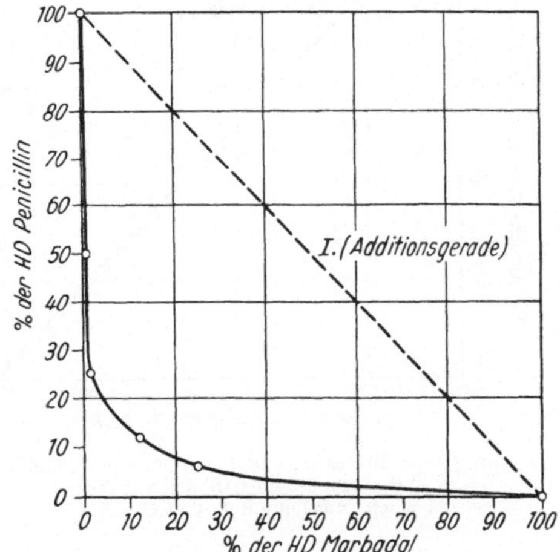

Abb. 15. Potenzierung der hemmenden Wirkung durch die Kombination Penicillin-Marbadal

als „Adjuvans" (Hilfsmedikament). Es ist klar, daß die Herabsetzung der Hemmungsdosis von B durch die gleichzeitige Anwesenheit von A sehr verschiedene Ausmaße haben kann, je nachdem, mit welcher Dosis von A man die Wirkung von B unterstützt. Es wird also, wenn man das Zusammenwirken von B mit A erschöpfend beurteilen will, notwendig sein, die Größe der bacteriostatischen Wirksamkeit von B bei sehr verschiedenen Zusätzen von A zu untersuchen, wobei die Hemmungsdosis für B als eine Funktion angesehen werden muß, die von der Größe des Zusatzes abhängig ist.

Wir betrachten als Beispiel das Verhalten des Arzneimittelpaares Penicillin-Marbadal gegenüber einem Stamm des Staph. aur. Wir ermitteln die Hemmdosis für Penicillin allein sowie für Marbadal allein und bezeichnen sie jeweils mit 100%. Anschließend stellen wir fest, welche Konzentrationen Penicillin zur vollen Hemmung noch ausreichen, wenn in allen Röhrchen der Verdünnungsreihe ein konstanter Zusatz von 50% der Marbadal-Hemmungsdosis anwesend ist; das gleiche wird mit Zusätzen von 25; 12,5; 6; 3 und 1,5% der Hemmdosis Marbadal wiederholt. Abb. 15 zeigt das Resultat: Auf der x-Achse ist mit 100% eine Strecke abgegriffen, welche die Hemmdosis für Marbadal allein darstellt (sie beträgt in diesem Versuch 200 γ/ml). Auf der y-Achse ist die Hemmdosis für Penicillin

(0,06 E/ml) als 100% aufgetragen. Die eingezeichnete Kurve stellt das Resultat des Versuches dar. Bei ihrer Deutung gehen wir von der Frage aus, ob das Zusammenwirken von Penicillin mit Marbadal im Sinne einer einfachen Wirkungsaddition zu verstehen ist, oder ob der Effekt über den einer Summierung hinausgeht. Bei reiner Addition würde definitionsgemäß die Anwesenheit von 50% der Marbadal-Hemmdosis die Schwellenkonzentration für Penicillin auf 50% herabdrücken. Ein Zusatz von 25% der Hemmdosis Marbadal würde die Penicillinschwelle auf 75% reduzieren usw. Die Verhältnisse werden sofort klar, wenn man die beiden der 100%igen Hemmdosis entsprechenden Punkte der x- und der

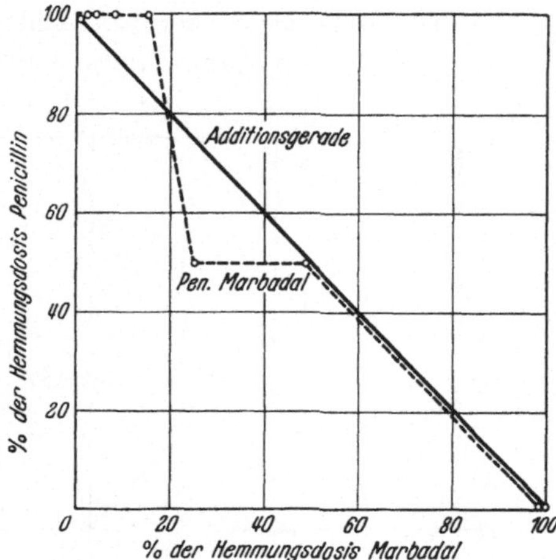

Abb. 16. Additives Zusammenwirken von Penicillin und Marbadal im Hinblick auf die Wachstumshemmung von E. coli

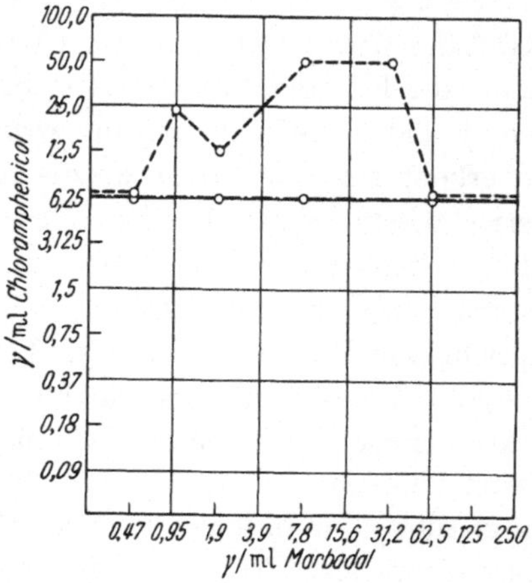

Abb. 17. Interferenz zwischen Chloramphenicol und Marbadal im Hinblick auf die wachstumshemmende Wirkung

y-Achse durch eine Gerade verbindet. Diese Gerade ist der geometrische Ort aller Punkte, deren Koordinatensumme 100% beträgt. Sie repräsentiert die additive Wirkung. Es sei daran erinnert, daß bei dieser Operation eine lineare Beziehung zwischen Dosis und Wirkungsgröße im unterschwelligen Bereich vorausgesetzt wird. Betrachten wir nun die experimentell ermittelte Kurve, so fällt auf, daß die Hemmdosis für Penicillin bei steigenden Zusätzen von Marbadal in einer Weise abfällt, die von dem Verlauf der Additionsfunktion erheblich abweicht: In Gegenwart von 25% der Hemmdosis Marbadal beträgt die Hemmdosis für Penicillin nicht 75%, wie es bei reiner Addition zu erwarten wäre, sondern nur 6%. Wir kommen also mit $^1/_{12}$ der bei der Addition zu erwartenden Penicillindosis aus. Das über die Addition hinausgehende Plus an Wirkung (Potenzierung) stellt sich durch eine Anschmiegung der Kurve an die x- und y-Achse dar.

Als Beispiel für ein rein additives Verhalten bringen wir für das gleiche Arzneimittelpaar in Abb. 16 den an E. coli erhobenen Befund. Die ermittelte Kurve weicht von der Additionsgeraden nicht signifikant ab.

Abb. 17 zeigt den sehr seltenen Fall einer Interferenz zweier chemotherapeutischer Stoffe im Hinblick auf den Hemmeffekt. Die Hemmdosis für Chloramphenicol erhöht sich bei einem Stamm des Staph. aur. bei Anwesenheit bestimmter Marbadalkonzentrationen auf das 8fache. Merkwürdigerweise ist dieser Effekt nur bei bestimmten Konzentrationen des zugesetzten Marbadals zu beobachten.

Bei der Untersuchung einer großen Zahl von Arzneimittelkombinationen an einem großen Material von Kulturen ist festgestellt worden, daß je nach Stamm und Kombinationstyp das Zusammenwirken der beiden Stoffe in sehr unterschiedlichen Formen auftritt. So kann man sagen, daß feste Regeln kaum aufgestellt werden können. Es ist aber erlaubt, eines zu vermerken: Ein echter Wirkungsverlust („Antagonismus"), also eine wechselseitige Abschwächung der hemmenden Kraft kommt im Verdünnungstest nur selten zur Beobachtung und ist zudem an bestimmte Versuchsbedingungen und Konzentrationskonstellationen gebunden. In der chemotherapeutischen Praxis braucht man mit ihr nicht zu rechnen.

Wenn eine echte Beeinträchtigung der wachstumshemmenden Kraft durch die Kombination zweier Chemotherapeutica zu den großen Ausnahmen gehört, so ist ihr Gegenstück, nämlich die Potenzierung der hemmenden Kraft, keineswegs selten. Am besten studiert ist sie bei den Kombinationen des Penicillins mit Sulfonamiden und mit Streptomycin. Bei der Kombination des Penicillins mit Sulfonamiden zeigt ein Teil der Stämme eine bacteriostatische Potenzierung, ein anderer wieder nur Addition. Da die diesbezüglichen Untersuchungen technisch sehr schwierig sind, ist eine schlüssige Angabe über Vorkommen und Häufigkeit der Potenzierung einerseits und der Addition andererseits nicht beizubringen. Man muß sich mit der Feststellung begnügen, daß für die Kombination Penicillin-Sulfonamid eine Potenzierung der bacteriostatischen Kraft nicht in jedem Fall erwartet werden kann, daß aber die Addition das Mindestmaß an Wirkungssteigerung darstellt, mit dem in diesem Fall gerechnet werden kann.

Die Kombination Penicillin-Streptomycin zeigt bei sensiblen Erregern, z. B. Staph. aur. oder Streptokokken nicht selten eine Potenzierung im Hinblick auf die Wachstumshemmung. Bei Stämmen, die gegen eine der betreffenden Einzelkomponenten relativ resistent sind, scheint die Addition zu überwiegen, z. B. bei E. coli. Bei der Kombination Penicillin-Streptomycin ist die Steigerung der hemmenden Kraft weniger interessant. Viel aktueller ist hier die Frage, inwieweit das Zusammenwirken der beiden Stoffe die Abtötungsrate erhöht (s. S. 32 u. 159).

Für die Kombination der übrigen Chemotherapeutica ist im Hinblick auf ihr Zusammenwirken bei der Wachstumshemmung wenig bekannt. Aus den Angaben der Literatur ist zu entnehmen, daß es sich größtenteils um additive Wirkungssteigerungen handelt[115].

Für die abschließende Beurteilung der bacteriostatischen Potenzierung ist noch eine Frage bedeutsam. Sie bezieht sich auf die wirkungssteigernde Kraft des zugesetzten Zweitmedikamentes in Abhängigkeit von dessen Konzentration. Anders ausgedrückt: Welcher Mindestbetrag an Zweitmedikament muß vorhanden sein, um eine ins Gewicht fallende Reduktion der Hemmungsdosis für das Hauptmedikament zu erzielen? Aus der bereits kommentierten Abb. 15 ist herauszulesen, daß die potenzierende Wirkung des Marbadal um so größer ist, je mehr sich seine Konzentration der totalen Hemmungsdosis nähert. Die Kurve zeigt weiter, daß die Penicillinhemmdosis nur unerheblich reduziert wird, sobald die anwesende Marbadalkonzentration unter 10% der hemmenden Dosis sinkt. Man kann damit sagen, daß der potenzierende Effekt zwar bei Teildosen eintritt, die selbst mikrobiologisch unterhalb der hemmenden Einzeldosis liegen, daß die Konzentration der Kombinationselemente aber mindestens den Wert von $^1/_{10}$ der Hemmungsdosis haben muß, wenn der potenzierende Effekt nicht verschwinden soll.

3. Zusammenwirken zweier Stoffe im Hinblick auf die Abtötung

Bei der Beurteilung des Zusammenwirkens zweier Stoffe im Hinblick auf den bacteriostatischen Effekt, können die Wirkungsgrößen, wie gezeigt worden ist, quantitativ ermittelt und formuliert werden. Bei der Untersuchung der bactericiden Kraft wird ein solches Vorgehen wesentlich mühevoller. Um die abtötende Wirkung beurteilen zu können, ist auf jeden Fall eine Subkultur, meistens aber eine Keimzählung notwendig. Hierbei erhebt sich die Frage, auf welches Maß-

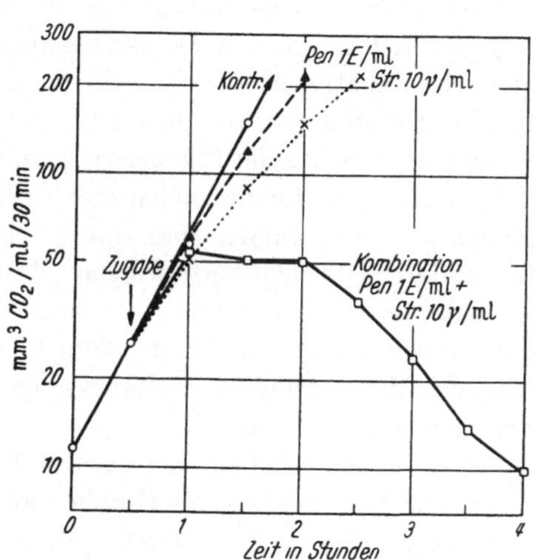

Abb. 18. Potenzierung der bactericiden Wirksamkeit durch Kombination von unterschwelligen Dosen Penicillin und Streptomycin. Streptococcus viridans

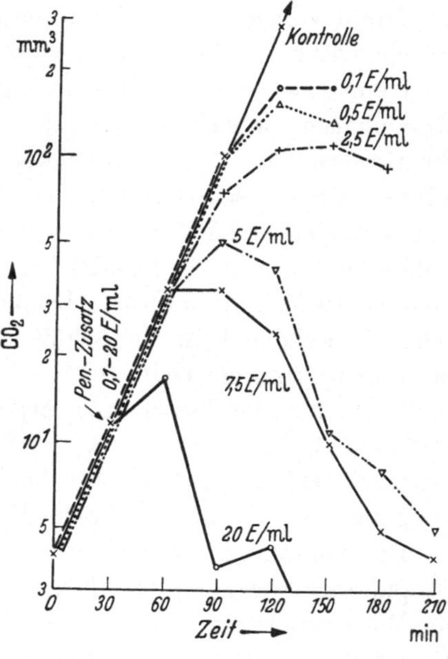

Abb. 19. Wirkung verschiedener Penicillinkonzentrationen auf viridans-Streptokokken. Es ist der gleiche Stamm benutzt worden wie in dem Versuch der Abb. 18

system die abtötende Kraft bezogen werden soll. Prinzipiell sind zwei Wege gangbar. Es wird entweder die Geschwindigkeit des Absterbens ermittelt und als „Halbwertszeit" formuliert, oder man legt den Sterilisationserfolg als Kriterium zugrunde und bestimmt die Höhe der dazu notwendigen Minimaldosen. Das erste Prinzip erfordert wiederholte Keimzählungen. Die Größe des antibakteriellen Effektes wird dann für eine feststehende Dosis als Geschwindigkeit formuliert. Das zweite Verfahren verlangt die Durchführung eines Reihenverdünnungstests. Zur Erkennung des Sterilisationserfolges wird die Subkultur ausgeführt. Diese Methode ist jedoch nicht immer brauchbar, da für zahlreiche Stämme eine Sterilisierung der Einsaat auch mit den höchsten Dosen nicht gelingt. Bei der Bearbeitung der Probleme, die sich auf den bacericiden Synergismus und Antagonismus beziehen, wird deshalb vornehmlich die Methode der fortlaufenden Keimzählung verwendet, obwohl sie einen größeren Aufwand verlangt. Dies hat zur Folge, daß die Beurteilung der Bactericidie nicht mehr als quantitativer Vergleich der Wirkungsgröße erfolgt, sondern auf Befunden basiert, die mehr qualitativen Charakter haben.

Abb. 18 zeigt einen Versuch, der das Zusammenwirken von Penicillin und Streptomycin gegenüber einem Viridansstamm demonstriert. Das Schicksal der Kultur wurde durch fortlaufende Messung der Glykolyse verfolgt. Es wurden drei verschiedenen Ansätzen während der logarithmischen Phase jeweils 1 E/ml Penicillin, 10 γ/ml Streptomycin und schließlich die Kombination 1 E/ml Penicillin + 10 γ/ml Streptomycin zugesetzt. Die vierte Kultur blieb als Kontrolle, ohne Behandlung. Man sieht, daß die einzeln gegebene Streptomycindosis ebenso wie das allein gegebene Penicillin die Wuchsgeschwindigkeit nur ganz geringfügig beeinflußt. Die simultan erfolgende Gabe beider Stoffe bewirkt hingegen ein schnelles und gründliches Absterben; nach 8 Std. erweist sich die Subkultur als steril. Will man bei diesem Versuch feststellen, um das Wievielfache das Penicillin in seiner abtötenden Wirkung gesteigert worden ist, so muß man zuerst ermitteln, wie hoch die Dosis des allein gegebenen Penicillins sein muß, wenn sie ein gleiches Absterben verursachen soll wie die Kombination. Abb. 19 zeigt die Wirkung abgestufter Dosen Penicillin unter den gleichen Bedingungen bei demselben Stamm. Man sieht, daß ein Absterben, wie es bei der Kombination erfolgt, dann erzielt werden kann, wenn der Penicillinzusatz 7,5 E/ml beträgt. Durch die Kombination mit Streptomycin ist die Penicillinwirkung demnach um das 5- bis 7fache gesteigert worden. Die Dosis von 10 γ/ml Streptomycin zeigt für sich allein etwa die gleiche Wirkungsgröße wie die Penicillindosis von 1 E/ml. Im Fall der Abb. 18 wäre bei reiner Addition mithin ein Effekt zu erwarten, wie er in dem Versuch der Abb. 19 etwa bei 2—2,5 E/ml Penicillin eintritt. Wir können, da der Absterbeeffekt der Kombination darüber hinausgeht (Abb. 18), von einer Potenzierung mit Sicherheit sprechen. Wegen der Schwierigkeit der Versuchsanordnung ist es natürlich nicht möglich, die generelle Charakterisierung der verwendeten Kombination exakt als Funktion zu formulieren. Immerhin aber erweist es sich als möglich, eine Aussage wenigstens für eine Konzentrationskonstellation zu treffen.

Nach der eingangs entwickelten Nomenklatur wäre die erläuterte Erscheinung als *Potenzierung der bactericiden Wirkung* zu bezeichnen. Die amerikanischen Autoren, die dieses Phänomen entdeckt und ausführlich bearbeitet haben[123, 83, 85], verwenden, wie schon erwähnt, den Ausdruck Synergismus für *alle* Steigerungen der bactericiden Wirkung, soweit diese durch Zugabe eines zweiten Mittels erzielt werden und über die Einzelwirkungen hinausgehen. Die Versuchsanordnungen der amerikanischen Forscher weichen übrigens von der eben demonstrierten ab. Die Keime werden von dem Antibioticum nicht in der logarithmischen Phase überfallen, sondern in ruhendem Zustand (18 Std.-Kultur) in die mit dem Medikament beschickte Bouillon eingesät. Es wird dann in Intervallen von mehreren Stunden die Keimzahl bestimmt und der Versuch meistens nach 48 Std. abgeschlossen. Die Absterbevorgänge verlaufen unter diesen Voraussetzungen nicht so stürmisch, wie es bei Keimen der Fall ist, die mitten im Wachstum vom Antibioticum betroffen werden.

Zahlreiche Fälle zeigen nun, daß der Kombinationseffekt nicht allein darin besteht, die Wirkung einer kleinen Dosis Penicillin gewissermaßen in den Effekt einer größeren Dosis zu verwandeln. Es werden durch die Kombination vielmehr Erscheinungen ausgelöst, die jenseits dessen liegen, was mit einem einzeln gegebenen Medikament überhaupt erreicht werden kann. Dies wird besonders dann deutlich, wenn man die Überlebensquoten betrachtet: In vielen Fällen führt die Kombination auch dort noch zu einer Sterilisierung der Kultur, wo dieses Resultat mit keiner Dosis der einzeln gegebenen Arzneimittel erreicht werden kann. In diesen Fällen verhält sich also die Kombination, streng genommen, wie ein neues Antibioticum; sie hat eine andere Wirkungsqualität als ihre Einzelkomponenten.

Die zweite grundlegende Erscheinung, die bei der Wirkung von Kombinationen auf die Absterberate beobachtet wird, ist die *Abschwächung der bactericiden Kraft.* Abb. 20 zeigt, daß bei einer Staphylokokkenkultur der Zusatz von 1 E/ml Penicillin zu einem schnellen Absterben führt. Der alleinige Zusatz von 0,5 γ/ml Terramycin erzeugt eine Bacteriostase, die für diesen Stamm die maximale Wirkung darstellt. Werden nun beide Stoffe als Kombination appliziert, so resultiert ein Effekt, der von demjenigen des allein gegebenen Terramycins praktisch nicht zu unterscheiden ist. Das Gemisch der beiden Antibiotica benimmt sich so, als ob es nur aus Terramycin bestünde; die bactericide Wirkung des Penicillins erscheint vollkommen unterdrückt. Dieser Versuch läßt sich im Sinne unserer Ausführungen (S. 16, 21, 23) leicht erklären. Das Terramycin zwingt den Stamm sofort in die Ruhephase und macht ihn damit für die bactericide Wirkung des Penicillins unangreifbar. In der Tat läßt sich an zahlreichen Beispielen zeigen, daß bacteriostatisch wirkende Stoffe dann, wenn sie mit bactericiden Körpern zusammen gegeben werden,

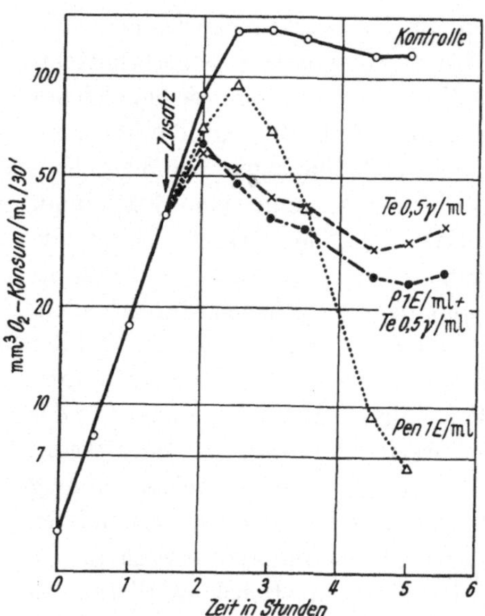

Abb. 20. Aufhebung der bactericiden Penicillinwirkung durch gleichzeitige Zugabe einer bacteriostatisch wirkenden Dosis Terramycin (Oxytetracyclin)

letztere in ihrer abtötenden Wirkung abschwächen oder ganz aufheben. So kann durch gleichzeitig applizierte Gaben von Sulfonamiden oder von Chloramphenicol die bactericide Wirkung des Penicillins herabgesetzt werden [85], [77].

Bei der Durchuntersuchung einer großen Reihe von Kombinationen fanden amerikanische Autoren[83], daß sich gewisse Regeln für das Verhalten von Antibiotica-Kombinationen aufstellen lassen. Sie besagen, daß Medikamente von bactericidem Wirkungscharakter — hierher gehört Penicillin, Streptomycin, Bacitracin, Neomycin — ohne Wirkungsverlust (meistens mit Potenzierung) untereinander kombiniert werden können. Medikamente von bacteriostatischer Wirkungsqualität — Chloramphenicol und Tetracyclinabkömmlinge — ergeben untereinander kombiniert lediglich eine Addition der wachstumshemmenden Einzeleffekte. Die Kombination eines „Bacteriostaticums" mit einem „Bactericidicum" ergibt häufig eine Unterdrückung des letzteren. Trotz dieser Regeln ist es für den einzelnen Stamm prinzipiell unmöglich, eine Aussage über die mutmaßliche Wirkung einer Kombination zu treffen. In diesem Sinne können die erwähnten Regeln nur als Angaben über eine gewisse Häufung des Synergismus und Antagonismus bei bestimmten Kombinationstypen gelten. Sie sind durch zahlreiche unvorhersehbare und vorläufig nicht zu erklärende Ausnahmen durchlöchert.

C. Inhibitoren der antibakteriellen Wirkung

Die antibakterielle Wirkung von chemotherapeutischen Stoffen wird abgeschwächt, wenn in dem Milieu, in welchem sie auf die Kultur wirken sollen, gewisse Bedingungen herrschen. Diese können physiko-chemischer Art sein und

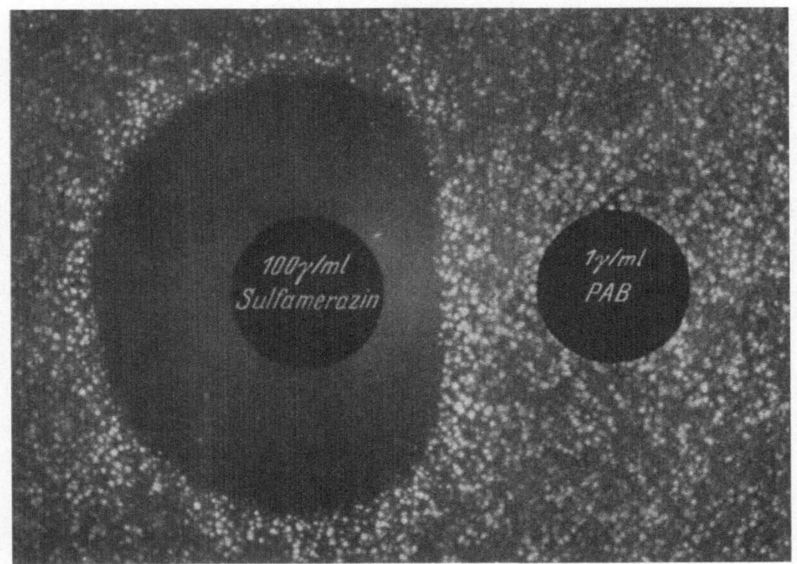

Abb. 21. Aufhebung der Sulfonamid-Wachstumshemmung durch p-Aminobenzoesäure im Lochtest

z. B. die Wasserstoffionenkonzentration betreffen, oder aber sie bestehen im Vorhandensein besonderer Stoffe. Diese üben für sich allein unter den normalen Bedingungen der Züchtung zwar keine Wirkung aus, setzen aber durch ihre Anwesenheit die antibakterielle Kraft des Chemotherapeuticums herab (Abb. 21). Dies kann dadurch geschehen, daß sie außerhalb der Bakterienzelle mit dem antibakteriellen Stoff chemisch in Reaktion treten; ein Beispiel hierfür ist die Zerstörung des Penicillins durch Penicillinase. In anderen Fällen reagiert der Inhibitor nicht direkt mit dem antibakteriellen Körper, sondern beeinflußt dessen Effekt auf dem Wege über den Stoffwechsel der Bakterienzelle; dies trifft für die Abschwächung der Sulfonamidwirkung durch p-Aminobenzoesäure zu. Eine dritte Art der Abschwächung besteht schließlich in der Bindung (Adsorption) des antibakteriellen Stoffes an hierzu geeignete Körper; so adsorbieren die Eiweißstoffe des Blutplasmas das Penicillin und vermindern auf diese Weise die Konzentration seiner freien Moleküle. Auf diese physiko-chemischen Milieufaktoren wird später eingegangen.

1. Inhibitoren der Sulfonamidwirkung

Im Jahre 1939 beobachtete Stamp, daß Extrakte aus Hefe- oder Streptokokkenzellen die antibakterielle Sulfonamidwirkung herabsetzten. In Anwesenheit von Hefe-Extrakt wurden zur Hemmung höhere Konzentrationen benötigt als in hefefreiem Milieu. WOODS konnte als Träger dieser „Anti-Sulfonamidwirkung" einen ätherlöslichen Stoff isolieren und sagte voraus, daß es sich hierbei um p-Aminobenzoesäure handle. Er ging von einer Tatsache aus, die vielen Enzymchemikern schon vorher bekannt gewesen war. Der Ablauf einer enzymatischen Umsetzung kann, wie man schon damals wußte, auffallend häufig durch solche Stoffe gehemmt werden, die dem Substrat der Reaktion strukturähnlich sind. So wird z. B. die Dehydrierung der Bernsteinsäure mit Hilfe der Succinodehydrase durch einen „Vetter" der Bernsteinsäure, die Malonsäure gehemmt. Auf diesen Analogien fußend, nahm WOODS an, daß der Träger des von STAMP beobachteten Sulfonamid-Antagonismus identisch mit der p-Aminobenzoesäure sei; diese ist dem Sulfanilamid sehr ähnlich strukturiert (s. Formelbild). Diese Annahme bestätigte sich schnell. Einmal konnte WOODS selbst zeigen, daß die p-Aminobenzoesäure ein außerordentlich wirksamer Antagonist gegenüber der Sulfonamidwirkung ist, zum anderen wurde ihr Vorkommen in der Hefe bewiesen.

Sulfanilamid   p-Aminobenzoesäure

H_2N⟨⟩SO_2NH_2 H_2N⟨⟩$COOH$

Wir wissen heute, daß die p-Aminobenzoesäure im Stoffwechsel der Mikroorganismen eine wichtige Rolle spielt. Viele der pathogenen Mikroorganismen synthetisieren sie selbst und sind auf ihre Anwesenheit im Nährboden nicht angewiesen; einigen Mikroorganismen muß sie von außen zugeführt werden[32].

Im Stoffwechsel der Bakterienzelle wird die p-Aminobenzoesäure mit Glutaminsäure und einem Pteridinrest zur Pteroylglutaminsäure oder Folsäure vereinigt.

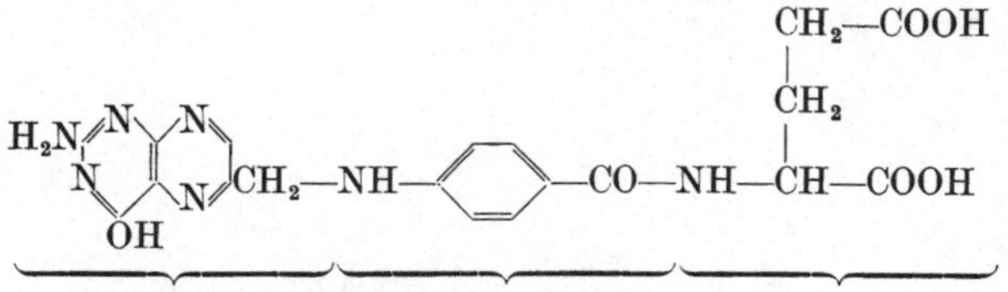

Pteridinrest   p-Aminobenzoesäure   Glutaminsäure

Nach all dem, was wir heute wissen, besteht die Wirkung des Sulfonamids eben darin, den Aufbau der Folsäure zu verhindern, indem es die als Bausteine dienende p-Aminobenzoesäure aus dem Syntheseprozeß (man sagt gerne „von der Fermentoberfläche") verdrängt[104]. Die Folsäure selbst hat nach heutiger Kenntnis eine unersetzliche Funktion bei einer Reihe von lebenswichtigen Stoffwechselvorgängen. Folsäure reguliert die Entstehung des Methionins aus Homocystein, die Purinsynthese (Xanthin, Hypoxanthin, Adenin, Guanin), sowie den Aufbau des Serins und des Thymins[22]. Es ist hiernach verständlich, daß der bacteriostatische Sulfonamideffekt durch sehr verschiedene Antagonisten aufgehoben werden kann:

1. Man kann dem Milieu p-Aminobenzoesäure in so hoher Konzentration zuführen, daß sich ihre Verdrängung durch das applizierte Sulfonamid umkehrt. Bei entsprechendem Überwiegen verdrängt die p-Aminobenzoesäure ihrerseits wieder das Sulfonamid aus dem Stoffwechsel; sie nimmt dann wieder den Platz ein, den sie vor dem Sulfonamid-Eingriff innegehabt hat.

2. Man kann den Mikroorganismen Folsäure von außen zuführen, indem man diese dem Nährboden zusetzt. Damit werden die Zellen von der durch das Sulfonamid lahmgelegten Folsäuresynthese unabhängig gemacht. Die blockierte Folsäuresynthese wird „umgangen".

3. Man kann den Mikroorganismen schließlich diejenigen Spätprodukte des Stoffwechsels als „Fertigwaren" liefern, deren Synthese von der Anwesenheit von Folsäure abhängt. Damit hat man die Zelle von zwei Synthesevorgängen unabhängig gemacht: Einmal von der Folsäuresynthese selbst und zum zweiten von der mit Hilfe der Folsäure erfolgenden Synthese des zugeführten Stoffwechselprodukts. Beide werden durch die Zulieferung übersprungen. Man kann dementsprechend den Sulfonamideingriff dadurch zunichte machen, daß man der Kultur Stoffe wie Methionin, Purine, Serin oder Thymin zuführt. Die verschiedenen

Erregerarten bieten hier verschiedene Verhältnisse: Bei einigen hebt schon ein einziger dieser Stoffe die Sulfonamidwirkung auf, bei anderen sind mehrere davon notwendig und bei einigen Stämmen schließlich mögen Stoffe im Spiele sein, die wir noch nicht kennen. Die Sulfonamidwirkung kann von den genannten Stoffen natürlich nur dann aufgehoben werden, wenn die Bakterienzelle in der Lage ist, diese aus dem Nährboden aufzunehmen. Die Aufhebung des Sulfonamideffektes durch Folsäure ist bei den meisten pathogenen Erregern nicht möglich, weil diese unfähig sind, exogen zugeführte Folsäure zu verwerten. Diese Mikroorganismen sind auf die von ihnen selbst synthetisierte Folsäure angewiesen[32].

Es ist im Laboratoriumsbetrieb nicht notwendig und auch gar nicht möglich, die chemische Natur aller Antagonisten im Einzelfall genau zu kennen. Es ist aber von großer Wichtigkeit, den Antagonismus eines Nährbodens als solchen zu erkennen und seine Größe bei der Bewertung des gefundenen Sulfonamideffektes genau zu berücksichtigen. Tut man dies nicht, so ergibt sich unter Umständen ein gänzlich falsches Bild von der voraussichtlichen Hemmwirkung des geprüften Präparates in vivo. Um den Nährboden auf Sulfonamidantagonisten zu untersuchen, ist die Kenntnis der Gesetzmäßigkeiten notwendig, nach denen die Abschwächung der Sulfonamidwirkung erfolgt. Wir unterscheiden hierbei kompetitive und nichtkompetitive Antagonisten.

Das Wesen des *kompetitiven Antagonismus* wird klar, wenn man die Abb. 22 betrachtet.

Es wurde hierbei die hemmende Dosis Sulfadiazin für einen Stamm des Bac. subtilis (ATCC 6633) im Röhrchentest ermittelt, und zwar in Gegenwart verschiedener Konzentrationen p-Aminobenzoesäure. Die Untersuchung erfolgte in einem Medium, in welchem der Bac. subtilis gut gedeiht, welches aber selbst frei von p-Aminobenzoesäure und anderen Inhibitoren der Sulfonamidwirkung ist. Das Medium besteht aus einer wäßrigen Lösung von 2% Caseinhydrolysat (Bayer, Leverkusen) und 1% Glucose.

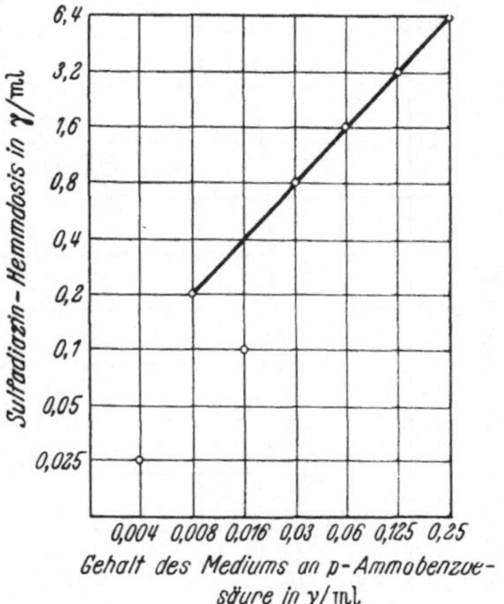

Abb. 22. Beziehung zwischen der Sulfadiazin-Hemmungsdosis und dem Gehalt des Milieus an p-Aminobenzoesäure für B. subtilis

Man sieht in Abb. 22, daß die Sulfadiazin-Hemmdosis bei Anwesenheit von 0,008 γ/ml p-Aminobenzoesäure einem Wert von 0,2 γ/ml Sulfadiazin entspricht. Ein Zusatz von 0,03 γ/ml p-Aminobenzoesäure zum Nährboden erhöht die Hemmdosis auf 0,8 γ/ml. Für jede weitere Verdopplung des PAB-Zusatzes verdoppelt sich auch die Hemmdosis des Sulfadiazins; sie steigt mit dem Gehalt des Nährbodens an p-Aminobenzoesäure linear-proportional an. Dies Verhalten ist das Kennzeichen des kompetitiven Antagonismus. Sobald im Nährboden kompetitive Antagonisten vorhanden sind, deren „Verdrängungskraft" und Konzentration wir nicht kennen, ist es nicht möglich, über die eigentliche Sulfonamidempfindlichkeit des geprüften Stammes eine Aussage zu treffen. Es bleibt unter diesen Umständen nämlich unentscheidbar, inwieweit die Höhe der Hemmungsdosis von der Resistenz des Stammes und inwieweit sie von den im Nährboden vorhandenen Antagonisten abhängig ist.

Aus der Kurve der Abb. 22 kann man sich leicht ausrechnen, daß für diesen Versuch 1 γ/ml p-Aminobenzoesäure in der Lage ist, die wachstumshemmende Wirkung eines Betrages von 26 γ/ml Sulfadiazin auszuschalten. Diese Verhältniszahl ist ein Maß für die Empfindlichkeit des Sulfonamidpräparates gegenüber der Abschwächung durch den Antagonisten. Man nennt sie Inhibitionsindex oder „Verdrängungsindex". Dieser ist für jedes Sulfonamidderivat verschieden. Für das Sulfanilamid beträgt er, molar ausgedrückt, 1:20000. Um in der Zelle den gleichen Betrag an p-Aminobenzoesäure zu verdrängen, ist bei Verwendung von Sulfanilamid demnach eine wesentlich höhere Konzentration notwendig als bei Sulfadiazin. Die neueren Sulfonamidderivate haben einen Verdrängungsindex, der in der Regel größer ist als 1/100. Für Sulfathiazol liegt er beispielsweise bei 1/36. Der Inhibitions- oder Verdrängungsindex ist bis zu einem gewissen Grade von dem untersuchten Stamm abhängig[124]. Bei anderen Stämmen beträgt der Index für Sulfadiazin etwa 1/100.

Für die antimikrobielle Wirksamkeit eines Sulfonamidderivates gibt die Größe seines Verdrängungsindex keinerlei Anhaltspunkt. Man ist zwar versucht, sich vorzustellen, daß für den gleichen Stamm die Hemmungsdosen der verschiedenen Präparate mit dem Verdrängungsindex steigen und fallen, daß also die in vitro-Wirksamkeit eine Funktion der verdrängenden Kraft ist. Dies ist jedoch in der Praxis nicht nachzuweisen. Für die Größe des antimikrobiellen Effektes ist nämlich, wie sich herausgestellt hat, nicht allein die Verdrängungskraft des betreffenden Derivates maßgebend, sondern auch andere Faktoren, z.B. seine Fähigkeit, ins Innere der Bakterienzelle zu dringen u. a. m. So ist zwischen der Höhe des Inhibitionsindex und der antimikrobiellen Wirksamkeit kein direkter Zusammenhang nachzuweisen. Man betrachtet deshalb den Inhibitionsindex besser als ein Maß für die Empfindlichkeit des betreffenden Sulfonamidpräparates gegen die Abschwächung durch p-Aminobenzoesäure. Diese Formulierung entspricht der Empirie und präjudiziert keine Angabe über die tatsächliche „Verdrängungskraft"innerhalb des Stoffwechsels.

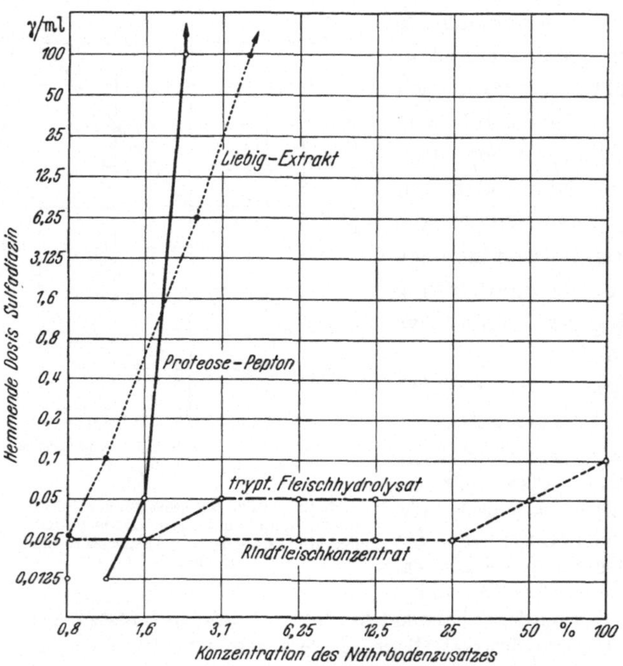

Abb. 23. Nichtkompetitiver Antagonismus zwischen Nährbodenfaktoren und Sulfadiazin für B. subtilis

Abb. 23 gibt die Kennzeichen des *nichtkompetitiven* Antagonismus wieder. Dieser stellt die zweite Form dar, in welcher eine Abschwächung des Sulfonamideffektes erfolgen kann. Es ist die Hemmdosis für Sulfadiazin nach der gleichen Anordnung ermittelt worden, wie es für die Abb. 22 erläutert worden ist. Zur Prüfung auf die antagonistische Wirkung fügen wir dem Nährboden verschiedene Konzentrationen Pepton und Liebigs Fleischextrakt zu. Man sieht, daß die Hemmungsdosis des Sulfonamid bei kleinen Zusätzen nur wenig verändert wird. Sobald im Nährboden aber eine gewisse Schwellenkonzentration an Pepton oder Fleischextrakt vorhanden ist, schnellt die Hemmungsdosis für Sulfonamid auf Werte, die nicht mehr erfaßt werden können; die Bakterien zeigen eine *absolute* Sulfonamidresistenz. Während die Resistenz der Keime gegen Sulfonamide mit dem Gehalt der Bouillon an p-Aminobenzoesäure stetig ansteigt (kompetitiver Antagonismus) ist der Anstieg bei Erhöhung des Zusatzes von Pepton und Fleischextrakt diskontinuierlich, sprunghaft (nichtkompetitiver Antagonismus). Das

Vorhandensein einer bestimmten Dosis p-Aminobenzoesäure hat somit nur eine *relative* Sulfonamidresistenz der Erreger zur Folge, deren Höhe als Hemmungsdosis ermittelt und ausgedrückt werden kann. Bei Vorhandensein einer überschwelligen Konzentration von Pepton oder Fleischextrakt ist die Sulfonamidresistenz hingegen unbegrenzt: Auch höchste Dosen besitzen keinerlei Angriffspunkt mehr. Das Sulfonamid ist dementsprechend für Erreger, welche die Möglichkeit haben, die exogen zugeführten nichtkompetitiven Antagonisten zu verwerten, eine indifferente Substanz.

Als Ursache für den nichtkompetitiven Antagonismus von Liebig-Extrakt und Pepton kommt deren Gehalt an Folsäure nicht in Betracht, da dieser Wirkstoff durch unseren Teststamm aus dem Milieu gar nicht aufgenommen werden kann. Wir werden die Träger des nichtkompetitiven Antagonismus in gewissen Purinderivaten suchen müssen, die beim Fabrikationsprozeß des Liebig-Extraktes aus der Muskelzelle frei werden. Man kann zeigen, daß eine 10fach konzentrierte Fleischbrühe praktisch antagonistenfrei ist, wenn sie durch Kochen von groben Fleischwürfeln hergestellt wird (1 kg Rind- oder Kalbfleisch + 2 l Wasser; auf 200 ml eingedampft). Abb. 23 zeigt, daß dieses Konzentrat sogar dann einen rein kompetitiven Antagonismus aufweist, wenn es 100%ig, also unverdünnt verwendet wird. Die Abbildung läßt außerdem erkennen, daß ein unter besonderen Bedingungen hergestelltes tryptisches Fleischhydrolysat auch als 12,5%iger Zusatz noch keinen Antagonismus zeigt*.

Aus dem bisher Dargelegten ergibt sich für die Praxis eine sehr wichtige Folgerung: Mikrobiologische Experimente mit Sulfonamiden kann man nur dann ausführen, wenn der Nährboden frei von absoluten (nichtkompetitiven) Antagonisten ist. Das Vorhandensein relativer (kompetitiver) Antagonisten macht das Arbeiten zwar nicht unmöglich, es muß aber die Stärke des kompetitiven Antagonismus genau bekannt sein. Aus diesem Grunde muß vor dem eigentlichen chemotherapeutischen Versuch der Nährboden zwei Prüfungen unterzogen werden: Einmal muß sein Freisein von absoluten Antagonisten sichergestellt werden. Trifft dies zu, so muß als zweites ermittelt werden, welcher Gehalt der Nährboden an kompetitiven Antagonisten hat und inwieweit dieser Gehalt bei der Formulierung der Sulfonamidhemmungsdosen zu berücksichtigen ist. Die Verfahren hierzu werden auf S. 164ff. geschildert. Eine Frage soll indessen in diesem Zusammenhang noch diskutiert werden; sie bezieht sich auf die Wirksamkeit der kompetitiven und nichtkompetitiven Antagonisten und lautet: Ist die Abschwächung der Sulfonamidwirkung unabhängig von dem jeweils als Prüfobjekt verwendeten Erregerstamm, oder ist die zur Ausschaltung einer gegebenen Sulfonamidkonzentration notwendige Menge an Antagonist von Gattung zu Gattung und von Stamm zu Stamm verschieden?

Wir haben bereits erwähnt, daß sich der Verdrängungsindex p-Aminobenzoesäure — Sulfonamid je nach der Art des verwendeten Teststammes in geringem Maße ändern kann. Die relativ geringen Schwankungen können erklärt werden, wenn man annimmt, daß die durch Sulfonamid blockierbare Synthesereaktion der Folsäure für alle Mikroorganismen die gleiche ist. Dies braucht aber bei der nichtkompetitiven Aufhebung des Sulfonamideffektes keineswegs der Fall zu sein. Hier kommt, wie wir gesehen haben, die Aufhebung der Sulfonamidwirkung dadurch zustande, daß der Bakterienzelle Zwischen- oder Endprodukte solcher

---

* Das Hydrolysat dient als Ersatz für die Kombination Pepton + Fleischextrakt. Es ist als „Busam 57" von Bayer, Leverkusen, zu beziehen und wird 2%ig verwendet.

Synthesefolgen von außen zugeführt werden, die von der endogen gebildeten Folsäure abhängig sind und damit durch den Sulfonamideingriff gesperrt werden. Wie wir gesehen haben, sind es sehr verschiedene Stoffe, deren Anlieferung die Zelle in die Lage versetzt, auf die Synthese verzichten zu können. Ein Beispiel ist das Thymin: Wir können im Einzelfall nicht wissen, welchen Bedarf an Thymin die einzelnen Species und Stämme für den Aufbau ihrer Zelle haben. Es ist denkbar, daß es Stämme gibt, die zu ihrem Wachstum viel Thymin benötigen. Diese werden bei kompletter Sperrung der Thyminsynthese durch Sulfonamid erst dann Wachstum zeigen, wenn die Konzentration des Thymin im äußeren Milieu sehr hoch ist. Andere Stämme kommen mit geringen Thyminmengen aus. Für die thyminhungrigen Stämme liegt die den Sulfonamideffekt ausschaltende Thymindosis hoch, für die anderen Keime niedrig. Im ersten Fall besitzt Thymin eine geringe Antagonistenwirksamkeit, im zweiten Fall eine hohe. Man kann nun in der Tat finden, daß der absolute Antagonismus von Produkten wie Pepton oder Fleischextrakt für verschiedene Stämme durch sehr verschiedene Schwellendosen gekennzeichnet ist. (Unter Schwellendosis verstehen wir die Größe des Zusatzes, die den Stamm absolut refraktär für Sulfonamide macht.)

Wir legen auf die eben getroffenen Feststellungen deshalb besonderen Wert, weil sie von großer Bedeutung für die Untersuchung der Nährböden auf absolute Antagonisten ist. Die Untersuchung erfolgt im Prinzip dadurch, daß festgestellt wird, welches Konzentrat des Nährbodenpräparates als Zusatz zu einem antagonistenfreien Milieu in der Lage ist, einen ursprünglich sulfonamidempfindlichen Stamm refraktär zu machen. Damit durch diese Prüfung auch kleinste Mengen von nichtkompetitiven Antagonisten angezeigt werden, muß zu ihrer Durchführung ein Stamm verwendet werden, von dem bekannt ist, daß seine Sulfonamidhemmung durch besonders kleine Mengen dieser Antagonisten aufzuheben ist. Man sucht also unter den Vertretern mehrerer Gattungen denjenigen Stamm heraus, welcher zur Aufhebung der Sulfonamidhemmung die kleinste Menge Fleischextrakt und Pepton benötigt. Dieser bildet dann den Teststamm für die Nährbodenprüfung auf Freisein von Antagonisten. Wir verwenden hierzu jeweils einen Stamm des Bac. subtilis, der Flexner-Ruhr und der A-Streptokokken (s. S. 165, 166).

2. Penicillinase

Die 1940 entdeckte Penicillinase ist ein von Bakterien produziertes Ferment, dessen Substrat das Penicillin ist[45]. Penicillinasebildner sind in der Natur weit verbreitet. Sie finden sich in der Gruppe der gramnegativen Stäbchen ebenso wie bei den grampositiven Bacillen. Man findet penicillinasebildende Stämme vor allem bei E. coli, P. aeruginosa (pyocyaneus) und der subtilis-mesentericus-Gruppe. Von besonderer Bedeutung sind die penicillinasebildenden Staphylokokken, die in der Klinik als penicillinresistente Stämme imponieren. Bei den penicillinasebildenden Kulturen findet man das Ferment entweder als extracelluläres Produkt in der Bouillon oder — in anderen Fällen — erst nach Zertrümmerung und Verarbeitung der Zell-Leiber. Zwischen extra- und intracellulärer Penicillinase lassen sich im übrigen keine Unterschiede nachweisen. Penicillinasepräparate verschiedener Herkunft zeigen zwar gewisse Differenzen z. B. im Hinblick auf ihre Hitzelabilität. Dies liegt aber wahrscheinlich an dem unterschiedlichen Reinheitsgrad.

Penicillinase ist durch eiweißspaltende Fermente zu inaktivieren (Papain). Sie ist nicht dialysierbar und wärmeempfindlich. Die Bedingungen für die Hitzeinaktivierung werden verschieden angegeben. Die meisten Präparate werden bei p_H 7,0 und 60° in einigen Minuten inaktiviert. Einige Präparate sind allerdings stabiler. Es ist deshalb für jedes Präparat die Hitzeschwelle besonders festzulegen. Das Wirkungsoptimum liegt bei p_H 8,0—9,0. Unterhalb des Wertes p_H 5 sinkt die Aktivität. Gegenüber Säuregraden von p_H 2,0 ist Penicillinase sehr empfindlich. Sie wird hierdurch in 15—20 min inaktiviert. Die inaktivierende Wirkung der Penicillinase auf Penicillin hat ein Temperaturoptimum von 36°.

Als eine Penicillinase-Einheit bezeichnet man in vielen Laboratorien diejenige Aktivität, die in 1 Std. bei 25° und p_H 7,0 eine Menge von 60 E Penicillin zerstört. Diese Formulierung ist aber nicht allgemein akzeptiert. Die Aktivitätsbeurteilung der Penicillinase erfolgt dadurch, daß man das Ferment eine bestimmte Zeitlang auf eine Penicillinlösung von bekannter Konzentration einwirken läßt. Anschließend wird die Reaktion unterbrochen und der Betrag an zerstörtem Penicillin durch biologische oder chemische Titration ermittelt[12]. Die Unterbrechung erfolgt durch Hitze oder durch Säureexposition. Da bei beiden Methoden auch das Penicillin Verluste erleidet, muß man einen fermentfreien Penicillinansatz als Kontrolle mitlaufen lassen.

Im medizinischen Laboratorium wird Penicillinase dann verwendet, wenn die Wirkung des Penicillins irgend eine andere Messung stört. Wir verwenden Penicillinase für die Kontrollen bei der Penicillintitration und zur Ausschaltung des Penicillins bei der Titration von Hemmstoffgemischen (s. S. 75, 114ff.). In der Arzneimitteluntersuchung verwendet man Penicillinase zur Sterilitätsprüfung von Penicillinpräparaten. Bei allen Versuchen mit Penicillinase soll eine Aktivitätskontrolle des Ferments mitlaufen. Man versetzt eine bestimmte Menge Penicillin mit Penicillinase. Dieses „Kontrollsubstrat" soll 5—10mal höher bemessen sein als der höchste Penicillinbetrag, der im Test inaktiviert werden soll. Alle mit Penicillinase versetzten Proben werden 1 Std. bei 37° im Wasserbad gehalten und anschließend mikrobiologisch getestet. Die Penicillinasewirkung geht während der Bebrütung des mikrobiologischen Tests natürlich weiter.

Trockene Penicillinase-Präparate sind bei Difco, Baltimore, und Schenley, New York, erhältlich. Die Lösungen sind gefroren aufzubewahren (Puffer p_H 6,5). Bei Lösungen und Frischpräparaten muß man immer mit einem erheblichen Aktivitätsschwund rechnen. Aus diesem Grunde verwenden wir im Laboratorium stets das 5—10fache der überschlagsweise als notwendig erkannten Penicillinasemenge und sichern das Verfahren noch durch die Penicillinase-Aktivitätskontrolle.

III. Die Wirkungsgröße im Hemmungsversuch

Bringen wir eine Kultur von Mikroorganismen mit einer antibakteriellen Substanz in Berührung, so wird der Ausgang dieses Experimentes vornehmlich von zwei Faktoren abhängen: Einmal von der Konzentration des Hemmstoffes und zum anderen von der Empfindlichkeit der zum Versuch verwendeten Kultur. In dem quantitativ angelegten chemotherapeutischen Laboratoriumsversuch übernehmen diese Faktoren wechselweise die Stellung der Unbekannten, je nachdem, welche Größe gesucht wird. Wenn wir nach der Empfindlichkeit des Stammes fragen, dann können wir sie nur anhand bekannter, „authentischer" Konzentrationen ermitteln. Ist dagegen der Gehalt einer Lösung an einem bestimmten Chemotherapeuticum unbekannt, so können wir ihn nur dadurch eruieren, daß wir die Wirkung dieser Lösung an einem Stamm erproben, dessen Empfindlichkeit wir kennen. Wir haben es demnach mit der Sensibilität des

Teststammes einerseits und mit der Konzentration an wirksamem Stoff andererseits zu tun.

A. Die Hemmungsdosis

1. Prinzip des chemotherapeutischen Verdünnungsversuches

Wir charakterisieren die Aktivität einer chemotherapeutisch wirksamen Substanz einem bestimmten Stamm gegenüber dadurch, daß wir die kleinste Konzentration ermitteln, die auf seine Kultur eine bestimmte Wirkung ausübt. Diese voll wirksame Mindestkonzentration wird in den mikrobiologischen Verfahren der Chemotherapie fast ausnahmslos als die sog. „Hemmungsdosis"* bestimmt und angegeben, d. h. als der Betrag an Arzneimittel pro Volumeneinheit Nährboden, welcher das Wachstum einer Einheit unter bestimmten Kautelen noch gerade verhindert. Bei der Bestimmung der Hemmungsdosis wird im Prinzip folgendermaßen verfahren: Eine Reihe von Reagenzgläsern wird mit gleichen Mengen des gleichen Nährbodens beschickt. Man fügt nun zu jedem Röhrchen eine bestimmte Menge des chemotherapeutischen Stoffes hinzu. Dies geschieht in der Art, daß die Konzentration von Röhrchen zu Röhrchen um einen bestimmten Betrag abnimmt. Dann besät man die einzelnen Reagenzgläser jeweils mit der gleichen Zahl von Zellen aus einer Kultur des zu prüfenden Stammes und bebrütet eine festgelegte Zeit, z. B. 24 Std. Man notiert nun, welche Konzentration der zugesetzten Substanz gerade noch ausreicht, um ein dem freien Auge sichtbares Wachstum zu verhindern und bezeichnet diesen Betrag als Hemmungsdosis. Die Ermittlung der Hemmungsdosis braucht nicht unbedingt in flüssigem Milieu vorgenommen zu werden; sie ist auch in festen Nährböden möglich. Man gießt zu diesem Zwecke in eine Serie von Petrischalen oder Reagenzgläsern den verflüssigten Nährboden und fügt jeder Platte bzw. jedem Röhrchen vor dem Erstarren den Zusatz an wirksamer Substanz bei. Die Beimpfung erfolgt nach dem Erstarren auf der Oberfläche oder diffus in verflüssigtem Zustand. Auch hier gilt als Kriterium der Wirkung das Ausbleiben des mit freiem Auge sichtbaren Wachstums. Ein anderes Ableseprinzip besteht — besonders bei flüssigen Nährböden — darin, jene Dosis zu notieren, welche die Wachstumsernte auf 50% der Kontrolle reduziert. Diese Form der Ablesung wird indessen nur in besonderen Fällen verwendet und ist auch nicht überall durchführbar. Als Kriterium des Wachstums kann hierbei wieder die mit freiem Auge beurteilte Trübung der Bouillon gelten oder die Bildung sichtbarer Rasen oder Einzelkolonien. Zur Beurteilung der 50%igen Wachstumsreduktion wird in flüssigem Millieu jedoch meistens ein Photometer verwendet.

2. Der heterogene Charakter der Einsaat

Ist die Hemmungsdosis eines antibakteriellen Stoffes für einen bestimmten Stamm nach dem oben geschilderten Versuchsprinzip bestimmt und als Mindestkonzentration formuliert, so erhebt sich die Frage, ob und inwieweit diese Angabe

---

* Im Sprachgebrauch der Mikrobiologie benutzt man die Worte „Konzentration" und „Dosis" in gleichem Sinne. Im folgenden wird dementsprechend die „Hemmungsdosis" stets auf 1 ml bezogen, strenggenommen also nicht als Gesamtmenge sondern als „Konzentration" angegeben. Wir benutzen die Worte „Hemmungsdosis" und „Hemmdosis" gleichsinnig.

die Eigenheiten des untersuchten Stammes endgültig und unveränderlich charakterisiert. Es ist ja denkbar, daß der Wert der Hemmdosis nicht nur vom Stamm, sondern auch von den jeweiligen Experimentalbedingungen abhängt, daß er sich also bei verschiedenen Versuchsanordnungen wesentlich ändert. Bevor hierauf eingegangen wird, erscheint es notwendig, den Begriff der Hemmungsdosis etwas genauer zu untersuchen.

Zunächst müssen wir darüber Klarheit gewinnen, ob die einzelnen Zellen, welche das Kollektiv unserer Einsaat bilden, im Hinblick auf ihre individuelle Empfindlichkeit gleich beschaffen sind, oder ob sie sich verschiedenartig verhalten[26]. Wir fragen also, ob die Einsaat im Hinblick auf die Empfindlichkeit der Einzelindividuen homogen oder heterogen ist. Ein einfacher Versuch gibt darüber Auskunft: Es werden von einer entsprechend verdünnten Kultur von B. coli 10 gleichgroße Proben jeweils durch einen Membranfilter geschickt. Die 10 Membranfilter enthalten dann auf ihrer Oberfläche die gleiche Zahl und Dichte von Keimen. Nach der Filtration werden die Filterblätter auf 10 Endoplatten gelegt (s. S. 10); diese enthalten steigende Mengen von Streptomycin. Die Zahl der Kolonien, die auf jedem einzelnen Filter auswachsen, wird notiert. Abb. 24 zeigt die Darstellung des Resultates in Form eines Diagrammes: Auf der x-Achse ist die dem Nährboden zugesetzte Menge Streptomycin aufgezeichnet. Auf der y-Achse ist

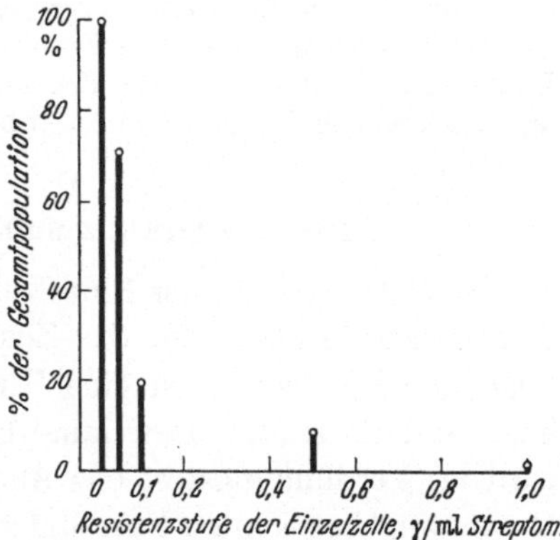

Abb. 24. Anteil verschieden resistenter Zell-Individuen an der Gesamtpopulation einer Kultur von E. coli (prozentig); der Anteil von Resistenzstufen über 1,0 γ/ml Streptomycin ist nicht dargestellt

die Zahl der auf den Filtern jeweils erschienenen Kolonien angegeben. Die Prozentzahlen beziehen sich auf die Koloniezahl des hemmstofffrei bebrüteten Filters. Man sieht, daß mit steigendem Gehalt des Nährbodens an Antibioticum die Koloniezahl nur ganz allmählich abnimmt. Die individuellen Hemmungsdosen der einzelnen Keime schwanken, wie man sieht, zwischen 0,1 γ/ml und 1,0 γ/ml Streptomycin. Würde die Kultur aus Keimen gleicher Empfindlichkeit bestehen, so würde die Zahl der ausgewachsenen Kolonien brüsk von einer Konzentrationsstufe zu nächsten auf Null absinken. Man kann also sagen, daß die Kultur aus einzelnen Zellen besteht, deren Empfindlichkeit sehr verschieden ist. In dem gezeigten Versuch gibt es Keime, die durch 0,1 γ/ml Streptomycin am Auswachsen verhindert werden, neben solchen, die noch 1 γ/ml vertragen. Soll also bei der Charakterisierung der Empfindlichkeit die Populationsheterogenität mit berücksichtigt werden, so ist eine einfache Konzentrationsangabe nicht mehr ausreichend. Die Hemmungsdosis müßte strenggenommen als eine Verteilungsfunktion dargestellt werden.

Aus dem Geschilderten ergibt sich, daß die „Hemmungsdosis", wie sie im mikrobiologischen Routineversuch abgelesen wird, einen Wert darstellt, über dessen Zustandekommen ohne weitere Untersuchung keine nähere Aussage gemacht werden kann. Er deckt sich auch keineswegs mit dem in der Verteilungskurve dargestellten Sensibilitäts-Häufigkeitsmaximum.

Wir können für den Routine-Hemmungsversuch einstweilen folgendes annehmen: Eine eingesäte Population wird sich im hemmstoffhaltigen Milieu dann sichtbar vermehren, wenn der Populationsanteil derjenigen Individuen, die durch die vorhandene Konzentration total gehemmt werden, sehr klein ist, wenn also für den größten Teil der Zellen die vorhandene Hemmstoffkonzentration unterschwellig bleibt. Mit jedem Schritt, durch welchen die Konzentration des Hemmstoffes im Nährboden erhöht wird, sinkt im Sinne der Verteilungskurve die Zahl der wachstumsfähigen Individuen in der Einsaat. Wenn also im Reagenzglas eine Trübung entstehen soll, so wird die Zahl der hierzu notwendigen Generationsvorgänge immer größer werden, je geringer die Zahl der vermehrungsfähigen Keime in der Einsaat ist. Ist in dem Milieu Hemmstoff vorhanden, so wird nur ein kleiner Teil der vermehrungsfähigen Individuen gänzlich ungestört, d. h. mit normaler Geschwindigkeit wachsen. Man kann an Hand dieser Vorstellungen folgern, daß die dem freien Auge wahrnehmbare Trübung der Bouillon dann ausbleiben wird, wenn durch die Erhöhung der Hemmstoffdosis die Zahl der wachstumsfähigen Individuen unter ein bestimmtes Minimum absinkt. Erhöht man nun bei gleichbleibender Dosis die Einsaat, so wird die absolute Zahl der noch wuchsfähigen Individuen wieder steigen. Die Erhöhung der Einsaatmenge genügt dann unter Umständen, um eine Trübung des mit Hemmstoff beschickten Bouillonröhrchens doch noch zu erzielen[37].

3. Die Auswirkung subbacteriostatischer Konzentrationen

Die Heterogenität der Einzelzellen ist keineswegs das einzige Moment, welches eine exakte Deutung für das Zustandekommen der Hemmdosis erschwert. Im folgenden betrachten wir eine Kultur, deren Zellen die gleichen oder sehr nahe beieinanderliegenden Individual-Hemmdosen haben mögen. Bei dieser Kultur wird im Verdünnungstest das Ausbleiben der Trübung nach 18 Std. als „totale Hemmung" bezeichnet. Nun sind in einem Reagenzglas für das unbewaffnete Auge erst solche Keimdichten wahrnehmbar, die größer sind als $5 \cdot 10^6$ Keime/ml. Säen wir eine Einsaat von $5 \cdot 10^3$ Keimen/ml ein, so muß sich diese Einsaat also 10 mal verdoppeln, bis die Keimzahl die Sichtbarkeitsgrenze für das Auge erreicht hat. Eine große Einsaat von $3 \cdot 10^6$ Zellen/ml muß sich demgegenüber, um sichtbar zu werden, in dem gleichen Zeitraum nur einmal verdoppeln. Stellen wir die Wachstumslatenz außer Erwägung, so bedeutet dies, daß bei einer Normalverdopplungszeit von 24 min in den hemmstofffreien Kontrollröhrchen eine Einsaat von $3 \cdot 10^6$ Zellen schon nach $^1/_2$ Std. sichtbar wird, während die kleinere Einsaat von $5 \cdot 10^3$ hierzu 4 Std. benötigt. Steigt die mittlere Verdopplungszeit durch Anwesenheit einer nicht voll bacteriostatischen Dosis an, verlängert sich also die Verdopplungsperiode beispielsweise von 24 min auf 100 min pro Teilung, so können innerhalb von 18 Std. jetzt 11 Generationen erfolgen. Bei einer Einsaat, die zum Erreichen der Sichtbarkeit mehr als 11 Verdopplungsschritte benötigt, wird die Bouillon bei dieser Dosis ungetrübt bleiben. Erst eine länger als 18 Std. dauernde Bebrütung wird erweisen, daß die betreffende Konzentration keine totale Hemmung schlechthin bewirkt hat, sondern nur eine Wuchsverlangsamung, die es der Einsaat unmöglich macht, innerhalb von 18 Std. die Trübungsgrenzdichte zu erreichen. Bringen wir in eine Bouillon mit der gleichen Dosis aber die höhere Einsaat von $3 \cdot 10^6$ Keimen, so wird trotz der verlängerten Verdopplungszeit schon innerhalb 100 min, d. h. nach etwa 2 Std. eine Trübung aufgetreten sein, da wegen der großen Einsaat hierzu ja nur eine Generation nötig ist.

Als „Hemmungsdosen" imponieren im Röhrchentest mithin Konzentrationen, welche das Wachstum der Kultur *verlangsamen*, und zwar soweit, daß innerhalb der gegebenen Bebrütungszeit die Vermehrung der Einsaat bis zur Trübungsgrenze nicht fortschreiten kann. Es ist klar, daß in diesen Fällen ganz unabhängig von der Heterogenität der Population eine Einsaatabhängigkeit der Hemmdosis besteht. Sie wird um so ausgeprägter sein, je weiter der Bereich der nicht voll bacteriostatisch wirkenden Konzentrationen ist. Führen also bei einem Chemotherapeuticum Steigerungen der Konzentrationen immer nur zu relativ geringfügigen Fortschritten in der Verlangsamung des Wachstums, so wird im Röhrchentest eine ausgeprägte Abhängigkeit der Hemmdosis von der Einsaatgröße zu erwarten sein.

4. Die Abhängigkeit der Hemmdosis von der Einsaatgröße

Aus den Tatsachen, die in den vorigen Abschnitten geschildert worden sind, kann bereits vorausgesagt werden, daß die Höhe der Hemmungsdosis, wie sie im Reihenverdünnungstest ermittelt wird, in vielen Fällen von der Einsaatgröße abhängen wird. Im folgenden soll diese Frage einer genaueren Beurteilung unterzogen werden. Wir legen hierzu eine Serie von Reihenverdünnungen ein- und desselben Hemmstoffes in flüssigem Milieu an und steigern die Einsaat von Reihe zu Reihe um das Zehnfache. Die Hemmdosis wird für jede Einsaatgröße gesondert abgelesen und in Abhängigkeit von ihr kurvenmäßig dargestellt.

Abb. 25 zeigt die Beziehung Einsaatgröße — Hemmdosis für E. coli, Sh. flexneri und A-Streptokokken bei der Prüfung gegen Sulfadiazin in antagonistenfreiem Milieu. Auf der x-Achse wird die Zahl der eingesäten Keime pro ml Nährboden in Zehnerpotenzen aufgezeichnet; auf der y-Achse wird die ermittelte Hemmdosis in Zweierpotenzen als γ/ml Sulfadiazin notiert. Es ergibt sich, daß für jede Zehnerpotenz der Einsaatdichte die Hemmdosis auf das Doppelte und mehr ansteigt: Bei der Einsaat von 100 Coli-Keimen beträgt sie z. B. 3 γ/ml, bei einem Inoculum von 10000 aber bereits 100 γ/ml. Man kann sagen, daß diese eklatante und hochgradige Abhängigkeit der Hemmdosis von der Einsaatgröße bei keinem antibakteriellen Stoff so ausgeprägt ist wie bei den Sulfonamiden[63]. Sie ist hier die Regel, und zwar weitgehend unabhängig vom Stamm. Wie man weiter sieht, zeigt ein Stamm von Str. pyogenes A ebenso wie ein Stamm von FLEXNER-Ruhr das gleiche Verhalten.

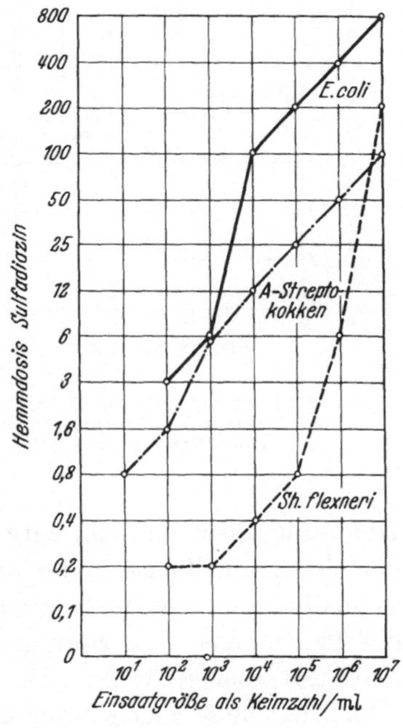

Abb. 25. Beziehung zwischen der Sulfadiazin-Hemmungsdosis und der Einsaatdichte bei A-Streptokokken, E. coli und Sh. flexneri

Ein weniger steiler Anstieg der Hemmdosis bei Erhöhung der eingesäten Keimzahl findet sich innerhalb der Antibiotica beim Streptomycin[29, 42]. Dies wird durch die Abb. 26 bei einem Stamm von E. coli gezeigt. Chloramphenicol, Tetracyclin und Penicillin zeigen, wie aus der gleichen Abbildung hervorgeht, einen langsamer erfolgenden Anstieg der Hemmungsdosis bei Erhöhung der Einsaat.

Aus den geschilderten Versuchen geht klar hervor, daß wir bei den Sulfonamiden und auch bei Streptomycin von einer „Hemmungsdosis" im Hinblick auf einen bestimmten Stamm überhaupt nicht sprechen können, ohne präzise Angaben über die Einsaatgröße zu machen. Beim Tetracyclin, Chloramphenicol und Penicillin ist dies eher möglich. Hier ändert sich auch bei größeren Variationen der Einsaatmenge die Hemmungsdosis nur in geringem Grade. Beim Penicillin ist indessen das Phänomen der Einsaat-Abhängigkeit bei einer ganz besonderen Kategorie von Erregern ebenfalls zu beobachten: Es ist die Klasse der penicillinasebildenden Bakterien. Abb. 27 stellt den Verlauf der Beziehung zwischen

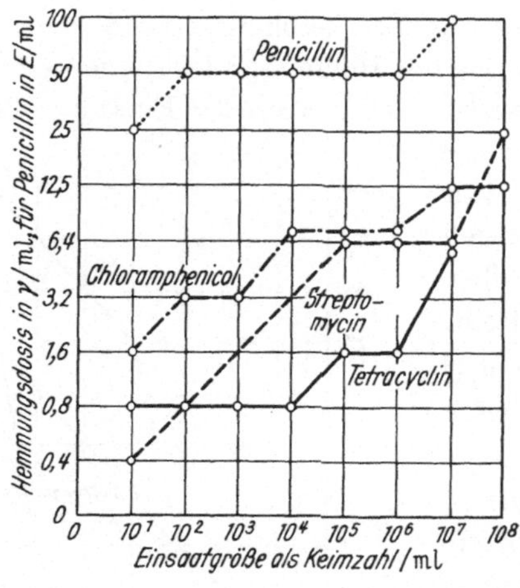

<table>
<tr><td>Abb. 26. Beziehung zwischen Einsaatdichte und Hemmungsdosis für mehrere Antibiotica bei einem Stamm von E. coli</td><td>Abb. 27. Beziehung zwischen der Penicillin-Hemmungsdosis und der Einsaatdichte bei einem Penicillinase-bildenden (A) und einem Penicillinase-freien (B) Stamm des Staph. aur.</td></tr>
</table>

Hemmungsdosis und Einsaatgröße für 2 Staphylokokkenstämme dar, von denen der eine Penicillinase bildet und der andere nicht. Man sieht, daß sich für den Penicillinasebildner die Hemmdosis mit steigender Einsaat brüsk erhöht, während der Penicillinase-freie Stamm ein Verhalten zeigt, wie wir es für E. coli in der Abb. 26 gesehen haben. Da ein großer Teil der Staphylokokken Penicillinase bildet, hat diese Erscheinung auch eine nicht unerhebliche praktische Bedeutung. Die schwächer penicillinasebildenden Stämme können von Unerfahrenen nämlich je nach dem Inoculum einmal als „sensibel" und ein andermal als „resistent" angesehen werden[33].

Das zuletzt genannte Beispiel zeigt, daß die Einsaatabhängigkeit der Hemmungsdosis nicht nur von der verschiedenartigen Empfindlichkeit der inoculierten Zellindividuen bestimmt wird, sondern vor allem von der Übertragung und Bildung von *Inhibitoren*. Bei penicillinasebildenden Bakterien wird ein dichtes Inoculum soviel Penicillinase bilden, daß auch größere Penicillinkonzentrationen inaktiviert werden, bevor der Absterbevorgang die Kultur dezimiert. Das analoge Verhalten müssen wir auch für die Sulfonamide annehmen. Wir haben bereits vermerkt (S. 36), daß der größte Teil der pathogenen Erreger zu der Synthese von p-Aminobenzoesäure befähigt ist. Das Inoculum wird also nicht nur p-Aminobenzoesäure mitbringen, sondern diese nach der Einimpfung weiterbilden.

Schließlich muß auch damit gerechnet werden, daß mit einer massiven Einsaat, besonders wenn sie aus einer älteren Kultur stammt, nichtkompetitive Inhibitoren der Sulfonamidwirkung übertragen werden, welche aus der Autolyse von Zellen stammen.

Die praktischen Folgerungen, die sich im Laboratoriumsbetrieb ergeben, betreffen vor allem den Sulfonamid- und (weniger) den Streptomycintest sowie den Penicillinversuch bei Vorliegen von Erregern, bei denen Penicillinasebildung vorkommen kann (Staph. aur.). Bei Sulfonamiden sollen zur Einsaat, wenn möglich, Kulturen genommen werden, die ihre logarithmische Phase noch nicht oder eben erst beendet haben, um die Übertragung von Autolyseprodukten mit Inhibitoreffekt zu vermeiden. Über die Einstellung der optimalen Einsaatdichte in der Praxis der Sensibilitätsbestimmung wird an anderer Stelle die Rede sein. Hier sei nur erwähnt, daß bei Versuchen mit Staphylokokken und Penicillin im Gegensatz zu den Arbeiten mit Sulfonamiden höhere Einsaatdichten verwendet werden. Man erkennt auf diese Weise die schwachen Penicillinasebildner daran, daß ihre Hemmungsdosis höher liegt als 0,2 E/ml Penicillin. Wird bei der Feststellung der Penicillinhemmungsdosis im Röhrchentest eine zu kleine Einsaat genommen, so kann es vorkommen, daß man einen Penicillinasebildner als geeignet zur Penicillintherapie bezeichnet. Demgegenüber sollte man es sich bei der klinischen Indikationsstellung zur Regel machen, alle Penicillinasebildner — auch wenn die Bildung des inaktivierenden Fermentes nur schwach erfolgt — als penicillinresistent zu betrachten, da wir ja niemals wissen können, in welchem Ausmaß die Penicillinasebildung in vivo erfolgt und mit welcher Bakteriendichte wir im Organismus zu rechnen haben.

Es erhebt sich zum Schluß die Frage, ob sich der Einfluß der Einsaatgröße auf den antibakteriellen Effekt auch dann bemerkbar macht, wenn die Bestimmung der Hemmungsdosis im Reihenverdünnungsversuch auf *festen Nährböden* erfolgt. Bei der Diskussion dieser Frage müssen wir unterscheiden zwischen dem Einfluß der Populationsheterogenität einerseits und dem Einfluß der im Inoculum gebildeten Inhibitoren andererseits.

Wir spateln eine Einsaat von Bact. coli auf eine Platte, die Streptomycin enthält, so aus, daß sich nach einer entsprechenden Bebrütung einzeln liegende Kolonien entwickeln. Diese bilden sich aus denjenigen Keimen, deren Individualhemmungsdosis höher liegt als dem Gehalt des Nährbodens an Hemmstoff entspricht. Liegt eine ganze Serie von Platten mit abfallender Hemmstoffkonzentration und gleicher diffus verimpfter Einsaat vor, so werden die Kolonien von einer Konzentrationsstufe zur anderen mehr oder weniger brüsk abnehmen, wie wir es S. 43 mit Membranfiltern analysiert haben. Die Betrachtung des Plattensatzes wird es uns ermöglichen, diejenige Konzentration herauszusuchen, auf welcher etwa 50% der eingesäten Keime im Wachstum unterdrückt worden sind. Wir bezeichnen die Konzentration dieser Platte als Hemmungsdosis. Steigern wir bei demselben Plattensatz nur die Einsaatdichte, so werden zwar mehr resistente Keime ausgesät, aber im Sinne der symmetrischen Verteilungskurve auch entsprechend mehr sensible. Der Anteil der Kolonien, die bei einem bestimmten Hemmstoffgehalt der Platte an der Entwicklung gehindert werden, bleibt also gleich, wenn man ihn auf die Gesamtzahl der Kolonien in der Kontrolle bezieht. Dies bedeutet, daß bei einer hohen Einsaatdichte das 50%ige Kolonie-

Defizit bei der gleichen Hemmstoffkonzentration eintreten wird, wie es bei kleinerer Einsaat der Fall ist. Die Hemmungsdosis erhöht sich in diesem Falle also nicht. Dies ändert sich, wenn wir als Ableseeffekt nicht die Wachstumshemmung eines bestimmten Anteils der Einsaat-Individuen bewerten, sondern die totale Unterdrückung auch der letzten Kolonie fordern. Die Hemmdosis, die nach diesen Kriterien abgelesen wird, wird natürlich bei dichter Einsaat steigen. Dichte Einsaaten enthalten ja Zellen hoher Resistenz, die bei dünnen Einsaaten wegen der geringen Wahrscheinlichkeit ihres Vorkommens nicht anzutreffen sind[37]. Ist der Stamm sehr heterogen, so wird sich bei dieser radikalen Art der Ablesung die Hemmungsdosis in ähnlicher Weise verschieben, wie wir dies für die Sulfonamide gesehen haben. — Wir müssen also feststellen, daß im Verdünnungstest mit festen Nährböden der Einfluß der Populationsvariabilität auf die Beziehung Hemmdosis—Einsaatgröße fortfällt, wenn man die Hemmung *anteilmäßig* bewertet. Die Hemmungsdosis erhöht sich aber mit steigender Einsaatdichte, wenn als Kriterium der Ablesung totales Freibleiben von jeder Koloniebildung gefordert wird.

Bilden die auf den festen Nährboden diffus aufgeimpften Keime Inhibitoren, so wird sich dies auf die Hemmdosis prinzipiell in gleicher Form auswirken, wie es bei dem flüssigen Nährboden der Fall ist. Es wird also der gebildete Inhibitor rings um den Keim in den Agar diffundieren und hier evtl. wirken. Einzeln auf dem Agar liegende Keime werden durch Inhibitorenbildung kaum nennenswerte Beträge an Chemotherapeuticum inaktivieren können. Eine Öse einer Keimsuspension wird demnach einen nennenswerten Inaktivierungseffekt durch Inhibitoren kaum ausüben können, wenn sie über die ganze Fläche einer Agarplatte verteilt wird. Wird aber die gleiche Anzahl von Mikroorganismen auf einen Impfstrich zusammengedrängt, so konzentriert sich der inaktivierende Effekt der gesamten Population auf den Betrag an Chemotherapeuticum, der am Ort des Impfstriches lokalisiert ist. Ein Austausch durch Diffusion kommt im Agar ja nur in ganz geringem Maße für benachbarte Stellen der Platte in Betracht. So ist bei einem kompakten Impfstrich das Verhältnis zwischen der von den Bakterien sezernierten Inhibitormenge und dem zu inaktivierenden Hemmstoff ganz wesentlich zugunsten des Inhibitors verschoben. — Bei Verwendung fester Nährböden hat die Wachstumsverlangsamung durch subbacteriostatische Dosen für die Höhe der Hemmdosis so gut wie keine Bedeutung, wenn die Bebrütungszeit genügend lange dauert.

Als *Folgerungen für die Praxis* notieren wir für den Plattentest zweckmäßigerweise schon jetzt, daß die Beimpfung stets so dünn erfolgen sollte, daß einzelne Kolonien erkennbar sind. Eine Beimpfung in Form von Impfstrichen beeinträchtigt die Schlüssigkeit der abgelesenen Hemmdosis vor allem da, wo es sich um inhibitorbildende Stämme handelt. Es sei noch einmal ausdrücklich darauf hingewiesen, daß sich die eben vorgebrachte Diskussion auf die diskontinuierlich abfallende Konzentrationsreihe eines Platten- oder Röhrchensatzes mit festem Nährboden bezieht, wie wir sie z. B. bei der Resistenzbestimmung der Tuberkulose verwenden. Die eben mitgeteilten Schlußfolgerungen hinsichtlich der Einsaatdichte gelten nicht für den *Diffusionstest* in festen Nährböden. Hier wirkt eine dichte Einsaat zwar auch abschwächend auf die Größe des antibakteriellen Effektes, indem sie den Hemmhof verkleinert. Dies hat jedoch gänzlich andere Gründe als die eben erläuterten. Wir werden uns damit auf S. 98 noch näher beschäftigen.

B. Der Hemmungseffekt als Maß der Wirkstoffkonzentration

1. Prinzip der biologischen Konzentrationsbestimmung

Wir haben im vorigen Abschnitt untersucht, ob die Größe der im Reihenverdünnungsversuch ermittelten Hemmungsdosis als unveränderliches und scharf bestimmbares Merkmal des geprüften Stammes gelten kann. Es hat sich dabei gezeigt, daß das Ergebnis des Verdünnungstests als ein exakt reproduzierbares Empfindlichkeitscharakteristikum der untersuchten Kultur prinzipiell nicht angesehen werden kann. Die Hemmungsdosis gibt uns lediglich einen Hinweis auf die *Dimension*, in welcher die wirksamen Konzentrationen des geprüften Chemotherapeuticums zu suchen sind. Wir ändern im folgenden unseren Standpunkt und betrachten das Resultat des Hemmungsversuchs nicht mehr als Ausdruck der Erregerempfindlichkeit, sondern als Funktion der Hemmstoffkonzentration. Wir vertauschen also die Unbekannten und fragen, wie man mit einem Stamm, dessen Empfindlichkeit man aus anderen Versuchen kennt, den Hemmstoffgehalt einer unbekannten Lösung ermitteln kann.

Man prüft die Aktivität einer antibakteriell wirksamen Lösung im mikrobiologischen Versuch, indem man feststellt, welcher Betrag der Lösung, zum Nährboden hinzugesetzt, gerade noch ausreicht, um die Einsaat eines bestimmten Stammes am Wachstum zu hindern. Als Kriterium der Ablesung kann auch hier das totale Ausbleiben des Wachstums oder die 50%ige Hemmung verwendet werden. Man legt also eine Reihe von Verdünnungsstufen der zu prüfenden Lösung an, fügt jeder Stufe die gleiche Menge Nährbouillon zu und besät mit gleichen Mengen einer Kultur. Als biologisches Testobjekt verwendet man einen Stamm, dessen Empfindlichkeit gegenüber dem zu prüfenden Chemotherapeuticum bekannt ist. Der Empfindlichkeitsgrad dieses Stammes soll möglichst hoch sein, damit auch kleine Mengen der getesteten Substanz noch meßbare Effekte ergeben. Nach entsprechender Bebrütung liest man ab. Man stellt so beispielsweise fest, daß eine Hemmung dann noch erfolgt, wenn der Gehalt der Nährbouillon an der zu prüfenden Lösung $^1/_{64}$ beträgt; bei einem Gehalt von $^1/_{128}$ ist keine Hemmung mehr nachweisbar. Dieses Resultat muß nun quantitativ formuliert werden.

2. Die Formulierung der Wirkungsgröße, Maße und Gewichte

Für die Formulierung der Wirkungsgröße eines antibakteriellen Präparates ist grundsätzlich zu fordern, daß sie *vergleichend* vorgenommen wird, daß sie sich also auf eine gemeinsame Basis bezieht, welche als Maß dient. Es existieren hier drei Möglichkeiten[20]:

a) Am einfachsten und klarsten ist die Situation, wenn wir die chemische Natur des getesteten Stoffes genau kennen und im Besitze eines Präparates sind, welches das antibakterielle Prinzip der zu testenden Lösung in *chemisch reiner Form* repräsentiert. Dies trifft z. B. für Streptomycin zu. Die chemische Struktur des Streptomycins ist bekannt; man kann es als Sulfat in chemisch reiner Form darstellen. Der Herstellungsprozeß ist so vereinheitlicht, daß wir eigentlich schon auf Grund chemischer Daten (Schmelzpunkt u. a. m.) in der Lage sind, die Aktivität des Präparates vorauszusagen. Wir benutzen in diesem Fall ein Reinpräparat als Bezugssystem. Unser Ziel ist dabei, angeben zu können, welchen Gehalt an reinem Streptomycin ein Nährboden haben muß, um die gleiche antibiotische

Wirkung auf den Teststamm auszuüben wie $^1/_{64}$ unserer Lösung. Wir legen dementsprechend mit dem Reinpräparat eine gesonderte Verdünnungsreihe an und bestimmen die Hemmungsdosis des verwendeten Stammes unter den gleichen Versuchsbedingungen wie die der Prüflösung. Wir finden als Hemmungsdosis beispielsweise 2 γ/ml Streptomycin. Wie die Prüfung der zu untersuchenden Lösung ergibt, hemmt diese in der Verdünnung $^1/_{64}$ gerade noch den Teststamm. Wir können also folgern, daß die Verdünnung $^1/_{64}$ der Prüflösung die gleiche Wirkung hat wie 2 γ/ml reines Streptomycin. Die biologische Aktivität der unverdünnten Lösung entspricht damit der einer Konzentration von 128 γ/ml Streptomycin.

Man tut gut daran, diese vorsichtige Formulierung zu beachten. Es ist zunächst nämlich unmöglich, mehr zu sagen, also etwa zu behaupten, die Lösung „enthielte" 128 γ/ml Streptomycin. Wir können nicht wissen, ob der *Gehalt* der Lösung an Streptomycin in Wirklichkeit nicht viel höher ist. Es wäre ja denkbar, daß in der zu prüfenden Lösung noch Inhibitoren anwesend sind, welche die biologische Aktivität herabsetzen, nicht aber den Gehalt (z. B. Cystein). Es wäre weiterhin denkbar, daß die Lösung viel weniger Streptomycin „enthält" als ihrer Aktivität nach anzunehmen ist; wir können ja die Anwesenheit von Aktivatoren und synergistisch wirkenden Stoffen nie ganz streng ausschließen. Es muß außerdem bemerkt werden, daß unsere Formulierung unter der Voraussetzung gilt, daß der antibakterielle Effekt der Lösung ausschließlich dem Streptomycin zu verdanken ist und keinem anderen antibakteriellen Stoff. Schließlich mag noch besonders darauf aufmerksam gemacht werden, daß die Berechnung von der Voraussetzung ausgeht, daß die Relation zwischen antibakterieller Aktivität und Streptomycingehalt bei der geprüften Lösung durch die Verdünnung nicht verändert wird. Ähnliche Vorgänge kennen wir nämlich. Sie kommen z. B. bei der Bestimmung des Penicillingehaltes der Blutflüssigkeit vor. Die Beeinträchtigung der antibakteriellen Wirkung durch das Serum ist im unverdünnten Zustand relativ groß und nimmt ab, sobald man das penicillinhaltige Serum mit Nährbodenflüssigkeit verdünnt (s. S. 73, 102, 103).

In dem erwähnten Beispiel nimmt das verwendete Streptomycin-Reinpräparat als Bezugssystem die gleiche Stellung ein wie ein Meterstab bei einer Längenmessung. Der Meterstab gilt uns letzten Endes nur insoweit als Maßstab, als wir in ihm ein genaues Abbild des Pariser Urmeters sehen. Diesem kommt als einzigem Exemplar die absolute Authentizität als letztes und endgültiges Bezugssystem für alle Längenmaße zu, obwohl das Meter auch unabhängig davon astronomisch definiert werden kann. Bei den chemisch definierten Antibiotica pflegt man als authentischen Standard ein speziell designiertes Präparat anzusehen, welches chemisch besonders genau gekennzeichnet ist. Dieses wird zum „Urmaß" (Master standard) erklärt — etwa auf Grund einer internationalen Übereinkunft — und dient als letzte Bezugsinstanz.

Beispielsweise ist zum „Master-Standard" für Penicillin G auf Grund einer Übereinkunft innerhalb der Weltgesundheitsorganisation ein Präparat erhoben worden, welches unter besonderen Bedingungen hergestellt wurde. Es wird im National Institute for Medical research, Hampstead, London, unter besonderen Bedingungen aufbewahrt. Penicillinpräparate, die direkt oder indirekt nach dem „Master Standard" eingestellt sind, dienen ihrerseits wieder als Standard (sog. "reference standards"). Sie werden an die Institute abgegeben. An Hand der reference standards wird in jedem Laboratorium ein Haus-Standard (working standard) eingestellt; mit diesem werden alle Routinearbeiten durchgeführt. Der Haus-Standard wird von Zeit zu Zeit mit dem "reference standard" kontrolliert. Diese Dinge betreffen das medizinische Laboratorium nur theoretisch. Heute befinden sich von allen Hemmstoffen Präparate mit exakter Titerangabe als Arbeitsstandard im Handel.

Steht uns also ein chemisch definierbarer Standard in Form der Reinsubstanz zur Verfügung, mit dessen Wirkungsgröße wir den antibakteriellen Effekt der untersuchten Lösung vergleichen können, so geht die Aktivitätsbestimmung letzten Endes auf gravimetrisch formulierbare Größen zurück. Bei den meisten Präparaten entspricht eine Internationale Einheit der Wirkung von 1 γ des anerkannten Standardpräparates. Für diese Stoffe besteht damit ein fester Zusammenhang zwischen Gewichtsmaßen und Wirkungseinheiten. Dies ist für alle Stoffe der erstrebenswerte Zustand. Er wird freilich erst als letztes Erkenntnisstadium erreicht.

b) Eine andersartige Situation ist gegeben, wenn wir als Bezugssystem kein chemisch reines und exakt definierbares Präparat besitzen, wie es am Beispiel des Streptomycins oder des Penicillins erläutert worden ist, sondern ein *unvollständig gereinigtes Material*. Dies trifft für einige Antibiotica mit komplexer Konstitution zu. Von diesen existieren nur Präparate, die mehr oder weniger angereichert sind. Es kann hier nicht erwartet werden, daß ein Präparat einem anderen gleicht; wir müssen vielmehr jedes Präparat als Unikum betrachten. Es leuchtet ein, daß in diesen Fällen eine gravimetrische Formulierung der Wirkungsgröße keine allgemeine Verbindlichkeit besitzen kann. Es ist z. B. nicht möglich auszusagen, daß eine bacitracinhaltige Lösung eine antibakterielle Aktivität besitzt, die einer Konzentration von 20 γ/ml Bacitracin entspricht; wir wissen nämlich gar nicht, wie groß die Wirkung von 20 γ/ml reinem Bacitracin ist, da dieses Antibioticum nicht rein dargestellt werden kann. Man hilft sich hier folgendermaßen: Es wird ein haltbares Präparat von möglichst hoher Aktivität zum authentischen Standard (Urmaß) erklärt. Als eine Einheit wird die Wirkung einer bestimmten Menge dieses Präparates bezeichnet. Es leuchtet ein, daß dieses als Standard erklärte Präparat mehr als eine symbolische oder formale Funktion erfüllt. Bei allen als Standard benutzten Bacitracinpräparaten muß die Aktivität nämlich indirekt oder direkt mit diesem Urstandard verglichen und hiernach als Titer deklariert werden. Der Urstandard hat also eine Kontrollfunktion, die sich praktisch auswirkt: Wenn wir von einer Einheit Streptomycin sprechen, so meinen wir damit in praxi 1 γ eines Reinpräparates, welches nach bestimmten Vorschriften hergestellt worden ist. Sprechen wir aber von einer Einheit Bacitracin, so meinen wir damit die Wirkung von 1 γ eines Präparates, welches auf der Welt nur einmal existiert. Die Formulierung erfolgt zwar auch hier gravimetrisch; sie bezieht sich aber nicht direkt auf das stoffliche Korrelat der antibakteriellen Wirkung, sondern auf ein konventionell als Standard deklariertes Gemisch von aktiver Substanz und inaktiven Begleitstoffen.

Diese Art der Formulierung ist eigentlich als Übergangsstadium zu betrachten. Man hat beispielsweise die Penicillinaktivität nur so lange auf unreine Standards bezogen, als keine chemisch definierbaren Präparate zur Verfügung standen. Nachdem diese auftauchten, ist der alte Begriff der Oxford-Einheit weggefallen und hat der chemisch-gravimetrisch festgelegten internationalen Einheit Platz gemacht.

c) Es gibt schließlich Fälle, in denen überhaupt keine haltbaren Präparate hergestellt werden können, so daß auch die konventionelle Deklarierung eines Präparates als Standard nicht möglich ist. Diese Situation ist ein Stadium, welches bei der Entwicklung eines neuen Antibioticums regelmäßig am Anfang durchlaufen wird. Hier bleibt dem Untersucher nichts anderes übrig, als die Eigenschaften und das Verhalten eines bestimmten Stammes zum Standard und letzten Bezugssystem zu erheben. Es wird z. B. festgelegt, daß diejenige Aktivität pro ml, die unter bestimmten Bedingungen gerade ausreicht, einen bestimmten Teststamm am Wachstum zu hindern, als Einheit bezeichnet wird. Diese Form der Bezugnahme stützt sich also letzten Endes auf die Annahme, daß ein Stamm in den verschiedenen Versuchen stets gleich reagiert. Dies ist, genau betrachtet, natürlich eine Fiktion[20]. Für den Umgang mit den klinisch verwendeten Chemotherapeutica hat die ausschließliche Bezugnahme auf das biologische Verhalten eines Stammes keine Bedeutung. Es stehen entweder chemisch definierte Reinsubstanzen als Standard zur Verfügung, oder aber unreine, haltbare Präparate mit genauer Titerangabe.

Es sei zum Schluß noch einmal daran erinnert, daß die biologische Wirkung einer getesteten Flüssigkeit nur dann auf einen Standard bezogen werden kann, wenn wir sicher sind, daß der Standard mit dem aktiven Prinzip der geprüften Lösung identisch ist. Hat man beispielsweise die Blutprobe eines Patienten zu untersuchen, welcher mit einer Kombination von Streptomycin und Penicillin behandelt worden ist, so werden sich je nach Auswahl des Teststammes sehr verschiedene Werte ergeben. Diese auf einen Penicillin- oder Streptomycin-Standard zu beziehen, ist sinnlos (Näheres hierzu s. S. 114, 115 ff.). In Zweifelsfällen steht eine einfache Methode zur Verfügung, um ein Gemisch zweier antibakterieller Stoffe als solches zu entlarven: Man führt die Untersuchung mit Teststämmen verschiedener Gattung aus und bezieht die Resultate auf die entsprechende Standardsubstanz. Bekommt man mit zwei oder mehreren Teststämmen verschiedene Resultate, so ist es, wenn kein methodischer Fehler vorliegt, sicher, daß die antibiotische Wirkung auf das Vorhandensein mehrerer Stoffe zurückzuführen ist. Die rohen Penicillinpräparate der ersten Zeit wurden auf Grund ähnlicher Unstimmigkeiten als Gemisch verschiedener, chemisch differenter Penicillinkörper erkannt.

Unser Bestreben bei der biologischen Konzentrationsbestimmung geht also dahin, die unübersehbare Vielfalt der Faktoren, welche die Höhe der Hemmungsdosis bestimmen, durch den Bezug auf den Standard auszuschalten. Dies geschieht dadurch, daß zwischen dem Resultat der Standardverdünnungsreihe und der Prüfreihe eine einfache Relation hergestellt wird. Wenn beide Versuchsreihen unter völlig gleichen Bedingungen angelegt werden, so wirken sich die Faktoren, welche die jeweilige Empfindlichkeit der Kultur bestimmen, in beiden Reihen gleichmäßig aus; sie können damit bei der Aufstellung der Beziehung als Parameter betrachtet werden, die durch Kürzung in Wegfall kommen. Dies ist strenggenommen aber nur dann der Fall, wenn die zu untersuchende Lösung den antibakteriellen Stoff ohne Beimengung anderer Körper enthält. Ist das Chemotherapeuticum beispielsweise im Serum zu titrieren, so müssen wir damit rechnen, daß das in die Verdünnungsreihe mit eingebrachte Serum die Bedingungen gegenüber dem Standard mit der Reinsubstanz ändert. Diese Änderung erfolgt dabei selbst nicht gleichmäßig, da ja der Serumzusatz von Röhrchen zu Röhrchen abnimmt. Zur

Vermeidung dieses Fehlers gibt es verschiedene Möglichkeiten, die an anderer Stelle diskutiert werden (s. S. 72 ff., 107).

IV. Aktivitätsbestimmung in flüssigen Nährböden

Bei der Bestimmung der antibakteriellen Aktivität im flüssigen Nährboden verfahren wir im wesentlichen nach den Prinzipien, die im vorigen Abschnitt (III. B) erläutert worden sind. Voraussetzung ist, daß die antimikrobielle Aktivität an das Vorhandensein eines einzigen Stoffes gebunden ist, daß wir diesen Stoff kennen und als Standardpräparat zur Verfügung haben. Es wird dann die kleinste Menge der zu untersuchenden Flüssigkeit (Testflüssigkeit) ermittelt, die, in 1 ml eines flüssigen Nährbodens enthalten, das Wachstum eines Teststammes zu hindern vermag (Grenztiter der Testflüssigkeit). Im gleichen Arbeitsgang wird durch eine zweite Versuchsreihe festgestellt, wieviel von dem eingewogenen Standardpräparat in 1 ml Nährboden vorhanden sein muß, um den gleichen Grad der Wachstumsbehinderung zu erzielen (Hemmungsdosis des Teststammes). Aus diesen zwei Größen kann der Gehalt der Testflüssigkeit an wirksamer Substanz errechnet werden. Im folgenden sollen die technischen Prinzipien dieses Verfahrens, seine Fehlerquellen sowie die Verbindlichkeit seiner Ergebnisse diskutiert werden. Die speziellen Anweisungen für die Aktivitätsbestimmung der einzelnen Stoffe finden sich im Abschnitt IX.

A. Der Verdünnungstest

1. Ausführung eines Versuchsbeispiels

Es soll die Aktivität einer wäßrigen, eiweißfreien Lösung von reinem Penicillin G im Verdünnungstest bestimmt werden. Die Lösung wird vor der Untersuchnng auf ein p_H von 6,5 gebracht (Vorverdünnung mit Puffer). Als Testobjekt wird eine Suspension von Sporen des Stammes Bac. subtilis ATCC 6633 benutzt (Herstellung der Sporensuspension s. S. 90). Die Empfindlichkeit dieses Stammes gegenüber Penicillin ist extrem hoch: Unter den Bedingungen unseres Versuches beträgt sie 0,0015 E/ml. Als Nährboden benutzen wir eine auf p_H 6,5 eingestellte Bouillon mit 1% Dextrose. Die Bouillon wird vor Gebrauch in toto besät. Einsaatdichte: 10000 Sporen/ml.

a) Herstellung der Verdünnungsreihe mit der Testflüssigkeit. 10 Reagenzgläser werden in eine Reihe gestellt. Das erste Glas bleibt leer; die übrigen enthalten je 1 ml m/15 Phosphatpuffer p_H 6,5. Man pipettiert 2 ml der zu prüfenden Lösung in das erste Röhrchen. Von hier überträgt man dann 1 ml in das zweite Reagenzglas, mischt und überträgt von diesem Gemisch wieder 1 ml auf das dritte Reagenzglas usw. Vom Gemisch des 9. Röhrchens wird 1 ml verworfen. Das 10. Röhrchen bleibt frei von Testflüssigkeit, es enthält nur Puffer und dient als Kontrolle I. Die Röhrchen enthalten somit fallende Mengen der Testflüssigkeit bei gleichem Flüssigkeitsvolumen. Das erste Röhrchen enthält die unverdünnte Testflüssigkeit, das zweite eine Verdünnung 1:2, das dritte 1:4 usw. Dies ist die „Testreihe".

b) Herstellung der Standard-Verdünnungsreihe. Man stellt sich eine Standardlösung von 0,2 E/ml Penicillin G in Phosphatpuffer her und legt damit in derselben Art eine Verdünnungsreihe an wie es bei der Testflüssigkeit geschehen ist. Auch hier wird das Röhrchen Nr. 10 vom Überpipettieren ausgenommen (Kontrolle II). Das erste Röhrchen enthält mithin 1 ml einer „authentischen" Lösung von 0,2 E/ml Penicillin, das zweite 1 ml einer Lösung von 0,1 E/ml, das dritte 1 ml einer Lösung von 0,05 E/ml usw. Das letzte Röhrchen enthält lediglich Puffer ohne Penicillin. Dies ist die „Standardreihe".

54 Aktivitätsbestimmung in flüssigen Nährböden

c) In jedes Röhrchen der Testreihe und der Standardreihe wird 1 ml der besäten Bouillon hinzupipettiert. Hiervon ausgenommen ist lediglich das Röhrchen Nr. 10 der Standardreihe (Kontrolle II). Dies erhält 1 ml *unbesäte* Bouillon. Die Konzentrationen der in Puffer angelegten Verdünnungsreihen werden durch das Hinzufügen der Bouillon natürlich halbiert.

Man hat in der Testreihe demnach folgende Endverdünnungen der Testflüssigkeit und in der Standardreihe folgende Penicillinkonzentrationen (s. Tab. 1).

d) Beide Verdünnungsreihen werden in den Brutschrank gestellt und 18—24 Std. bebrütet.

e) Die *Ablesung* erfolgt zuerst bei den Kontrollen. Die Kontrolle I (Röhrchen Nr. 10 der Testreihe) enthält keinerlei Hemmstoff; sie soll uns beweisen, daß der Teststamm in penicillinfreiem Milieu auch wirklich zum Wachstum kommt; ihr Aussehen nach 18 Std. dient unserem Auge als Maßstab für die Bewertung unbehinderten Wachstums. Die Kontrolle II (Röhrchen Nr. 10 der Standardreihe) enthält kein Penicillin und keine Einsaat. Dies soll uns davon überzeugen, daß die Bouillon vor der Inoculation mit dem Teststamm steril war; außerdem liefert die Kontrolle II einen Maßstab dafür, wie eine sicher unbewachsene Bouillon aussieht. Die eigentliche Ablesung beginnt mit dem Standard. Wir ersehen aus dem Protokoll, daß eine Konzentration von $^1/_{160}$ E/ml Penicillin das Wachstum gerade noch total hemmt. Die Hemmungsdosis ist mithin unter den Bedingungen des Versuches $^1/_{160}$ E/ml = 0,00625 E/ml. Die Testreihe zeigt, daß der Grenztiter der Testflüssigkeit unter den gleichen Bedingungen 1:16 ist.

Schlußfolgerung: $^1/_{16}$ ml der Testflüssigkeit enthält demnach eine Penicillinaktivität, die, in 1 ml Bouillon wirkend, den gleichen Grenzeffekt hervorruft wie eine Menge von $^1/_{160}$ E reinem Penicillin in 1 ml Bouillon. Wenn $^1/_{16}$ ml Testflüssigkeit die gleiche Aktivität entfaltet wie $^1/_{160}$ E Penicillin, so ist in 1 ml Testflüssigkeit die Wirkung von $16 \cdot ^1/_{160} = $ $= ^1/_{10} = 0,1$ E Penicillin anzunehmen.

Tabelle 1

Röhrchen Nr.	1	2	3	4	5	6	7	8	9	10 Kontrolle
Testreihe Endverdünnungsstufen der Testflüssigkeit	1:2	1:4	1:8	1:16	1:32	1:64	1:128	1:256	1:512	I ohne Testflüssigkeit
Resultat	—	—	—	—	++	++	++	++	++	++
Standardreihe Penicillinkonzentration in E/ml	1/10	1/20	1/40	1/80	1/160	1/320	1/640	1/1280	1/2560	II ohne Einsaat
	0,1	0,05	0,025	0,0125	0,00625	0,00318	0,0016	0,0008	0,0004	ohne Penicillin
Resultat	—	—	—	—	—	++	++	++	++	—

2. Verbindlichkeit der Ergebnisse: Wahl des Verdünnungssystems

Wir haben in unserem Beispiel festgestellt, daß die antibakterielle Aktivität der geprüften Flüssigkeit derjenigen einer Lösung von 0,1 E/ml Penicillin entspricht. Man tut gut daran, diese Formulierung zu beachten. Es ist keinesfalls angängig zu sagen, die Testflüssigkeit *enthielte* eine Konzentration von 0,1 E/ml Penicillin. Wir haben ja nur die antibakterielle Aktivität beurteilt und mit derjenigen einer Lösung von 0,1 E/ml reinem Penicillin verglichen. Die gefundene

Aktivität kann der tatsächlich vorhandenen Konzentration nur dann gleichgesetzt werden, wenn es feststeht, daß die Zusammensetzung der Testflüssigkeit mit derjenigen der Standardlösung bis auf den verschiedenen Hemmstoffgehalt identisch ist. Dies ist in der Praxis nur sehr selten der Fall. Die meisten der zu untersuchenden Flüssigkeitsproben enthalten Beimengungen, bei denen wir theoretisch nie ausschließen können, daß sie die antibakterielle Wirkung steigern oder mindern, ohne daß sich die Konzentration des Penicillins verändert.

In diesem Zusammenhang erhebt sich aber auch die Frage, inwieweit sich die *gefundene* Aktivität von 0,1 E Penicillin mit der *wahren* Aktivität der untersuchten Probe deckt. Wir haben in dem angeführten Beispiel gesehen, daß eine Konzentration von $^1/_{320}$ E/ml Penicillin das Wachstum des Testkeimes ohne Behinderung erlaubt, während ein Gehalt von $^1/_{160}$ E/ml Penicillin die sichtbare Vermehrung vollkommen unterdrückt. Die Konzentration, die als Wirksamkeitsschwelle das Wachstum eben gerade noch hemmt, kann scharf nicht angegeben werden. Wir können nur sagen, daß sie kleiner ist als $^1/_{160}$ E/ml und größer als $^1/_{320}$ E/ml. Sie kann sehr dicht bei dem einen Wert liegen und sehr dicht bei dem anderen. Für die Ablesung des Grenztiters der untersuchten Flüssigkeit gilt das gleiche; auch hier beschränkt sich unsere Aussage auf die Feststellung, daß der Grenztiter irgendwo zwischen den Verdünnungsstufen $^1/_{16}$ und $^1/_{32}$ liegt. Es ergeben sich damit zwei Extremwerte für die Penicillinaktivität der untersuchten Flüssigkeit:

1. Wir können annehmen, daß der wahre Verdünnungstiter der Testflüssigkeit extrem nahe bei der Verdünnungsstufe $^1/_{16}$ liegt. Wir nehmen nun andererseits an, daß in der Standardreihe die wahre Hemmdosis Penicillin sich nur wenig von dem Wert $^1/_{320}$ E/ml unterscheidet. Aus dieser Situation müssen wir folgern, daß in 1 ml der Testflüssigkeit annähernd die Aktivität von $16 \cdot {}^1/_{320} = {}^1/_{20} = 0,05$ E Penicillin enthalten ist.

2. Wir können ebenso auch annehmen, daß sich der wahre Grenztiter der Testflüssigkeit dem Wert $^1/_{32}$ nähert. Desgleichen können wir annehmen, daß die wahre Hemmungsdosis im Standard sehr nahe bei dem Wert $^1/_{160}$ E/ml liegt. Es resultiert in diesem Fall für die Aktivität der Testflüssigkeit ein Wert von $32 \cdot {}^1/_{160} = {}^2/_{10} = 0,2$ E/ml Penicillin.

Strenggenommen darf demnach nur gesagt werden, daß die Aktivität der getesteten Flüssigkeit kleiner ist als dem Wert 0,2 E/ml Penicillin entspricht und größer als 0,05 E/ml. Unsere anfängliche Angabe von 0,1 E/ml entpuppt sich damit als ein Wert, der willkürlich aus der Zone der möglichen Werte herausgegriffen ist. Die Breite dieser Zone wird durch den Verdünnungsmodus bestimmt; sie hängt von der Größe des Verdünnungsfaktors für die beiden Reihen ab. In unserem Fall hat der Verdünnungsfaktor sowohl für die Testreihe als auch für die Standardreihe den Wert 2. Dementsprechend wird sich bei der Errechnung der Aktivität stets ein Spielraum von zwei Zweierpotenzen ergeben, innerhalb dessen der wahre Wert liegen kann.

Dieses Intervall kann einen absoluten Wert haben, der sehr beträchtlich ist. So kann z. B. für eine andere Testflüssigkeit in unserem Versuch eine Aktivität ermittelt werden, die zwischen 0,8 und 3,2 E/ml liegt. Das Intervall ist dann 2,4 E/ml. Eine andere Testflüssigkeit zeigt eine Wirksamkeit zwischen 0,025 und 0,0625 E/ml. Hier beträgt die absolute „Länge" des Intervalles nur 0,04 E/ml.

Wie kann man nun den Spielraum, innerhalb dessen der wahre Wert liegt, verkleinern? Offensichtlich nur dadurch, daß man die Verdünnungsschritte der Reihen verengt. Wir können z. B. sowohl die Testreihe als auch die Standardreihe mit dem Faktor $^3/_2$ verdünnen. Dies wird folgendermaßen ausgeführt:

Röhrchen Nr. 1 ist leer; die folgenden enthalten je 1 ml Puffer. In Röhrchen 1 wird nun 3,0 ml der Testlösung bzw. des Standards gegeben. Die Standardlösung enthält hier nur 0,1 E/ml. Von Röhrchen Nr. 1 werden anschließend 2,0 ml in das Röhrchen Nr. 2 gebracht und gemischt. Von hier werden wieder 2,0 ml in das Röhrchen Nr. 3 transportiert usw. Es kommt dann jeweils 1 ml besäte Bouillon dazu. Es entstehen so zwei Reihen, deren Röhrchen folgende Verdünnungsstufen bzw. Konzentrationen enthalten (s. Tab. 2).

Wir wiederholen die Ablesung und die Rechenoperationen. Der Wert für die Aktivität der Testflüssigkeit liegt dann (abgerundet) zwischen 0,07 und 0,15 E/ml.

Man sieht aus diesem Beispiel, daß sich die beiden Grenzwerte, zwischen denen wir den wahren Wert einschließen, einander nähern, sobald die Verdünnungsschritte der Reihen kleiner werden. Haben wir im ersten Versuch den wahren Wert auf einer „Strecke" von 0,15 E/ml suchen müssen, so können wir ihn nach dem Resultat des zweiten Versuchs auf ein Intervall von 0,08 E/ml lokalisieren. Es Es ist auf diese Weise denkbar, die Einengung sehr weit zu treiben, wenn man den Verdünnungsfaktor mehr und mehr verkleinert. Man kann z. B. den Verdünnungsfaktor 1,2 nehmen: In einer Reihe von Röhrchen, die jeweils mit 1 ml Puffer beschickt sind, läßt man 5,0 ml „wandern", indem man diesen Betrag von Röhrchen zu Röhrchen überpipettiert. Auf diese Weise kann der Verdünnungsfaktor theoretisch immer kleiner werden; das gefundene Intervall würde dann den wahren Wert immer mehr einengen. Zwei Umstände setzen indessen der Verkleinerung der Verdünnungsstufen eine Grenze:

Tabelle 2

Röhrchen Nr.	1	2	3	4	5	6	7	8	9	10 Kontrolle
Testreihe Verdünnungsstufe der Testflüssigkeit	1:2	1:3	1:4,5	1:6,75	1:10,13	1:15,19	1:22,78	1:34,17	1:51,26	I ohne Testflüssigkeit
Resultat	–	–	–	–	–	–	–	++	+++	+++
Standardreihe Penicillinkonzentration in E/ml	1/20	1/30	1/45	1/67,5	1/101,3	1/151,9	1/227,8	1/341,7	1/512,6	II ohne Penicillin ohne Einsaat
Resultat	–	–	–	–	–	–	–	++	+++	–

1. Sobald die Verdünnungsschritte unter ein gewisses Maß sinken, ist die *Ablesung erschwert*. Der Übergang von dem unbehinderten Wachstum zur totalen Hemmung erfolgt dann nicht mehr plötzlich, von einer Verdünnungsstufe zur anderen, sondern erstreckt sich über mehrere Röhrchen. Es ist bei sehr kleinen Verdünnungsschritten nicht mehr eindeutig zu entscheiden, bei welchem Röhrchen die totale Hemmung beginnt. Die Erklärung hierfür ist einfach: Bei kleinen Verdünnungsschritten wird eine größere Anzahl von Röhrchen unterschwellige Kon-

zentrationen des Hemmstoffes enthalten. Es sind dies Mengen an Antibioticum, die das Wachstum zwar nicht gänzlich zu unterdrücken vermögen, aber die 18 Std.-Ernte herabsetzen. Man kann den Übergang im allgemeinen dadurch „verschärfen", daß man die Einsaat reduziert; dies geht aber nur bis zu einer gewissen Grenze.

2. Je kleiner der Verdünnungsfaktor ist, desto kürzer wird der *Konzentrationsbereich*, den wir mit dem 10-Röhrchen-Test durchlaufen. Es entsteht die Gefahr, daß die den Stamm hemmende Dosis sich gar nicht in der Verdünnungsreihe befindet. Dies ist für die Titration der Testflüssigkeit besonders dann ein Risiko, wenn wir über ihren Gehalt an Antibioticum überhaupt nichts wissen. Die Standardreihe verträgt kleinere Konzentrationsschritte viel besser, da wir ja die Empfindlichkeit des Teststammes einigermaßen kennen. Hat man überhaupt keine Angabe über die ungefähre Konzentration der Testflüssigkeit zur Verfügung, so muß man den Verdünnungstest unter Umständen mehrzeitig ausführen: Man legt mit der Testflüssigkeit zuerst eine Reihe mit dem Verdünnungsfaktor 10 an. Nach der Ablesung legt man in einer zweiten Titration eine Reihe mit dem Verdünnungsfaktor 2 an. Hierbei wird die Verdünnungsstufe, mit der die Reihe begonnen wird, nach dem Resultat der ersten Reihe errechnet. Nach dem Ablesen des Resultats in der Zweier-Potenz-Reihe kann man eine weitere Reihe, etwa mit dem Faktor 1,2 anlegen. Es leuchtet aber ein, daß dieses Verfahren für die Praxis viel zu umständlich ist.

Im Laboratorium hat sich die Verdünnungsreihe mit dem Faktor 2 als bester Kompromiß eingebürgert. Wir selbst pflegen einen Mittelweg zu gehen: Wir verdünnen nur die Testflüssigkeit mit dem Faktor 2; die Standardreihe wird hingegen nicht geometrisch, sondern *arithmetrisch* angelegt. Die Hemmungsdosis für den von uns gebrauchten Teststamm liegt zwischen 0,003 und 0,006 E/ml Penicillin. Die Hemmungsdosis kann bis auf 0,0015 zurückgehen. Dies hängt vom Nährboden ab. Man legt dementsprechend eine Reihe an, die nach Hinzufügen der Bouillon folgende Endkonzentrationen besitzt: 0,009; 0,008; 0,007; 0,006; 0,005; 0,004; 0,003; 0,002; 0,001 E/ml. Diese Reihe dient als Standard.

Ausführung. Man geht von einer Lösung A von 0,02 E/ml aus. 9 leere Reagenzgläser werden nebeneinander gestellt. Mit einer in 100 Teile graduierten 1 ml-Pipette zieht man 1 ml A auf und gibt davon 0,9 ml in das Glas 1 und den Rest von 0,1 ml in das Glas Nr. 9. Es wird in der gleichen Weise Glas Nr. 2 mit 0,8 ml und Glas Nr. 8 mit dem Rest von 0,2 ml beschickt. Es werden noch die Gläser Nr. 3 und Nr. 7 sowie Nr. 4 und Nr. 6 entsprechend beschickt und zum Schluß in Glas Nr. 5 ein Betrag von 0,5 ml A eingefüllt und der Rest aus der Pipette verworfen. In der Reihe befinden sich jetzt abfallende Mengen der Stammlösung A in Schritten von 0,1 ml. Es wird jetzt jedes Röhrchen auf 1 ml mit Puffer aufgefüllt, wobei wieder die Gläser 1 und 9; 2 und 8 usw. von der gleichen „Pipettenladung" beschickt werden. Anschließend kommt in jedes Glas 1 ml besäte Bouillon. Die Endkonzentrationen sind dann die oben angegeben.

Es muß besonders betont werden, daß bei dem arithmetischen Abfall des Hemmstoffes in der Standardreihe das Intervall, in welchem der wahre Wert zu suchen ist, in seiner Größe wechseln kann.

Ein Beispiel: Es zeige unser Stamm am Tag des Versuches eine besonders hohe Sensibilität. Seine Hemmdosis liege zwischen 0,001 und 0,002 E/ml. Der Grenztiter der Testflüssigkeit liege zwischen 1/8 und 1/16. Man wird nach dem erläuterten Beispiel schnell ausrechnen können, daß der wahre Wert der Testflüssigkeit zwischen 0,008 und 0,032 E/ml liegt. Das Intervall verhält sich, wie man sieht, so, als ob auch die Standardreihe geometrisch mit dem Faktor 2 angelegt wäre. Es liegt hier aber nur *zufällig* die Empfindlichkeit des Teststammes so, daß die Grenzwerte der Hemmung zueinander als Zweier-Potenz imponieren. An einem anderen Tag zeige der Stamm eine besonders niedere Empfindlichkeit: Seine Hemmdosis im Standard liege zwischen 0,008 und 0,009 E/ml. Der Grenztiter der Testflüssigkeit wird zwischen 1/1 und 1/2 bestimmt. Rechnen wir jetzt die Grenzwerte des Intervalls aus, in welchem der wahre Wert liegen muß, so ergibt sich 0,008—0,018. Das Intervall ist in diesem Fall deshalb kleiner, weil wir in dem arithmetisch angelegten Standard diesmal die Hemmdosis stärker einengen konnten. Im ersten Fall verhalten sich die Grenzwerte der Standard-Hemmung (0,002 und 0,001) wie 1:2; im zweiten Falle verhalten sie sich wie 8:9.

Bei der Anlage eines arithmetischen Standards ist deshalb nach Möglichkeit so zu verfahren, daß die Hemmung in den Röhrchen mit hohen Konzentrationen eintritt. Diese zeigen untereinander de facto kleinere Konzentrationsintervalle als die Röhrchen mit niederen Konzentrationen. Ein solches Vorgehen ist jedoch nur dann möglich, wenn das Einsaatmaterial weitgehend gleich reagiert. Dies ist bei Sporen, die als „genormte" Stammsuspension im Eisschrank aufbewahrt werden, gut zu erreichen. Die Gleichmäßigkeit der Empfindlichkeit ist hier so groß, daß der Standard meistens innerhalb derselben beiden Grenzwerte der arithmetischen Reihe liegt, also z. B. zwischen 0,004 und 0,005. Empfindlichkeitsschwankungen, wie die oben skizzierte, sind bei Sporen eigentlich nur dann möglich, wenn der Nährboden oder die Einsaatmenge stark verändert wird, oder aber wenn der Nährboden nicht gleichbleibt. Bei entsprechenden Vorkehrungen sind die Schwankungen auch für vegetative Formen gering.

Die *für die Praxis* am ehesten zu empfehlende Verdünnungsanordnung von Testflüssigkeit und Standard ist somit folgende: Die Testflüssigkeit wird geometrisch nach dem Faktor 2 verdünnt. Die Reihe umfaßt dann 9 Zweierpotenzen. Der Standard wird arithmetisch verdünnt. Die Konzentration fällt dabei von Röhrchen zu Röhrchen um 10% der Anfangskonzentration. Die Konzentration des ersten Standardröhrchens wird so gewählt, daß sie möglichst knapp über der Hemmungsdosis des Teststammes liegt. Diese *Kombination von arithmetischer und geometrischer Reihe* ist das einfachste Verfahren, um das große Intervall, welches sich bei zwei geometrischen Reihen ergibt, zu verkleinern, ohne daß die Unannehmlichkeiten in Kauf genommen werden müssen, die auftreten, sobald der Verdünnungsfaktor ein Bruch zwischen 1 und 2 ist.

Es bleibt noch zu untersuchen, inwieweit die Titrierung einer Testflüssigkeit in *verschiedenen Versuchsansätzen*, übereinstimmende Resultate ergibt. Wir fragen hierbei, ob sich über das „Unverbindlichkeitsintervall" des Einzelversuchs hinaus ein zusätzlicher Unsicherheitsbereich ergibt, der als Divergenz verschiedener Einzelmessungen zutage tritt. Wir betrachten hierzu zwei Beispiele:

Beispiel A. Der Verdünnungstest wird für eine Penicillintitration ausgeführt. Der Standard wird arithmetisch verdünnt, während die Testreihe in Zweierpotenzen angelegt ist. Die Hemmdosis für den Teststamm wird im Standard zwischen den Werten 0,04 und 0,05 E/ml lokalisiert. Die Testflüssigkeit soll einem wahren (eingewogenen) Penicillingehalt von 2,4 E/ml entsprechen, den wir im voraus kennen. Es würden sich dann bei der Testreihe folgende Verdünnungsstufen und wahre Penicillinwerte ergeben:

Tabelle 3

Verdünnungsstufe	$^1/_2$	$^1/_4$	$^1/_8$	$^1/_{16}$	$^1/_{32}$	$^1/_{61}$	$^1/_{128}$
Penicillingehalt in E/ml (Einwaage)	1,2	0,6	0,3	0,15	0,075	0,0375	0,019
Resultat	—	—	—	—	—	+	+

Im Standard liegt der zur Hemmung des Teststammes ausreichende Wert, wie bereits erwähnt, zwischen 0,04 und 0,05 E/ml. Wir nehmen an, der wahre Wert für die Hemmdosis des Stammes sei genau 0,05 E/ml. In unserer Verdünnungsreihe enthält die Verdünnungsstufe $^1/_{32}$ eine Konzentration von 0,075 E/ml, d. h. sie liegt mit 0,025 E/ml über der wahren Hemmungsdosis des Stammes. Das zur Einengung des Hemmwertes benutzte Röhrchen $^1/_{32}$ enthält mithin 150% der wahren Hemmungsdosis und hindert hierdurch das Wachstum. Im gleichen Sinne enthält das benachbarte (bewachsene) Röhrchen der Stufe $^1/_{64}$ nur 75% der Hemmungsdosis, also ein Minus von 0,0125 E/ml Penicillin, bezogen auf die wahre Hemmdosis. In dieser Konstellation enthält also keine einzige der Verdünnungsstufen eine Penicillinkonzentration, die sehr nahe an der Hemmungsdosis des Stammes liegt. Es fällt nicht schwer einzusehen, daß sich bei dieser Situation als abgelesener Hemmungstiter der Testflüssigkeit stets $^1/_{32}$ ergeben wird — unabhängig davon, ob der Versuch in einfacher oder zehnfacher Auflage ausgeführt wird. Differenzen im Keimgehalt, Pipettierfehler u. a. werden zwar auftreten. Sie werden den abgelesenen Hemmungstiter aber nicht beeinflussen. Sie fallen nämlich nicht ins Gewicht gegenüber dem Konzentrationsabstand, welcher zwischen der Hemmungsdosis des Testkeimes einerseits und dem Penicillingehalt der beiden begrenzenden Röhrchen andererseits liegt.

Wir können aus dem Beispiel A folgern: Der Verdünnungstest ist unempfindlich gegen Pipettierfehler, wenn bei relativ großen Konzentrationsschritten die wahre Hemmungsdosis des Teststammes von dem letzten bewachsenen und dem ersten unbewachsenen Röhrchen etwa den gleichen Konzentrationsabstand besitzt, sich also keinem der zur Einengung dienenden Konzentration der Verdünnungsreihe annähert.

Beispiel B. Es wird die gleiche Penicillintitration ausgeführt. Der wahre Wert der Hemmdosis für den Teststamm betrage diesmal 0,047 E/ml. Der uns von vornherein bekannte Wert der Testflüssigkeit liege bei 1,6 E/ml. Es entstehen von der Testflüssigkeit dann folgende Verdünnungsstufen bzw. Konzentrationen:

Tabelle 4

Verdünnungsstufe	$^1/_2$	$^1/_4$	$^1/_8$	$^1/_{16}$	$^1/_{32}$	$^1/_{64}$	$^1/_{128}$
Penicillingehalt (Einwaage)	0,8	0,4	0,2	0,1	0,05	0,025	0,0125
Resultat I	—	—	—	—	—	+	+
Resultat II	—	—	—	—	(+)	+	+

Man sieht, daß in diesem Falle eine ganz andere Sachlage vorliegt, als es für das Beispiel A geschildert worden ist. Der Penicillingehalt der Testreihe und die Hemmungsdosis sind so beschaffen, daß die Verdünnungsstufe $^1/_{32}$ praktisch mit dem wahren Wert für die Hemmungsdosis des Teststammes zusammenfällt. In dem einen Fall (Resultat I) ist in der Verdünnungsstufe $^1/_{32}$ genügend Penicillin enthalten, um den Testkeim am Wachstum zu hindern. Es kann aber sehr leicht eine Situation entstehen, bei welcher im Röhrchen $^1/_{32}$ noch schwaches Wachstum erfolgt (Resultat II): Eine geringe Unregelmäßigkeit in der Keimdichte, ein Pipettierfehler genügen dazu.

Das Beispiel B zeigt uns, daß die unabhängig und simultan gewonnenen Einzelresultate dann streuen, wenn zufällig der Wert für die wahre Hemmdosis des Teststammes sehr nahe bei dem Hemmstoffgehalt eines Röhrchens der Verdünnungsreihe liegt. In diesem Falle entsteht eine Streuung verschiedener Einzelresultate; sie bewegt sich aber innerhalb von 2 Zweierpotenzen.

Wir können also bei dem Beispiel A die Verbindlichkeit des einzeln abgelesenen Resultates, wie wir sie zuerst untersucht haben, ohne weiteres auf den wahren Wert beziehen bzw. übertragen. In den speziellen Fällen des Beispiels B aber ist dies nicht möglich: Der wahre Wert des Hemmtiters kann hier nicht zwischen den Konzentrationen zweier benachbarter Röhrchen lokalisiert werden. Er muß in einem Intervall von 3 Röhrchen gesucht werden, dessen begrenzende Konzentrationen sich verhalten wie 1:4. In den Fällen schlechter Reproduzierbarkeit, wie sie uns das Beispiel B zeigt, ist dann natürlich die wahre Aktivität der Testflüssigkeit innerhalb eines Konzentrationsintervalls zu suchen, welches wesentlich breiter ist als dasjenige des Beispiels A. Es würde dies bedeuten, daß bei einem geometrisch angelegten Standard und einer gleichfalls geometrisch angelegten Testreihe die Aussagen über die Aktivität noch viel unverbindlicher werden, als es eben dargestellt worden ist.

Die weitere Diskussion der obigen Beispiele zeigt dies in der Tat: Die Hemmungsdosis des Teststammes würde bei geometrischem Standard zwischen 0,03 und 0,06 E/ml lokalisiert werden. Im Sinne des Beispiels A muß der wahre Wert des Hemmtiters für die Testflüssigkeit zwischen $^1/_{32}$ und $^1/_{64}$ angenommen werden. Die Aktivität der Testflüssigkeit liegt hiernach zwischen 0,96 und 3,84 E/ml. Liegt aber der Fall B vor, so ist der wahre Wert des Hemmtiters zwischen $^1/_{16}$ und $^1/_{64}$ zu suchen. In diesem Falle muß die Aktivität der Testflüssigkeit in einem größeren Konzentrationsintervall, nämlich zwischen den Werten 0,48 E/ml und 3,84 E/ml lokalisiert werden. Für den Grenzfall, daß sowohl für die Testreihe als auch für den Standard die unglückliche Konstellation des Beispiels B gilt, wird natürlich d$_i$e Begrenzung des Endresultates noch unpräziser. Es sei der Fall gegeben, daß wir die Hemmdosis des Standards zwischen 0,02 und 0,08 E/ml annehmen müssen und den Hemmtiter in der Testreihe zwischen $^1/_{16}$ und $^1/_{64}$. Über die Aktivität der Testflüssigkeit kann dann entsprechend unseren Darlegungen nur ausgesagt werden, daß sie zwischen 0,32 E/ml und 5,12 E/ml liegt. Die Grenzwerte würden sich in diesem extremen Fall also wie 1:16 verhalten! Nun ist freilich ein Zufall, wie der geschilderte, in der Praxis sehr selten zu erwarten.

Aus der Diskussion der Beispiele A und B geht hervor, daß es prinzipiell unmöglich ist, für den einzelnen Test eine bestimmte „Streubreite" anzugeben, wie dies nicht selten geschieht. Ob für das Resultat einer einzeln angelegten Verdünnungsreihe der Fall A oder der Fall B zutrifft, kann ja aus dem Ausfall des einzelnen Tests nicht erkannt werden. Wir müßten also streng genommen bei jedem Test Simultanversuche ausführen, um zu absolut verbindlichen Formulierungen zu gelangen. Aus praktischen Gründen ist dies natürlich nur sehr selten möglich. Es muß dann aber bedacht werden, daß die Berechnung des Intervalls nach einem einzigen Versuch, wie sie auf S. 55 dargestellt worden ist, nur unter der Voraussetzung gilt, daß für den Test die Situation A unseres Beispiels vorliegt und nicht die von B.

In der *Praxis* wird meistens so verfahren, daß die Hemmstoffkonzentrationen des letzten gehemmten Röhrchens kurzerhand als wahrer Hemmwert betrachtet und der Rechnung zugrundegelegt wird. Die Angaben, die man mit diesem Verfahren ermittelt, sind gut zu gebrauchen; sie stimmen in der Mehrzahl der Fälle mit dem wahren Wert innerhalb eines Streubereichs von ± 20% überein. Dies zeigt, daß die Situation des Falles A in der Praxis weitaus häufiger gegeben ist als die des Falles B.

Die Häufigkeit, mit welcher die Situation B erwartet werden muß, hängt natürlich von den besonderen Eigentümlichkeiten des Tests ab und kann nur empirisch ermittelt werden. Dies geschieht durch die Titration einer großen Zahl von Proben *verschiedener* Konzentration, deren wahrer Wert einer zweiten Person bekannt ist. Die Messung der gleichen Probe in mehreren Simultanversuchen ergibt keine Möglichkeit, die Häufigkeit des Konstellationstyps B abzuschätzen; der Unsicherheitsbereich des Tests ist schlüssig nicht abzustecken. In der Literatur sind die Angaben über den zu erwartenden Streubereich oft sehr vage und unverbindlich formuliert; sie erschöpfen sich nicht selten in Ausdrücken wie „stets bewährt", „gute Übereinstimmung mit anderen Tests" (wobei der wahre Wert nicht bekannt ist), „gute Übereinstimmung mit den klinischen Erfolgen der Therapie" (!) u. a. m.

3. Allgemeine Anforderungen an den Teststamm, Einsaatgröße und Bebrütung

Wenn man einen Verdünnungstest für ein bestimmtes Antibioticum aufbaut, so ist es in erster Linie notwendig, einen geeigneten Teststamm auszusuchen und anschließend dessen Besonderheiten so gut es geht auszunutzen bzw. zu berücksichtigen. Die erste Frage, die für die Auswahl des Teststammes eine Rolle spielt, bezieht sich auf die *Empfindlichkeit,* die für das Verfahren gewünscht wird. Als Faustregel kann gelten, daß bei einem Verdünnungstest solche Konzentrationen gerade noch nachweisbar sind, die der doppelten bis vierfachen Hemmdosis des verwendeten Teststammes entsprechen. Für klinische Zwecke ist es wünschenswert, den Test so empfindlich wie möglich zu machen. Man wird dementsprechend einen Stamm aussuchen, dessen Hemmungsdosis besonders niedrig ist.

Der Teststamm soll neben seiner Empfindlichkeit *leicht züchtbar* sein. Er darf nicht zu Gattungen gehören, die komplizierte Milieubedingungen verlangen, etwa Anaerobiose oder besondere Wuchsstoffe, welche die Bereitung von komplizierten Nährböden erforderlich machen. Er muß in einfachen Nährböden schnelles und üppiges Wachstum zeigen. Erreger, bei denen das Wachstum erst nach 48 Std. oder noch später zu beurteilen ist, eignen sich nur bedingt als Teststämme.

Der Stamm soll nach Möglichkeit *apathogen* sein. Dies ist nicht nur im Hinblick auf die Vermeidung von Laboratoriumsinfektionen wichtig, sondern auch aus einem Grund, welcher das Funktionieren des Tests bei der Blutspiegelbestimmung betrifft. Wir müssen nämlich bei manchen Individuen damit rechnen, daß sie erworbene Antikörper gegen den Teststamm in ihrem Serum besitzen. Es kann dann unter Umständen eine immunbiologische Wachstumshemmung vorgetäuscht werden, die nicht auf das Antibioticum zurückzuführen ist. Apathogene Stämme zeigen keine Hemmung durch erworbene Immunkörper; sie sind andererseits gelegentlich durch natürliche, nicht erworbene Immunkörper des Serums am Wachstum zu hindern. So zeigen apathogene Sporenstämme gegenüber dem Serum einiger Individuen erhebliche Hemmungstiter. Gegen einen Fehler dieser Art muß man sich in jedem Falle durch entsprechende Kontrollen absichern.

Der Stamm muß eine möglichst große Homogenität hinsichtlich der Individualempfindlichkeit der einzelnen Zellen besitzen. Zwar hängt die diesbezügliche Streubreite vor allem vom Typ des geprüften Antibioticums ab. Immerhin aber gibt es Gattungen, die eine besondere Neigung zur Heterogenität erkennen lassen; hierher gehören manche Stämme des Proteus und der P. aeruginosa. Man wird also einen solchen Stamm auswählen, dessen Hemmdosis bei Erhöhung der Einsaatdichte nur langsam oder gar nicht ansteigt. Der Stamm soll seine Empfindlichkeit unabhängig vom Nährboden und der Haltung im Laboratorium beibehalten. In dieser Hinsicht ist nicht jeder Stamm für Testzwecke geeignet. So zeigen z. B. zahlreiche Staphylokokken, die an sich hochempfindlich sind, Schwankungen ihrer Hemmungsdosis, die sie für die Verwendung als Teststämme ungeeignet machen. Am einfachsten ist auch hier die Verwendung einer Sporensuspension, die einmal hergestellt, jahrelang haltbar ist. Sie liefert ein Einsaatmaterial, welches von Versuch zu Versuch konstant ist, und zwar sowohl hinsichtlich der biologischen Eigenschaften als auch hinsichtlich der Zellzahl.

Die *Einsaatgröße* ist für den Aufbau und die Durchführung eines Verdünnungstests besonders sorgfältig zu bemessen. Kleine Einsaaten haben den Vorteil, daß die Empfindlichkeit des Teststammes voll ausgenutzt wird und daß die Hemmung scharf und ohne Übergang erfolgt. Sie haben aber auch eine Reihe von Nachteilen, die unter Umständen ins Gewicht fallen. Kleine Einsaaten sind gegen die Hemmung durch natürliche Immunkörper des Serums besonders empfindlich. Sie sind nicht in der Lage, Verunreinigungen in Form von Luftkeimen durch Überwuchern unschädlich zu machen; man wird also öfters mit Verfälschungen der Resultate durch Kontamination zu rechnen haben. Der Test benötigt bei kleinen Einsaaten eine längere Bebrütungszeit. Labile Hemmstoffe erleiden hierdurch höhere Aktivitätsverluste. Bei entsprechend großer Einsaat kann die Bebrütungsdauer auf 3—4 Std. herabgedrückt werden. Dies ist für labile Hemmstoffe (z. B. Chlortetracyclin) das Verfahren der Wahl. Bei der turbidimetrischen Ablesemethode werden stets dichte Einsaaten verwendet.

Als „klein" wird eine Einsaat von 100—1000 Zellen/ml bezeichnet. Als „groß" gilt eine Einsaat von 100000—1000000 Zellen/ml. Höhere Einsaaten als 10^6/ml sind im Hemmungstest nicht angezeigt. Für die meisten Tests bewährt sich eine „mittlere" Einsaat von 1000—100000 Keimen/ml. Die Abmessung der Einsaat bei Sporen ist kein Problem. Hat man es mit einer Kultur von vegetativen Formen zu tun, so behilft man sich in der Praxis am besten mit Faustregeln. Hierzu werden auf S. 137 Angaben gemacht.

Die normalerweise verwendete *Bebrütungstemperatur* beträgt 37° C. Die Verwendung von höheren oder niederen Temperaturen kann aus besonderen Gründen angezeigt sein. In einigen Fällen erhöht sich bei höheren Temperaturen die Endpunktschärfe. Eine Bebrütung bei niederer Temperatur wird manchmal verwendet, wenn es sich um die Titration eines Stoffes handelt, der bei 37°C relativ schnell zerstört wird (Chlortetracyclin). Im letzten Fall wird durch die Inaktivierung das *Endresultat* selbst nicht verfälscht, weil der Standard ebenso gut wie die Testflüssigkeit dem Titerabfall unterliegt. Es leidet aber die *Empfindlichkeit* der Methode. In Situationen dieser Art wird man zunächst versuchen, die Bebrütungsdauer herabzusetzen und die Einsaat zu erhöhen. Ist dies nicht möglich — etwa wegen der Endpunktschärfe —, so kann man versuchen, den Test bei niederer Temperatur ablaufen zu lassen. Es wird dann in einem Vorversuch diejenige Temperatur ermittelt, bei welcher die hemmstofffreie Kontrolle nach 18 Std. noch gutes Wachstum zeigt. Der Test wird dann bei dieser Temperatur durchgeführt. Einige Autoren haben mit besonders kälteresistenten Stämmen sogar in der Nähe des Nullpunktes gearbeitet und besonders für das labile Chlortetracyclin befriedigende Ergebnisse erzielt[134].

Die *Bebrütungsdauer* beträgt im allgemeinen 18—24 Std. Eine Verkürzung der Bebrütungsdauer kann die Empfindlichkeit des Tests erhöhen. Eine Verlängerung der Bebrütungszeit ist manchmal notwendig, wenn das Wachstum bzw. die Säurebildung des Teststammes nach 24 Std. nicht gut zu beurteilen ist. Bei längerer Bebrütungszeit kann die Hemmdosis stark ansteigen, ohne daß eine Inaktivierung erfolgt. Dies ist z. B. bei Sulfonamiden, aber auch beim Streptomycin zu beobachten. Die Empfindlichkeit des Tests wird durch jeden Anstieg der Wirkungsschwelle herabgesetzt. Bei labilen Stoffen sollte man versuchen, die Bebrütungszeit möglichst kurz zu halten. Ihre Länge hängt auch von der Einsaatgröße ab: Je dichter die Einsaat, desto kürzer die notwendige Bebrütungszeit. Ein Extremfall ist der turbidimetrisch abgelesene Verdünnungstest (s. S. 81).

4. Angleichung der Bedingungen in Standard und Test

Wir haben bereits dargelegt, daß die biologische Wertbestimmung chemotherapeutischer Stoffe dann besonders verläßliche Resultate ergibt, wenn sich die Standardflüssigkeit von der Testflüssigkeit nur im Hinblick auf den Gehalt an Hemmstoff unterscheidet, im übrigen aber gleiche Zusammensetzung zeigt. Dieser Idealforderung kann praktisch nur selten entsprochen werden. Bei der Titrierung von Körperflüssigkeiten wird sich immer eine gewisse Differenz zwischen der Zusammensetzung des Mediums in Standardreihe und Testreihe ergeben. Wir müssen in diesen Fällen dafür sorgen, daß diese Differenz keine erkennbaren Auswirkungen auf die Hemmungsdosis des Teststammes hat. Hier werden nicht selten grundsätzliche Fehler gemacht.

Eines der häufigsten Versäumnisse besteht darin, die unbekannte Lösung in der Testreihe und die Stammlösung in der Standardreihe direkt mit Bouillon zu verdünnen. Es werden bei dieser fehlerhaften Methode die Röhrchen also nicht mit Puffer, sondern mit je 1 ml Bouillon gefüllt und die Test- bzw. Standardflüssigkeit direkt überpipettiert. Die Folge ist, daß in jedem Röhrchen die Konzentration der Bouillon eine andere ist; im ersten Röhrchen ist die Bouillon $^1/_2$ verdünnt, im zweiten $^3/_4$, im dritten $^7/_8$ usw. Die Konzentration der Bouillon steigt also an, während die Konzentration an Hemmstoff abnimmt. Dies Verdünnungssystem verstößt damit gegen eine der wichtigsten Grundregeln der mikrobiologischen Auswertung; die Standardreihe ist, ebenso wie die Testreihe, in sich ungleichmäßig, d. h. die Nährbodenbedingungen ändern sich von Röhrchen zu Röhrchen. Die Schwellenkonzentration an Hemmstoff wirkt in beiden Reihen auf Kulturen, die sich im Hinblick auf ihre Wachstumsbedingungen nicht vergleichen lassen. Es kann nicht eindringlich genug betont werden, wie notwendig es ist, durch ein geeignetes Verdünnungssystem (s. S. 53, 54) dafür Sorge zu tragen, daß sich im Hinblick auf die Milieubedingungen nur ein einziger Faktor ändert, nämlich der Gehalt an Chemotherapeuticum.

Die Forderung nach Gleichheit der Bedingungen in Standard- und Testreihe bezieht sich auch auf die *Einsaatgröße*. In vielen Laboratorien wird die Bouillon nicht als Ganzes vor dem Anlegen der Verdünnungsreihe besät; die Einsaat erfolgt für jedes Röhrchen individuell. Es wird nach Fertigstellung der Verdünnungen und Hinzufügen von steriler Bouillon jedes Röhrchen mit der gleichen Menge einer Suspension des Teststammes beschickt (Platinöse, Tropfen). Dies Vorgehen schließt Einsaatschwankungen nicht sicher aus, vor allem hat es den Nachteil eines zusätzlichen Arbeitsganges. Es ist aber auch dann, wenn die Beimpfung der Bouillon in toto erfolgt, darauf zu achten, daß die Einsaatsuspension keine größeren Aggregate von Bakterienzellen enthält. Stämme, die eine Neigung zur Spontanagglutination, zu krümeligem Wachstum in Bouillon zeigen, sind als biologisches Testobjekt ungeeignet, weil sie es nicht erlauben, eine gleichmäßige Einsaat zu erzielen. Wir möchten in diesem Zusammenhang besonders auf die Streptokokken aufmerksam machen, die nicht selten krümeliges Wachstum zeigen. Gelegentlich gelingt es, diffuses Wachstum dadurch zu erzielen, daß man die Züchtung des Teststammes in 10%iger Serumbouillon oder bei höherer Kochsalzkonzentration vornimmt (1—3%). Kennt man das Verhalten des Teststammes noch nicht, so ist es notwendig, Kontrollen vorzunehmen. Man untersucht im hängenden Tropfen die in Bouillon gewachsene Kultur des Teststammes. Extrem lange Ketten bei

Streptokokken sind immer ein Zeichen, daß eine Neigung zur Aggregatbildung besteht. Findet man nur vereinzelte Agglutinate, so kann man sich damit begnügen, die Kultur 5 min lang bei 3000 U/min anzuzentrifugieren. Die größeren Teilchen gehen dann zu Boden und die überstehende Kultur kann als Einsaatmaterial dienen.

Für die Herstellung absolut gleicher Versuchsbedingungen empfehlen wir schließlich die Verwendung eines Wasserbades anstelle des Brutschrankes. Die Reagenzgläser zeigen, wie bekannt, eine sehr unterschiedliche Dicke ihrer Glaswand. Im Brutschrank kann es auf diese Weise dazu kommen, daß bei den dickwandigen Röhrchen die Optimaltemperatur später erreicht wird als bei den dünnwandigen. Auf diese Weise entsteht in einzelnen Röhrchen ein „Wachstumsverzug", der das Resultat beeinflussen kann. Dies ist besonders wichtig bei den Tests, die mit hoher Einsaat und kurzer Bebrütungsdauer angesetzt werden wie die turbidimetrisch abgelesenen Versuche. Bei dem 18 Std. dauernden „Normaltest" ist durch ungleichmäßige Erwärmung ein größerer Fehler nicht zu erwarten, da die längere Bebrütungsdauer die anfänglich in Erscheinung tretenden Wachstumsdifferenzen nivelliert. Immerhin ist gegebenenfalls an diesen Fehler zu denken.

5. Empfindlichkeit der Methode

Als Maßstab für die Empfindlichkeit eines Verdünnungstests gilt die kleinste Konzentration an Hemmstoff, deren Wirkung durch den Test noch gerade erfaßt werden kann. Wir haben bereits betont, daß sie von der Empfindlichkeit des Teststammes und gegebenenfalls von der Einsaatgröße abhängt. Neben diesen Faktoren spielt auch der verwendete Nährboden eine Rolle. So entspricht beispielsweise die Erythromycin-Hemmungsdosis für unseren Teststamm (B. subtilis ATCC 6633) bei einem p_H von 7,8 dem Wert 0,004 γ/ml; sie erhöht sich aber für p_H 6,5 auf 0,032 γ/ml, also auf das Achtfache. Ähnliche Verhältnisse gelten für das Streptomycin. Ein Serumzusatz zum Nährboden erhöht im allgemeinen die Hemmungsdosis. Dies ist für die Bestimmung chemotherapeutischer Stoffe in Körperflüssigkeiten von großer Bedeutung.

Eine Verkürzung der Bebrütungszeit führt vielfach zur erhöhten Empfindlichkeit des Nachweises. Normalerweise wird der Test 18 Std. lang bebrütet. Man kann nun so verfahren, daß man den Test während der Bebrütung beobachtet und ihn sofort abliest, wenn die hemmstofffreie Kontrolle eine gut zu beurteilende Trübung zeigt.

Nach unseren Ausführungen auf S. 44 ist es leicht zu verstehen, daß die Nachweisgrenze des Tests hierdurch zu kleineren Konzentrationen hin verschoben wird. Wir haben gesehen, daß beim Verdünnungstest die als „Schwellenkonzentration" bezeichnete Dosis keineswegs zur vollen Bacteriostase führen muß. Es genügt für das Ausbleiben der Trübung eine bestimmte Wuchs*verlangsamung*. Je länger die Bebrütungszeit ist, desto mehr nähert sich nun die Schwellenkonzentration des Verdünnungstests der wahren Bacteriostase-Dosis. Ist die Bebrütungszeit andererseits sehr kurz, so bewirkt bereits eine geringe Wuchsverlangsamung ein Klarbleiben der Bouillon. Als „Schwelle" im Test figuriert dann eine Konzentration, die wesentlich weiter unter der vollen Bacteriostase-Dosis liegt, als es bei längerer Bebrütung der Fall ist.

Bei einer knappen Bebrütungsdauer reagiert der Test auf Ungleichheiten des Milieus mit besonders großen Fehlern. Dies ist besonders für die Serumtitration zu beachten; bei dieser lassen sich kleinere Ungleichmäßigkeiten im Milieu nicht vermeiden. Die dadurch entstehenden Fehler sind bei kurzer Bebrütungszeit groß und werden bei Verlängerung der Bebrütungszeit nivelliert.

Theoretisch besteht die Möglichkeit, einen Test dadurch empfindlicher zu machen, daß man ihn in Gegenwart unterschwelliger Konzentrationen eines zweiten Hemmstoffes ausführt. Diese sollen durch Potenzierung die Wirkung des zu prüfenden Antibioticums erhöhen und so die Nullgrenze herabsetzen. Eine allgemein anwendbare Lösung ist aber von diesem Vorgehen nicht zu erhoffen. Es wird von einigen Autoren bei der Viomycintitration in Form eines Sulfonamidzusatzes praktiziert.

Im Verdünnungstest, wie er auf S. 53 skizziert worden ist, wird die Konzentration der Testflüssigkeit im ersten Röhrchen halbiert; dies geschieht durch Hinzufügen der besäten Bouillon. Man kann natürlich auch eine 10 fach konzentrierte Bouillon nehmen und davon nur den zehnten Teil hinzufügen. Man würde also denjenigen Röhrchen, welche die Verdünnungen der Testflüssigkeit enthalten, anstelle von 1 ml Bouillon nur 0,1 ml einer 10 fach konzentrierten Bouillon hinzufügen. Die Verdünnung der Testflüssigkeit im ersten Röhrchen beträgt bei diesem Verfahren nicht $^1/_2$, sondern $^{10}/_{11}$. Mit dem Standard ist sinngemäß gleich zu verfahren. Die Beimpfung der 10 fach konzentrierten Bouillon muß natürlich auch 10 mal dichter erfolgen. Bei der Berechnung der Resultate bzw. der Endkonzentration des Standards ist den veränderten Volumverhältnissen durch Korrektur mit dem Faktor $^{10}/_{11}$ natürlich Rechnung zu tragen. Die Nachteile dieser Modifikation bestehen in der etwas mühevolleren Volumberechnung und auch darin, daß Pipettierfehler eine größere Rolle spielen. Der Gewinn an Empfindlichkeit beträgt zudem höchstens nur eine Zweierpotenz, so daß man dieses Verfahren nur in Ausnahmefällen anwenden wird.

Eine *Steigerung der Test-Empfindlichkeit* erfolgt am zuverlässigsten dadurch, daß man einen *neuen Teststamm* mit höherer Empfindlichkeit verwendet. Erst wenn die Suche nach einem solchen vergeblich ist, wird man die geschilderten Praktiken anwenden. Für viele Antibiotica stehen Stämme zur Verfügung, deren Hemmungsdosis um eine oder mehrere Zehnerpotenzen niedriger ist als die Hemmungsdosis jener pathogenen Stämme, die im Tierversuch und nach klinischer Erfahrung als „hochsensibel" gelten. Beispielsweise bezeichnen wir nach klinischen Gesichtspunkten einen Stamm als hochsensibel gegen Penicillin, wenn seine Hemmungsdosis zwischen 0,02 und 0,1 E/ml liegt. Nun gibt es aber vereinzelte Stämme (Streptokokken, Bac. subtilis), deren Hemmungsdosis zwischen 0,0002 und 0,001 E/ml liegt. Die Empfindlichkeit der mit diesen Stämmen vorgenommenen Tests ist dann so hoch, daß es nicht nötig ist, besondere Maßnahmen zu treffen, um die Empfindlichkeit zusätzlich zu erhöhen. Bei anderen Antibiotica gibt es solche „ultraempfindlichen" Außenseiter nicht. So findet man z. B. keinen Stamm, dessen Hemmungsdosis für Chloramphenicol kleiner ist als 1 γ/ml. Da die Hemmungsdosis für das klassische Therapie-Objekt des Chloramphenicols, nämlich für S. typhi bei 3—5 γ/ml liegt, entsteht für den mikrobiologischen Nachweis dieses Stoffes eine unbefriedigende Lage. Die unterste Nachweisgrenze der Chloramphenicoltests fällt nämlich mit der normalen Hemmungsdosis vieler pathogener Erreger praktisch zusammen. Hier wird man im Bedarfsfalle alles tun, um die Empfindlichkeit des Tests zu steigern.

6. Der Ablese-Endpunkt und seine Darstellung

Wir verstehen unter Ablese-Endpunkt denjenigen Effekt des titrierten Stoffes, der in der Verdünnungsreihe konventionell als „volle Wirkung" notiert wird. Als Ablese-Endpunkt figuriert meistens das letzte klargebliebene Röhrchen der Verdünnungsreihe. Als Kriterium für den Ablese-Endpunkt dient hier also das Freibleiben der Bouillon von jeder Trübung.

Wir haben bereits erwähnt, daß für die Ablesung dann optimale Verhältnisse herrschen, wenn der Wechsel von den voll bewachsenen zu den gänzlich unbewachsenen Röhrchen übergangslos und plötzlich erfolgt. Es ist also wünschenswert, daß der Bereich solcher Konzentrationen, die lediglich eine Verminderung der Ernte, aber keine Totalhemmung bewirken, möglichst klein sei. — Der hemmende Effekt kann sich in der Verdünnungsreihe in einem abrupten Auftreten zeigen: hierbei folgt auf volles Wachstum in der einen Konzentrationsstufe totale Wachstumshemmung in der nächstniederen. In anderen Fällen beobachtet man von Konzentrationsstufe zu Konzentrationsstufe eine Verminderung der Bakteriendichte; diese geht ganz allmählich in völlige Hemmung über. Der Übergang ist so sachte, daß es schwer fällt zu entscheiden, welches Röhrchen als letztes noch völlig klar geblieben ist. Es kommt bei den zuletzt erwähnten Fällen nicht selten vor, daß sich ein Röhrchen zunächst als gehemmt erweist, beim Aufschütteln aber doch noch einen feinen Bodensatz erkennen läßt, der erst bei höheren Konzentrationen verschwindet. Es ist klar, daß unter solchen Bedingungen eine genaue Ablesung schlechterdings unmöglich ist. Welche Bedingungen sind für die Endpunktschärfe im einzelnen nun maßgebend?

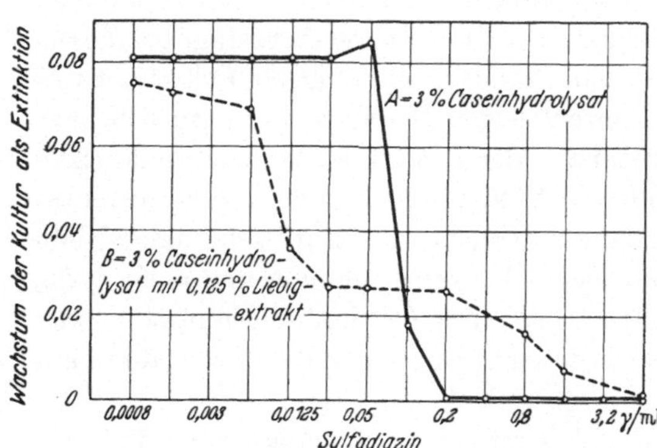

Abb. 28. „Verschmierung" des Ablese-Endpunktes beim Reihenverdünnungsversuch für Sulfadiazin durch unterschwellige Dosen nichtkompetitiver Antagonisten. *Kurve A:* antagonistenfreies Caseinhydrolysat; scharfer Übergang zur totalen Hemmung. *Kurve B:* Caseinhydrolysat mit einem Zusatz von Liebigs Fleischextrakt; der Bereich der partiellen Hemmung erstreckt sich über 13 Zweierpotenzen

Die *Natur des antibakteriellen Stoffes* ist für die Art und Weise des Übergangs vom Wachstum zur Hemmung von großer Bedeutung. Wir wissen z. B., daß Penicillin eine große Neigung zeigt, scharfe Endpunkte auszubilden und kennen andererseits die Sulfonamide als Stoffe, deren Endpunkt häufig verwischt ist. In diese letzte Kategorie gehört auch bis zu einem gewissen Grade das Streptomycin.

Die *Natur des Teststammes* ist für den Endpunkt nicht ganz gleichgültig. Es gibt Stämme, die an sich schon eine gewisse Neigung zum „Verschmieren" zeigen und andere, deren Endpunkt stets von großer Schärfe ist. Allgemeine Regeln lassen sich kaum aufstellen. Entscheidend ist hier die reine Empirie.

Als weiterer Faktor der Endpunktschärfe muß schließlich die Zusammensetzung des *Nährbodens* erwähnt werden. Auch hier ist es schwer, allgemeine Regeln aufzustellen. Zwei Beispiele mögen genügen. Man weiß, daß die Serumzugabe zur Bouillon den Endpunkt verwischt. Dies gilt z. B. für die Auswertung des Penicillins im Staphylokokkentest. Man weiß andererseits, daß bei der Sulfonamidtitration das Vorhandensein kleiner, an sich unterschwelliger Mengen von nichtkompetitiven Antagonisten den Endpunkt in excessivem Maße verwischen kann (Abb. 28).

Die *Einsaatgröße* ist für manche Versuche von entscheidender Wichtigkeit. Ganz allgemein gilt die Regel, daß der Endpunkt bei kleinen Einsaaten schärfer zum Vorschein kommt als bei großen. — Daß schließlich die Endpunktschärfe auch von der *Größe der Verdünnungsschritte* abhängt, ist bereits erwähnt worden.

Viele Laboratorien pflegen den Endpunkt der Verdünnungsreihe dadurch zu markieren, daß sie der besäten Bouillon einen *Indikator* zusetzen, der seine Beschaffenheit durch die Stoffwechselprodukte der wachsenden Keime ändert. Wir unterscheiden hier Farben, die den Umschlag des p_H (Wasserstoffionen-konzentration) oder des r_H (Redoxpotentials) anzeigen, von biologischen Indika-toren, wie z. B. Erythrocyten; diese reagieren auf die Bildung von Hämolysin.

Als Farbindikatoren für den p_H-Umschlag finden Verwendung: Bromthymol-blau, Wasserblau[150, 151], Phenolrot[9], Lackmus u. a. Die Konzentration dieser Farb-stoffe im Nährboden soll zwischen 0,1 und 0,5% liegen. Ob man den Farbton dunkler oder heller haben will, ist Geschmackssache. Als Substrat für die Säure-bildung wird der Bouillon 0,5—1% Glucose zugesetzt. Voraussetzung für den Gebrauch von Säureindikatoren ist allerdings, daß der verwendete Teststamm zur aeroben Glykolyse befähigt ist. Dies trifft jedoch für die meisten verwendeten Teststämme zu. Eine mäßige oder gar fehlende Säureproduktion findet man ledig-lich bei den apathogenen aeroben Sporenbildnern. Oft kann die Darstellung des Endpunktes bei schwacher Säurebildung erst dadurch ermöglicht werden, daß der Test 48 Std. lang bebrütet wird. Die Verwendung von Indikatoren bedeutet im übrigen nicht bei jedem Test eine Verbesserung der Ablesung. Nach unseren Erfahrungen werden Indikatoren sehr oft dort verwendet, wo dies gar nicht not-wendig ist. Sie verschlechtern sogar nicht selten die Endpunktschärfe im Vergleich zur Trübung.

Die *Säure-Indikatoren* reagieren bekanntlich auf Verschiebungen des p_H durch Änderung ihrer Farbe. Der Farbumschlag erfolgt innerhalb eines für den betreffen-den Farbstoff charakteristischen p_H-Intervalls. So beginnt Bromthymolblau bei p_H 6,2 seine blaue Farbe ins Grünliche zu ändern und erreicht bei p_H 5,5 einen grünlich-gelben Farbton. Es ist verständlich, daß Säuregrade, die innerhalb dieser beiden p_H-Grenzwerte liegen, farbliche Übergänge produzieren. Je kürzer dieses Umschlagintervall des Farbstoffes ist, um so eher kann man einen übergangslosen Farbwechsel im Verdünnungstest erwarten. In dieser Hinsicht ist Wasserblau der beste Indikator[151]. Sein Umschlagsgebiet liegt zwischen 7,5 und 6,5 bei gänzlicher Farbänderung (weiß-blau). Einen scharfen Farbumschlag können wir im Test nur dann erwarten, wenn die Säurebildung der gewachsenen Testkultur einen p_H-Sturz von einem Röhrchen zum anderen verursacht. Dieser erfolgt, sobald die gebildete Säure dazu ausreicht, die Pufferung der Bouillon zu durchbrechen. Die Säure, die innerhalb eines bestimmten Zeitraumes gebildet wird, ist der Bakteriendichte proportional. Die bewachsenen Röhrchen werden sich dementsprechend von den unbewachsenen sowohl durch die Trübung als auch durch die Farbe unterscheiden. In diesen Fällen bringt die Indicatorzugabe nicht den geringsten Gewinn, sofern das Wachstum der Keime als Trübung auch mit freiem Auge beurteilt werden kann.

Eine andere Situation ergibt sich, wenn der Übergang von Wachstum zur Hemmung allmählich erfolgt. Hier sind drei Möglichkeiten denkbar (Abb. 29):

1. Der Übergang vom unbehinderten zum behinderten Wachstum erfolgt brüsk. Hingegen erfolgt der weitere Übergang zur totalen Wachstumshemmung ganz langsam. Die Übergangszone zwischen vollem Wachstum und totaler Hemmung besteht dann zum größten Teil aus Röhrchen, die andeutungsweise Trübung zeigen. In diesem Fall (Abb. 29, Kurve 1) wird eine kräftige Pufferung der Bouillon in Verbindung mit dem Indicator die geringe Säureproduktion der Übergangszone auffangen. Der Indicator wird dementsprechend in der Übergangszone des geringen Wachstums unverändert bleiben. Sein Umschlag erfolgt erst dann, wenn das volle Wachstum auftritt. Damit wird das Übergangsintervall im Test verkürzt; das Puffer-Indicatorsystem unterdrückt demnach den Bereich der angedeuteten Hemmung. Seine Verwendung bedeutet mithin einen Gewinn an Ablesungsschärfe.

2. Die Übergangszone zwischen dem vollen Wachstum und der totalen Hemmung besteht zum überwiegenden Teil aus einem relativ geringgradig reduzierten Wachstum. Dieses geht nun seinerseits brüsk in die totale Hemmung über (Abb. 29, Kurve 2). Hier bringt die Verwendung des Indicators nur unter bestimmten Voraussetzungen Gewinn, dann nämlich, wenn das Wachstum der Kultur an sich so gering ist, daß auch die Trübung der hemmstofffreien Kontrolle schlecht wahrzunehmen ist. In dieser Situation verliert sich bei steigenden Hemmstoffdosen die mit freiem Auge wahrnehmbare Trübung; der Endpunkt ist ohne Indicator zweifelhaft. Bildet die gleiche Kultur reichlich Säure und ist die Pufferungskapazität der Bouillon gering, so wird bei Indicatorzugabe der Umschlag von einem Röhrchen zum anderen erfolgen. Dies geschieht unter Umständen in einem Konzentrationsgebiet, dessen Trübung

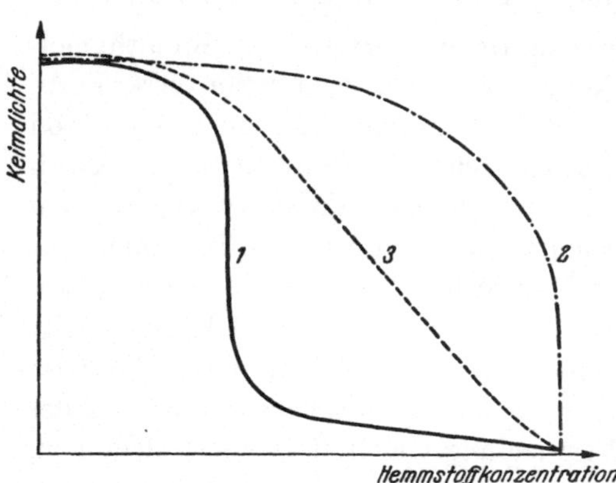

Abb. 29. Verschiedene Möglichkeiten des Überganges von ungehindertem Wachstum zu totaler Hemmung im Reihenverdünnungstest (schematisch)

nicht mehr wahrgenommen werden kann. In diesem speziellen Fall verschärft der Indicator den Endpunkt und sensibilisiert außerdem den Test.

3. Die Ernte nimmt von Röhrchen zu Röhrchen gleichmäßig und langsam ab (Abb. 29, Kurve 3). In diesem Falle wird auch die Säureproduktion von Röhrchen zu Röhrchen geringer; das p_H wird dementsprechend alkalischer. Sind die p_H-Differenzen von einem Röhrchen zum anderen größer, als es dem p_H-Umschlagsintervall des Farbstoffes entspricht, so wird mit großer Wahrscheinlichkeit ein übergangsloser Farbumschlag zu beobachten sein. Sind die p_H-Stufen von Röhrchen zu Röhrchen kleiner, als das p_H-Umschlagsintervall des Farbstoffes, so ergibt sich eine Reihe von Farbzwischenstufen und -übergängen. Es bleibt durchaus offen, was sich in diesem Falle leichter ablesen läßt: Der Indicator-Endpunkt oder der Trübungs-Endpunkt. In all den Fällen, bei welchen der Verdünnungstest eine Reihe von progressiv im Wachstum verminderten Stufen ergibt, ist die Indicatorzugabe von zweifelhaftem Nutzen. Man muß in diesen Fällen dann andere Maßnahmen versuchen.

Die Versuche, anstelle der p_H-Verschiebung das Negativwerden des Redoxpotentials durch Farbindicatoren anzuzeigen und den Endpunkt so zu definieren, sollen nur eben erwähnt werden. Sie bringen keinerlei Gewinn, dagegen erheblichen Arbeitsaufwand.

Bisher sind wir bei dem Versuch, den Endpunkt zu definieren, von dem Begriff „volle Hemmung" ausgegangen. Die Wahl dieses Kriteriums ist selbstverständlich willkürlich. Man kann als Kriterium des Endpunktes genausogut eine 50%ige Reduktion der Kontroll-Ernte gebrauchen. Man verdünnt sich bei dieser Form der Ablesung die hemmstofffreie Kontrolle 1:2 und sucht dann nach denjenigen Röhrchen des Tests, welche diesem Trübungsgrad am nächsten kommen. Man macht zwei benachbarte Röhrchen ausfindig, von denen das eine eine größere und das andere eine geringere Trübung als die verdünnte Kontrolle aufweist. Mit diesen beiden Werten wird dann rechnerisch so verfahren, wie es für das Beispiel S. 55 geschildert worden ist. Das gleiche kann man für Indicatorreihen anstellen: Man legt ein bestimmtes p_H als Endpunkt fest. Dieses wird durch eine entsprechend eingestellte Bouillon-Puffermischung realisiert und dient mit Indicator-Zusatz als Ablesemaßstab. Es werden dann diejenigen benachbarten Röhrchen des Tests aufgesucht, zwischen welche die Farbe des Vergleichsröhrchens interpoliert werden kann. Diese mit freiem Auge erfolgende Interpolation ist in vielen Fällen, bei denen ein kontinuierlicher und langsamer Abfall der Trübung erfolgt, genauer als die Suche nach dem vollkommen gehemmten Röhrchen. Vor allem bei Tests mit sehr kleinen Verdünnungsschritten kann man mit Nutzen davon Gebrauch machen.

Eine besondere Erwähnung verdient noch der *Zusatz von Erythrocyten* als Indicator. Er ist vor allem beim Arbeiten mit hämolysierenden Streptokokken nützlich. Der Zusatz erfolgt in Form von Vollblut. Es genügt 1 ml Vollblut (Mensch oder Kaninchen) auf 200 ml Bouillon, um im Reagenzglas eine deutlich wahrnehmbare Trübung zu erzielen; diese hellt sich bei der Bildung von Hämolysin voll auf. Der Blutindicator ist bei Verwendung von β-hämolytischen Streptokokken besonders dann unentbehrlich, wenn das Wachstum des Stammes spärlich ist und auch durch Zusatz von Glucose nicht nennenswert gesteigert werden kann. Man beachte, daß die Verwendung des Blutindicators die Zugabe von Dextrose ausschließt, da letztere die Hämolyse stört. Der Übergang von nichthämolysierten zum hämolysierten Röhrchen ist bei Streptokokken meistens scharf. Man muß sich nur in einem Vorversuch überzeugen, daß der Stamm im aeroben Röhrchen reichlich Hämolysin produziert. Die Verwendung von Erythrocytenindicator kommt bei anderen Hämolysinbildnern eigentlich nicht in Betracht. Bei Staphylokokken ist sie deshalb nicht nötig, weil das Wachstum bei diesem Keim stets sehr üppig ist und nach dem Trübungsgrad bequem abgelesen werden kann.

Die Verwendung der Indicatoren sollte auf Fälle beschränkt bleiben, bei welchen sich ein eindeutiger Gewinn an Endpunktschärfe auch tatsächlich nachweisen läßt. In unserem Laboratorium wird von Indicatoren relativ selten Gebrauch gemacht. Es ist dies bei der Serumtitration notwendig, wenn der Serumanteil im Milieu 50% beträgt. Hierbei treten oft Trübungen und Niederschläge auf, die vom Bakterienwachstum nicht zu unterscheiden sind. Ein geeigneter Indicator ist dann unentbehrlich (s. hierzu S. 74, 75).

7. Das Nährbodenmilieu

Die *Zusammensetzung des Nährbodens* soll dem Testkeim ein üppiges Wachstum ermöglichen. Normalerweise wird man mit einer Nährbouillon (bestehend aus Fleischextrakt und einem hochwertigen Pepton) gut auskommen. Für Sulfonamide gelten besondere Regeln. Bei Hinzufügen von 0,5% Glucose wird das Wachstum wesentlich üppiger. Den gleichen Effekt hat 1% Hefe-Extrakt. Bei Verwendung von hämolysierenden Streptokokken ist ein Zusatz von 0,5 Volumprozent defibrinierten Blutes in doppelter Hinsicht zu empfehlen: Das Wachstum erfolgt besser und das Blut liefert einen hervorragenden, endpunktscharfen Indicator. Nährbodenrezepte finden sich im Anhang.

Besondere Aufmerksamkeit erheischt die *Einstellung des* p_H. Bei stark hemmstoffhaltigen Lösungen ohne Alkalireserve ist die p_H-Einstellung kein Problem. Die Testflüssigkeit wird mit entsprechend eingestelltem Puffer vorverdünnt und erst dann in die mit Puffer angesetzte Verdünnungsreihe gebracht. Die Wahl des geeigneten p_H-Wertes wird von den Eigenschaften des Teststammes ebenso bestimmt wie von der Natur der zu titrierenden Substanz. So liegt z. B. der günstigste Bereich für die Streptomycintitration bei p_H 8,0. Der in unserem Test verwendete Stamm Bac. subtilis ATCC 6633 wächst bei diesem p_H allerdings nicht mehr, bietet dafür aber andere Vorteile. Wir verwenden ihn deshalb und nehmen ein p_H von 7,8 als Kompromiß. Ein anderes Beispiel: Die Stabilität des Penicillins ist bei p_H 7,5 herabgesetzt. Wir nehmen die Bestimmung deshalb bei p_H 6,5 vor. Dieses p_H erlaubt noch gutes Wachstum des Teststammes und ist andererseits im Hinblick auf die Stabilität des Penicillins besonders günstig. Der Test für die Tetracyclingruppe wird bei p_H 6,1 ausgeführt. Der Grund hierfür ist auch hier die große Labilität des Chlortetracyclins im alkalischen Milieu.

Die Einstellung des Tests auf das optimale p_H wird komplizierter, sobald es sich um eine *Titration von Blutserum* oder anderen Körperflüssigkeiten mit Alkalireserve handelt. Um kleinere Mengen von Hemmstoff zu erfassen, streben wir an, die Testreihe mit einem Röhrchen zu beginnen, in welchem das zu prüfende Serum 1:2 mit der besäten Bouillon verdünnt wird. Wie wir auf S. 72 näher ausführen, wird die Verdünnung des Patientenserums selbst mit Pferde- oder Rinderserum vorgenommen, so daß schließlich in jedem Röhrchen des Tests gleiche Teile Bouillon und Serumgemisch zusammenkommen. Dies bedeutet, daß sich der Test stets in einem mehr oder weniger alkalischen Bereich bewegen wird. Bekanntlich enthält das Serum etwa 200 mg-% Bicarbonat. Nach Abdampfen der gelösten Kohlensäure beträgt das p_H dann etwa 8,0—8,2. Ist die zugesetzte Bouillon ungepuffert und neutral (p_H 7,0), so ist das resultierende Gemisch theoretisch als ein Puffer anzusehen, der aus 100 mg-% Bicarbonat einerseits und der Luftkohlensäure andererseits besteht. Das p_H dieses Systems beträgt 7,8—8,0. Bei der Penicillinbestimmung ist für diesen Wert mit einer gewissen Inaktivierungsrate zu rechnen. Die unterste Nachweisgrenze des Tests liegt dadurch höher als es bei maximaler Nutzung der Teststamm-Empfindlichkeit realisiert werden könnte. Wir müssen mit anderen Worten bei der Bestimmung des Penicillins im Serum in Kauf nehmen, daß sich die Nullgrenze der Methode verschiebt. Man kann dies bis zu einem gewissen Grade dadurch kompensieren, daß man einen Stamm von extremer Empfindlichkeit verwendet, wie z. B. einen Streptococcus pyogenes A oder eine Sporensuspension des Bac. subtilis. Die Empfindlichkeit der Methode ist dann trotz der Inaktivierung für medizinische Zwecke ausreichend.

Untragbar ist die leicht alkalische Reaktion des Serums aber für die *Titration des Chlortetracyclins.* Hier ist es unbedingt notwendig, die Bestimmung in einem Medium vorzunehmen, dessen p_H-Zahl den Wert von 6,1 nicht überschreitet. Um dieses p_H zu realisieren, muß die Bouillon, welche dem Serumgemisch der Verdünnungsreihe hinzugefügt wird, gesäuert werden. Dies erfolgt durch einen Zusatz von Orthophosphorsäure zur ungepufferten, mit NaOH auf p_H 7,0 eingestellten Bouillon. Die Menge der zugesetzten Phosphorsäure wird so bemessen, daß sich bei der Mischung von 1 ml Bouillon mit 1 ml Serum ein End-p_H von 6,1 ergibt. Hierbei treibt die Phosphorsäure aus dem Bicarbonat Kohlensäure aus; dabei entsteht primäres und sekundäres Phosphat. Um bei einer Mischung von gleichen Teilen Bouillon und Serum ein End-p_H von 6,1 zu erzielen, fügt man zu 100 ml der ungepufferten, auf p_H 7,0 eingestellten Bouillon 1,1 ml einer 25%igen (offizinellen) Lösung von Orthophosphorsäure hinzu. Die Tatsache, daß Menschenserum etwas alkalischer ist als Rinder- oder Pferdeserum, braucht beim Verdünnungstest nicht besonders berücksichtigt zu werden. Man kann auf diese Weise unterhalb von p_H 8,0 in dem Serum-Bouillongemisch des Tests jedes beliebige End-p_H realisieren. Nachstehende Tabelle gibt die Phosphorsäurezusätze für verschiedene End-p_H-Werte des Serumbouillongemisches an:

Will man im Test den Bouillonanteil vergrößern, so setzt man zu 1 ml Serum 2, 3 oder 4 ml gesäuerter und besäter Bouillon hinzu. Natürlich muß man in diesem Fall den Phosphorsäuregehalt entsprechend reduzieren.

Für den Verdünnungstest mit Serum und anderen gepufferten Flüssigkeiten stellt die Methode des Phosphorsäurezusatzes zur Bouillon die einzige Möglichkeit dar, das p_H exakt und gleichmäßig so einzustellen, wie es der Test verlangt. Will man bei einer Reaktion von p_H 8,0 arbeiten, so genügt es, wenn die Bouillon mit sekundärem Phosphat auf p_H 8,0 gebracht wird. Die Mischung mit Serum behält dieses p_H dann bei. Dies Verfahren ist bei der Streptomycin- und Erythromycintitration nur dann ausführbar, wenn man Stämme benutzt, die bei diesem p_H noch wachsen (z. B. Staph. aur.). Bei der Streptomycintitration ist neben dem p_H der Salzgehalt des Milieus von großer Bedeutung für die Hemmungsschwelle des Teststammes.

*Tabelle 5**

Gewünschtes End-p_H nach Mischung gleicher Teile Serum und Bouillon p_H	Zugesetzte Menge 25%iger Orthophosphorsäure zu 100 ml Bouillon ml
7,8	—
7,6	0,05
7,4	0,1
7,2	0,15
7,0	0,25
6,8	0,45
6,5	0,75
6,1	1,1

8. Besonderheiten, Fehler und Fehlerquellen bei der Titration von Körperflüssigkeiten

In den vorangehenden Abschnitten ist bereits mehrmals darauf hingewiesen worden, daß die Untersuchung von Körperflüssigkeiten eine Reihe von komplizierenden Faktoren in den Verdünnungstest hineinbringt, die im Einzelfall sorgfältig beachtet werden müssen. Da dieses Buch sich vornehmlich an Ärzte wendet, scheint es notwendig, die besonderen Bedingungen des Tests, die sich bei der Bestimmung der Konzentration in Körperflüssigkeiten ergeben, noch einmal gesondert zu behandeln. Im folgenden wird als Beispiel die Bestimmung der Konzentration im Serum gewählt. Was über sie gesagt wird, gilt sinngemäß für alle Körperflüssigkeiten, die Eiweiß enthalten und eine hohe Alkalireserve besitzen. Hierher gehört Ascites, Pleurapunktat, Liquor, Frauenmilch u. a. m. Die Bestimmung im Urin ist ein Fall, der die erwähnten Komplikationen nicht zeigt.

Empfindlichkeit. Für die Bestimmung der Hemmstoffkonzentration in Körperflüssigkeiten, insbesondere in Serum, ist derjenige Test auszuwählen, welcher alle therapeutisch interessanten Konzentrationen erfaßt und darüber hinaus auch im

---

* Die erzielten p_H-Werte zeigen leichte Schwankungen, da die Alkalireserve verschiedener Serumproben nicht ganz gleich ist. Dies ist für die Praxis belanglos.

subtherapeutischen Bereich orientierende Aussagen erlaubt. Zur praktischen Veranschaulichung sei hier nur das Beispiel des Penicillins erwähnt. Als unterste therapeutisch interessierende Konzentration gilt für Serum ein Gehalt von 0,03 E/ml Penicillin. Ein Test, der klinische Verwendung finden soll, muß diese Konzentration auf jeden Fall noch deutlich anzeigen; nach Möglichkeit soll er aber auch die Hälfte dieser Dosis, also 0,015 E/ml erfassen. Dies bedeutet, daß eine Probe von menschlichem Normalserum, der im Experiment 0,03 E/ml Penicillin zugesetzt worden ist, nach Verdünnung 1:2 mit Bouillon den Testkeim am Wachstum hindern muß. Es müßte hier also ein Teststamm Verwendung finden, dessen Hemmungsdosis 0,015 E/ml oder weniger beträgt. Nun müssen wir aber auch bei einem p_H von 6,5 mit gewissen Penicillinverlusten rechnen. Außerdem mindert das Serumeiweiß die Aktivität durch Adsorption. Wir müssen das hierdurch entstehende Minus mit mindestens 50% der im Serum vorhandenen Menge beziffern. Das bedeutet, daß die Hemmungsdosis des Teststammes noch einmal halbiert werden muß: Es ist also nach dieser Rechnung ein Teststamm notwendig, dessen Hemmungsdosis 0,0075 E/ml oder weniger beträgt. Diese Empfindlichkeit allein garantiert, daß ein Serum mit einem Zusatz von 0,03 E/ml Penicillin im ersten Röhrchen der Testreihe regelmäßig und sicher Wachstumshemmung bewirkt.

In Deutschland wird zur Penicillintitration in Serum gerne der Laboratoriumsstamm SG 511 (Staph. aur.) verwendet. Dieser besitzt in reinem Bouillonmilieu bestenfalls eine Hemmungsdosis von 0,03 E/ml. Diese erhöht sich auf 0,04—0,05 E/ml, wenn die Bestimmung in einem Milieu erfolgt, welches zu gleichen Teilen aus Serum und aus Bouillon besteht. Durch extrem kleine Einsaaten gelingt es, die Hemmungsdosis auch bei Gegenwart von Serum auf 0,03 E/ml zu halten. Welche Leistungsfähigkeit besitzt nun ein Test mit SG 511? Der Stamm wird, wie wir sehen, nur dann gehemmt, wenn das Serum-Bouillon-Gemisch des ersten Röhrchens 0,03 E/ml zeigt, d. h., die Serumprobe muß mindestens die Aktivität von 0,06 E/ml besitzen. In praxi wird man noch mit Verlusten rechnen müssen, so daß sich die Nullgrenze dieses Tests zwischen 0,06 und 0,09 E/ml bewegt. Diese Empfindlichkeit ist für klinische Zwecke unzureichend, da sie Konzentrationen unterhalb 0,06 E/ml nicht mehr angibt; diese sind aber therapeutisch noch durchaus interessant, z. B. für die Behandlung der Lues mit extrem schwerlöslichen Depotpräparaten. Diese ergeben Serumspiegel zwischen 0,03 und 0,06 E/ml. Wenn in Deutschland der Test mit dem Stamm SG 511 auch heute noch angewendet wird und dabei vielfach eine ganz andere Beurteilung seiner Empfindlichkeit erfährt, so liegt dies an Fehlern, die noch näher besprochen werden.

Das diskutierte Beispiel der Nullgrenze für den Penicillintest läßt sich ohne weiteres auf die Untersuchung der übrigen Chemotherapeutica anwenden. Näheres hierzu in den speziellen Kapiteln des Abschnittes IX.

Gleichheit der Bedingungen in Standard und Test. Bei der Serumtitration werden Standard- und Testreihe nach den gleichen Prinzipien angelegt, wie es auf S. 53 geschildert worden ist. Die Besonderheit der Serumtitration besteht darin, daß als Verdünnungsflüssigkeit sowohl für den Standard als auch für den Test Pferdeserum oder Rinderserum verwendet wird*.

Das zu prüfende Serum liegt in der Testreihe in den Verdünnungsstufen 1/1, 1/2, 1/4 usw. vor; es wird dabei in Tierserum überpipettiert. Der Kontrollapparat ist der gleiche wie auf S. 54 angegeben. — Der Standard wird ebenfalls in einem Milieu von Tierserum angelegt. Das erste Röhrchen der Standardreihe enthält 1 ml Tierserum mit dem entsprechenden Gehalt an eingewogenem Antibioticum. (Eine Serumprobe mit 0,1 E/ml Penicillingehalt

---

* In Deutschland sind von beiden haltbare und sterile Präparate im Handel (Boviserin und Equiserin, Behringwerke, Marburg).

stellt man her, in dem man zu 2,7 ml Tierserum 0,3 ml einer wäßrigen Penicillinlösung von 1 E/ml zusetzt.) Der Standard wird im übrigen nach den erläuterten Regeln angelegt. Hat man die Testreihe und die Standardreihe fertig, so folgt der Zusatz der besäten Bouillon. Zu jedem Röhrchen, welches 1 ml Tierserum bzw. Tierserum-Menschenserumgemisch enthält, kommt ein Betrag von 1 ml besäter Bouillon. Die Anlage des Tests nach diesem Schema garantiert gleiche Bedingungen sowohl innerhalb jeder einzelnen Reihe als auch beim Vergleich von Standard- und Testreihe. Hierbei gilt als Voraussetzung, daß das verwendete Tierserum hinsichtlich seines Verhaltens im Test mit dem menschlichen Serum vollkommen übereinstimmt. Für den Verdünnungstest kann diese Annahme im allgemeinen getroffen werden; bei der Ausführung des Agar-Diffusionstests bedarf sie in besonderen Fällen einer Korrektur.

Die Reaktion des Milieus ist bereits behandelt worden. Das gewünschte End-p_H wird im Serum-Bouillongemisch dadurch erreicht, daß die Bouillon eine bestimmte Menge Phosphorsäure enthält (s. S. 70, 71, 104).

Inaktivierung der Hemmstoffe im Serummilieu. Wir haben bereits erwähnt, daß die Aktivität der gleichen Hemmstoffkonzentration in Serum und in wäßrigem Milieu verschieden ist, und zwar ist sie im letzteren in der Regel höher. Ein gutes Beispiel bietet hier wieder das Penicillin. Als Ursache für den Aktivitätsverlust im Serum-Milieu sind zwei Faktoren zu berücksichtigen:

1. Die Eiweißkörper binden einen Teil des Hemmstoffes und vermindern dadurch die Konzentration in der wäßrigen Phase[5].

2. Bei dem leicht alkalischen p_H des Serums kann während der 18 Std. dauernden Bebrütung bei 37° C ein Teil des Hemmstoffes inaktiviert werden. Dieser Verlust kann durch Phosphorsäurezusatz zur Bouillon verhindert werden.

Wir bezeichnen den durch Serum entstehenden Aktivitätsverlust in toto als „Serumschwund" oder „Serumzehrung". Gerade um zu verhindern, daß sich die Serumzehrung als Fehler auswirkt, ist es notwendig, den Serumgehalt in allen Röhrchen sowohl im Standard als auch im Test strikt gleichzuhalten. Dies geschieht, wie berichtet, dadurch, daß man sowohl beim Standard als auch bei der Testreihe die Verdünnungen mit Rinder- oder Pferdeserum als Verdünnungsflüssigkeit anlegt.

In Amerika pflegt man anstelle von Tierserum eine Lösung von gereinigtem Rinderalbumin (Fraktion V) zu gebrauchen. Diese wird 7%ig und 3,5%ig verwendet[12]. Die Konzentrationen sind für die verschiedenen Antibiotica so gewählt, daß die Bindungskraft der Lösung mit derjenigen von menschlichem Serum übereinstimmt (s. S. 101, 102, 107).

Die *häufigsten Fehler*, die bei der Titration der Körperflüssigkeiten gemacht werden, sind folgende:

1. Es wird die Verdünnung des Patientenserums in der Testreihe nicht mit Rinderserum, Pferdeserum oder Albumin als Verdünnungsflüssigkeit vorgenommen, sondern mit Bouillon. Die Testreihe enthält dann eine Reihe von Röhrchen, in welchem der Gehalt an Eiweiß geometrisch abnimmt, während der Gehalt an Bouillon zunimmt. Bei diesem Fehler herrschen nicht nur in jedem Röhrchen verschiedenartige Nährbodenbedingungen, sondern auch die Serumzehrung ist von Röhrchen zu Röhrchen verschieden. Für die Verwendung von Indicatoren muß bedacht werden, daß bei diesem Vorgehen auch der Gehalt des Milieus an Serumbicarbonat von Röhrchen zu Röhrchen abnimmt. Damit ändert sich nicht nur der Pufferungsgrad, sondern auch das p_H.

2. Der Standard wird nicht in einem gleichbleibenden Milieu von Bouillon und Serum geprüft. Es wird vielmehr das in Puffer gelöste Penicillin direkt mit Bouil-

lon verdünnt. Abgesehen davon, daß sich auch hier die Nährbodenbedingungen von Röhrchen zu Röhrchen ändern, fällt als Fehlerquelle besonders ins Gewicht, daß der Standard zum Unterschied von der Testreihe keinerlei „Serumzehrung" aufweist. Die im Serum gefundenen Werte sind hier prinzipiell als zu niedrig anzusehen, da sie auf einen Standard bezogen werden, dessen Verlustquote im Vergleich zur Testreihe sehr gering ist.

3. Die unter 1. und 2. genannten Fehler werden nicht selten kombiniert. Ist der Penicillingehalt des zu prüfenden Serums hierbei sehr erheblich, so erfolgt die Hemmung in einem so hohen Verdünnungsbereich der Testreihe, daß wir das Milieu praktisch als reine Bouillon ansehen können. In diesem Falle wird die Abweichung vom korrekten Wert nicht allzugroß sein. Ist aber die Serumaktivität an der Grenze des Nachweisbaren, so wird die Hemmung in der Testreihe bei Stufen niederer Verdünnung auftreten. Die Serumzehrung ist dann erheblich, während sie beim Standard fehlt. Die Folge ist, daß der ermittelte Konzentrationswert zu niedrig liegt. Die Abweichung der Resultate vom korrekten Wert nimmt also bei dem zuletzt genannten doppelten Fehler für kleine Konzentrationen des Hemmstoffes zu. Manche Arbeiter begehen den geschilderten Doppelfehler ebenfalls, verwenden aber statt Bouillon, Hissches Serumwasser als Medium (10% Serum + Dextrose in Aqua dest.). Die geschilderten Unklarheiten bleiben natürlich auch hier erhalten.

4. In manchen Laboratorien wird beim Röhrchentest die Anlage der Standardreihe unterlassen. Man verläßt sich hier darauf, daß der Teststamm seine Empfindlichkeit bei jedem Test beibehielte und kontrolliert ihn nur von Zeit zu Zeit. Vor dieser Vereinfachung muß dringend gewarnt werden. Sie vergrößert die an sich schon nicht geringe Variationsbreite der Resultate unabsehbar. Selbst bei den Sporen des Bac. subtilis kann man Schwankungen der Empfindlichkeit erleben. Die Annahme, daß wir bei einer gegebenen Bouillon und einer gegebenen Einsaatdichte eines Teststammes alle für die Empfindlichkeit des Teststammes maßgebenden Faktoren genormt haben, ist falsch. In jedem Experiment müssen wir mit Faktoren rechnen, die sich unserer Kontrolle entziehen. Aus diesen Gründen ist es unbedingt notwendig, bei allen Tests einen Standard unter den gleichen Bedingungen mitlaufen zu lassen.

Die *Endpunktschärfe* ist bei der Ausführung der Serumtitration von vornherein mit einem gewissen Nachteil belastet. Wir wissen, daß ein Zusatz von 50% Serum den Endpunkt oft verschmiert. Dies kann, soweit es sich um einen unscharfen Übergang vom Wachstum zur Hemmung handelt, durch Verminderung der Einsaat evtl. ausgeglichen werden. Viel unangenehmer ist die Tatsache, daß bei 50% Serumgehalt *Eiweißniederschläge* und Trübungen auftreten, die vom Wachstum mit freiem Auge nicht zu unterscheiden sind. Hier versprechen zwei Maßnahmen eine Lösung.

1. Man kann den Anteil der besäten Bouillon im Test erhöhen. Nach Anlegen der Verdünnungsreihen in Pferdeserum wird also zu 1 ml des Gemisches aus Patientenserum und Pferdeserum nicht 1 ml besäte Bouillon zugesetzt, sondern 3 ml oder 7 ml. In diesen Fällen beträgt der Serumgehalt des Milieus dann nicht 50%, sondern 25% bzw. 12,5%. Bei diesem Vorgehen wird die unterste Nachweisgrenze um die entsprechenden Zweierpotenzen nach oben verschoben. Der Test wird also unempfindlicher. Dies kann man aber in Kauf nehmen, wenn man über

einen Teststamm verfügt, dessen Sensibilität so hoch ist, daß der Test für die klinischen Fragen trotzdem genügend empfindlich bleibt. So ist z. B. beim Tetracyclin die Hemmungsdosis des Bac. cereus in Serum-Bouillonmilieu 0,002 γ/ml. Man könnte also im Normalverfahren (gleiche Teile Serum und Bouillon) mit einer Nullgrenze von etwa 0,03 γ/ml Tetracyclin rechnen. Dies ist eine Empfindlichkeit, wie sie gar nicht benötigt wird. Wir kommen für klinische Zwecke mit einer unteren Nachweisgrenze von 0,1—0,3 γ/ml gut aus. Man kann hier also ohne weiteres den Bouillonanteil der Testreihe erhöhen, indem man im ersten Röhrchen 1 ml Patientenserum mit 7 ml besäter Bouillon mischt. Die untere Nachweisgrenze liegt dann bei einem Wert von etwa 0,1 γ/ml. Dies ist für therapeutische Fragestellungen vollauf genügend. Sobald der Serumanteil in den Teströhrchen 25% oder weniger beträgt, spielt die Bildung von Eiweißniederschlägen keine Rolle mehr*.

2. Eine andere Möglichkeit, den Endpunkt scharf darzustellen, ergibt sich durch die Verwendung eines Indicators. Wir ziehen, wenn es das Test-p_H erlaubt, Wasserblau vor. Bei Verwendung von B. subtilis ATCC 6633 und anderen Sporenbildnern erfolgt die Säureproduktion langsam. Hierdurch erscheint in den Röhrchen die Trübung durch das Wachstum früher als die Blaufärbung; bei dieser Umschlagsverzögerung wirkt auch die Alkalireserve des Serums mit. Nach 48 Std. ergibt sich jedoch in der Regel ein brauchbarer Farbumschlag. Eine Verlängerung der Bebrütungszeit bedeutet bei dem Penicillintest keinen wesentlichen Aktivitätsverlust. Beim Chlortetracyclin ist eine längere Bebrütungszeit als 10 Std. nach Möglichkeit zu vermeiden. Man arbeitet deshalb mit hohen Einsaaten ($5 \cdot 10^5$/ml). Bei Verwendung des schwach säurebildenden B. cereus kann man den Endpunkt nur durch Trübung darstellen. Hierzu muß man den Serumanteil auf 25% oder 12,5% reduzieren.

Die Tatsache, daß wir bei der Konzentrationsbestimmung im Serum letzteres notwendigerweise dem Milieu zufügen müssen, wirkt sich nicht allein im Hinblick auf die Serumzehrung und die Endpunktschärfe aus. Das Serum des Menschen enthält nicht selten antibakterielle Eigenschaften, durch welche es das Wachstum gewisser Mikroorganismen unterdrücken kann, ohne daß chemotherapeutische Stoffe anwesend sein müssen. Das Serum von gänzlich unbehandelten Personen zeigt gegenüber einigen Species — vor allem wird der Bac. subtilis genannt — nicht ganz selten Titer bis zu 1:64. Es kann in der Testreihe also gegebenenfalls eine *Hemmung* abgelesen werden, die allein den *Immunkörpern des Serums* zukommt, und die dann fälschlich als Hemmstoffkonzentration formuliert und angegeben wird. Verdächtig auf eine solche Hemmung sind z. B. niedere Hemmtiter, die nach Gabe eines Depotpräparates über Tage hinweg bestehen bleiben, ohne daß dies mit den pharmakodynamischen Gegebenheiten des Präparates übereinstimmt. Bei dem Sonderfall des Penicillins haben wir eine sehr einfache Kontrollmöglichkeit, um die Serumhemmung zu erkennen. Wir beziehen nur dann die hemmende Wirkung des Patientenserums auf dessen Penicillingehalt, wenn gleichzeitig eine mit Penicillinase behandelte Probe desselben Serums Wachstum zeigt**. Bei den

---

* Besonders wichtig ist es, die im Pferde- und Rinderserum bei der Aufbewahrung spontan entstehenden Niederschläge sedimentieren zu lassen. Das Serum wird vor Gebrauch steril dekantiert und bleibt dann klar.

** Hierzu wird 0,9 ml Serum mit 0,1 ml einer Penicillinaselösung von 100 Penicillinase-Einheiten/ml versetzt und 1 Std. im Wasserbad bei 37° belassen. Anschließend Zugabe von 1 ml besäter Bouillon. Eine Penicillinase-Aktivitätskontrolle ist ebenfalls durchzuführen (s. S. 41).

Sulfonamiden erfolgt die entsprechende Prüfung mit p-Aminobenzoesäure. Bei den übrigen Chemotherapeutica ist eine ähnliche Kontrollmöglichkeit nicht gegeben. Es muß hier immer eine Serumprobe *vor* der Verabreichung des Medikamentes entnommen werden. Diese wird mit gleichen Teilen besäter Bouillon versetzt und dient als „*Eigenhemmungskontrolle*". Das Röhrchen mit der Eigenhemmungskontrolle muß Wachstum zeigen, wenn die hemmende Wirkung des Patientenserums in der Testreihe auf das Vorhandensein eines Medikamentes bezogen werden soll. Ist in der Eigenhemmungskontrolle das Wachstum ausgeblieben, so ist der Test wegen „Eigenhemmung" nicht verwertbar. Es ist dann unmöglich auszusagen, ob die hemmende Wirkung in der Testreihe auf einen Gehalt an dem verabreichten Chemotherapeuticum zurückgeht oder durch Immunkörper zustandekommt.

Die Häufigkeit im Auftreten der Eigenhemmung kann durch folgende Maßnahmen beschränkt werden:

1. Man erhöht die Einsaat soweit, wie es die Ablesungsschärfe und die Sensibilität des Tests zulassen.

2. Man erhöht den Bouillonanteil des Tests soweit, daß die Eigenhemmung mit großer Wahrscheinlichkeit herausverdünnt wird. Hierzu wird in praxi ein Zusatz von 7 ml Bouillon zu 1 ml Serum notwendig sein. Dies kann man sich wegen des Empfindlichkeitsverlustes nur dann erlauben, wenn ein extrem sensibler Stamm zur Verfügung steht wie z. B. für das Tetracyclin.

3. Man wählt einen Teststamm aus, der nur selten oder gar nicht der Eigenhemmung des Patientenserums unterliegt. Dieser Forderung kommt indessen nur wenig praktische Bedeutung zu. Man wird nämlich für die Auswahl des Teststammes andere Gesichtspunkte als wichtiger ansehen müssen, wie z. B. Sensibilität, Haltbarkeit, Kultivierbarkeit usw. So ist z. B. für den B. subtilis eine besonders häufig auftretende Serum-Eigenhemmung beschrieben worden. Nun sind aber die Vorteile der Subtilissporen in anderer Hinsicht so überwiegend, daß wir die etwas höhere Quote der Eigenhemmungen gerne in Kauf nehmen. Natürlich ist in jedem Falle eine Kontrolle auf Eigenhemmung anzusetzen.

Das chemotherapeutische Laboratorium wird immer wieder in die Lage kommen, Titrationen in *anderen Körperflüssigkeiten* als Serum vorzunehmen. Hierher gehören Ascites, Pleuraexsudat, Liquor, Urin, Speichel, Frauenmilch. Von diesen sind für den Röhrchentest nur diejenigen geeignet, die unter sicher sterilen Kautelen gewonnen werden, also eigentlich nur sterile Exsudate der Pleura, des Peritoneums und des Cerebrospinalraumes. Alle übrigen Sekrete sind als infiziert zu betrachten und sollten grundsätzlich im Lochtest titriert werden. Für den Fall des Ascites wird man als Verdünnungsflüssigkeit für Standard und Test evtl. hemmstofffreie Ascitesflüssigkeit benutzen. Bei Liquor wird man meistens in die Lage kommen, auf die Verdünnung der Liquorprobe in hemmstofffreiem Liquor zu verzichten. Hier bleibt, wenn man den Röhrchentest durchführen will, nichts anderes übrig, als den in Puffer gelösten Standard direkt mit Bouillon zu verdünnen und mit der Liquorprobe ebenso zu verfahren. Man muß hier den doppelten Fehler in Kauf nehmen, der auf S. 74 besprochen worden ist.

9. Fragen der Laboratoriumstechnik und der Routine

In laboratoriumstechnischer Hinsicht gilt bei der Ausführung des Verdünnungstestes als wichtigste Voraussetzung, daß peinlich steril gearbeitet wird. Diese

Forderung ist, vom Standpunkt der praktischen Arbeit aus, das größte Handicap des Verdünnungstests. Luftkeime, die resistent gegen den getesteten Hemmstoff sind, können unter Umständen das Resultat des Verdünnungsversuchs verfälschen, indem sie in einem oder mehreren Röhrchen zum Wachstum kommen und bei der Ablesung als gewachsener Testkeim bewertet werden. Es ist aus diesem Grunde zu empfehlen, vom letzten bewachsenen Röhrchen jeder Verdünnungsreihe einen Ausstrich auf einen festen Nährboden (Blutagar) anzulegen, um auf diese Weise Kontaminationen als solche zu erkennen.

Die Hauptbelastung beim Arbeiten ist demnach die Befolgung des „sterilen Rituals". Es ist für jeden Arbeiter notwendig, dieses so weit wie möglich zu vereinfachen und zu rationalisieren, wenn der Arbeitsaufwand für den einzelnen Test nicht ins Unerträgliche gesteigert werden soll. Wir bringen im folgenden einige Winke aus unserer eigenen Erfahrung.

Reagenzgläser. Man verwendet am besten Reagenzgläser von 10 mm lichtem Durchmesser und 7,5 cm Länge (Kahnröhrchen). Die Gläser werden mit der Öffnung nach unten in asbestverkleideten Kassetten (Pipettenkasten) gepackt und bei 160° C $^1/_2$ Std. im Heißluftsterilisator belassen. Die Röhrchen bleiben ohne Stopfen; sie werden offen in speziell dafür gebaute Ständer gestellt. Diese enthalten in einer Reihe 10 Röhrchen, und zwar stehen die Röhrchen schräg in einem Winkel von 45°. Diese Schrägstellung verhindert es, daß Luftkeime den Reagenzglasboden erreichen. In dieser Stellung werden die Röhrchen mit den Lösungen und Reagentien beschickt. Nach Abschluß des Pipettierens flammt man mit dem Bunsenbrenner alle Reihen gründlich ab und verschließt sie locker mit Watte. Diese soll vorher vorbereitet (gezupft und gerollt) und bei 140° C in Heißluft sterilisiert sein. Noch handlicher — aber auch teurer — sind Metallkappen. Man vermeide es, wenn möglich, mit Röhrchen zu arbeiten, die mit Zellstoffstopfen verschlossen sind. Es bedeutet im Laboratoriumsbetrieb eine erhebliche Belastung, wenn man für jeden Pipettiergang alle Röhrchen einzeln öffnen und wieder verschließen muß.

Pipettieren. Die Anlage der geometrischen und arithmetischen Verdünnungsreihen ist bereits auf S. 53, 56, 57 besprochen. Die Beschickung der Röhrchen mit je 1 ml der Verdünnungsflüssigkeit erfolgt mit 10 ml-Pipetten, die in 100 Teilstriche graduiert sind. Das Überpipettieren erfolgt mit 1 ml-Pipetten mit 100 Teilstrichen. Beim Überpipettieren zur Anlage der geometrischen Verdünnungsreihe soll die Pipette *nicht* gewechselt werden. Der Fehler durch das Wechseln ist größer als derjenige, der durch Benutzung einer einzigen Pipette entsteht. Das Volumen der Pipetten kann stichprobenweise mit Quecksilber kontrolliert werden. Abweichungen bis zu 10% nehmen wir in Kauf. Amtlich geeichte Pipetten sind nicht erforderlich. Die Pipetten werden am Mundstück mit Watte gestopft und in den bekannten Kästen oder Büchsen mit Heißluft sterilisiert. Wenn man genötigt ist, mehrmals kleinere Beträge eines der Reagentien zu entnehmen — dies ist z. B. bei der arithmetischen Verdünnungsreihe der Fall — so füllt man sich das betreffende Reagenz in ein steriles Glas und stellt dieses ohne Stopfen schräg in eines der Gestelle. Auch hier wird mit dem Bunsenbrenner die Öffnung des Glases abgeflammt.

Reagentien. Die Herstellung, Sterilisierung und Haltung der Pufferlösungen ist auf S. 197 dargestellt. Angaben über die flüssigen Nährböden finden sich auf S. 195. Die Bouillon wird in toto besät. Man füllt sich dementsprechend einen Betrag von 50 oder 100 ml in einen sterilen Erlenmeyerkolben und setzt die Einsaat in der gewünschten Dichte hinzu. Die Vorkultur wird 12—18 Std. vor dem Test in flüssigem Milieu angelegt. Als Faustregel für die Berechnung der Keimzahl kann man sich merken, daß eine Suspension von Staphylokokken, deren Trübung man im Reagenzglas gerade noch mit freiem Auge erkennen kann, einer Keimzahl zwischen 10^6 und $10 \cdot 10^6$/ml entspricht. Voraussetzung ist natürlich, daß die Kultur noch jung ist und nicht zum größten Teil aus abgestorbenen Zellen besteht. Die Einsaat, die wir für den Verdünnungstest meistens benutzen, liegt zwischen 10^2 und 10^3 Zellen/ml. Wenn man längere Zeit mit dem gleichen Teststamm arbeitet, empfiehlt sich folgendes Verfahren: Man füllt sich eine Bouilloncharge in 100—200 Röhrchen in Portionen zu je 5 ml ab und sterilisiert sie. Aufbewahrung im Eisschrank. Wird der Teststamm vom

Agar her massiv in diese Bouillon eingesät, so ergibt sich bei gleichen Bebrütungszeiten für jedes Röhrchen derselben Boulloncharge die gleiche Ernte. Diese braucht nur einmal durch Zählung der Zellzahl (Membranfilter oder Gußplatte s. S. 9) ermittelt zu werden. Man kann dann damit rechnen, daß die in den abgefüllten Röhrchen angelegte Vorkultur stets die gleiche Keimdichte besitzt. Die Vorkultur wird dann am Tage des Versuches in entsprechender Verdünnung zur Bouillon gegeben. — Für den Serumtest verwenden wir die als *Equiserin* bzw. *Boviserin* bezeichneten Produkte der Behringwerke. Wir haben beim Tierserum nie Eigenhemmung gegenüber unseren Stämmen gesehen. Eigenhemmungskontrollen sind nicht nötig. Eine Eigenhemmung des Tierserums kann ja sofort daran erkannt werden, daß sie sich auf den gesamten Standard erstreckt.

Überblickt man die Fehlermöglichkeiten des Röhrchentests, so wird man mit Recht zögern, auf irgendein Element des Kontrollsystems zugunsten der technischen Vereinfachung zu verzichten. Zum *Kontrollsystem* gehören:

1. Mitlaufen der Standardreihe
2. Eigenhemmungskontrolle
3. Einsaatfreies Röhrchen (zur Beurteilung der Normaltrübung)
4. Hemmstofffreies Röhrchen (zur Beurteilung des ungehemmten Wachstums)
5. Kontaminationskontrolle durch Subkultur der bewachsenen Röhrchen.

Die *Vorteile* des Röhrchentests sind folgende:

1. Die Nullgrenze beim Röhrchentest (unterste nachweisbare Konzentration) nähert sich sehr stark der Hemmungsdosis des Teststammes. Sie beträgt bei günstigen Umständen nur das doppelte der Hemmungsdosis (beim Lochtest ist die Nullgrenze normalerweise viel höher, sie beträgt im allgemeinen das 5- bis 10fache der Hemmungsdosis des Teststammes). Dies ist bei der Titration von Stoffen wie das Chloramphenicol wichtig. Hier finden wir für pathogene Stämme ein weitgehend gleiches Niveau der Hemmungsdosis von $1-5\ \gamma/\text{ml}$. Ein Stamm, der eine gänzlich aus dem Rahmen fallende Empfindlichkeit zeigt, wie z. B. der Bac. cereus für Tetracyclin oder der Subtilis für Penicillin ist für Chloramphenicol nicht bekannt. Will man dementsprechend im Patientenserum Konzentrationen zwischen $0,5\ \gamma/\text{ml}$ und $2\ \gamma/\text{ml}$ erfassen, so muß man den Röhrchentest verwenden.

2. Beim Röhrchentest ist das beobachtete und ausgewertete Phänomen der keimhemmende Effekt; er wird direkt als Hemmdosis abgelesen. Beim Lochtest ist der beobachtete Effekt, nämlich die Hemmhofgröße, zusätzlich noch von einem komplizierten Diffusionsvorgang abhängig.

Die *Nachteile* des Röhrchentests liegen

1. In der Empfindlichkeit des Kontrollsystems.

2. In der Empfindlichkeit gegen Kontamination. Substanzen wie Speichel oder Urin können im Röhrchentest nicht geprüft werden. Eine Filtration durch Berkefeld- oder Seitz-Filter kann durch Adsorption erhebliche Verluste an Hemmstoff bedeuten und ist überdies umständlich.

3. Der Röhrchentest liefert keine Möglichkeit, die Hemmwerte durch Interpolation genauer zu lokalisieren.

B. Die turbidimetrische Interpolation

Bei der Ablesung mit freiem Auge können für den Verdünnungstest nur grobe Aussagen wie „Wachstum" oder „Hemmung" getroffen werden. Hemmeffekte, die zwischen diesen Alternativen liegen, sind nicht zu beurteilen. Dies wird erst möglich, wenn man den antibakteriellen Effekt durch ein Meßinstrument verfolgt und quantitativ erfaßt. Hierbei findet vorzugsweise die photometrische Registrierung der Bakteriendichte Verwendung. Das Prinzip besteht hierbei im folgenden:

Es wird eine Standardreihe und eine Testreihe angelegt. Die Bakteriendichte, die in der Standardreihe nach der Bebrütung zu beobachten ist, wird für jedes Röhrchen gemessen und als Extinktion ausgedrückt. Bei steigender Hemmstoffkonzentration wird die Trübung immer geringer und fällt bei einer Grenzkonzentration auf Null. Andererseits fällt die Trübung mit derjenigen der Leerkontrolle zusammen, sobald die Konzentration an Hemmstoff unter ein bestimmtes Minimum sinkt. Trägt man die gemessenen Trübungswerte gegen die Hemmstoffkonzentrationen auf, so resultiert eine Standardkurve. In der gleichzeitig mit dem Standard angelegten Testreihe wird nun dasjenige Röhrchen herausgesucht, welches partielle Hemmung zeigt. Die Trübung dieses Röhrchens wird gemessen und in die Standardkurve interpoliert. Man liest dann die dem Interpolationspunkt entsprechende Konzentration ab und multipliziert sie mit dem Verdünnungsfaktor der betreffenden Stufe.

1. Ausführung eines Versuchsbeispiels

Es soll die Konzentration einer wäßrigen Lösung von Chloramphenicol bestimmt werden. Als Teststamm dient der Stamm Staph. aur. SG 511.

Standard. Es wird eine Stammlösung von 15 γ/ml in physiologischer Kochsalzlösung arithmetisch verdünnt. Die aus 10 Röhrchen entstehende Reihe zeigt dann die Konzentrationen 15; 13,5; 12,0 usw. bis 1,5 γ/ml. Das Volumen der Chloramphenicolverdünnung beträgt in jedem Röhrchen 1 ml. Hierzu wird jeweils 4 ml einer besäten Bouillon gegeben (1% Pepton, 1% Liebigs Fleischextrakt, 1% Hefe-Extrakt, 1% Traubenzucker; p_H 7,0). Die Endverdünnung des Chloramphenicols beträgt demnach im ersten Röhrchen 3 γ/ml, im zweiten 2,7 γ/ml usw., bis sie beim letzten Röhrchen auf 0,3 γ/ml abgefallen ist. Die Einsaat der Bouillon erfolgt massiv; die besäte Bouillon soll etwa 10^6 Keime enthalten. Hierzu verdünnt man sich eine in dextrosefreier Bouillon angelegte 18 Std.-Vorkultur soweit mit der zum Versuch verwendeten Bouillon, bis die Opalescenz im Reagenzglas eben gerade verschwindet. Dies ist für Staph. aur., 1% Difco-Pepton und 1% Liebigs Fleischextrakt ungefähr bei 1:100 der Fall.

Testreihe. Es wird mit der wäßrigen Testflüssigkeit eine geometrische Reihe von 10 Zweierpotenzen angelegt. Als Verdünnungsflüssigkeit dient physiologische Kochsalzlösung. In jedem Röhrchen ist 1 ml Kochsalzlösung vorhanden — abgesehen vom ersten Röhrchen; in diesem befindet sich 2 ml Testflüssigkeit. Es wird nun aus dem ersten Röhrchen 1 ml Testflüssigkeit von Röhrchen zu Röhrchen überpipettiert und nach dem 10. Röhrchen verworfen. Zu jedem Röhrchen der so angelegten Testreihe kommen 4 ml der besäten Bouillon.

Das Anlegen der Reihen erfolgt in ungestopften Reagenzgläsern gewöhnlicher Größe. Eine Sterilisierung des Röhrchens ist nicht notwendig. Während der Bebrütung kann man die Röhrchen mit Watte verschließen.

Kontrollen. A: Zu 1 ml Puffer kommen 4 ml besäte Bouillon und 1 Tropfen Formol. Diese Kontrolle dient als optische Nullgrenze. B: Zu 1 ml Puffer kommen 4 ml besäte Bouillon. Diese Kontrolle dient als Maßstab für unbehindertes Wachstum.

Die Bebrütung erfolgt im Wasserbad bei 37° C. Bei richtiger Einsaat ist in der Kontrolle A nach $3^1/_2$ Std. schon üppiges Wachstum zu erkennen. Ist dies der Fall, so wartet man noch $^1/_2$ Std. und unterbricht dann das Wachstum, indem man in jedes Röhrchen einschließlich der Wachstumskontrolle B 1 Tropfen 40%igen Formols bringt. Die Messung der Trübung erfolgt mit einem der üblichen Photometer. In unserem Laboratorium wird der Elko-Photometer der Firma Zeiss verwendet. Die Messung geschieht in planparallel geschliffenen Cuvetten von 12 mm Schichtdicke und 5 ml Fassungsraum. Es wird ein gelber oder roter Filter verwendet. Als Leerwert dient Kontrolle A.

Der Standard zeigt graphisch die in Abb. 30 dargestellten Trübungswerte. Die Testreihe zeigt bei der Betrachtung mit freiem Auge folgendes Bild:

Tabelle 6

Endverdünnung der Testflüssigkeit	$^1/_5$	$^1/_{10}$	$^1/_{20}$	$^1/_{40}$	$^1/_{80}$	$^1/_{160}$	$^1/_{320}$	$^1/_{640}$	$^1/_{1280}$	$^1/_{2560}$
Trübung:	—	—	—	—	+	++	+++	+++	+++	+++

Die Verdünnung $^1/_{80}$ und die Verdünnung $^1/_{160}$ werden beide nach demselben Verfahren photometriert wie der Standard. Es ergeben sich die Werte $\varepsilon = 0{,}33$ und $\varepsilon = 0{,}65$. Die Interpolation in die Eichkurve (Abb. 30) ergibt für die Verdünnungsstufe $^1/_{80}$ als Konzentrationswert 2,4 γ/ml und für die Verdünnungsstufe $^1/_{160}$ den Wert 1,14 γ/ml. Die Konzentration der Testflüssigkeit beträgt mithin

$$80 \cdot 2{,}4 = 192{,}0 \; \gamma/\text{ml} \quad \text{oder}$$

$$160 \cdot 1{,}14 = 182{,}4 \; \gamma/\text{ml} .$$

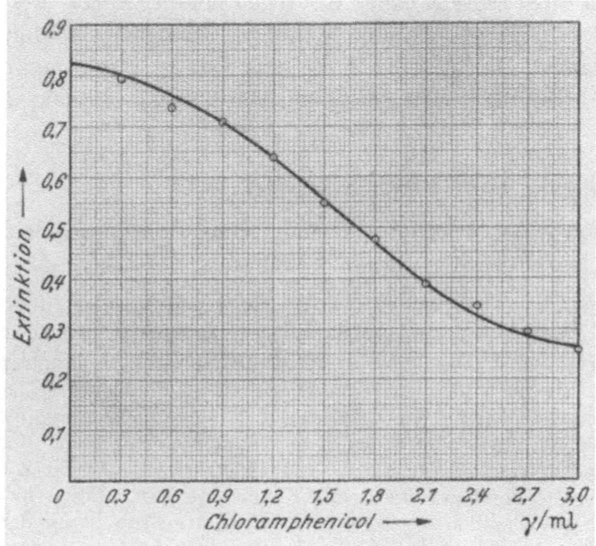

Abb. 30. Eichkurve für den turbidimetrischen Chloramphenicoltest mit Staph. aur.

2. Voraussetzungen, Vorteile und Nachteile des Verfahrens

a) Der Verdünnungstest mit turbidimetrischer Ablesung kann nur dann ausgeführt werden, wenn ein *geeigneter Teststamm* zur Verfügung steht. Der Stamm muß diffus wachsen, leicht züchtbar sein und eine hohe Vermehrungsgeschwindigkeit aufweisen. Diese Bedingungen werden leider von den Sporenbildnern nicht erfüllt. So kann man nicht umhin, die Vorkultur für jeden Test neu anzulegen. Als geeignet erweisen sich z. B. E. coli, Staph. aur. u. a.

b) Die *Einsaat* wird so gewählt, daß sie hart unterhalb der Sichtbarkeitsgrenze für das freie Auge liegt (10^6/ml). Es schadet nichts, wenn sie etwas höher ist. Als optischen Nullwert nehmen wir ja stets die besäte Bouillon, die vor der Bebrütung mit Formol sterilisiert wird (Kontrolle A). Es ist zweckmäßig, sich für die Vorkultur eine in Einzelröhrchen abgefüllte glucosefreie Bouilloncharge zu halten und vorher festzustellen, welche Keimdichte sich nach 18 Std. Bebrütung ergibt bzw. wie hoch die Vorkultur mit der Bouillon verdünnt werden muß. Die massive Einsaat hat zwei Gründe: Einmal wird die Bebrütungsdauer abgekürzt und zum zweiten verläuft die Eichkurve des Standards bei hoher Einsaat flacher als bei kleiner Einsaat.

c) Bei dem mit freiem Auge beurteilten Verdünnungstest herrschen dann besonders günstige Ableseverhältnisse, wenn der Übergang von ungehemmtem

Wachstum zur totalen Hemmung brüsk, von einer Verdünnungsstufe zur anderen erfolgt. Dies kann dadurch erreicht werden, daß man die Einsaat möglichst klein hält. Bei der turbidimetrischen Ablesung suchen wir im Gegensatz hierzu einen möglichst *allmählichen Übergang* zwischen totaler Hemmung und ungehemmtem Wachstum. Da wir genötigt sind, die Testflüssigkeit in Zweierpotenzen zu verdünnen (Begründung S. 57), müssen wir fordern, daß sich die Zone der partiellen Hemmung über mindestens zwei Zweierpotenzen der Hemmstoffkonzentration erstreckt. Wenn die Übergangszone im Standard schmäler ist, also z. B. innerhalb einer einzigen Zweierpotenz liegt, kann es passieren, daß die Testreihe überhaupt kein Röhrchen mit partieller Hemmung aufweist. Eine Interpolation ist dann unmöglich; der Test verhält sich so, als ob er mit dem freien Auge abzulesen sei. Erstreckt sich die Zone der partiellen Hemmung über zwei Zweierpotenzen oder mehr, so ist zu erwarten, daß in der geometrisch verdünnten Testreihe mindestens ein Röhrchen einen interpolationsfähigen Trübungswert liefert.

d) Die *Bebrütungsdauer* soll möglichst kurz sein, andererseits aber mindestens so lang, daß die hemmstofffreie Kontrolle eine genügend große Dichte erreicht. Wird die Bebrütung zu sehr verkürzt, so ist die Wachstumskontrolle nur schwach bewachsen. Die Eichkurve wird dann ungenau, da der Unterschied zwischen der maximalen und der minimalen Extinktion zu klein ist. Die besten Resultate erzielt man, wenn der Maximalwert der Extinktion bei 0,6—0,7 liegt. Man probiert also bei konstanter Einsaat und gleichem Nährboden, welche Bebrütungsdauer diesen Wert ergibt und behält diese dann bei. Wenn die Bebrütung zu lange dauert, wird das Wachstum der hemmstofffreien Kontrolle zu dicht; außerdem wird auch die Eichkurve steiler und damit die Interpolationsmöglichkeit geringer.

e) Der turbidimetrische Test eignet sich im allgemeinen *nur für wäßrige Lösungen*. Für die Ermittlung von Serumkonzentrationen wird er nicht gerne gebraucht, weil hier immer wieder Trübungen vorkommen, die mit bakteriellem Wachstum nichts zu tun haben. Für die Urintitration kann er verwendet werden. Das eigentliche Gebiet dieses Tests ist die Prüfung von Präparaten der Pharmazie. Seine Vorteile sind seine Schnelligkeit und die Tatsache, daß die *Sterilität nicht streng* zu sein braucht. Die dichte Einsaat hat ein Übergewicht, welches jede Kontamination unterdrückt.

f) Die verwendete Bouillon darf keinerlei Trübungen zeigen. Sie soll möglichst hell sein. Besonders gut eignet sich eine Hirnbrühe. Diese ist wasserklar, farblos und ermöglicht ein ausgezeichnetes Wachstum (s. Anhang).

g) Bei dem turbidimetrisch abgelesenen Test spielt die Frage der *unteren Nachweisgrenze* keine besonders große Rolle, da er ja vorwiegend dort verwendet wird, wo mit höheren Konzentrationen zu rechnen ist. Seine Empfindlichkeit ist im allgemeinen geringer als die des einfachen Verdünnungstestes, besonders dann, wenn man, wie in unserem Beispiel, 1 ml Hemmstofflösung mit 4 ml der besäten Bouillon beschickt. Man kann natürlich die Menge der zugegebenen Bouillon auf 1 ml reduzieren; man muß dann die Konzentrationen im Standard entsprechend reduzieren und kleinere Cuvetten verwenden. Da hierdurch auch die optische Schichtdicke kleiner wird, kann eine günstig liegende Maximalextinktion erst nach längerer Bebrütungszeit oder überhaupt nicht erreicht werden. Die längere Bebrütungszeit bringt wiederum ein Flacherwerden der Eichkurve mit sich. Die beste Lösung ist deshalb nach unserer Erfahrung ein Volumen von 5 ml.

h) Die turbidimetrische Methode kann mit geeigneten Teststämmen für die meisten Antibiotica durchgeführt werden. Schwierigkeiten ergeben sich beim Penicillin durch dessen lytische Wirkung.

C. Mikromethoden

Für die Bestimmung des Serumspiegels benötigt man mit dem Verdünnungsverfahren 2 ml Serum. Selbst dann, wenn man das Flüssigkeitsvolumen der Röhrchen auf ein Viertel reduziert, wird man etwa 0,6 ml Serum brauchen. Beim Kliniker entsteht besonders dann, wenn öfters Blut entnommen werden muß, der Wunsch, mit möglichst geringen Serummengen nach Art einer Mikromethode auszukommen und eventuell sogar die Venenpunktion durch einen Einstich in die Fingerbeere oder ins Ohrläppchen zu ersetzen. Bestrebungen dieser Art haben in der Anfangszeit der antibiotischen Ära einen beherrschenden Einfluß auf die Gestaltung der Testmethoden ausgeübt. Unter den ersten publizierten Verfahren sind vornehmlich Mikromethoden zu finden, oder doch wenigstens Halbmikromethoden[9, 13, 15, 128]. In den älteren Monographien stehen dementsprechend auch die Mikromethoden im Vordergrund der Darstellung. Heute nehmen die Mikromethoden des Verdünnungstests im Laboratoriumsrepertoire keinen bedeutenden Platz mehr ein. Dies liegt einerseits daran, daß unsere Ansprüche an Genauigkeit und Bequemlichkeit gestiegen sind, andererseits aber auch daran, daß man die Fehlerquellen der Mikrotests früher nicht in dem Maße übersehen hat, wie dies heute der Fall ist. Die wichtigsten Nachteile der Mikromethoden im flüssigen Milieu sind folgende:

a) Sie sind weniger genau als die Makromethoden.

b) Sie sind umständlicher und zeitraubender.

c) Die Möglichkeit der Kontamination ist größer, das sterile Arbeiten ist schwieriger.

d) Das Kontrollsystem weist Lücken auf.

1. Ausführung eines Versuchsbeispiels

(Penicillintitration in Vollblut)

Man benötigt 0,15 ml Blut als Testflüssigkeit. Die Entnahme geschieht wie bei der Bestimmung des Blutzuckers nach HAGEDORN-JENSEN: Fingerkuppe bzw. Ohrläppchen mit Alkohol abreiben; Alkohol vollkommen verdunsten lassen (!); Einstich mit Schnepper. Es wird 0,15 ml in eine sterile, oben mit Watte gestopfte Blutzuckerpipette aufgezogen und sofort in ein steriles Kahnröhrchen geblasen, welches 0,15 ml einer Liquoidlösung (Polyanetholsulfonat „Roche") von 2000 γ/ml enthält. (Liquoid wird in traubenzuckerfreier Bouillon gelöst.) Die Zugabe von Liquoid in der Endkonzentration 1000 γ/ml verhindert die Gerinnung und unterdrückt die Phagocytosefähigkeit des Blutes.

Verdünnungsflüssigkeit. Als Verdünnungsflüssigkeit für die Anlage der Testreihe und der Standardreihe dient Menschenblut der Gruppe 0. Dieses wird 1:2 mit einer Liquoid-Bouillonlösung von 2000 γ/ml verdünnt („Verdünnungsblut").

Instrumentarium. Der Test wird in den halbrunden Löchern von Kunststoff- oder Porzellanplatten angelegt. Die Bohrungen haben 12 mm lichte Weite und 12 mm maximale Tiefe. Jede Platte besitzt 10 × 10 Löcher. Die Platten werden mit einem Glasdeckel bedeckt.

Der Deckel darf, um Kontamination zu vermeiden, nur so lange entfernt werden, wie es der Pipettiervorgang erlaubt. Das Überpipettieren der Verdünnungsreihen erfolgt mit sterilen Blutzuckerpipetten.

Testreihe. Sie wird in einer Reihe von 8 Löchern angelegt. Mit Ausnahme des ersten Loches enthalten alle Löcher 0,1 ml des Verdünnungsblutes. Das 1:2 mit Liquoidbouillon versetzte Patientenblut wird in einer Menge von 0,2 ml in das erste Loch appliziert. Von dem ersten Loch ausgehend werden dann jeweils 0,1 ml in die folgenden Löcher überpipettiert. Vom Loch Nr. 7 werden 0,1 ml verworfen. Loch Nr. 8 enthält nur 0,1 ml Verdünnungsblut (Kontrolle für ungehemmtes Wachstum). Es entsteht auf diese Weise eine geometrische Verdünnung des Patientenblutes im Verdünnungsblut.

Standardreihe. Sie wird ebenfalls in 8 Löchern angelegt. Als Verdünnungsflüssigkeit dient auch hier Verdünnungsblut. In das erste Loch der Standardreihe kommen 0,2 ml folgender Zubereitung: Zu 1,8 ml Verdünnungsblut werden 0,2 ml einer Penicillin-Standardlösung von 0,5 E/ml gegeben. Vom ersten Loch ausgehend wird auch hier eine geometrische Reihe angelegt und vom 8. Loch 0,1 ml verworfen.

Einsaat. Als Testkeim dient ein stark hämolysierender Streptokokkenstamm, dessen Hemmungsdosis bei 0,002 E/ml liegt (z. B. HS 336 Düsseldorf). Vorkultur in Traubenzuckerbouillon; 24 Std. Bebrütung. Die bewachsene Traubenzuckerbouillon wird durch Schütteln zur gleichmäßigen Trübung gebracht und 1:50 mit *traubenzuckerfreier* Nährbouillon verdünnt. (Traubenzucker stört durch Säurebildung die Hämolyse.) Von dieser Verdünnung wird 0,1 ml in jedes Loch der Standardreihe und der Testreihe gebracht. Diese Manipulation kann ohne weiteres durch Eintropfen erfolgen (0,1 ml = 2 Tropfen). Wenn bei allen Löchern die gleiche Pipette benutzt wird, heben sich die dabei anfallenden Fehler wieder auf, da sie sowohl die Standardreihe als auch die Testreihe betreffen.

Endverdünnungen. Das Patientenblut ist nach Zufügung der Einsaat in folgender Endverdünnung anwesend:

$$1/_4, \ 1/_8, \ 1/_{16}, \ 1/_{32}, \ 1/_{64}, \ 1/_{128}, \ 1/_{256}$$

Die Standardreihe enthält — in Bruchteilen ausgedrückt — folgende Konzentrationen an Penicillin in E/ml:

$$1/_{40}; \ 1/_{80}; \ 1/_{160}; \ 1/_{320}; \ 1/_{640}; \ 1/_{1280}; \ 1/_{2560}; \ 1/_{5120}$$

bezw. in Dezimalbrüchen:

$$0,025; \ 0,0125; \ 0,006; \ 0,003; \ 0,0016; \ 0,0008; \ 0,0004; \ 0,0002$$

Das Endvolumen der Flüssigkeit in jedem Loch beträgt 0,2 ml.

Bebrütung. Die fertig beschickten Platten werden sofort mit dem Glasdeckel versehen. Anschließend werden sie in einen wasserdichten Beutel verpackt, der eine Lage feuchten Zellstoffes enthält. In dieser feuchten Kammer werden die Platten 18 Std. bebrütet.

Ablesung. Wachstum des Testkeimes zeigt sich durch Hämolyse. Bei Ausbleiben des Wachstums sind die unveränderten Blutkörperchen sedimentiert und die überstehende Flüssigkeit ist farblos. Als totale Hemmung wird der Zustand eines Loches bezeichnet, dessen Blutkörperchen völlig ungelöst sind. Als Hemmungsdosis bzw. Hemmtiter wird die letzte Verdünnungsstufe bezeichnet, bei welcher keinerlei Hämolyse mehr auftritt.

Empfindlichkeit. Die unterste Nachweisgrenze des Tests liegt je nach der Empfindlichkeit des Stammes bei 0,001—0,003 E/ml. Die stark hämolysierenden A-Streptokokken sind fast alle hochempfindlich und daher geeignet für den Test.

Kritik des Tests. Bei dem hier geschilderten Test fehlen einige Kontrollen. So ist z. B. keine Aussage darüber möglich, ob das Blut des Patienten nicht auch ohne Penicillin (durch Antikörper) bakteriostatisch wirkt. Dies ist aber wegen der massiven Einsaat sehr unwahrscheinlich, selbst dann, wenn der Proband zufällig bakteriostatische Antikörper gegen den Serotyp des verwendeten Stammes aufweisen sollte. Auf eine Kontrolle ohne Einsaat wird verzichtet. Als solche kann in jedem Fall das erste Loch der Standardreihe dienen, da dieses wegen der hohen Penicillinkonzentration stets gehemmt bleibt. Der Test ist wegen der hohen Einsaat gegen Kontamination nicht so empfindlich wie der

Makrotest. Das sterile Arbeiten wird naturgemäß beim Mikrotest nicht die Vollkommenheit aufweisen, wie beim Makrotest. Trotzdem sind Verunreinigungen selten.

Die ermittelten Konzentrationswerte beziehen sich auf Vollblut und nicht auf Serum. Die *Umrechnung von „Blutkonzentrationen" auf Serumkonzentrationen* geschieht dadurch, daß man die „Blutkonzentration" mit dem Faktor 1,65 multipliziert. Ist der gefundene Wert der Blutkonzentration z. B. 0,1 E/ml, so ist die Serumkonzentration $0,1 \cdot 1,65 = 0,165$ E/ml. Die Bestimmung des Faktors geschieht folgendermaßen:

Man fügt zu 1,8 ml defibrinierten Blutes 0,2 ml einer Lösung von 10 E/ml Penicillin. Desgleichen versetzt man 1,8 ml Serum mit 0,2 ml der gleichen Penicillinlösung. Die Endkonzentration beträgt in beiden Fällen 1 E/ml Penicillin, nur daß sie sich in einem Fall auf eine Volumeinheit Blut (II) und im anderen Falle auf eine Volumeinheit Serum (I) bezieht. Man schleudert nun von dem mit Penicillin versetzten Blut die Blutkörperchen ab. Der Penicillingehalt des so erhaltenen Serums (Serum II) wird zusammen mit demjenigen des Serums I ermittelt. In einem Versuch enthält z. B. Serum I 1,0 E/ml, während in Serum II 1,6 E/ml gefunden werden. (Erklärung: Auf den Plasma-Anteil des Blutes bezogen, ergibt sich pro Volumeinheit natürlich ein höherer Penicillingehalt als wenn der Bezug auf eine Volumeinheit Vollblut erfolgt. Der Hämatokritwert liegt bei etwa 40%.) Der Quotient

$$\frac{\text{Penicillingehalt von 1 ml Serum II}}{\text{Penicillingehalt von 1 ml Serum I}} \text{ entspricht}$$

dem Wert $\dfrac{1,6}{1} = 1,6$. Diese Zahl stellt den Umrechnungsfaktor dar. Wenn man weiß, daß in 1 ml Vollblut 0,1 E Penicillin enthalten ist, so enthält das Serum des gleichen Blutes pro ml demnach $0,1 \cdot 1,65 = 0,165$ E. Der Faktor bewegt sich stets zwischen 1,60 und 1,70. Man braucht ihn keineswegs für jeden Patienten extra zu bestimmen, sondern kann ihn ohne weiteres mit 1,65 annehmen.

2. Modifikationen

Das eben geschilderte Verfahren des Mikro-Verdünnungstests mit Vollblut geht von zwei Gegebenheiten der Praxis aus: Einerseits ist die Entnahme von mehr als 0,15 ml Blut mit dem Schnepper unangenehm und gelingt nicht immer ohne einen zweiten Einstich; zum anderen ist die Gewinnung von Serum aus derart kleinen Blutmengen zeitraubend, umständlich und kontaminationsgefährdet. Will man aus kleinen Mengen Blut Serum gewinnen, so muß man das Blut in Capillaren hochziehen und es daselbst gerinnen lassen; man muß dann die Reaktion abwarten und eventuell die Capillare in toto wie ein Hämatokritröhrchen zentrifugieren. Dies alles erfordert zusätzliche Arbeit. Der beschriebene Test kann selbstverständlich in verschiedener Hinsicht modifiziert werden. Das Anlegen der Reihen und die Bebrütung kann z. B. ohne weiteres in Citochol-Röhrchen erfolgen. Dies bedeutet allerdings gegenüber den Lochplatten einen gewissen Mehraufwand an Arbeit. Bei der Verwendung von Citochol-Röhrchen muß man Gummistopfen verwenden, um das Austrocknen der geringen Flüssigkeitsmengen zu vermeiden.

In der Literatur früherer Jahre spielen die von FLEMING und anderen Autoren 1943 angegebenen Mikrotests eine große Rolle[9]. Bei diesen wird als Testflüssigkeit stets Serum benutzt. Die Verdünnungsreihen werden als eine Folge von Tropfen mit Spezialpipetten oder Ösen auf Objektträgern angelegt. Als Verdünnungsflüssigkeit dient Normalserum oder ein Gemisch von Blut und der Einsaat. Die Volumina der einzelnen Verdünnungsstufen schwanken zwischen 5 mm³ und 50 mm³. Bei einigen Methoden wird der Standard weggelassen und die Hemmungsdosis des Teststammes als gegeben angesehen. Die Beimpfung erfolgt entweder mit sehr kleinen Ösen nach Anlegen der aus Tropfen bestehenden Verdünnungsreihen, oder schon vorher, indem man eine bereits beimpfte Verdünnungsflüssigkeit verwendet. Die Technik der Bebrütung ist verschieden[16]. Einige Autoren bringen die beimpften Verdünnungsstufen in capillare Räume zwischen Deckglas und Objektträger. Andere füllen die gemischten Tropfen zwischen zwei aufeinandergelegte Objekträger, deren Zwischenraum durch Streifen von paraffiniertem Papier in Zellen (vergleichbar den Zählkammern) eingeteilt sind. In anderen Modifikationen werden die bebrütungsfertigen Verdünnungsstufen in Capillaren aufgezogen; diese werden an beiden Enden verschlossen und bebrütet. Die Beurteilung des Wachstums erfolgt mit Hilfe der als Indicator dienenden Erythrocyten (Hämolyse) oder bei Verwendung von reinen Serumgemischen durch Betrachtung mit freiem Auge oder mit der Lupe. In den capillaren Räumen erfolgt kein diffuses Wachstum, sondern es entstehen Einzelkolonien. In der heutigen Laboratoriumspraxis werden diese umständlichen und zeitraubenden Mikromethoden der Serumtitration kaum Eingang finden. Sie sind nicht nur mühevoll, sondern auch mit großen Fehlermöglichkeiten belastet. Ein streng steriles Arbeiten ist bei der Verdünnung auf Objektträgern und Bebrütung in capillaren Kammern oder Röhrchen sehr erschwert. In den meisten Fällen wird man zudem mehr Blut entnehmen müssen als 0,15 ml.

Die klassischen Capillar-Mikrotests haben heute nur noch historische Bedeutung. Wir können als Mikroverfahren des Verdünnungstests eigentlich nur die in Absatz 1 skizzierte Methode empfehlen. Sie läßt sich natürlich bei entsprechender Auswahl auch auf andere Hemmstoffe übertragen. Glücklicherweise zeigen A-Streptokokken eine hohe Empfindlichkeit gegen die meisten Antibiotica. In diesem Sinne kann man den beschriebenen Mikrotest als Schema für die Ausarbeitung spezieller Tests gebrauchen. Hierbei ist zu beachten, daß das Liquoid die Aktivität des Streptomycins stark herabsetzt[117]. Man wird also bei der Umarbeitung des Tests auf Streptomycin ein anderes Anticoagulans verwenden.

3. Bewertung des Mikro-Verdünnungstests für die Praxis

Die erwähnten Verdünnungs-Mikrotests haben heute an Bedeutung verloren, weil es bei vielen Antibiotica möglich ist, im Lochtest Titrationen mit sehr geringen Serummengen auszuführen. Wenn im Lochtest der Lochdurchmesser auf 9 mm reduziert wird, so kommt man mit 0,1 ml Serum aus (Halbmikromethode). Außerdem steht der Papierblättchentest zur Verfügung, der mit einer Blutmenge von 0,05 ml wesentlich bequemer und genauer als echter Mikrotest durchzuführen ist. Die Mikroverfahren des Agartests sind den geschilderten Mikrotests an Genauigkeit und an Einfachheit durchweg überlegen, aber an Empfindlichkeit unterlegen. Näheres in Abschnitt V C.

Bei der Beurteilung der Verdünnungstests für die Praxis muß auf eine wichtige Beziehung geachtet werden. Sie betrifft das Verhältnis der Test-Empfindlichkeit zu der benötigten Menge an Testflüssigkeit. Wir können prinzipiell die Ausgangsmenge an benötigter Testflüssigkeit reduzieren, wenn wir dafür höhere Anfangsverdünnungen in Kauf nehmen. Es ist beispielsweise in unserem Bluttest ohne weiteres möglich, auch mit der Abnahme von 0,05 ml Blut auszukommen. Man muß dann allerdings die abgenommene Menge beim Auffangen durch Verdünnung mit Liquoidbouillon auf mindestens 0,2 ml bringen, um die notwendigen Volumina zum Pipettieren zur Verfügung zu haben. Wir hätten dann nach der Einsaat in der ersten Verdünnungsstufe der Testreihe nicht eine Endverdünnung von 1:4, sondern eine solche von 1:8. Der Test wird dadurch um eine Zweierpotenz unempfindlicher. Eine höhere Empfindlichkeit des Teststammes erlaubt es, die benötigte Menge Testmaterial zu reduzieren, sofern die Anforderungen an die Empfindlichkeit des Tests gleichbleiben. Bei steigender Empfindlichkeit des Teststammes kann man sich eben höhere Anfangsverdünnungen des Testmaterials leisten; die erhöhte Empfindlichkeit des Stammes kompensiert dann die höhere

Ausgangsverdünnung. Man wird also, wenn wenig Material zur Verfügung steht, die zu fordernde Nullgrenze festlegen und kann dann anhand der Empfindlichkeit des Teststammes errechnen, wieviel Ausgangsmaterial man benötigt.

V. Aktivitätsbestimmung im Agar-Diffusionstest

Der Gedanke, die Wirkung einer antibakteriellen Substanz auf der Agarplatte zu demonstrieren, ist alt und schon vor der Entdeckung des Penicillins vereinzelt verwirklicht worden[10]. In der Anfangszeit der Antibioticaforschung diente der Agar-Diffusionstest als Verfahren von mehr qualitativem Charakter. Durch

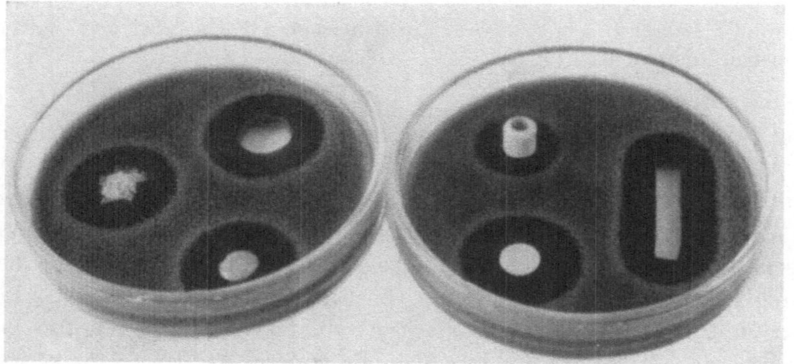

Abb. 31. Verschiedene Methoden des Wirkungsnachweises für Penicillin

systematische Entwicklungsarbeit ist diese Methode jedoch so vervollkommnet worden, daß sie quantitative Aussagen von großer Exaktheit ermöglicht. Heute stellt der Agar-Diffusionstest eines der wichtigsten Instrumente der Antibiotica-forschung und -praxis dar.

Die Demonstration der Wachstumshemmung auf der Agarplatte durch Anti-biotica gehört heute zu den Experimenten, die jeder Laie kennt. Es wird hierbei bekanntlich auf eine Stelle einer beimpften Agarplatte eine bestimmte Dosis des Antibioticums aufgebracht. Diese diffundiert vom Orte seiner Applikation in den Agar und verhindert dort, wo es in ausreichender Konzentration vorhanden ist, die Bildung des Bakterienrasens. Es entstehen Zonen, die spiegelblank bleiben und sich gegen die mit Rasen bedeckten übrigen Teile der Agar-Oberfläche scharf abheben. Die Art und Weise, wie das Antibioticum appliziert wird, ist sehr verschieden. Abb. 31 zeigt einige Möglichkeiten, die Penicillinwirkung zu demonstrieren.

1. Man erzeugt mit dem Korkbohrer einen kreisrunden Defekt im Agar und füllt dieses „Loch" mit der wirksamen Lösung.

2. Man tränkt ein Filtrierpapierblättchen mit der zu prüfenden Lösung und legt es auf die Oberfläche.

3. Man drückt, solange der Agar noch weich ist, einen kleinen Metall- oder Glaszylinder in die Platte ein. Nach Hartwerden des Agars füllt man diesen mit der Lösung auf.

4. Man bringt einen Tropfen der Lösung einfach auf die Oberfläche der Platte.

5. Man bringt die zu prüfende Substanz in ungelöstem Zustand direkt auf die Agar-Oberfläche.

6. Man sticht im Agar einen Graben aus und füllt ihn mit der wirksamen Lösung.

Das Resultat dieser einfachen, qualitativ angelegten Versuche ist prinzipiell stets das gleiche: Es entsteht eine mehr oder weniger große Zone, in welcher die Rasenbildung ausbleibt. Für die quantitative Verwendung der Methode sind nicht alle der gezeigten Anordnungen brauchbar. Wollen wir quantitativ arbeiten, so ist unser Ziel, die Größe der entstehenden Hemmungszone in Beziehung zur Konzentration der untersuchten Flüssigkeit zu setzen. Dies ist nur dann möglich, wenn wir die zahlreichen Bedingungen dieses Versuchs weitgehend standardisieren. Im folgenden soll hiervon die Rede sein.

A. Der Lochtest

1. Schaffung von einheitlichen Experimentalbedingungen

Wollen wir einen qualitativen Agartest aufbauen und dabei das Agar-Lochverfahren benutzen, so ist als Grundbedingung zu fordern, daß innerhalb des gleichen Experimentes Lösungen von gleichem Hemmstoffgehalt den gleichen Effekt verursachen. Als Maß für die Wirkung verwenden wir die Größe des Hemmhofes, ausgedrückt als dessen Durchmesser. Der Test besteht im Prinzip darin, daß man in eine besäte Platte Agarlöcher stanzt, die Prüflösung (Testflüssigkeit) einfüllt und die Platte bebrütet. Der entstehende Hemmhof wird mit der Größe eines anderen Hemmhofes verglichen, welcher durch einen bekannten Betrag an Antibioticum erzeugt worden ist. Die *Größe des Hemmhofes* hängt für ein und dasselbe Experiment von folgenden Faktoren ab:

a) Von der absoluten Menge der Flüssigkeit, die in das Loch gebracht wird; je mehr Flüssigkeit in dem Loch vorhanden ist, um so größer wird der Hemmhof. Am größten ist der Hemmhof bei „randvoller" Füllung.

b) Von der Konzentration der in dem Loch befindlichen Flüssigkeit; je höher ihr Gehalt an Hemmstoff ist, um so größer wird der Hemmhof.

c) Von der Dicke der Agarschicht. Ist bei gleicher Flüssigkeitsmenge und Konzentration die Agarschicht dick, so bleibt der Hemmhof klein; ist sie dünn, so wird er groß. Diese Aussage deckt sich teilweise mit derjenigen von Punkt a).

d) Von der Dichte der Einsaat. Je dichter die Einsaat ist, um so schneller wird die Rasenbildung erfolgen und um so kleiner werden die Hemmhöfe.

Die Reihe der Faktoren, welche die Hemmhofgröße beeinflussen, ist damit keineswegs erschöpft. Für die praktische Durchführung des Lochtests sind aber die genannten Elemente die wichtigsten. Der Lochtest ist erst dann zu quantitativen Arbeiten zu gebrauchen, wenn wir es fertigbringen, alle Faktoren des Versuchs so weit zu normen, daß sie sich auf das Standard- und das Prüfsystem absolut gleichmäßig auswirken. Hierzu dienen eine Reihe technischer Maßnahmen. Wir erläutern sie am Beispiel der Penicillintitration.

Schichtdicke des Agars. Um eine absolut gleichbleibende Dicke der verwendeten Agarschicht zu gewährleisten, genügen Petrischalen nicht. Wir müssen hierbei stets mit Schwankungen der Agarschichtdicke rechnen, und zwar sowohl von einer Platte zur anderen als auch innerhalb der gleichen Platte. Schwankt die Agarschichtdicke von einer Platte zur anderen, so resultieren bei gleichen Konzentrationen und Flüssigkeitsmengen zwar runde Höfe; die zeigen aber jeweils verschiedene Durchmesser. Zeigt die Dicke der Agarschicht innerhalb der gleichen Schale Schwankungen, so wird der Hemmhof deformiert und weicht von der Kreisform ab. Wir gehen folgendermaßen vor[34].

Aus Aluminiumleisten von 3×15 mm Querschnitt werden rechteckige Rahmen von $26,5 \times 15,5$ cm angefertigt[34, 88]. In diesen Rahmen wird eine planparallel geschliffene Glasscheibe so eingekittet, daß eine flache Schale mit Aluminiumwänden und Glasboden entsteht (s. Abb. 32). Das Einkitten wird mit feuerfestem Kitt besorgt*. Anschließend wird die

Abb. 32. Gießen der Agarplatten für den Lochtest

Platte 30 min bei 160° C (Heißluftsterilisator) gehalten. Der Kitt wird dadurch hart und die Platte verträgt bei entsprechender Vorsicht die regelmäßige Heißluftsterilisation. (Langsam erhitzen und langsam abkühlen lassen! Sonst Bruchgefahr.) In diese Schalen wird eine stets gleichbleibende Menge von 80 ml verflüssigtem Nähragar p_H 6,5 gegossen. Der Boden der Platte muß sich hierzu in absolut horizontaler Lage befinden. Dies wird folgendermaßen erreicht (Abb. 32):

Ein Marmortisch, dessen Oberfläche mit Hilfe von Stellschrauben und einer Libelle waagerecht justiert wird, dient als Unterlage. Da die Aluminiumrahmen über den Glasboden der Schale etwas überstehen, legen wir diese nicht direkt auf den Marmortisch, sondern benutzen eine Unterlage. Diese besteht aus einem viereckigen Stück planparallel geschliffenen Glases, welches etwas kleiner ist als der Schalenboden (z. B. $17 \times 34 \times 0,5$ cm). Dies Stück kommt zwischen die Marmoroberfläche einerseits und die Unterfläche des gläsernen Schalenbodens andererseits zu liegen. Damit wird erreicht, daß nicht der Aluminiumrahmen, sondern die Glasplatte des Schalenbodens selbst waagerecht justiert ist.

Um den Agar während des Gießens besser flüssig zu halten, empfiehlt es sich, den Schalenboden über dem Bunsenbrenner vorsichtig anzuwärmen. Der Agar wird in Beträgen von 80 ml in 100 ml-Erlenmeyerkölbchen abgefüllt und bis zum Guß im Wasserbad flüssig gehalten (Zusammensetzung des Agars s. S. 96, 101). Der Plattenguß soll schnell erfolgen. Sofort nach Eingießen des Agars wird die Schale an einer Kante kurz angehoben, um auf diese Weise die gesamte Glasoberfläche mit dem verflüssigten Nährboden zu benetzen. Die Schale wird anschließend mit einer großen Platte aus Fensterglas bedeckt. Um zu verhindern, daß sich das Kondenswasser auf der Unterseite des Deckels niederschlägt und auf die Agaroberfläche tropft, wird die Unterseite der als Deckel verwendeten Glasplatte mit

---

* Plastifix S 86 A, Farbenfabriken Bayer, Leverkusen.

einem Stück steifen Filtrierpapiers bedeckt, so daß die Agaroberfläche zuerst vom Papier und dann erst vom Glasdeckel geschützt wird*.

Die auf diese Weise erzielte Agarschicht ist von großer Gleichmäßigkeit; ihre Dicke beträgt unter den geschilderten Versuchsbedingungen 2,18 mm. Die größte Sicherheit für eine gleichmäßige Verteilung hat man dann, wenn der Agar sehr heiß eingegossen wird. Am besten eignet sich die Temperatur von 70° C. Will man den Agar in flüssigem Zustand besäen, so kann der Guß bei dieser Hitze natürlich nur dann erfolgen, wenn zur Einsaat hitzeresistente Sporen verwendet werden. Bei der Beimpfung des flüssigen Agars mit vegetativen Keimen muß man den Agar im Wasserbad bei 50° C halten und ihn bei dieser Temperatur beimpfen und gießen. Der Guß ist dann nicht gerade so elegant zu bewerkstelligen. Wir verwenden deshalb zur Beimpfung des verflüssigten Agars, wenn irgend möglich, Sporen.

Kontrolle der Schichtdicke auf Gleichmäßigkeit. Wir kontrollieren die Konstanz der Agarschichtdicke folgendermaßen: Es werden in zwei gegenüberliegenden Ecken der Platte Löcher gestanzt, die mit gleichen Mengen ein und derselben Standardlösung beschickt werden. Der Durchmesser des gleichen Hemmhofes muß in zwei rechtwinklig aufeinanderstehenden Richtungen gleich sein. Außerdem müssen beide Hemmhöfe untereinander gleich groß sein. Ungleichmäßigkeiten im Agarguß zeigen sich darin, daß die Kreisform des Hemmhofes verlorengeht, oder der Hemmhof in der einen Ecke größer ist als der der anderen Ecke.

Impfmaterial. Wir verwenden zum Beimpfen des Agars in unserem Beispiel eine Sporensuspension des Stammes Bac. subtilis ATCC 6633. Die Sporen erweisen sich u. a. als hochempfindlich gegen Penicillin und Streptomycin. Die *Vorteile*, die das *Arbeiten mit Sporen* bietet, sind folgende:

a) Die Sporensuspension kann in Agar von 70° C eingesät werden, ohne Schaden zu erleiden. Auf diese Weise ist die Sicherheit, eine gleichmäßige Schichtdicke der Platten zu erzielen, besonders groß.

b) Die Sporensuspension einer Herstellungscharge kann in kleinen Portionen verteilt bei − 20° C über Jahre gehalten werden, ohne an Zelldichte zu verlieren. Auf diese Weise arbeitet man über beliebig lange Zeiträume mit absolut gleichbleibender Einsaat und dazu noch mit Zellen der gleichen Charge. Die Einsaat ist zu jedem Zeitpunkt gebrauchsfertig; sie zeigt in ihren Eigenschaften von Versuch zu Versuch ein Maximum an Konstanz.

c) Die Sporenbildner sind im allgemeinen anspruchslos und gedeihen auf halbsynthetischen Nährböden (Caseinhydrolysat) ebenso gut wie auf den gewöhnlichen Medien der medizinischen Untersuchungsämter.

d) Die Empfindlichkeit der Sporensuspension gegen Penicillin ist höher, als es bei irgendeinem sporenlosen Teststamm bekannt ist. Die Sporensuspension zeigt im Verdünnungstest unabhängig von der Einsaatgröße eine Hemmungsdosis von 0,001 − 0,002 E/ml Penicillin.

e) Die Zellen des Stammes sind hinsichtlich ihrer Individualempfindlichkeit in hohem Maße homogen.

f) Die Pflege des Teststammes durch ständiges Überimpfen fällt fort.

---

* Noch besseren Schutz vor dem Niederschlag von Kondenswasser bieten flache Deckel aus porösem Porzellan, sog. „Biskuit".

Nachteile. a) Das Arbeiten mit Sporen erfordert die Hitzesterilisation bei 160° C. Glasbruch ist dabei nicht gänzlich zu vermeiden.

b) Bei ungenügender Sorgfalt wird das Laboratorium mit Sporen verseucht. Diese stellen dann bei anderen Arbeiten eine ständige Quelle der Verunreinigung dar. Diese Schwierigkeit ist zu umgehen, indem man einen besonderen Raum für das Arbeiten mit Sporen reserviert.

Die *Dichte der Beimpfung* beträgt pro ml Agar 7500 Sporen. Die Sporen-Stammsuspension enthält $2,4 \cdot 10^7$ Sporen pro ml. Einer Charge von 80 ml flüssigen Agars (70° C) wird dementsprechend 0,25 ml der 1:10 verdünnten Stammsuspension zugefügt. Die Sporen-Stammsuspension wird in Reagenzröhrchen in Portionen von 5 ml eingefroren. Eine einmal aufgetaute Portion wird nicht wieder gefroren, sondern 1:10 verdünnt im Eisschrank gehalten, bis sie verbraucht ist.

Herstellung der Sporensuspension. Eine in Nährbouillon gewachsene frische Kultur des Bac. subtilis ATCC 6633 wird mittels Spatel diffus auf 50 Agarplatten (Kolleschalen oder Petrischalen; gewöhnlicher Nähragar) verimpft. Die Platten müssen besonders dick gegossen sein, um nicht durch Austrocknen Risse zu bekommen. Man bebrütet die Platten 10—12 Tage bei 37° C. In dieser Zeit erfolgt die Versporung (Kontrolle durch Sporenfärbung eines Objektträgerpräparates). Die Rasen werden mit Aqua dest. unter Zuhilfenahme eines Spatels abgeschwemmt und in der Zentrifuge 5mal mit Aqua dest. gewaschen. Das Sediment wird schließlich mit 250 ml Aqua dest. aufgenommen und 30 min lang im Wasserbad bei 80° C gehalten, um die vegetativen Formen abzutöten. Es erfolgt anschließend die Keimzählung der Suspension durch Membranfilter oder in Form der Gußplattenserie. Anhand des gefundenen Wertes wird die Dichte der Sporensuspension auf $2,4 \cdot 10^7$ Zellen eingestellt. Aufbewahrung und Gebrauch wie oben beschrieben.

Lochgröße und Flüssigkeitsvolumen. Die Agar-Löcher werden am besten mit einem Korkbohrer ausgestanzt. Es empfiehlt sich, die Platten vorher im Eisschrank zu kühlen, um den Agar zu härten; dies erleichtert das Ausstanzen erheblich. Der Korkbohrer muß scharf sein und Löcher von vollkommener Kreisform produzieren (Kontrolle in zwei Durchmessern!). Er wird vor Gebrauch kurz abgeflammt. Der Durchmesser des gestanzten Loches soll etwa 13 mm betragen. Bei dieser Lochgröße und einer Agarschichtdicke von 2,18 mm kann man im Loch 0,2 ml Flüssigkeit bequem unterbringen. Bei kleinen Löchern (9 mm) beträgt der Fassungsraum nur 0,1 ml und Pipettierfehler wirken sich dementsprechend stärker aus. Die größeren Löcher bieten außerdem noch Vorteile im Hinblick auf die Erkennung der sog. Serum-Hemmhöfe (s. S. 104). Schließlich erhöhen sie die Empfindlichkeit der Methode nicht unbeträchtlich, setzen also die unterste Nachweisgrenze herab. In manchen Laboratorien befürchtet man, daß sich beim Ausstanzen der Löcher die Agarschicht von der Glasplatte löst. Tritt dies ein, so muß damit gerechnet werden, daß die einpipettierte Flüssigkeit zwischen dem Glasboden und der Unterseite des Agars ausläuft. Wir haben solche Vorkommnisse bei geschliffenen Glasböden nie beobachtet; die vollkommen glatte Oberfläche der Glasplatte entfaltet beträchtliche Adhäsionskräfte. Bei gewöhnlichen Petrischalen ist die erwähnte Komplikation allerdings zu beobachten. Sie tritt ein, wenn der Boden der Petrischale nicht glatt ist, sondern Unebenheiten, z. B. Rillen zeigt.

Zum Einpipettieren in die Löcher verwenden wir 1 ml-Pipetten, die in 100 Teilstriche graduiert sind; die Spitzen dieser Pipetten zieht man sich über dem Bunsenbrenner fein aus. Das Einfüllen der Flüssigkeit in die Löcher erfordert Sorgfalt. Es darf keine Flüssigkeit über den Rand des Loches treten. Ein solcher Zwischenfall wirkt sich sofort in Form einer Entrundung des Hemmhofes aus. Nach dem Stanzen der Löcher läßt man die Platten noch etwas bei Zimmertemperatur trocknen, bevor man die Löcher mit den Lösungen füllt. Der Glasdeckel wird hierbei nur gelüftet, aber nicht abgenommen (Kontaminationsgefahr!). Platten, die in den Brutschrank gestellt werden, ohne bei Zimmertemperatur vorgewärmt zu werden, liefern durch übermäßige Kondenswasserbildung unangenehme Zwischenfälle.

2. Ausführung des Hauptversuchs

Es sei uns die Aufgabe gestellt, den Gehalt einer eiweißfreien wäßrigen Lösung an Penicillin G zu ermitteln. Der Hauptversuch besteht darin, daß zwei Serien von Agar-Löchern mit hemmstoffhaltigen Flüssigkeiten beschickt werden. Die erste Serie Löcher enthält Proben der zu testenden Flüssigkeit in verschiedenen Verdünnungsstufen ($^1/_1$, $^1/_2$, $^1/_4$, $^1/_8$, $^1/_{16}$). Die zweite Serie Löcher wird mit dem Standard beschickt.

Herstellung des Standards. Bei der Herstellung des als Bezugssystem dienenden Standards gehen wir von einer Lösung von $\frac{m}{15}$ Phosphatpuffer, p_H 6,5 aus, die genau 1 E/ml Penicillin G enthält. Von dieser Lösung wird mit dem gleichen Puffer eine geometrische Verdünnungsreihe folgender Stufen angelegt: $^1/_1$; $^1/_2$; $^1/_4$; $^1/_8$; $^1/_{16}$; $^1/_{32}$; $^1/_{64}$; diese enthalten jeweils die entsprechenden Bruchteile einer Einheit pro ml. Von jeder dieser Verdünnungsstufen wird ein Betrag von 0,2 ml in ein Loch pipettiert. Es entsteht auf diese Weise eine mit dem Standard beschickte „Lochreihe". Die Lochreihe mit dem Standard wird doppelt, in zwei verschiedenen Glasschalen angelegt. Wird eine besonders hohe Genauigkeit verlangt, so stellen wir von der gleichen Ausgangslösung zwei gesondert angelegte Verdünnungsreihen her und beschicken mit diesen je 2 Lochserien in verschiedenen Schalen. Wir haben dann 4 Werte für jeden Meßpunkt und verwenden zur Aufzeichnung den Mittelwert. Man braucht die Standardlösung im allgemeinen nicht jeden Tag frisch herzustellen. Wir bewahren für Routinemessungen den zehnfach konzentrierten Standard (10 E/ml) gefroren bei $-20°$ C auf und erneuern ihn erst nach einer Woche. Ein Titerverlust tritt in diesem Zeitraum nicht ein.

Verarbeitung der zu testenden Lösung. Wir müssen für die Ausführung eines genauen Testes von der zu untersuchenden Flüssigkeit folgendes wissen:

a) Den ungefähren Gehalt an Penicillin. Wir benötigen eine orientierende Angabe über die Dimension der zu erwartenden Antibiotica-Aktivität.

b) Die Natur des Lösungsmittels (Wasser, Alkohol, Puffer, Salzlösung, Urin, Blut, Serum ?).

c) Wir müssen die Sicherheit haben, daß in der zu testenden Lösung nur eine einzige Art von biologisch aktiven Molekülen vorhanden ist, und daß diese mit denen des Standards identisch sind.

Zu a). Um Hemmhöfe zu produzieren, die im Lochtest ausgewertet werden können, muß die zu prüfende Flüssigkeit in einer so bemessenen Verdünnung verwendet werden, daß ihr Penicillingehalt nicht größer ist als 1 E/ml. In unserem Beispiel mag aus orientierenden Vorversuchen bekannt sein, daß die Lösung etwa 500 E/ml Penicillin G enthält. Wir werden dementsprechend eine Verdünnung 1:500 herstellen und diese der Prüfung unterziehen (Arbeitsverdünnung).

Zu b). Das Penicillin soll im Standard und in der Testflüssigkeit unter möglichst gleichen Bedingungen gelöst sein. Abgesehen vom Penicillingehalt soll also die Zusammensetzung und Reaktion der Testflüssigkeit derjenigen des Lösungsmittels für den Standard angeglichen werden. In unserem Fall ist dies leicht zu bewerkstelligen: Wir nehmen die notwendige Verdünnung der Testflüssigkeit (1:500) mit dem Puffer vor, mit welchem wir den Standard bereiten. Besteht die Testflüssigkeit allerdings aus Serum, so ist der Standard in Serum anzusetzen (s. S. 72, 101 ff., 107). Enthält die zu testende Flüssigkeit Alkohol, so ist ganz besonders vorsichtig zu verfahren, da Alkohol in der Testflüssigkeit die Hemmhöfe vergrößert. Hier ist der Papierblättchentest mit Eintrocknen der Testflüssigkeit vorzuziehen (s. S. 111).

Zu c). Für die Penicillintitration gilt die Regel, daß Penicillin G nur auf einen Standard von Penicillin G bezogen werden kann, Penicillin V nur auf einen solchen von Penicillin V usw. Die einzelnen Penicilline weisen nämlich nicht nur ungleiche Aktivitäten gegenüber demselben Standard auf, sondern auch Verschiedenheiten hinsichtlich ihres Diffusionsvermögens im Agar.

Von der Arbeitsverdünnung der Testflüssigkeit wird in einer Serie von sechs Reagenzgläsern eine besondere Verdünnungsreihe angelegt. Die Reagenzgläser dieser Reihe enthalten die Arbeitsverdünnung in den Abstufungen $^1/_1$; $^1/_2$; $^1/_4$; $^1/_8$; $^1/_{16}$; $^1/_{32}$. Diese Verdünnungen werden wiederum mit Puffer vorgenommen. Von jeder Verdünnungsstufe wird ein Betrag von 0,2 ml in ein Agarloch pipettiert. Man kann, wenn man sehr genau sein will, auch diese Bestimmung doppelt ausführen. Das Einpipettieren der Testflüssigkeit und des Standards in die Lochreihen soll möglichst schnell hintereinander geschehen. Hat eine Platte nämlich einen beträchtlichen „Diffusionsvorsprung" vor den anderen, so treten Fehler auf (s. S. 98).

Kontrollen. a) Es werden, wie erwähnt, in zwei gegenüberliegenden Ecken der Agarplatte zwei Löcher mit 0,2 ml der Standardverdünnung von 0,25 E/ml Penicillin beschickt. (Kontrolle auf gleichmäßige Schichtdicke der Agarplatte.)

b) Die Abstufung $^1/_1$ der Arbeitsverdünnung wird ebenso wie die höchste Konzentration des Standards mit *Penicillinase* versetzt: Zu 2,7 ml kommen 0,3 ml einer Lösung von 10 Penicillinase-Einheiten/ml. $^1/_2$ Std. Bebrütung im Wasserbad bei 37° C. Die so behandelten Proben der Testflüssigkeit und des Standards werden jeweils in ein Loch einpipettiert. In ein weiteres Loch pipettiert man die mit Puffer 1:10 verdünnte Penicillinaselösung. Sofern die Penicillinase intakt ist, muß der Hemmhof um das Loch mit dem penicillinasebehandelten Standard unterdrückt sein. Ist die antibiotische Wirkung der Testflüssigkeit auf Penicillin zurückzuführen, so muß auch hier der Hemmhof unterdrückt sein. Die Penicillinase darf selbst keinen Hemmhof machen. (Diese letzte Kontrolle hat mehr formellen Charakter; sie kann fortgelassen werden.) Ergibt die penicillinasebehandelte Probe der Testflüssigkeit trotzdem einen Hemmhof, während der Hemmhof des penicillinasebehandelten Standards unterdrückt ist, so muß daran gedacht werden, daß in der Testflüssigkeit ein vom Penicillin verschiedener antibakterieller Stoff vorhanden ist. Die Bezugnahme auf den Penicillinstandard ist dann sinnlos; die Titration ist auszusetzen, bis die Natur der antibakteriellen Wirkung geklärt ist.

3. Die Ausmessung der Hemmhöfe

Nach einer Bebrütungszeit von 18—24 Std. ist die Platte fertig zum Ablesen. Es haben sich auf ihr dichtstehende Tiefenkolonien gebildet, daneben aber auch zahlreiche rauhe, unscharf begrenzte Oberflächenkolonien, welche die Ablesung empfindlich stören*.

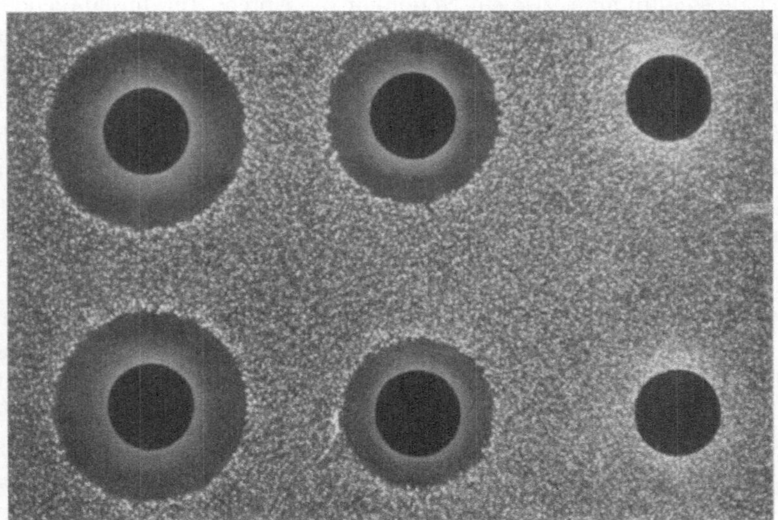

Abb. 33. Aussehen einer zur Ausmessung bereiten Agarplatte (Penicillin-Lochtest)

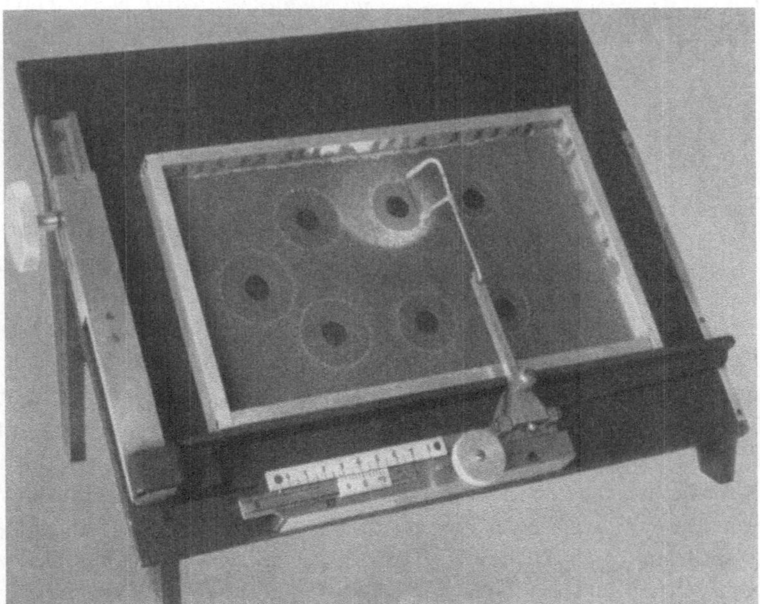

Abb. 34. Ablesegerät mit Zahn und Trieb für Vertikalverschiebung (links oben) und Nonius (unten)

---

* Das Oberflächenwachstum hängt bei unserm Stamm vornehmlich vom p_H ab. Ist der Nährboden alkalischer als einem p_H von 7,6 entspricht, so tritt kaum Oberflächenwachstum auf.

Um diese zu entfernen, füllt man die Agarschale vorsichtig mit Leitungswasser und wischt die unter Wasser liegende Oberfläche mit einem weichen Wattebausch oder Pinsel zart ab. Die Platte ist damit fertig zum Ausmessen und bietet das Bild der Abb. 33.

Wir benutzen für die Ausmessung der Hemmhöfe ein ad hoc konstruiertes Gerät, welches in Abb. 34 dargestellt ist*. Man erkennt, daß das Ablesegerät die Agarschale so aufnimmt, wie ein Notenpult die Noten. Im durchfallenden Licht wird ein Rand des Hemmhofes mit dem Haar des Ablesebogens tangential zur Deckung gebracht. Der Nonius steht hierbei auf Null. Nun wird mit der Mikrometerschraube manipuliert, bis der gegenüberliegende Rand mit dem Haar des Ablesebogens tangential zur Deckung kommt. Die dazu notwendige Verschiebung kann mit Hilfe des Nonius abgelesen werden. Dieser ermöglicht die Schätzung von 0,1 mm. Die Platte wird während des Ablesens durch ein rundes Fenster von hinten durchleuchtet.

4. Die Auswertung

Die Auswertungsarbeit läuft darauf hinaus, die Beziehung zwischen Hemmhofgröße und Penicillinkonzentration des Standards als Kurve aufzuzeichnen und anschließend die Maße der von der Testflüssigkeit produzierten Hemmhöfe in diese Standardkurve zu interpolieren.

Bei der graphischen Darstellung und Auswertung des Lochtests ist zu beachten, daß die Beziehung zwischen der Größe des Hemmhofdurchmessers und der Konzentration der geprüften Hemmstofflösung *logarithmischer Natur* ist[80]. Abb. 35 zeigt hierzu als Beispiel eine Penicillinkurve. Man sieht, daß im Bereich geringer Konzentrationen schon kleine Veränderungen des Penicillingehaltes genügen, um relativ große Veränderungen in der Größe der Hemmhofdurchmesser zu erzeugen. Sobald wir uns in das Gebiet höherer Penicillinkonzentrationen begeben, zeitigt ein Zuwachs an Konzentration eine nur mehr geringe Größenzunahme des Hemm-

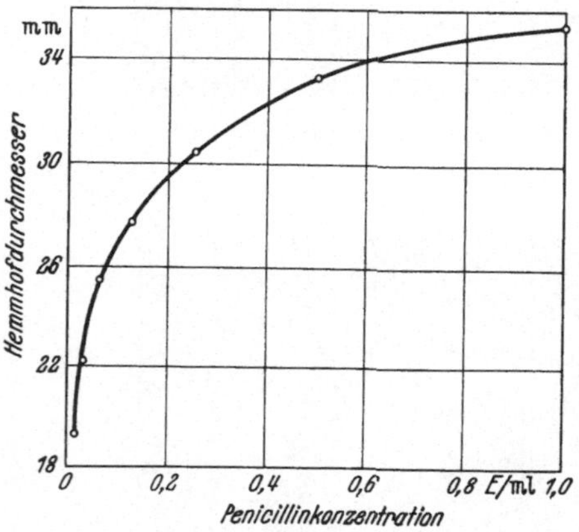

Abb. 35. Beziehung zwischen Hemmhofdurchmesser und Penicillinkonzentration beim Lochtest

hofdurchmessers. Bei weiterem Fortschreiten wird das Verhältnis immer ungünstiger: Jenseits der Konzentration von 1 E/ml bewirkt ein Konzentrationszuwachs von 1 E/ml eine Zunahme des Hemmhofdurchmessers, die kaum 1 mm beträgt. Es leuchtet ein, daß wir bei der Auswertung von Antibiotica eine Situation erstreben, in welcher kleine Veränderungen der Konzentration große Auswirkungen auf die abgelesenen Erscheinungen zeitigen. Der optimale Meßbereich liegt bei unserem Test zwischen 1,0 E/ml Penicillin und der Nullgrenze.

Die logarithmische Beziehung zwischen Hemmhofdurchmesser und Antibiotica-Konzentration bringt den Vorteil mit sich, daß die Standardkurve auf

---

* Das abgebildete Gerät ist uns liebenswürdigerweise von den Farbenfabriken Bayer, Leverkusen, zur Verfügung gestellt worden.

einfachem Wege rektifiziert werden kann. Hierzu teilt man die zur Aufzeichnung der Konzentration verwendete Achse des Koordinatensystems logarithmisch. Am einfachsten ist es, die Registrierung auf einem der käuflichen „halblogarithmisch" geteilten Koordinatenbögen vorzunehmen. Abb. 36 zeigt, daß bei dieser

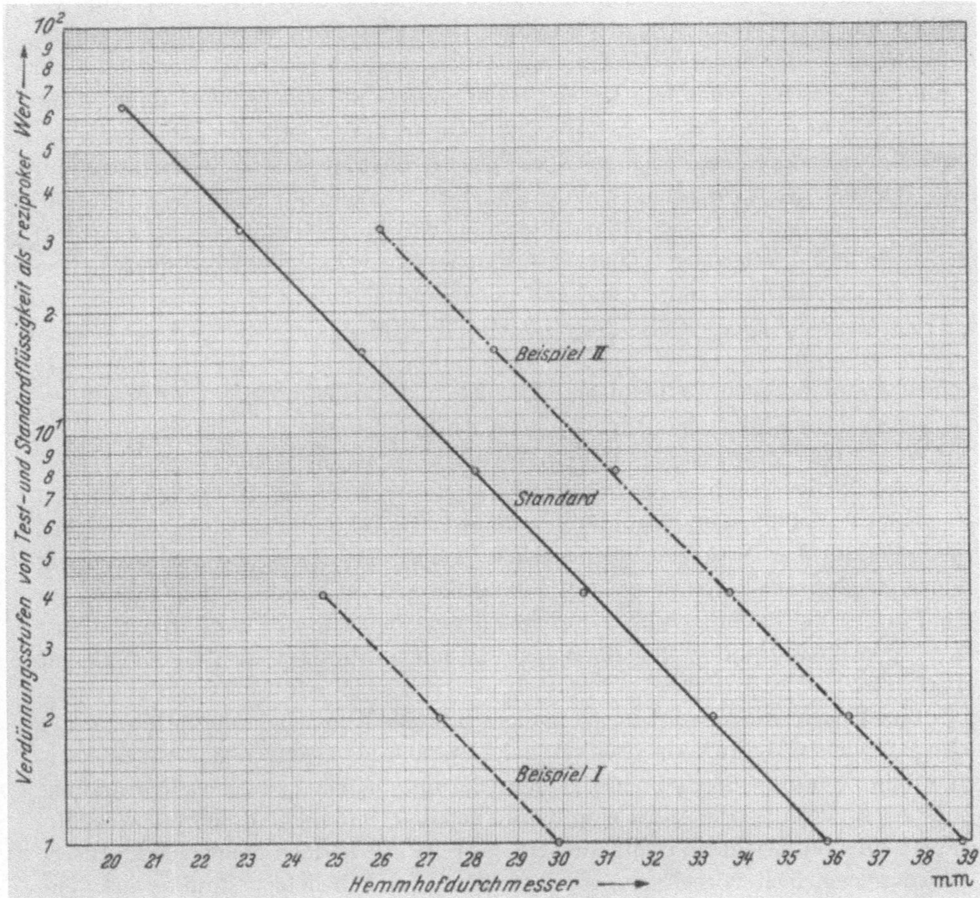

Abb. 36. Beispiel für die Interpolation der Hemmhofgrößen in die Standardkurve (Penicillin-Lochtest)

Aufzeichnung die Kurve des Standards zur Geraden wird. Die y-Achse ist logarithmisch geteilt. Sie dient zur Aufzeichnung der Verdünnungsstufen von Standard- und Testflüssigkeit. Aus der Höhe der Standard-Verdünnungsstufen lassen sich die entsprechenden Konzentrationen an Penicillin jeweils berechnen. Da der Standard in der Verdünnungsstufe 1 mit einer Konzentration von 1 E/ml beginnt, kommt der Verdünnungsstufe 4 eine Konzentration von 0,25 E/ml zu usw. Die Verdünnungsstufen des Standards, wie sie auf der y-Achse aufgezeichnet sind, stellen demnach direkt den reziproken Wert der Penicillinkonzentration dar. Die x-Achse ist linear geteilt; auf ihr werden die abgelesenen Hemmhofdurchmesser aufgetragen.

In das gleiche Koordinatensystem werden nach der Aufzeichnung der Eichkurve die gefundenen Werte für die Hemmhofgrößen der Testflüssigkeit eingetragen. Für die Testflüssigkeit gilt der gleiche Verdünnungsmodus wie für den Standard. Auch hier wird die Verdünnungsstufe auf die y-Achse und der Hofdurchmesser auf die x-Achse bezogen. Es ist beispielsweise für die Verdünnungsstufe 2 ein Hemmhofdurchmesser von 27,3 mm gemessen worden. Wir suchen auf der x-Achse den Wert 27,3 mm und auf der y-Achse den Wert 2; dies sind die Koordinaten des einzutragenden Punktes. In gleicher Form werden die Hemmhofdurchmesser der anderen Verdünnungsstufen eingezeichnet. Die Hemmhöfe der mit der Testflüssigkeit angelegten Verdünnungsreihe ergeben auf diese Weise ebenfalls eine Gerade, die parallel zu der Standardkurve verläuft. Die Parallelität der Kurven ist eine sehr wichtige Kontrolle; sie zeigt an, daß die Bedingungen für die Wirkung des Antibioticums in der Standardreihe und der Testreihe gleich sind. Es wird uns dadurch noch einmal bestätigt, daß in der Testflüssigkeit ein Stoff vorliegt, der hinsichtlich seiner Diffusion im Agar die gleichen Eigenschaften besitzt, wie das im Standard vorhandene Reinpenicillin.

Zur *Berechnung des Penicillingehaltes* der Testflüssigkeit gehen wir von folgender Überlegung aus (Abb. 36): Die Verdünnungsstufe 1 der Testflüssigkeit hat einen Hemmhof von 29,9 mm erzeugt. Nach dem Verlauf der Standardkurve würde zu diesem Wert eine Penicillinkonzentration gehören, die $^1/_5$ E/ml = 0,2 E/ml beträgt. Wir kontrollieren diesen Wert auf einem anderen Wege: Aus der Standardkurve ist abzulesen, daß in unserem Versuch die Konzentration von $^1/_{10}$ E/ml Penicillin einen Hemmhofdurchmesser von 27,3 mm erzeugen würde. Aus dem Verlauf der Testkurve ist ersichtlich, daß die Testflüssigkeit zur Erzeugung eines gleich großen Hemmhofes im Verhältnis 1:2 verdünnt werden müßte. Es sind in der Verdünnungsstufe 2 der Testflüssigkeit 0,1 E/ml Penicillin enthalten; 1 ml der unverdünnten Testflüssigkeit enthält mithin $0,1 \cdot 2$ E/ml = 0,2 E/ml Penicillin.

Das Wesen des Auswertungsvorganges besteht demnach in der Interpolation der gefundenen Werte in die Eichkurve des Standards. Dadurch, daß wir die antibiotische Wirkung der Testflüssigkeit nicht nur in einer einzigen Verdünnung messen, sondern für sie selbst eine Kurve aus den Hemmhöfen mehrerer Verdünnungsstufen aufzeichnen, ergibt sich ein Vorteil: Wir können nicht nur die Interpolation mehrfach vornehmen, sondern hierzu auch beliebige Punkte aus dem Verlauf der Testkurve verwenden. Es ergibt sich damit die Möglichkeit, solche Punkte der Testkurve zur Berechnung auszuwählen, bei denen sich das Endresultat aus einer einfachen Verrückung des Dezimalpunktes ergibt, wie es anhand unseres Beispiels demonstriert worden ist.

Liegt die Testkurve rechts von der Eichkurve, so ist das Vorgehen bei der Auswertung sinngemäß gleich. Es liegt dann allerdings die Notwendigkeit vor, zur Auswertung höhere Verdünnungsstufen aufzusuchen als die Verdünnungsstufe 1, da diese wegen der Größe ihres Hemmhofes zur Interpolation nicht mehr verwendet werden kann. In unserem Beispiel II der Abb. 36 ist erst der Hemmhof der Verdünnungsstufe 4 interpolierbar; er mißt 33,7 mm. Dieser Hemmhof gehört nach der Standardkurve zu der Verdünnungsstufe 1,75 des Standards, entspricht also der Konzentration von $^1/_{1,75}$ = 0,57 E/ml. Die Verdünnungsstufe 1 der Testflüssigkeit enthält mithin $0,57 \cdot 4$ = 2,28 E/ml. Gegenprobe: Nach dem Standard produziert 0,1 E/ml einen Hemmhof von 27,3 mm. Aus dem Verlauf der verlängerten Testkurve geht hervor, daß diese den gleichen Hemmhof bei der Verdünnungsstufe 22 produzieren würde. In einer Verdünnung von 1:22 enthält die Testflüssigkeit mithin 0,1 E/ml; unverdünnt enthält sie nach dieser Auswertung also $0,1 \cdot 22 = 2,20$ E/ml. Die beiden gesondert errechneten Resultate: 2,20 und 2,28 E/ml stimmen, wie man sieht, gut überein (s. hierzu S. 107, 108).

Wir haben im Hauptbeispiel I (Abb. 36) den Gehalt unserer als „Arbeitsverdünnung" bezeichneten Untersuchungslösung an Penicillin mit 0,2 E/ml bestimmt. Da diese wiederum eine Verdünnung $^1/_{500}$ der Originallösung darstellt, deren Gehalt ursprünglich zu ermitteln war, so ist das Resultat zum Schluß noch einmal mit 500 zu multiplizieren. Die Penicillin-Konzentration unserer Originallösung beträgt mithin 100 E/ml.

5. Diskussion der Versuchsparameter

Der Verlauf der Eichkurve wird beim Lochtest durch eine Vielzahl von Faktoren bestimmt. Die Resultante dieses Komplexes von Bedingungen entzieht sich letzten Endes einer exakten Berechnung. Eine Voraussage über den Verlauf der Standardkurve ist im einzelnen Fall der Praxis deshalb nicht möglich. Aus diesen Gründen muß die Eichkurve bei jeder Titration neu angelegt werden: Sie hat nur für die besonderen Bedingungen eines einzigen Versuches Gültigkeit und wird als Bezugssystem ausschließlich für die Hemmhofgröße derjenigen Testflüssigkeiten verwendet, die simultan mit ihr auf die gleiche Charge von Agarplatten gewirkt haben. Für das Verständnis des Lochtests ist es nun von großer Bedeutung, die Faktoren zu diskutieren, welche den Verlauf der Eichkurve sowie den Charakter der entstehenden Hemmhöfe beeinflussen. Aus der Analyse dieser Versuchsgrößen resultieren nämlich allgemein anwendbare praktische Regeln für den Aufbau eines Lochtests mit irgendeinem anderen antibakteriellen Stoff und anderen Teststämmen.

Die Größe der Hemmhöfe und die Neigung der Standardkurve. Wie wir in dem Kapitel über die Resistenzbestimmung noch ausführlich darlegen werden (s. S. 143 ff.) diffundiert das mit dem Agar in Berührung gebrachte Antibioticum nach einem bestimmten Modus in die Platte. Zu einem bestimmten Zeitpunkt nach dem Einpipettieren wird die gerade noch hemmende Mindestkonzentration an Penicillin in bestimmten Agarpartien lokalisiert sein. Diese befinden sich auf einem Kreis, welcher konzentrisch zu dem Lochrand und in einem gewissen Abstand von diesem verläuft. Es repräsentiert dieser Kreis den geometrischen Ort aller derjenigen Punkte im Agar, welche die Schwellenkonzentrationen an Antibioticum aufweisen. So lange der Diffusionsvorgang fortdauert, ist dieser Kreis in dauernder Ausdehnung begriffen; sein Radius wird dadurch immer größer, daß im Zuge des Diffusionsvorganges die Orte der Schwellenkonzentration stetig peripherwärts wandern. Dieser Vorgang kommt theoretisch erst dann zur Ruhe, wenn das Penicillin über die ganze Platte gleichmäßig verteilt ist. Die Größe des Hemmhofes hängt nun davon ab, wie weit sich der Ort der hemmenden Schwellenkonzentration vom Lochrand befindet, wenn der Bakterienrasen beginnt, für das freie Auge sichtbar zu werden. Es ist anzunehmen, daß der entstehende Hemmhof besonders groß wird, wenn der Ort der hemmenden Konzentration bis zum Erscheinen des sichtbaren Rasens Zeit hatte, sehr weit vorzuwandern. Wir können demnach bei ein und derselben Hemmstoffkonzentration dann eine Vergrößerung des Hemmhofes erreichen, wenn wir eine Verspätung der Rasenbildung bewirken. Dies kann dadurch geschehen, daß die Einsaat niedrig gehalten wird. Es kann aber auch ohne Veränderung der Einsaatdichte dadurch erfolgen, daß die Platte nach Beschickung der Löcher eine Zeitlang bei Zimmertemperatur stehen bleibt. Die Diffusionsvorgänge setzen dann bereits zu einem Zeitpunkt ein, in welchem das Wachstum des Testkeimes noch nicht erfolgen kann. Wir haben es bei diesen Maßnahmen mit der Bedingung des *Diffusionsvorsprunges* zu tun.

Eine Verkleinerung des Hemmhofes kann bei gleichbleibender Hemmstoffkonzentration dadurch erfolgen, daß die Einsaat sehr dicht gehalten wird. Unter diesen Umständen erscheint der Rasen relativ früh. Eine Möglichkeit, denselben Effekt zu erzielen, ohne die Einsaat zu ändern, besteht darin, die Platten vor Einpipettieren des Antibioticums vorzubebrüten. Die besäten und gelochten Platten werden nicht sofort mit Antibioticum beschickt, sondern vorher eine Zeitlang im Brutschrank gehalten. Unter diesen Umständen setzt die Vermehrung der Einsaat früher ein als die Diffusion des Antibioticums; wir haben es mit einer Versuchsbedingung zu tun, die wir als *Wachstumsvorsprung* bezeichnen.

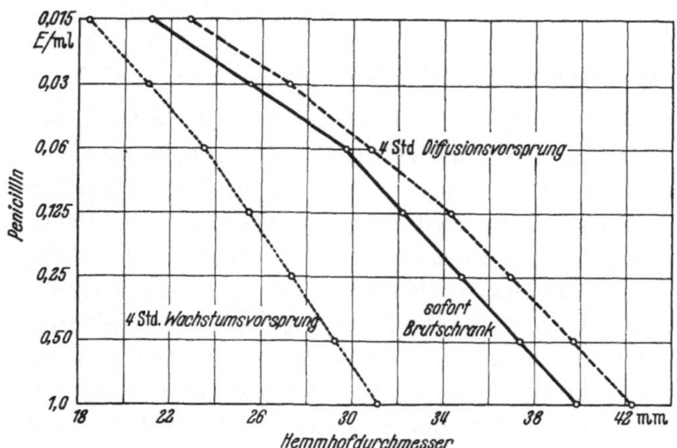

Abb. 37. Verlauf der Hemmhof-Konzentrationskurven unter verschiedenen Bedingungen der Diffusion bzw. des Wachstums (Penicillin-Lochtest)

Abb. 37 zeigt, daß die mit dem gleichen Standard erzielte Kurve je nach den Versuchsbedingungen einen sehr verschiedenen Verlauf aufweisen kann. Dies ist dadurch erreicht worden, daß der Standard einmal unter normalen Bedingungen angelegt wurde, das zweite Mal mit einem Diffusionsvorsprung von 4 Std., und das dritte Mal mit einem Wachstumsvorsprung von 4 Std. Man erkennt in Abb. 37 besonders deutlich, daß unter den Bedingungen des Diffusionsvorsprunges die Hemmhöfe im ganzen größer sind. Die Eichkurve verläuft zudem flacher. Die kleinste noch nachweisbare Penicillinkonzentration (0,015 E/ml) erzeugt einen Hemmhof, dessen Durchmesser beträchtlich größer ist als der Lochdurchmesser. Bei einer Penicillinkonzentration, die noch kleiner ist, verschwindet der Hemmhof dann ganz plötzlich, ohne sich weiter zu verkleinern. Im Gegensatz hierzu sind die Hemmhöfe bei der Kurve mit Wachstumsvorsprung im ganzen kleiner; die Kurve verläuft steiler. Bei fallenden Penicillinkonzentrationen nähert sich der Hemmhofdurchmesser dem Lochdurchmesser viel stärker als es bei dem Standard mit Diffusionsvorsprung der Fall ist. — Der Wachstumsvorsprung macht den Test weniger genau: Die Steigerung der Penicillinkonzentration von 0,2 E/ml auf 0,3 E/ml vergrößert den Hemmhofdurchmesser lediglich um 1,1 mm (von 26,7 mm auf 27,8 mm). Der gleiche Konzentrationszuwachs wirkt sich in dem Standard mit Diffusionsvorsprung stärker aus: Der Hemmhofdurchmesser steigt hier von 36,1 auf 37,7, also um 1,6 mm. Man könnte meinen, daß angesichts dieser Vorteile die beste Versuchsanordnung diejenige sei, die einen ausgiebigen Diffusionsvorsprung ermögliche. Dies gilt indessen in praxi nur mit Einschränkungen. Sobald ein Diffusionsvorsprung gegeben wird, tritt nämlich ein Nachteil auf, der sich für die Messungen in anderer Hinsicht unangenehm auswirkt: Der Rand der Hemmhöfe wird unscharf.

Es leuchtet nach dem Gesagten ein, daß wir zwar Einsaatgröße und -material, Nährboden und andere Bedingungen vereinheitlichen können. Die wichtigste Bedingung aber entzieht sich diesen Bestrebungen: Es ist das Verhältnis zwischen der Wachstumsgeschwindigkeit der Kultur und dem Diffusionstempo des Antibioticums. Der wichtigste Grund hierfür ist in der Tatsache zu suchen, daß die Erwärmung der Platten im Brutschrank durchaus nicht mit gleicher Schnelligkeit erfolgt[47, 48], sondern von sehr komplizierten, praktisch unberechenbaren physikalischen Verhältnissen abhängt. Man wird also schon aus diesem Grunde für die

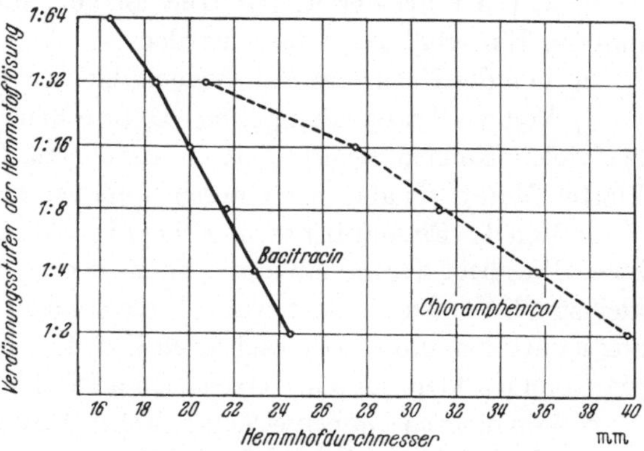

Abb. 38. Verlauf der Hemmhofkurven für zwei Antibiotica unter gleichen Versuchsbedingungen (Lochtest Bac. subtilis)

Auswertung stets die individuelle Standardkurve des Versuches verwenden.

Die Neigung der Standardkurve hängt bei sonst gleichen Bedingungen ganz wesentlich von der Natur des verwendeten antibakteriellen Stoffes ab. Abb. 38 zeigt hierzu ein Beispiel: Wir haben zwei Verdünnungsreihen mit verschiedenen Stoffen angelegt; in beiden fallen die Konzentrationen nach derselben Art ab (geometrisch, Verdünnungsfaktor 2). Eine Reihe enthält Bacitracin und die zweite Chloramphenicol. Der Versuch ist mit dem gleichen Plattensystem im gleichen Ansatz ausgeführt worden. Wir wissen aus dem erläuterten Titrationsbeispiel, daß zwei Reihen mit dem gleichen Verdünnungsfaktor stets parallele Kurven ergeben, wenn sie das gleiche Antibioticum enthalten; ein Konzentrationsunterschied in den Ausgangslösungen zeigt sich lediglich in einer Verschiebung auf der x-Achse. Hierzu steht in vollem Gegensatz das Ergebnis der Abb. 38. Man sieht, daß die beiden Standardkurven durchaus verschiedenartig verlaufen, obwohl sie gleichen Ansätzen mit dem gleichen Verdünnungsfaktor entsprechen. Wir stellen damit fest, daß sich die physikochemische Individualität eines antibakteriellen Stoffes in seinem Diffusionsmodus ausprägt[48, 49, 65, 121, 149]. Man sieht, daß das hochmolekulare Bacitracin eine sehr steile Kurve zeigt; um einen Zuwachs von einem Millimeter zu erzielen, muß die Konzentration unverhältnismäßig erhöht werden. Bacitracin diffundiert schwer in den Agar und eignet sich deshalb ganz allgemein für den Diffusionstest nicht so gut.

Die logarithmische Natur der Beziehung zwischen Konzentration und Hemmhofdurchmesser ist, wie man sieht, von der Art des antibakteriellen Stoffes selbst unabhängig. Beim Penicillin gilt dies allerdings mit Einschränkungen. Die

Penicillinkurve verläuft streng logarithmisch nur zwischen Konzentrationen von 0,5 E/ml bis 0,06 E/ml. Es kommt immer wieder vor, daß Hemmhöfe, die außerhalb dieser Konzentrationswerte liegen, die Kurve zum Knicken bringen. Stellt man eine derartige Abweichung von der Geraden fest, so muß man den Knick in der Interpolation gegebenenfalls berücksichtigen.

Für die exakte Ausmessung ist die **Schärfe der Hemmhöfe** von großer Bedeutung. Sie hängt ab:

a) Von der Art des antibakteriellen Stoffes. Bei unserem Sporenstamm erzeugt Penicillin im allgemeinen haarscharfe Höfe, während die durch Sulfonamid erzeugten Höfe weniger scharf begrenzt sind.

b) Von der Art der Keime. Dies ist von Stamm zu Stamm verschieden und muß im Einzelfall ausprobiert werden.

c) Von der Natur des Nährbodens; hierher gehört auch das p_H.

d) Von der Art der Beimpfung. Diffuse Beimpfung des flüssigen Agars erzeugt bei vielen Keimen schärfere Höfe als oberflächliche Beimpfung der erstarrten Platte. Man trifft aber bei anderen Stämmen auf das umgekehrte Verhalten.

e) Von der Einsaatdichte. Je höher diese ist, um so schärfer werden die Hemmhöfe. Dies liegt daran, daß unter diesen Bedingungen der Rasen von einer Unzahl kleinster Kolonien gebildet wird. Diese ergeben schärfere Höfe als ein Rasen, der aus schütteren, groß ausgewachsenen Kolonien besteht. Alle Maßnahmen, welche die Kolonien klein halten, verschärfen auch den Hemmhofrand.

f) Von dem Zusammenwirken zwischen Diffusionsgeschwindigkeit und Wachstum. Wir haben bereits erwähnt, daß in unserem Test eine lange Diffusionszeit die Schärfe der Höfe beeinträchtigt. Die günstigsten Voraussetzungen für die Hofschärfe scheinen für unseren Test dann zu bestehen, wenn die Keime etwa 2 Std. Wachstumsvorsprung besitzen.

In der Praxis kann man die Bedingungen, welche die Hemmhofschärfe vergrößern, nicht einseitig bevorzugen, da sie oft mit anderen Forderungen des Tests kollidieren. Man muß also Kompromisse schließen.

Sensibilität des Tests (Nullgrenze). Die meisten der besprochenen Parameter haben auf die unterste Nachweisgrenze der Methode einen Einfluß. Den wichtigsten Faktor stellt in dieser Beziehung aber die Empfindlichkeitsstufe des Stammes selbst dar. Man darf nicht damit rechnen, daß die Hemmungsdosis, die der Stamm im Röhrchentest zeigt, mit der untersten Nachweisgrenze im Agartest zusammenfällt. Diese liegt im allgemeinen 5- bis 10 mal höher. Eine große Rolle spielt hier die richtige Einstellung des Agar-p_H. Beim Streptomycin- und dem Erythromycintest ist dies entscheidend.

Nährböden. Die Nährbodenqualität beeinflußt die Resultate indirekt auf dem Wege über die Wachstumsgeschwindigkeit der Kultur. Im allgemeinen soll man Nährböden verwenden, die üppiges und schnelles Wachstum gestatten. Für Sporen ist die Auswahl wegen der Anspruchslosigkeit dieser Keime nicht schwer. Im übrigen ist die Auswahl der Nährböden natürlich weitgehend Sache der Empirie. Wenn in den offiziellen Angaben z. B. der *Food and Drug Administration* für die gebrauchten Teststämme und -methoden stets die Nährbodenrezepte mit minutiöser Genauigkeit angegeben werden, so bedeutet das, wie wir betonen müssen, keineswegs, daß diese Technik befolgt werden muß und keine andere Nährbodenzusammensetzung in Frage kommt. Da die amerikanischen Nährbodenrezepte als Grundstoffe vielfach Spezialpräparate benennen, die in unserem Lande schwer oder gar nicht zu erhalten sind, wird in den meisten Fällen der Nährboden nach den allgemeinen Regeln der Bakteriologie ad hoc zusammengestellt werden müssen. Näheres bei den speziellen Methoden (s. S. 105, 195).

Die *optimale Reaktion* ist für jeden Test verschieden (s. S. 104, 105 ff., 197). Wichtig ist aber, daß das p_H von Testflüssigkeit, Standard und Agarnährboden genau übereinstimmt. Dies gilt für jede Art des Lochtests und erfordert insbesondere bei der Titrierung von Körperflüssigkeiten mit Alkalireserve spezielle Beachtung (s. S. 102, 104). Gegen diese Regel wird oft verstoßen.

6. Besonderheiten bei der Titration von Körperflüssigkeiten

Bei der Diskussion der bisher angeführten Versuchsbeispiele sind wir von der Annahme ausgegangen, die Testflüssigkeit sei frei von Eiweiß und durch die Vorverdünnung mit Puffer dem optimalen p_H des Tests bereits angeglichen. Diese Bedingungen sind in der klinischen Arbeit gelegentlich erfüllt, z. B. bei der Titration des Urins. Der Großteil der zur Untersuchung kommenden Körperflüssigkeiten ist indessen eiweißhaltig und weist eine hohe Alkalireserve auf. Diese Gegebenheiten müssen bei der Durchführung des Lochtests besonders berücksichtigt werden. Sie verändern nämlich die an der Hemmhofgröße gemessene Aktivität zahlreicher Hemmstoffe. Zur Erläuterung sei auf Abb. 39 verwiesen.

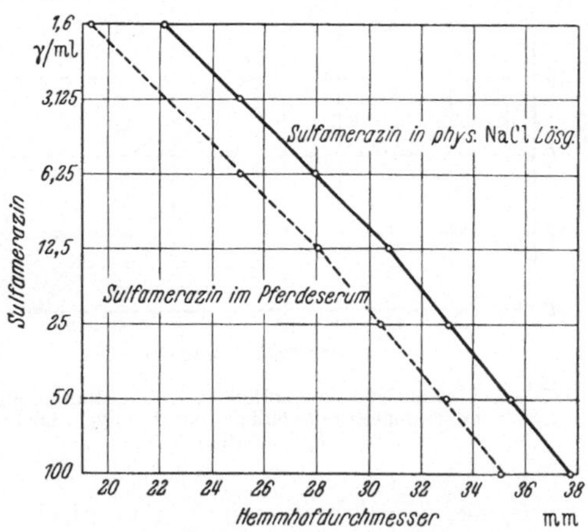

Abb. 39. Einfluß von Pferdeserum auf die Größe der Hemmungshöfe beim Sulfonamid-Lochtest (Sulfamerazin; Bac. subtilis)

100 γ/ml Sulfamerazin werden einmal in Pferdeserum und das zweite Mal in physiologischer Kochsalzlösung gelöst. Von beiden Ausgangslösungen legt man eine geometrisch abfallende Verdünnungsreihe an; hierbei wird als Verdünnungsmilieu für die in Serum gelöste Charge wieder Serum benutzt, während die Verdünnung des zweiten Ansatzes durchgehend mit Kochsalzlösung erfolgt. Auf diese Weise entstehen die gleichen, abfallenden Sulfamerazinkonzentrationen einmal in einem Milieu von reinem Serum und das zweite Mal in Kochsalzlösung.

Man sieht in Abb. 39, daß die Hemmhöfe der Serumreihe durchwegs kleiner sind als diejenigen der Kochsalzreihe. Die Kurven sind im übrigen parallel. Bei Ascites und Pleurapunktat ist die gleiche Erscheinung zu beobachten, während sie bei Urin fehlt.

Eine Verkleinerung der Hemmhöfe durch Serum kommt bei den meisten Chemotherapeutica vor. Hierbei sind als Ursache folgende Momente zu diskutieren:

a) Es kann der Fall eintreten, daß durch das Serum ein Teil des Hemmstoffes zerstört wird. Dies erfolgt z. B. für Chlortetracyclin, in beschränktem Maße auch für Penicillin durch die leicht alkalische Reaktion des Serums.

b) Es kann vorkommen, daß gewisse Bestandteile des Serums als Antagonisten wirken. Beispielsweise enthält das Serum des Menschen geringe Mengen an p-Aminobenzoesäure. Diese setzt die *Wirkung* der Sulfonamide herab, ohne daß ihre *Konzentration* gemindert wird. Dieser Art von Wirkungsminderung ist in der Praxis keine große Bedeutung beizumessen (s. S. 166, 167).

c) Zahlreiche Hemmstoffe werden zu einem größeren oder kleineren Teil an Eiweiß gebunden[5]. Das Ausmaß der dadurch erfolgenden Wirkungsminderung ist für jedes Antibioticum verschieden. So wird z. B. das Penicillin G zu etwa 50% an die Serumeiweißkörper gebunden; bei Penicillin X beträgt der gebundene Anteil sogar 90%. Außer der Natur des Hemmstoffes selbst ist für die Bindungsgröße noch die Art des Serums verantwortlich. Beispielsweise ist für Erythromycin die Bindung an Pferdeserum-Eiweiß praktisch gleich Null, während Rinderserum und Menschenserum einen erheblichen Bindungseffekt aufweisen.

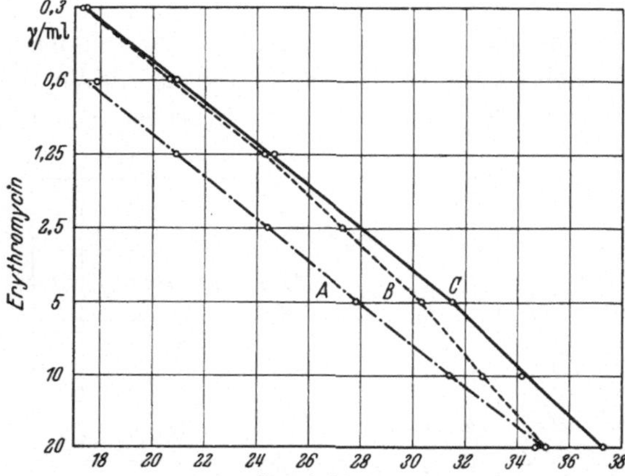

Abb. 40. Verlauf der Hemmhofkurven bei konstantem und bei variablem Serumgehalt des Milieus (Erythromycin-Lochtest, Bac. subtilis)

d) Es ist schließlich noch denkbar, daß das Serum im Lochtest Stoffe an den Agar abgibt, welche das Wachstum der Bakterien beschleunigen. Damit wird die Situation eines örtlich bedingten Wachstumsvorsprunges geschaffen. Hierbei kann es sich um die Wirkung von eigentlichen Wuchsstoffen oder um unspezifische Effekte handeln. In erster Linie ist hier an die besondere Wirkung des im Serum enthaltenen HCO_3-Ions zu denken. Dieses erhöht bei zahlreichen Teststämmen die Wachstumsgeschwindigkeit, wirkt also direkt, als echter „Accelerator". Der Bicarbonatgehalt des Serums kann das Wachstum überdies unspezifisch beschleunigen, wenn er zu einer örtlichen Alkalisierung des Nährbodens rings um das Loch führt. Diese wirkt sich als „indirekter Acceleratoreffekt" besonders dann aus, wenn der Agar für die Durchführung des Tests sauer eingestellt werden muß, während das Wachstumsoptimum des Teststammes im alkalischen Bereich liegt. So wird z. B. für den Tetracyclintest das p_H des Agars auf 6,1 eingestellt. Der verwendete B. cereus zeigt hierbei zwar ein brauchbares Wachstum; die Vermehrungsgeschwindigkeit des Stammes steigert sich aber gegen den alkalischen Bereich zu und erreicht bei p_H 7,8 ein Maximum. Es ist klar, daß sich in diesem Falle rings um das mit Serum gefüllte Loch ein lokales p_H einstellt, welches sich dem Optimum nähert. Damit ist die Situation des lokalen Wachstumsvorsprunges gegeben.

Von diesen vier Faktoren sind für den Lochtest besonders bedeutsam die Eiweißbindung und die Alkalireserve des Serums.

Die Eiweißbindung. Die Gesetzmäßigkeiten der Eiweißbindung werden durch den Versuch Abb. 40 besonders deutlich veranschaulicht.

Wir legen hierbei eine geometrisch fallende Reihe von Erythromycin unter dreierlei Bedingungen an. Reihe A enthält fallende Konzentrationen von Erythromycin in einem Milieu von Menschenserum; sie beginnt mit 20 γ/ml Erythromycin. Das verwendete Serum wird mit Phosphorsäure sorgfältig auf ein p_H von 7,8 eingestellt. Die Reihe C enthält Erythromycin in der gleichen Konzentrationsfolge wie die Reihe A, aber in einem Milieu von Phosphatpuffer (p_H 7,8). Reihe B schließlich hat in der ersten Stufe die gleiche Erythromycinkonzentration und das gleiche Serummilieu wie die gleiche Stufe der Reihe A. Die weitere Verdünnung in B erfolgt aber nicht mit reinem Serum wie in A, sondern mit Phosphatpuffer p_H 7,8. In Reihe B ändert sich somit nicht nur der Erythromycingehalt von Röhrchen zu Röhrchen, sondern auch der Serumgehalt des Milieus.

Man sieht, daß in Abb. 40 die Kurven des reinen Serumstandards (A) und des Pufferstandards (C) parallellaufen. Die Kurve der Reihe B weicht hiervon ab. Ihre Hemmhöfe verkleinern sich von einer Verdünnungsstufe zur anderen langsamer, als es nach dem Richtungsverlauf der beiden Kurven A und C zu erwarten wäre; die Kurve B verläuft steiler. In den höheren Verdünnungsstufen der Reihe B (beginnend mit Stufe 16) sind die Hemmhöfe allerdings ebenso groß wie es der entsprechenden Stufe der reinen Puffer-Reihe entspricht. Von dieser Stufe an fallen die Kurven B und C zusammen. — Die gleichzeitig vorgenommene Untersuchung von Pferdeserum und Rinderserum erweist, daß zum Unterschied vom Menschenserum das Pferdeserum die Erythromycin-Hemmhöfe überhaupt nicht verkleinert. Die Kurve des mit Pferdeserum angelegten Standards deckt sich vollkommen mit der des Puffer-Standards. Rinderserum zeigt hingegen eine deutliche Bindung.

Der Versuch Abb. 40 zeigt demnach folgendes:

1. Die durch die Eiweißbindung verursachte Verkleinerung der Hemmhöfe wird mit fallendem Gehalt des Milieus an Serum immer unbedeutender. Der Bindungseffekt läßt sich also herausverdünnen. In unserem Beispiel fällt bei einer Verdünnung von 1:16 die Hemmhof-verkleinernde Wirkung des menschlichen Serums gänzlich fort. Von dieser Verdünnung ab ist eine Interpolation der Hemmhofdurchmesser in dem mit Puffer angelegten Standard ohne Fehler möglich.

Man kann darüber hinaus zeigen, daß die Eiweißbindung unabhängig von ihrer Dauer reversibel ist: Auch nach länger währender Aufbewahrung einer mit Erythromycin versetzten Serumprobe kommt der antibiotische Effekt ohne jeden Bindungsverlust zum Vorschein, sobald man die Probe entsprechend verdünnt.

2. Sobald das Milieu der Verdünnungsreihe selbst Ungleichmäßigkeiten aufweist, wird die Richtung der Hemmhofkurve verändert. Ist dies der Fall, so kann eine Interpolation der einzelnen Werte in die Milieu-homogene Standardkurve nicht mehr erfolgen. Da Standard- und Testkurve mit verschiedener Steilheit verlaufen, ergibt sich bei der Auswertung für jeden Punkt der Testkurve ein anderes Resultat. Dies ist z. B. dann der Fall, wenn eine schwach erythromycinhaltige Serumprobe mit Puffer verdünnt und gegen einen in Puffermilieu angelegten Standard ausgewertet wird.

3. Eine Probe erythromycinhaltigen Serums ergibt bei der Auswertung gegen einen in Puffer angelegten Standard auch dann einen Fehler, wenn die Verdünnung der Serumprobe mit reinem Serum vorgenommen wird. Die dabei entstehende Kurve verläuft jetzt zwar parallel mit der Standardkurve und ergibt in diesem Sinne für jeden Kurvenpunkt übereinstimmende Werte. Die Werte liegen aber alle um einen gleichbleibenden Prozentsatz tiefer, als es der im Serum tatsächlich vorhandenen Konzentration entspricht. Um diesen Fehler auszuschalten, muß im Standard die gleiche Bindungskraft zur Wirkung gebracht werden, wie sie in der mit Serum verdünnten Testreihe besteht. In die Sprache der praktischen Versuchstechnik übersetzt, heißt das: Die hemmstoffhaltige Serumprobe darf nur mit einer solchen Flüssigkeit verdünnt werden, die sich im Hinblick auf die Eiweiß-

bindung gleich oder wenigstens ähnlich verhält wie das untersuchte Menschenserum. Der Standard wird mit der gleichen Flüssigkeit angelegt. Ein Zeichen dafür, daß die als Verdünnungsmedium benutzte Flüssigkeit in ihrer Bindungskraft mit dem menschlichen Serum übereinstimmt, ist dann die Parallelität der so erhaltenen Testkurve mit der Kurve des Standards der in reiner Verdünnungsflüssigkeit angelegt ist. Hat die Verdünnungsflüssigkeit eine geringere Bindungskraft als das untersuchte Menschenserum, so ergibt sich entsprechend der Abb. 40 eine Testkurve, die steiler ist als die Kurve des mit der Verdünnungsflüssigkeit angelegten Standards. Ist die Bindungskraft der Verdünnungsflüssigkeit größer als die des menschlichen Serums, so zeigt die Testkurve einen flacheren Verlauf als die Standardkurve. Es leuchtet ein, daß man in Fällen wie den eben geschilderten, eine Interpolation nicht vornehmen kann, ohne Fehler zu begehen. Nun ergeben sich aber in der Praxis immer wieder kleine Abweichungen in der Richtung von Standard- und Testkurve, die auf geringfügige Differenzen der Bindungsfähigkeit zurückgehen. In all diesen Fällen interpoliert man von der Testkurve denjenigen Punkt, der einer möglichst hohen Verdünnungsstufe entspricht. Je höher die Verdünnungsstufe der Testflüssigkeit ist, desto höher wird auch der Anteil des Milieus an Verdünnungsflüssigkeit sein; bei Verdünnungen, welche die Stufe 16 überschreiten, ist das Milieu der Testreihe mit demjenigen der Standardreihe praktisch identisch. Dies gilt für nahezu alle Hemmstoffe.

Angleichung des p_H. Für jedes Antibioticum gibt es ein p_H-Optimum, bei welchem die Empfindlichkeit des Tests maximal ist. Es leuchtet ein, daß das p_H von Testflüssigkeit, Verdünnungsflüssigkeit und Agar gleich sein muß, wenn Fehler vermieden werden sollen (s. S. 102). Die Angleichung der bicarbonathaltigen Testflüssigkeit an das Agar-p_H erfolgt durch Zusatz von Orthophosphorsäure. Die Angaben der folgenden Tabelle beziehen sich auf Serum. Zu 1,9 ml Serum kommt 0,1 ml einer Phosphorsäurelösung, die man sich durch Verdünnung der 25%igen (offizinellen) Orthophosphorsäure herstellt. Anschließend p_H-Kontrolle (p_H-Papier).

Für das Testserum entsteht damit eine Verdünnung von 19:20 = 1:1,05. Die Korrektur erfolgt dadurch, daß man die im Serum erhaltenen Aktivitäten mit dem Faktor 1,05 multipliziert.

Tabelle 7

Gewünschtes End-p_H des Serums	Prozentgehalt der 1:20 zugesetzten Orthophosphorsäurelösung für Menschenserum %	Prozentgehalt der 1:20 zugesetzten Orthophosphorsäure für Rinder- und Pferdeserum %
7,8	—	—
7,6	0,25	—
7,4	0,5	—
7,2	0,8	0,25
7,0	1,0	0,5
6,5	2,6	2,5
6,1	4,3	3,8

Eigenhemmung des Serums. Beim Arbeiten mit Serum kann man gelegentlich beobachten, daß die Penicillinasekontrolle einen ganz schmalen Hemmhof bildet. Dieser hat mit Penicillin nichts zu tun, sondern kommt durch antibakterielle Serumfaktoren zustande (s. hierzu S. 75, 76). Der Durchmesser dieses Hemmhofes überschreitet den Lochdurchmesser höchstens um 4 mm. Da in unserer Versuchsanordnung (12,8 mm Lochdurchmesser; kein Wachstumsvorsprung) die kleinste noch nachweisbare Penicillinkonzentration (0,015 E/ml) einen Hemmhof von 18 bis 22 mm bildet, spielt der „Serum-Hemmhof" als Quelle von Irrtümern überhaupt keine Rolle. Arbeitet man hingegen mit kleinen Lochdurchmessern (9 mm) und mit Wachstumsvorsprung, so muß man sich bei kleinen Hemmhöfen durch Betrachten der Penicillinasekontrolle vergewissern, daß sie eindeutig auf Penicillin zurückgeführt werden können. Die Eigenhemmung in Form eines „Serum-Hemmhofes" ist im allgemeinen selten. Eine gänzlich andere Situation besteht in dieser Hinsicht beim Reihenverdünnungstest (s. S. 75, 76, 78).

Untersuchung anderer Körperflüssigkeiten. Der Lochtest ist durch seine geringe Empfindlichkeit gegenüber Verunreinigungen besonders für die Titration solcher Flüssigkeiten zu empfehlen, deren sterile Gewinnung nicht gewährleistet werden kann, wie Sputum, Milch, Urin u. a. m. Bei der Untersuchung von Flüssigkeiten, die nur in geringen Mengen zur Verfügung stehen, wird man natürlich eine in der Bindungskraft angeglichene Verdünnungsflüssigkeit nicht ausfindig machen können. Man bezieht die Hemmhöfe am besten auf einen Pferdeserumstandard. Dabei entsteht natürlich ein Fehler, der schwer abgeschätzt werden kann. Für Liquor verwendet man am besten einen Standard mit reinem Puffer und legt mit diesem auch die Liquor-Verdünnungsreihe an. Es wird von der Testkurve der Hemmhof der höchstmöglichen Verdünnungsstufe zum Interpolieren genommen. Der Fehler ist meistens sehr klein. — Bei der *Titration von Urin* kann man als Verdünnungsflüssigkeit unbedenklich Puffer verwenden und die Interpolation in einen mit Puffer angelegten Standard vornehmen.

7. Ausführung der Serumtitration für die einzelnen Antibiotica

Beim Lochtest soll man, wenn irgend möglich, mit Sporenbildnern arbeiten; ihre Verwendung erfolgt als Sporensuspension. Die Vorteile sind bereits geschildert worden (s. S. 89). Im folgenden geben wir eine Charakteristik der Teststämme, die in unserem Laboratorium für die verschiedenen Antibiotica gebraucht werden. Hierbei erweist es sich als besonders angenehm, daß einzelne Stämme außerordentlich vielseitig verwendbar sind. Die nachstehenden Tabellen geben Auskunft über die Eigenschaften der einzelnen Stämme. Die allgemeine Technik des Lochtests bleibt stets gleich (s. S. 87 ff.).

1. *Bac. subtilis ATCC 6633.* „Stamm der Wahl" beim Lochtest für: *Penicillin, Streptomycin, Sulfonamide, Erythromycin, Chloromycetin, Viomycin.*

Tabelle 8. *Verwendung des Bac. subtilis ATCC 6633 beim Lochtest*

Getesteter Stoff	Hemmdosis in flüssigem Nährboden	Unterste Nachweisgrenze des Lochtests für Pufferlösungen	Unterste Nachweisgrenze des Lochtests für Serum	Optimales Test-p_{H}
Penicillin.	0,0015 E/ml	0,005 E/ml	0,02 E/ml	6,5
Streptomycin. . .	0,2 γ/ml	0,4 γ/ml	0,8 γ/ml	7,8
Sulfadiazin . . .	0,0125 γ/ml	0,2 γ/ml	0,8 γ/ml	6,5
Erythromycin . .	0,004 γ/ml	0,04 γ/ml	0,04 γ/ml	7,8
Chloramphenicol .	0,5 γ/ml	3 γ/ml	3 γ/ml	6,5
Viomycin	0,0125 γ/ml	3 γ/ml	3 γ/ml	7,8

Die Einsaatdichte ist für alle mit Bac. subtilis ATCC 6633 vorgenommenen Tests gleich (7500 Sporen/ml, Technik s. S. 90). Nährboden: Für alle Tests mit Ausnahme der Sulfonamide genügt der Agar Nr. I. Für Sulfonamide Agar Nr. IV oder V (s. S. 195). Bebrütungszeit 18 Std. Die Verwendung der streptomycinresistenten Variante dieses Stammes zur Titration von Penicillin in Gegenwart von Streptomycin wird auf S. 117 geschildert.

2. *Bac. cereus ATCC 8035* „Stamm der Wahl" beim Lochtest für die *Titration der Tetracycline*. Er wird als Sporensuspension verwendet. Hemmdosis für Tetracyclin in flüssigem Nährboden: 0,002 γ/ml. Als Nährboden genügt Agar Nr. I oder Nr. II. Die Einsaat wird hoch angesetzt: 10^6 Sporen/ml Agar. Bebrütungszeit 6—10 Std. Der Test kann aber ohne Schaden auch nach 18 Std. abgelesen werden. Das optimale Test-p_H beträgt für alle Tetracyclinderivate p_H 6,1. Der Stamm ATCC 8035 hört bei stärkerer Säuerung zu wachsen auf. Für einen anderen Stamm des Bac. cereus (var. mycoides ATCC 9634) kann der Test auch bei p_H 5,6 angesetzt werden. Die Empfindlichkeit des Lochtests ist aber in beiden Fällen gleich: Die unterste Nachweisgrenze beträgt für alle 3 Glieder der Tetracyclingruppe 0,02 γ/ml. Bei einem p_H, welches alkalischer ist als p_H 6,1 ist der Test unbrauchbar, da die Inaktivierungsverluste zu hoch sind.

3. *Bact. pseudodiphtheriae* (ohne Nummer, eigener Stamm). Wird von uns als „Stamm der Wahl" bei der *Titration des Bacitracins* verwendet. Nährboden: Agar Nr. 3. Test-p_H 7,2. Die Platte wird mit einer 18 Std.-Kultur des Teststammes oberflächlich beimpft. Man läßt hierzu 10 ml der bewachsenen Bouillon über die Oberfläche des Agars laufen und entfernt den Überschuß in Schräghaltung mittels Saugpipette. Hemmungsdosis des Stammes in flüssigem Milieu: 0,001—0,005 E/ml. Unterste Nachweisgrenze des Lochtests für Bacitracin: 0,015 E/ml.

4. *Staph. aur. SG 511*. Wir verwenden den Stamm seit geraumer Zeit nicht mehr, da er in seiner Brauchbarkeit von den bisher erwähnten Stämmen in jeder Hinsicht übertroffen wird. Der Stamm ist aber in Deutschland so weit verbreitet, daß er kurz erwähnt werden mag. Die Hemmungsdosen sind folgende:

Tabelle 9. *Hemmungsdosen für SG 511 in flüssigem Nährboden*

Antibioticum	Penicillin E/ml	Strepto-mycin E/ml	Tetra-cyclin γ/ml	Chlor-ampheni-col γ/ml	Erythro-mycin γ/ml	Neo-mycin γ/ml	Baci-tracin E/ml
Hemmungsdosis in flüssig.Nährboden	0,03—0,05	0,06—0,125	0,1	5	0,07	0,125	0,03

Als Nährboden für Staph. aur. genügt der Agar Nr. 1. Er kann oberflächlich oder in flüssigem Zustand beimpft werden. Bei der zweiten Form der Beimpfung sind die Hemmhöfe schärfer und runder. Einsaat bei Verimpfung in flüssigen Agar: 250000—1000000 Zellen/ml Agar. Bei Tetracyclin soll die Einsaat 5 Millionen Keime betragen; hier wird der Agar Nr. 2 verwendet.

Mit einer *Ausrüstung von* lediglich *3 Stämmen* (subtilis, cereus, pseudodiphtheriae) kann man somit die Titration folgender Hemmstoffe durchführen: Penicillin, Sulfonamide, Streptomycin, Chloramphenicol, Tetracyclin, Erythromycin, Bacitracin, Viomycin. Für Neomycin und Polymyxin B verwendet man zweckmäßigerweise die auf S. 182 u. 183 erwähnten Stämme. Hier findet sich außerdem für jedes Antibioticum eine Auswahl weiterer Teststämme. Die hier angeführten Möglichkeiten des Lochtests sind in unserem Laboratorium erprobt; sie werden von uns deshalb bevorzugt, weil sie mit einem Minimum an Modifikationen eine große Vielseitigkeit ermöglichen. Die Empfindlichkeit der empfohlenen Tests bewegt sich in Dimensionen, die im allgemeinen das Äußerste darstellen, was im mikrobiologischen Test überhaupt erreicht werden kann.

Beschaffung der Teststämme. Die mit ATCC und einer Nummer bezeichneten Stämme können bezogen werden von der American Type Culture Collection: 2029 M Street, N. W. Washington 6. D. C. Die Stämme sind mit der Gattungsbezeichnung und der Nummer anzufordern. Der Preis pro Kultur beträgt 10 Dollar. Für Universitäten wird 70% Nachlaß gewährt. Auf Wunsch werden Kataloge geliefert.

Korrektur des „Serumeiweiß-Fehlers" bei verschiedenen Hemmstoffen. Die Eiweißbindung ist, wie wir erwähnten, für jedes Antibioticum und für jede Art von Serum gesondert zu betrachten. Die folgende Tabelle gibt die Verminderung der Aktivität im Lochtest für die wichtigsten Antibiotica durch drei Serumarten an. Hierbei werden die in Puffermilieu zur Wirkung kommenden Aktivitäten als 100% bezeichnet. Für jedes Antibioticum ist das p_H des Puffers und der Seren auf den gleichen Wert eingestellt worden.

Tabelle 10.

Einfluß verschiedener Arten von Serum auf die Aktivität einiger Antibiotica im Lochtest

Antibioticum	Penicillin %	Streptomycin %	Tetracyclin %	Chloramphenicol %	Erythromycin %
Aktivität in Puffer	100	100	100	100	100
Aktivität in Menschenserum	50	72	55	63	55
Aktivität in Pferdeserum	55	63	58	63	100
Aktivität in Rinderserum	53	72	77	67	71

Die Daten der obigen Tabelle lassen erkennen, daß bei der Serumtitration für jedes Antibioticum die Verdünnungsflüssigkeit besonders ausgewählt werden muß. Bei *Penicillin* und *Chloramphenicol* verhalten sich die Bindungskräfte der drei geprüften Seren gleich. Es kann also für diese Antibiotica im Serumtest sowohl Pferde- als auch Rinderserum zur Verdünnung verwendet werden. Bei *Streptomycin* verhält sich das Menschenserum mit dem Rinderserum gleich, nicht hingegen mit dem Pferdeserum; hier kommt als Verdünnungsflüssigkeit nur Rinderserum in Frage. Beim *Tetracyclin* kann man die gleiche Bindungskraft für Menschenserum und Pferdeserum feststellen, während das Rinderserum davon stark abweicht. Beim Tetracylin-Serumtest soll als Verdünnungsflüssigkeit demnach Pferdeserum verwendet werden. Für *Erythromycin* ergibt sich weder mit Pferdeserum noch mit Rinderserum eine befriedigende Lösung. Hier ist die Bindungskraft des Menschenserums größer als die beider Tierseren. Man wird den kleinsten Fehler machen, wenn man Rinderserum benutzt und von der Testreihe die höchstmöglichen Verdünnungsstufen interpoliert.

Als Verdünnungsflüssigkeit für Standard und Test wird in Amerika die Verwendung einer 7%igen Lösung von *Rinderalbumin (Fraktion V)* empfohlen. Diese stimmt in ihrer Bindungskapazität für die meisten Antibiotica mit der des Menschenserums überein. Für die Titration des Neomycins und Carbomycins erweist sich das Rinderalbumin als unbrauchbar. Bei Tetracyclin wird es 3%ig angesetzt. In Deutschland scheitert die Beschaffung eines entsprechenden Albuminpräparates an den hohen Kosten. In der Praxis leisten Rinder- und Pferdeserum, wenn sie mit der entsprechenden Kritik verwendet werden, Ausgezeichnetes.

8. Die Streuung der Meßergebnisse

Im Hinblick auf die Verbindlichkeit des Einzelresultates unterscheidet sich der Agar-Diffusionstest grundsätzlich vom makroskopisch beurteilten Reihen-Verdünnungstest.

Der Reihen-Verdünnungstest beruht, wie erwähnt, auf zwei Meßsystemen mit diskontinuierlichem Konzentrationsabfall. Da eine Interpolation nicht möglich ist, kann das Resultat strenggenommen nur durch die Angabe zweier Extremwerte formuliert werden; diese grenzen ein Intervall ab, innerhalb dessen die Lage des wahren Wertes nicht näher lokalisiert werden kann. Die Größe dieses Intervalls wird durch den Modus bestimmt, nach welchem der Konzentrationsabfall im Test erfolgt. Für die üblicherweise verwendeten Verdünnungssysteme ist der grundsätzlich gegebene Abstand zwischen den beiden Extremwerten so groß, daß er den technisch bedingten Streubereich mit einschließt.

Demgegenüber besteht beim Diffusionstest die Möglichkeit, jeden Meßwert scharf zu bestimmen und in eine kontinuierlich verlaufende Serie von Standardwerten (Eichkurve) zu interpolieren. Das ermittelte Resultat kann hierdurch ebenfalls scharf angegeben werden. Die Verbindlichkeit des Einzelergebnisses braucht damit zwar keineswegs höher zu sein als bei den anderen Verfahren. Sie wird aber jedenfalls nicht von grundsätzlich gegebenen Größen bestimmt werden, wie es beim Verdünnungstest der Fall ist, sondern von der empirisch zu ermittelnden Streubreite einer größeren Zahl von Einzelmessungen[40]. Damit ist gesagt, daß die Verbindlichkeit der Resultate beim Agartest in erster Linie von Faktoren bestimmt wird, die mit der Präzision und der Exaktheit der Versuchstechnik selbst zusammenhängen.

Um die Streuung der Hemmhofdurchmesser zu untersuchen, legt man einen Penicillinstandard sechsfach an. Die Anlage erfolgt jeweils in verschiedenen Agarschalen innerhalb eines einzigen Versuchs. Der Streubereich ist klein. Die größte Abweichung vom Mittelwert beträgt 0,5 mm.

Um die Standardabweichung der Methode für die Penicillintitration festzulegen, wird folgender Versuch ausgeführt:

Von einer genau eingestellten Lösung von 0,25 E/ml Penicillin in Puffer p_H 6,5 werden 6 Reagenzrohre beschickt und diese als Teilportionen eingefroren. An 6 aufeinanderfolgenden Tagen wird jeweils eine der Teilportionen aufgetaut und im Lochtest gegen einen frisch bereiteten Standard (Puffer p_H 6,5) ausgewertet. Die Anlage des Standards erfolgt wie üblich doppelt unter Verwendung der Mittelwerte. Von jeder Teilportion wird mit Puffer eine Verdünnungsreihe angelegt; mit dieser werden jeweils vier Lochreihen beschickt. Es ergeben sich demnach für jede Portion vier Einzelresultate. Von dem ganzen Ansatz mit der Einwaage von 0,25 E/ml liegen schließlich insgesamt 21 einzelne Aktivitätswerte vor (3 Messungen fielen wegen technischer Mängel aus).

Aus den Einzelwerten errechnet sich:

$$\overset{\sigma}{M} = 0{,}256 \pm 0{,}026$$

bzw.

$$\overset{\sigma}{M} = 0{,}25 \pm \sim 10\,\% ,$$

wobei M den Mittelwert und σ die Standardabweichung bedeutet. Die Fehlerbreite ist, wie man sieht, für einen biologischen Test ungewöhnlich niedrig.

Tabelle 11

0,25	Wahrer Wert (Einwaage)
0,28	
0,30	
0,28	
0,28	
0,25	
0,25	
0,23	
0,25	
0,28	
0,30	
0,25	
—	gefundene Werte
0,28	
0,25	
0,20	
0,21	
0,25	
0,26	
—	
—	
0,25	
0,23	
0,25	
0,25	

9. Fragen der Laboratoriumsroutine

Von den Verfahren der biologischen Aktivitätsbestimmung verdienen die Verfahren des Agar-Diffusionstests zweifellos den Vorzug. Sie sind einfach, unempfindlich gegen Kontamination, sehr genau und erfassen kleinste Hemmstoffmengen. Der einzige Nachteil des hier angegebenen Lochtests ist der Preis für das benötigte Instrumentarium. Die speziell angefertigten Agarschalen, der horizontal justierbare Marmortisch und das Ablesegerät kosten zusammen einige Hundert Mark. Ist die Ausrüstung aber einmal angeschafft, so ist der Test von nicht zu übertreffender Exaktheit, sofern seine Regeln eingehalten werden.

Man kann notfalls in Petrischalen arbeiten. Man nimmt dann die Normalpetrischale mit 10 cm Durchmesser und verwendet Korkbohrer mit 9 mm Durchmesser. Auf diese Weise kann man auf einer Platte vier Löcher unterbringen. Die Petrischale wird mit 15 ml Agar beschickt. Das 9 mm-Loch hat dann einen Fassungsraum von 0,1 ml. Die Ausmessung der Hemmhöfe kann mit dem Meßzirkel erfolgen. Natürlich ist dieses Verfahren wesentlich weniger präzise als das in diesem Kapitel geschilderte. Es muß in diesem Fall der Ermittlung der Standardabweichung, wie sie oben geschildert worden ist, besondere Aufmerksamkeit zugewendet werden. Die Höhe der Standardabweichung wird vor allem von der Beschaffenheit des verwendeten Instrumentariums abhängen. Man kann beim Arbeiten mit Petrischalen die größere Streuung dadurch kompensieren, daß man eine sehr hohe Zahl von Einzelmessungen ausführt und den mittleren Fehler dadurch klein hält. Für Serumtitrationen ist dieses Verfahren natürlich nur beschränkt möglich.

Die *Sterilisierung der Platten* soll — besonders gilt dies für Sporen — in Heißluft erfolgen. In dem Kitt finden sich Schlupfwinkel, in denen Sporen der Hitzeeinwirkung entgehen können. Es empfiehlt sich deshalb, für das Arbeiten mit Sporen einen Satz besonders gekennzeichneter Platten zu benutzen, die zu nichts anderem verwendet werden.

B. Der Cylindertest

Besonders in den angelsächsischen Ländern ist der Lochtest weniger verbreitet. Die Ausführung des Diffusionsversuchs erfolgt hier größtenteils in Form des Cylindertests. Das Prinzip dieses Verfahrens besteht darin, auf den besäten Agar kleine Cylinder aus Glas, Porzellan oder Metall zu setzen; diese werden anschließend mit der Testflüssigkeit gefüllt. Es entstehen Hemmhöfe, die in der gleichen Art und Weise ausgewertet werden wie im Lochtest.

1. Technik

Die Maße der Cyiinder sind folgende: Äußerer Durchmesser 8—9 mm, innerer Durchmesser 6—7 mm, Länge 10—12 mm. Wichtig sind nicht so sehr die Maße an sich als die Gleichheit der Cylinder untereinander. Wir benutzen Glascylinder, oder die in der Elektrotechnik verwendeten Isolierungsperlen aus Porzellan (s. Abb. 31). Die Glascylinder kann man sich aus einem entsprechenden Rohr von jedem Glasbläser herstellen lassen. Die Cylinder werden in Chromschwefelsäure gereinigt und nach Spülen in Aqua dest. getrocknet. Die Sterilisierung erfolgt am besten durch Heißluft von 170° C in geeigneten Kästen oder Metallschachteln. Das Aufsetzen erfolgt auf die eben erstarrte, noch weiche Agarplatte mit einer Pinzette. Der Cylinder wird eine Spur eingedrückt und die Platte dann vollends abgekühlt. Es ist darauf zu achten, daß die Berührungsstelle zwischen Cylinder und Agar flüssigkeitsdicht sein muß. Es darf der Cylinder aber auch nicht bis zum Boden der Agarschale eingedrückt werden, sondern höchstens einen halben Millimeter tief. In manchen Laboratorien werden Metallcylinder verwendet, die auf der einen Seite angeschärft sind. Sie sinken dann ohne Erwärmung und ohne Druck durch ihr Gewicht von selbst etwas ein und bilden eine abgedichtete Kammer. Jeder Untersucher wird die Art und Weise des Aufsetzens für seine Bedürfnisse am besten selbst ausprobieren. Das Anlegen der Verdünnungsreihen und des Standards erfolgt ebenso wie die Bebrütung, Ausmessung und Auswertung der Hemmhöfe nach den gleichen Prinzipien, wie sie für den Lochtest geschildert worden sind.

2. Diffusionsverhältnisse im Vergleich zum Lochtest

Ein wichtiger Unterschied zwischen Lochtest und Cylindertest ist die Tatsache, daß beim letzteren die Diffusion des Hemmstoffes in die Umgebung des Cylinders etwas behindert wird. Abb. 41 zeigt dieses an zwei Standardkurven des Penicillins.

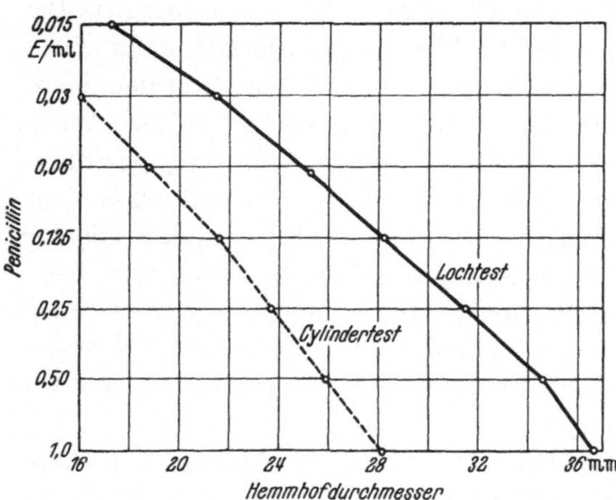

Abb. 41. Verlauf der Hemmhofkurven im Cylindertest und im Lochtest bei gleichen Versuchsbedingungen (Penicillin; Bac. subtilis)

Beiden Kurven liegen die gleichen Konzentrationsstufen zugrunde. Die eine Standardreihe ist im Lochtest angelegt worden, während für die andere der Cylindertest verwendet wird. In beiden Fällen wird jeweils 0,2 ml Testflüssigkeit appliziert. Man sieht, daß unter diesen Bedingungen die Kurve des Cylindertests steiler verläuft als die Kurve des Lochtests. Im Cylindertest verhält sich demnach das Penicillin so, als ob ihm die Diffusionszeit verkürzt worden wäre (s. S. 98), bzw. so, wie ein Antibioticum mit geringerem Diffusionsvermögen

(s. S. 99). Dies ist leicht zu verstehen: Im Lochtest erfolgt zwischen den Agar-Segmenten des Hemmhofgebietes und dem Lochinhalt ein direkter Diffusionsaustausch. Im Cylindertest ist der Austausch zwischen den im Hemmhofareal liegenden Agarpartien und der im Cylinder befindlichen Flüssigkeit nicht direkt möglich. Der Austausch erfolgt vielmehr zuerst zwischen dem unter dem Cylinderlumen liegenden Agarstück und der Testflüssigkeit und dann erst zwischen diesem zylindrischen Agarstück und dessen benachbarten Partien.

Die Diffusionsbehinderung, die der Hemmstoff beim Cylindertest im Vergleich zum Lochtest erleidet, wirkt sich nicht allein auf die Neigung der Hemmhof-Standardkurve aus, sondern auch auf die Empfindlichkeit des Tests. In der Tat kann man z. B. zeigen, daß unter gleichen Bedingungen die unterste Nachweisgrenze für Penicillin im Lochtest um 1—2 Zweierpotenzen niedriger liegt als diejenige des Cylindertests. Bei relativ schwer diffusiblen Antibiotica und kurzer Diffusionszeit wird der Unterschied noch größer. Man kann nun durch ein besonderes Verfahren die Empfindlichkeit des Cylindertests erhöhen und sie derjenigen des Lochtests nähern oder angleichen. Es besteht in dem sog. Zweischicht-Agar[135]. Es wird in der Schale zuerst eine Grundschicht von unbesätem Agar gegossen. Nach dem Erstarren wird darauf eine ganz dünne Schicht von besätem Agar gebracht. Für die Verhältnisse einer Normalpetrischale (10 cm Durchmesser) besteht die Grundschicht z. B. aus 6 ml Agar, während darüber eine zweite Schicht von nur 4 ml besätem Agar gegossen wird. Auf diese Weise kann man die Sensibilität des Cylindertests derjenigen des Lochtests angleichen, besonders dann, wenn die Gesamtschichtdicke des Agars sehr niedrig gehalten wird. Das Arbeiten mit so dünnen Agarschichten ist aber wegen der Austrocknungsgefahr nicht sehr bequem. Zudem ist der Guß schwieriger vor allem dann, wenn man mit vegetativen Keimen arbeitet und den Agar bei 50° C besäen und gießen muß. Demgegenüber erscheint die Tatsache als Vorteil, daß die Sensibilität des Lochtests prinzipiell unabhängig von der Schichtdicke des Agars ist, sofern das Loch stets randvoll beschickt ist.

Ein spezieller Nachteil ergibt sich beim Cylindertest dann, wenn Vollblut titriert werden soll oder eine andere Flüssigkeit mit sedimentierenden Partikeln. Diese setzen sich nämlich als Film auf die vom Cylinder begrenzte kreisrunde Agarfläche ab und behindern so den Diffusionsaustausch zwischen der wäßrigen Phase des Agars und der Testflüssigkeit. Beim Lochtest spielt die Sedimentation keine Rolle, weil hier als Fläche für den Diffusionsvorgang die senkrecht stehende Wand des Agarloches figuriert; die sedimentierten Partikel sammeln sich auf dem Lochboden, der von der Glasplatte der Agarschale gebildet wird.

Die Entscheidung, ob im Einzelfall der Lochtest oder der Zylindertest angewendet werden soll, ist in der Praxis keine grundsätzlich wichtige Angelegenheit, sondern hängt weitgehend von subjektiven Auswahlmomenten des jeweiligen Arbeiters, von der Laboratoriumstradition und nicht zuletzt von der Ausrüstung ab. Wir bevorzugen in unserer Arbeit den Lochtest, weil wir ihn als besonders bequem ansehen.

C. Der Papierblättchentest

Das Prinzip des Papierblättchen-Tests besteht in folgendem: Es wird eine bestimmte Menge der zu titrierenden Lösung auf ein Papierblättchen gebracht. Das Blättchen wird getrocknet und anschließend auf einen mit einem geeigneten Testkeim besäten Agar gelegt. Der entstehende Hemmhof wird mit den Hemmhöfen solcher Papierblättchen verglichen, deren Gehalt an Antibioticum bekannt ist.

1. Ausführung eines Versuchsbeispiels

(Mikrotitration von Penicillin in Vollblut)

Entnahme des Untersuchungsmaterials. Man benötigt 0,06 ml Blut. Einstich in die Fingerbeere oder ins Ohrläppchen. Mit einer in 100 Teilstriche dividierten 0,1 ml fassenden Blutzuckerpipette wird 0,07 ml Blut entnommen. Aus der Pipette werden auf 2 kreisrunde Papierblättchen je 0,03 ml Blut gebracht; der Rest von 0,01 ml wird verworfen. Die Papierblättchen liegen dabei auf einer Glasplatte und werden anschließend sofort in den Brutschrank zur Trocknung gebracht (etwa 1 Std.). Die Papierblättchen sind rund und haben einen Durchmesser von 9 mm. Sie bestehen aus dem saugfähigen Papier Schleicher und Schüll Nr. 2247. Ihr Fassungsvermögen beträgt 0,03—0,04 ml, ohne daß sie triefen, oder beim Verschieben auf der Glasplatte eine feuchte Spur hinterlassen.

Standard. Wir verfügen über einen Vorrat von getrockneten Blättchen, die jeweils einen Gesamtbetrag von 0,001; 0,002; 0,004; 0,008; 0,016; 0,032; 0,064; 0,128 E Penicillin enthalten. Die Blättchen werden mit einer Lösung von Penicillin in Pferdeserum beschickt. Herstellung der Penicillinblättchen s. S. 151; Herstellung von Penicillinlösung in Pferdeserum s. S. 72–73. Die Blättchen werden getrennt in einer Serie von Glasgefäßen aufbewahrt.

Testobjekt. Wir verwenden den Stamm Bac. subtilis ATCC 6633 als Sporensuspension in der gleichen Form wie beim Lochtest für Penicillin (s. S. 90). Einsaat: 7500 Sporen pro ml Agar. Zum Unterschied vom Lochtest werden jedoch die Platten nicht mit 80 ml flüssigen Agars beschickt, sondern nur mit 50 ml. Dadurch wird die Schichtdicke des Agars nahezu auf die Hälfte reduziert und der Test gewinnt an Empfindlichkeit. Beim Bebrüten

ist die Platte besonders vorsichtig abzudecken, um Eintrocknung und die dadurch hervor-
gerufene Bildung von Rissen zu vermeiden. Es werden auf die Oberfläche der so gegossenen
Platte beide Testblättchen und die Standardblättchen appliziert. 18 Std. Bebrütung. Die
Hemmhöfe des Standards werden gegen den Logarithmus des Blättchengehaltes aufgetragen.
Die Hemmhöfe der zwei Testblättchen werden ausgemessen und der Mittelwert in die so
erhaltene Eichkurve interpoliert.

Berechnung. Man erhält nach der Interpolation beispielsweise einen Wert von 0,004 E.
Das bedeutet: Das mit dem Patientenblut imbibierte Testblättchen enthält nach Trocknung
einen Gesamtbetrag von 0,004 E Penicillin. Dieser ist in 0,03 ml Blut enthalten gewesen.
Die zu ermittelnde Blutkonzentration beträgt demnach $0,004 \cdot 33,3 = 0,13$ E/ml. Dieser Wert
bezieht sich auf die *Blut*konzentration. Um die *Serum*konzentration zu erhalten, müssen
wir diesen Wert noch mit dem Umrechnungsfaktor 1,65 multiplizieren (s. S. 84). Der
Patient hat mithin eine *Serumkonzentration* von 0,21 E/ml Penicillin.

Empfindlichkeit. Der beschriebene Test hat für Penicillin eine unterste Nachweisgrenze von
0,03—0,06 E/ml Blut. Das heißt: 0,03 ml einer Penicillinlösung von 0,03 E/ml machen, auf
dem Blättchen befindlich, einen noch eben wahrnehmbaren Hemmhof. Die Empfindlichkeit
des Tests steigt prinzipiell, sobald man den Betrag an entnommenem Blut pro Blättchen
heraufsetzt und fällt, sobald die Blutmenge pro Blättchen kleiner wird. Für die Aufnahme
von größeren Blutmengen als 0,03 ml muß man sehr dicke oder sehr große Blättchen verwenden. In beiden Fällen ergeben sich Unannehmlichkeiten: Das dicke Blättchen nimmt
Blut nur sehr langsam auf und das große Blättchen saugt sich nicht gleichmäßig voll. Deshalb
scheint uns die hier skizzierte Lösung als der beste Kompromiß.

2. Anwendung auf andere Hemmstoffe. Bewertung für die Praxis

Die eben geschilderte Methode kann auf alle Hemmstoffe übertragen werden.
Sie wird stets unter den sinngemäß gleichen technischen Voraussetzungen aus-
geführt wie der Lochtest. Man verwendet also die gleichen Teststämme, die gleichen
Nährböden usw. und hält nur die Agar-Schichtdicke kleiner, um eine höhere
Empfindlichkeit zu erzielen.

Der Blättchentest ist für die Praxis außerordentlich bequem, sobald die Testblättchen des Standards einmal angefertigt sind und vorrätig gehalten werden.
Besonders angenehm ist es auch, daß der Kliniker nach Abnahme und Beschickung
der Blättchen den Versand in einem einfachen Briefumschlag vornehmen kann.
Der Test ist gegen Kontamination so unempfindlich, daß besondere Sterilitäts-
vorkehrungen unnötig sind. Störungen durch Kontamination kommen beim
nichtsterilen, aber sauberen Arbeiten kaum vor. Bei der Abnahme ist strikte
darauf zu dringen, daß die Blättchen mit genau abgemessenen Mengen Patientenblut beschickt werden. Auf keinen Fall ist es angängig, den ausgetretenen
Bluttropfen direkt mit dem Blättchen aufzusaugen. Als Faustregel kann gelten,
daß der Blättchentest in seiner Nullgrenze eine Zweierpotenz höher liegt als der
mit dem gleichen Stamm ausgeführte Lochtest.

Eine besondere Anzeige zur Verwendung des Blättchentests ergibt sich dann,
wenn die zu untersuchende Lösung flüchtige Stoffe enthält, die selbst antibakteriell
wirken, z. B. Alkohol. Dieser Fehler wird durch das Trocknen der Blättchen
beseitigt.

D. Vorteile und Nachteile des Diffusionstests

Die *Vorteile* des Diffusionstests sind kurz zusammengefaßt folgende:

1. Relative Unempfindlichkeit gegen Kontamination. Es kann auch unsteriles
Material geprüft werden.

2. Einfache Technik. Arbeitsersparnis.

3. Interpolierbare Einzelwerte.

4. Geringe Beträge an benötigter Testflüssigkeit. Dies gilt auch für die Makromethoden.

5. Schnelle Erkennung von Störungsfaktoren (Parallelität von Standard- und Testkurve als zusätzliche Kontrolle).

6. Die Eigenhemmung des Serums spielt als Fehlerquelle praktisch keine Rolle.

Nachteile:

1. Die Ausrüstung ist etwas teurer als beim Verdünnungstest.

2. Die Empfindlichkeit ist für den gleichen Teststamm beim Diffusionstest geringer als beim Verdünnungstest.

VI. Titration eines Hemmstoffes in Gegenwart eines zweiten

A. Verfahrensprinzipien

Gelegentlich ergibt sich für den Mikrobiologen die Aufgabe, die Konzentration eines Hemmstoffes in Proben zu bestimmen, die gleichzeitig einen zweiten Hemmstoff enthalten. Klinisch ist diese Situation dann gegeben, wenn wir dem Patienten eine Kombination von zwei Chemotherapeutica verabfolgen und die mikrobiologische Konzentrationsbestimmung für einen oder beide Stoffe im Serum durchführen wollen. Dies ist nur dann möglich, wenn für den mikrobiologischen Hemmungseffekt der Serumprobe eines der beiden Kombinationselemente allein maßgebend ist und das andere ausfällt. Die entsprechenden Testmethoden fußen dementsprechend alle darauf, die bacteriostatische Wirkung von einem der beiden Stoffe auszuschalten. Hierfür stehen folgende Wege offen:

1. Man kann einen der beiden Hemmstoffe *durch Antagonisten* in seiner Wirkung annullieren. Beispiel: In einer Serumprobe, die Penicillin und Sulfadiazin enthält, kann man den bacteriostatischen Effekt des Sulfonamidanteils dadurch beseitigen, daß man dem Nährmilieu, in dem die Bestimmung erfolgt, 50 γ/ml p-Aminobenzoesäure zusetzt. Es bleibt der reine Penicillineffekt übrig.

2. Man kann durch besondere Einwirkungen die unerwünschte Substanz *zerstören.* Versetzen wir z. B. eine Serumprobe, welche Penicillin und Sulfadiazin enthält, mit Penicillinase, so wird das Penicillin selektiv inaktiviert und der verbleibende bacteriostatische Effekt kann auf das Sulfadiazin allein bezogen werden. Nicht immer aber stehen spezifische Inaktivierungsmethoden zur Verfügung. Hier kann aber oftmals die verschiedene Stabilität der beiden Stoffe mit Erfolg herangezogen werden. Haben wir z. B. eine Serumprobe, in welcher sowohl Chloramphenicol als auch Chlortetracyclin vorhanden sind, so genügt es, das Serum 48 Std. im Brutschrank stehen zu lassen; es erfolgt hierdurch eine vollständige Inaktivierung des Chlortetracyclins, während das Chloramphenicol erhalten bleibt (s. S. 177 u. 178).

3. Ist es mit den eben angeführten Methoden nicht möglich, das störende Chemotherapeuticum zu beseitigen, so bleibt nichts anderes übrig, als den *Teststamm* so zu wählen, daß er gegenüber einem — dem interessierenden — Hemmstoff eine hohe Sensibilität zeigt, während er sich gegenüber dem unerwünschten Hemmstoff resistent verhält. Ergibt sich z. B. die Notwendigkeit, in einem Gemisch von Penicillin und Streptomycin das Penicillin zu titrieren, so ist eine

Beseitigung des Streptomycineffektes durch selektive Inaktivierung nicht möglich. Wir können den Test nur dann ausführen, wenn wir einen Stamm zur Verfügung haben, der gegenüber Penicillin eine hohe Sensibilität, gegenüber Streptomycin aber Resistenz zeigt.

Bei der mikrobiologischen Beurteilung von Hemmstoffgemischen befolgt man also das Prinzip, die Wirkung aller Hemmstoffe bis auf die eines einzigen auszuschalten und diese dann auf den entsprechenden Standard zu beziehen. In der Literatur wird dieser Grundsatz nicht immer streng durchgeführt. Einige Autoren begnügen sich damit, den bacteriostatischen Titer der entsprechenden Serumprobe mit einem Testkeim zu ermitteln, der gegen beide der vorhandenen Stoffe hochempfindlich ist; dieser Wert wird dann auf einen willkürlich gewählten Standard bezogen. Dieses Verfahren ist unkorrekt; seine Resultate kommen in unberechenbarer Weise zustande.

Hat man z. B. in einer Blutprobe 10 γ/ml Streptomycin und 0,2 E/ml Penicillin und titriert dieses Gemisch im Röhrchentest einfach aus, so ergeben sich je nach dem Teststamm gänzlich unterschiedliche Resultate; sie können unter Umständen um das 100fache schwanken. Die Differenzen rühren nicht allein daher, daß jeder Teststamm sein besonderes Verhältnis zwischen Streptomycin- und Penicillinsensibilität besitzt, sondern auch darauf, daß die Kombination beider Stoffe in nicht übersehbarer Weise Potenzierungen der bacteriostatischen Wirkung zeitigen kann. Darüber hinaus ergeben sich aber noch weitere Verwirrungen, sobald man nun versucht, den an sich schon fragwürdigen Hemmtiter des Serums auf den Standard eines einzigen Hemmstoffes zu beziehen. Je nachdem, ob man die Titerwerte in einen Streptomycinstandard oder einen Penicillinstandard interpoliert, wird man wiederum neue Ergebnisse erhalten. Da jedes Chemotherapeuticum sein besonderes Spektrum besitzt, kann man die bacteriostatische Potenz einer Arzneimittelkombination erschöpfend und unabhängig von den besonderen Eigenschaften eines Teststammes nur dann kennzeichnen, wenn man für jeden der vorhandenen Hemmstoffe gesondert eine exakte Konzentrationsangabe macht. Der „bacteriostatische Titer" eines 2 Hemmstoffe enthaltenden Serums ist als solcher für die klinische Beurteilung unbrauchbar, da er sich lediglich auf die besondere Sensibilitätskonstellation eines einzigen Stammes bezieht. Es ist nicht statthaft, ihn auf einen Standard zu beziehen — auch dann nicht, wenn das Resultat unter Verzicht auf Konzentrationsangaben in Form von „Wirkungsäquivalenten" formuliert wird. Es wird nämlich damit eine für alle Stämme gültige Verbindlichkeit vorgetäuscht, die nicht gegeben ist: Für jeden anderen Stamm als den verwendeten Teststamm können sich die Werte als falsch erweisen.

B. Die Ausschaltung der störenden Stoffe

1. Wir erwähnten bereits, daß man den bacteriostatischen Einfluß der in einer Probe vorhandenen *Sulfonamide* ausschalten kann, wenn man die ganze Bestimmung in einem Milieu durchführt, welches 50 γ/ml p-*Aminobenzoesäure* enthält. Dies Verfahren wird praktisch bei allen Kombinationen angewendet, bei denen das eine Element von Sulfonamidkörpern gebildet wird. *Kontrolle:* Man fügt dem mit p-Aminobenzoesäure versetzten Nährboden 200 γ/ml Sulfadiazin zu und besät dieses Gemisch mit dem Testkeim. Es muß Wachstum erfolgen (Kontrolle auf Intaktheit des p-Aminobenzoesäure-Antagonismus).

2. *Penicillin* wird am besten durch *Penicillinase* ausgeschaltet. Diese Methode kann man bei all den Fällen zur Anwendung bringen, in welchen sich der zu titrierende Hemmstoff mit Penicillin zusammen in der Probe befindet. Man fügt dem zu testenden Serum vor der Verarbeitung 10 E/ml Penicillinase zu und bebrütet im Wasserbad bei 37° C 1 Std. lang (0,95 ml Serum + 0,05 ml einer

Lösung von 200 E/ml Penicillinase). Die Penicillinase ist käuflich*. Zu beachten ist, daß die Haltbarkeit der Penicillinase begrenzt ist. Man muß deshalb eine Aktivitätskontrolle für die Penicillinase ansetzen: Eine in Pferdeserum hergestellte Penicillinlösung, deren Konzentration 5mal so hoch ist wie die in der Serumprobe zu erwartende, wird mit der gleichen Menge Penicillinase beschickt wie die Probe und ebenso behandelt. Dieser Ansatz muß in Bouillon dem eingesäten penicillinempfindlichen Testkeim volles Wachstum erlauben oder im Agar die Fähigkeit zur Hemmhofbildung verloren haben. Die Penicillinase hat auf die Diffusion des Penicillins in den Agar ebenso wenig Einfluß wie auf das Wachstum des Testkeimes im flüssigen Nährboden. Diesbezügliche Kontrollen erübrigen sich.

3. Wenn eine Kombination eines chemisch stabilen Hemmstoffes mit einem labilen vorliegt, so können wir das Serum einer Behandlung aussetzen, in welchem der labile Hemmstoff inaktiviert wird. Wir erwähnten als Beispiel, daß nach 48 Std. Brutschrankaufenthalt das Chlortetracyclin völlig inaktiviert ist, während das Chloramphenicol aktiv bleibt. Den gleichen Effekt hat für alle Tetracycline eine 3 Std. dauernde Erhitzung auf 56° C bei p_H 7,8. Wenn man diese Methoden verwenden will, muß man natürlich entsprechende Kontrollen ansetzen. Es werden für den eben erwähnten Fall im Serummilieu zwei Lösungen von jeweils 50 γ Tetracyclin und von 100 γ/ml Chloramphenicol hergestellt. Diese Lösungen werden der Hitze exponiert und zusammen mit der Probe titriert. Das Tetracyclin muß inaktiviert sein; das Chloramphenicol darf keinen Titerverlust zeigen.

4. Die letzte Möglichkeit, einen der beiden Hemmstoffe auszuschalten, liegt schließlich in der entsprechenden *Auswahl des Teststammes*[62, 73]. Dies Verfahren macht unter Umständen alle vorhergenannten Arbeitsmethoden überflüssig. Ist z. B. im Patientenserum Streptomycin in Gegenwart von Penicillin zu titrieren, so ist ein Penicillinasezusatz dann notwendig, wenn der Teststamm Bac. subtilis ATCC 6633 verwendet wird, der sowohl gegen Penicillin als auch gegen Streptomycin hochempfindlich ist. Verwendet man hingegen einen FRIEDLÄNDER-Stamm, so ist der Penicillinasezusatz unnötig: Die Penicillin-Hemmungsdosis für den FRIEDLÄNDER-Stamm (Kl. pneumoniae) liegen bei mehreren Hundert E/ml. Hier kommt eine Beeinträchtigung des Wachstums durch Penicillin weder direkt in Betracht, noch in Form eines bacteriostatischen Synergismus unterschwelliger Dosen. Trotzdem sollte man der Ordnung halber Kontrollen ansetzen. Diese sollen, sofern in flüssigem Milieu gearbeitet wird, den Untersucher davon überzeugen, daß sich die Streptomycin-Hemmdosis des Teststammes in der Standardreihe nicht ändert, wenn der Standard in einem Milieu angelegt wird, welches 50 E/ml Penicillin enthält. Man muß also für Streptomycin zwei Standardreihen anlegen: Eine wie üblich und die andere mit einem für alle Röhrchen konstanten Zusatz von 50 E/ml Penicillin. Die Hemmungsdosis von beiden Standardreihen muß gleich groß sein. Arbeitet man mit dem Lochtest, so muß man ebenfalls zwei Standardreihen anlegen. Wir erläutern dies an einem Beispiel.

Es ist die Aufgabe gestellt, Penicillin in Gegenwart von Streptomycin zu titrieren. Eine Inaktivierung des Streptomycins unter Schonung des Penicillins ist unmöglich. Nun konnte ein Stamm von Streptococcus pyogenes, Gruppe A, ausfindig gemacht werden, dessen Hemmungsdosis für Penicillin bei 0,003 E/ml

---

* Difco. Baltimore; Schenley, New York.

8*

liegt, für Streptomycin jedoch bei 200 γ/ml. Wir haben diesen Stamm für den Lochtest verwendet. Die Hemmhöfe sind sehr bequem zu messen, da sie hämolytisch aufgehellt sind.

Es wird dabei eine Kultur des Str. pyogenes diffus auf die Oberfläche von Blutagar verimpft (Überlaufenlassen einer 18 Std. alten Bouillonkultur).

Abb. 42, Kurve A, zeigt den reinen Penicillinstandard für den erwähnten Stamm. Die entsprechende Kurve deckt sich mit derjenigen eines Penicillinstandards, der bei einem konstanten Zusatz von 100 γ/ml Streptomycin angelegt wurde; man sieht, daß beide Standardkurven zusammenfallen. Erhöht man

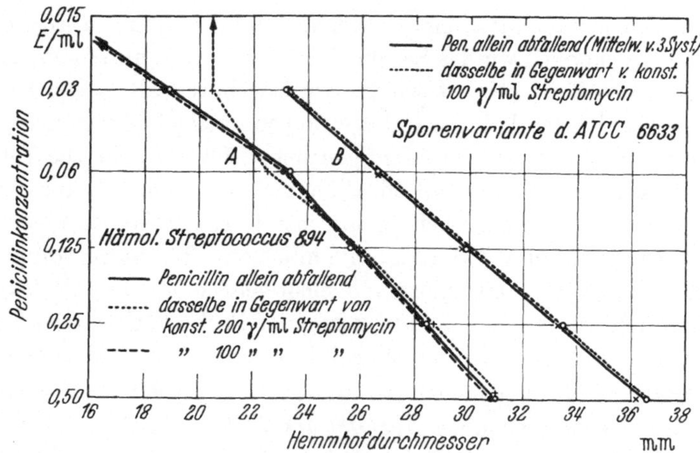

Abb. 42. Ausführung des Penicillin-Lochtestes in Gegenwart von Streptomycin

den Streptomycinzusatz nun auf 200 γ/ml, so zeigt sich folgendes: Die Hemmungshöfe werden bei fallender Konzentration des Penicillins anfänglich kleiner, und zwar entsprechend dem streptomycinfreien Standard. Dann aber, von einer gewissen Penicillinkonzentration ab (0,03 E/ml), bleibt der Hemmhof auf einer Größe von 20,5 mm stehen. Offensichtlich wird er jetzt allein vom Streptomycin gebildet. Das angegebene Titrationssystem mit dem Streptococcus pyogenes verträgt demnach eine Belastung von 100 γ/ml Streptomycin durch alle Penicillinkonzentrationen. Es verträgt hingegen eine Streptomycinbelastung von 200 γ/ml nur noch bedingt; es können unter diesen Umständen nur solche Penicillinkonzentrationen bewertet werden, die höher sind als 0,6 E/ml.

Wie kann man nun die *Streptomycintoleranz eines Penicillin-Titrationssystems* im Lochtest erhöhen? Es gibt zwei Möglichkeiten: Entweder wir erhöhen die Einsaat, oder wir nutzen den verschiedenen Diffusionsmodus der beiden Stoffe aus. Eine Vergrößerung der Einsaat kommt, wie wir wissen, einer Erhöhung der Streptomycin-Hemmungsdosis gleich, während die Penicillin-Hemmungsdosis hiervon nicht betroffen wird (s. S. 45, 46). Die Ausnutzung der verschiedenartigen Diffusionsmodi[70, 108] der beiden Stoffe geschieht dadurch, daß man die Platte vor der Bebrütung 5—6 Std. im Zimmer stehen läßt. Dies ist die auf S. 98 analysierte Situation des „Diffusionsvorsprunges" mit einer Vergrößerung der Hemmhöfe. Nun kann man zeigen, daß die Größe der durch Penicillin gebildeten Hemmungshöfe sich durch eine lange Diffusionszeit viel stärker verändert als die Größe der durch Streptomycin produzierten Hemmhöfe. Es gelingt tatsächlich, durch Verlängerung der Diffusionszeit die Streptomycintoleranz des erwähnten Systems (Abb. 42, A) von 100 γ/ml auf 200 γ/ml zu erhöhen. Die bei der normalen Diffusionszeit demonstrierte unterste Nachweisgrenze beträgt für eine Belastung von 200 γ/ml Streptomycin 0,06 E/ml Penicillin. Unterhalb dieser Penicillinkonzentration übernimmt das Streptomycin die Hofbildung. Bei Verlängerung der Diffusionszeit senkt sich die unterste, ohne Störung nachweisbare Penicillinkonzentration auf Werte, die kleiner sind als 0,015 E/ml, d. h. die Hemmhofkurve mit der Streptomycinbelastung von 200 γ/ml gleicht sich jetzt derjenigen des Streptomycin-freien Penicillinstandards vollkommen an. Um also eine möglichst hohe Toleranz unseres Penicillin-Titrationssystems gegenüber Streptomycin zu erzielen, wähle man also eine *dichte Einsaat* und *verlängere die Diffusionszeit* um 6—8 Std.

Die eben beschriebene Testmethode funktioniert für klinische Zwecke absolut einwandfrei, denn man braucht im Serum des Menschen bei der Streptomycintherapie mit Konzentrationen, die höher sind als 40 γ/ml, nicht zu rechnen. Immerhin hat die Methode einen Nachteil: Das Arbeiten mit einem pathogenen Teststamm, der zum Wachstum zudem eine Blutplatte braucht, ist unbequem. Wir haben in unserem Routinebetrieb deshalb eine Lösung bevorzugt, die wir kurz skizzieren wollen, da sie als allgemein gültiges Beispiel von Interesse ist.

Das Arbeiten mit dem sonst so bequemen Stamm Bac. subtilis ATCC 6633 ist bei der Penicillintitration in Gegenwart von Streptomycin deshalb nicht möglich, weil dieser Stamm gegen Streptomycin ebenso hochempfindlich ist wie gegen Penicillin. Wir konnten nun aus der Population des Teststammes eine Mutante „fischen", die bei voll erhaltener Penicillinsensibilität eine Streptomycinhemmungsdosis von 500 γ/ml besitzt.

Das technische Vorgehen war sehr einfach: Es wurde eine Population von etwa 10^{11} vegetativen Keimen (Schleudersatz einer Bouillonkultur von 100 ml) in toto auf eine Agarplatte ausgespatelt, die 2000 γ/ml Streptomycin enthielt. Es entwickelte sich eine einzige Kolonie. Diese wurde auf einem Agar mit der gleichen Streptomycinkonzentration überprüft und noch über drei Streptomycinpassagen von 1000 γ/ml geschickt. Von der 4. Passage ab wurde normaler Agar benutzt. Die so erhaltene Variante hat sich auf eine Hemmungsdosis von 500 γ/ml Streptomycin eingestellt und ist dabei seit 4 Jahren konstant verblieben. Dieses Verfahren kann man beliebig anwenden, um Varianten eines Teststammes zu isolieren, die eine bestimmte Resistenz zeigen sollen.

Das Verfahren des einmaligen Ausspatelns führt nicht immer zum Ziel. Man kann es dann mit Bouillonpassagen versuchen. Nehmen wir an, wir wollten von einem streptomycinempfindlichen Stamm des Staph. aur. eine resistente Variante züchten. Wir legen einen Röhrchentest mit Streptomycin an und besäen mit großen Einsaaten des Stammes (1—2 Millionen/ml). 2—3 Tage Bebrütung. Anschließend wird ein zweiter Röhrchentest angelegt. Als Einsaat verwendet man dabei die Population, die sich im letzten bewachsenen Röhrchen der ersten Streptomycinreihe befindet. Erneute Bebrütung von 2—3 Tagen und neue Streptomycinreihe, für die jetzt als Einsaat das letzte bewachsene Röhrchen der zweiten Reihe verwendet wird usw. Es ergibt sich, wie die Abb. 50 auf S. 157 zeigt, eine rasche Resistenzsteigerung. Das gleiche Verfahren kann man sinngemäß auch mit festen Nährböden durchführen. Dies ist aber umständlicher. Man beachte, daß die Resistenzsteigerung um so leichter zu erzielen ist, je mehr man die Bebrütungszeit in der einzelnen Passage ausdehnt. Besonders gute Ergebnisse ergibt eine Bebrütungsdauer der Einzelpassagen von 8 Tagen. Man muß außerdem darauf achten, rechtzeitig den Konzentrationsbeginn der nächstfolgenden Reihe zu erhöhen, um der steigenden Toleranz des Stammes gerecht werden zu können. Eine längere Bebrütungsdauer in den Einzelpassagen ist natürlich nur dann durchführbar, wenn das verwendete Antibioticum einigermaßen stabil ist. Die erhaltenen resistenten Varianten sollen eine Zeitlang auf Nährböden mit einem konstanten Gehalt an dem betreffenden Hemmstoff weitergezüchtet werden. Anschließend muß aber geprüft werden, ob sich die Resistenz auch bei Fortzüchtung der Variante auf Hemmstoff-freiem Nährboden hält. Oft ist dies der Fall. Bei einigen Varianten verschwindet die Resistenz langsam oder schneller. Die Resistenzsteigerung gelingt am leichtesten für das Streptomycin. Bei Penicillin, Tetracyclin und Chloramphenicol ist sie bedeutend schwieriger aber durchaus zu realisieren. Es gehört nur mehr Geduld dazu als beim Streptomycin.

Ein Lochtest mit der *streptomycinfesten Variante* des Bac. subtilis ATCC 6633 (Abb. 42, Kurve B) erweist, daß die Standardkurve gleich verläuft, ob der Penicillinabfall nun in Gegenwart von konstant 100 γ/ml Streptomycin erfolgt oder ohne Streptomycin. Im Routinebetrieb ziehen wir diesen Test vor.

VII. Die Beurteilung der chemotherapeutischen Sensibilität pathogener Keime

A. Grundlagen für die klinische Anwendung chemotherapeutischer Stoffe auf Grund bakteriologischer Untersuchungen

1. Der Sensibilitätsbegriff

Bisher ist in diesem Buche von chemotherapeutischen Aktivitäten die Rede gewesen. Wir haben bei der Behandlung dieses Begriffes zu zeigen versucht, daß sich aus der in vitro bestimmten Wirkungsgröße eines Präparates Angaben über den Gehalt an wirksamer Substanz herleiten lassen. Die hieraus entwickelten Verfahren werden von der Klinik zum Zwecke der Konzentrationsbestimmung verwendet. Es wird dabei gefragt, mit welcher Konzentration an chemotherapeutisch wirksamem Stoff man im Blut, Gewebe, Exsudat usw. rechnen kann. Der nach diesem Verfahren bestimmte Wert ist für sich allein allerdings wenig aufschlußreich. Wenn es beispielsweise heißt, daß im Gewebe des Patienten eine Konzentration von 0,2 E/ml Penicillin vorhanden ist, so erhält diese Aussage erst dann einen Sinn, wenn gleichzeitig angegeben wird, ob der Erreger durch diese Konzentration auch tatsächlich beeinflußt werden kann. Wir haben bereits in Abschnitt I ausgeführt, daß nach unseren heutigen Vorstellungen die chemotherapeutische Einwirkung auf den Erreger im Wirtsorganismus qualitativ identisch ist mit der Wachstumsbehinderung, wie sie sich mit demselben Medikament im Reagenzglasversuch demonstrieren läßt. Wir nehmen also an, daß sich bei dem Phänomen der chemotherapeutischen Heilung prinzipiell dasselbe abspielt, was wir im Reagenzglasversuch als Wachstumshemmung bzw. Wachstumsverlangsamung beobachten. Hieraus folgt, daß man als mikrobiologisches Korrelat des chemotherapeutischen Ansprechens in vivo die Wachstumshemmung des Erregers betrachten kann. Es geht daraus nun wieder hervor, daß bei einer gegebenen Konzentration ein klinischer Effekt nur dann zu erzielen ist, wenn die Wachstumsbehinderung des Erregers eine bestimmte Schwelle überschreitet. Es erhebt sich die Frage, wo diese kritische Schwelle liegt. Genügt für den chemotherapeutischen Erfolg bereits eine geringgradige Wuchsverlangsamung? — oder ist ein Erfolg nur gewährleistet, wenn es zum völligen Wachstumsstillstand kommt? Ist es für die Heilung nicht sogar notwendig, daß durch das Chemotherapeuticum ein Absterbevorgang ausgelöst wird?

Auf diese Fragen eine bindende Antwort zu geben, ist deshalb unmöglich, weil wir die Faktoren, die das Geschehen im Wirtsorganismus bestimmen, quantitativ überhaupt nicht in Ansatz bringen können. Es muß aber jedenfalls angenommen werden, daß es Infektionen gibt, bei welchen ein Übergewicht der Kräfte des Wirtsorganismus sowieso besteht. Hier kürzt der chemotherapeutische Eingriff den Heilungsprozeß nur ab und erleichtert die Keimvernichtung die auch ohne Chemotherapie erfolgen würde. Nun existieren aber zweifellos andere Fälle, bei welchen das Kräfte-Übergewicht auf der Seite der Erreger liegt; dies ist eine Situation, welche nur durch eine chemotherapeutische Intervention zugunsten des Organismus umgekehrt werden kann. Ist das Überwiegen der Erregervitalität über den Organismus sehr gering, so kann man annehmen, daß schon eine leichte Behinderung im Wachstum genügt, um die Mikroorganismen den antibakteriellen Kräften gegenüber ins Hintertreffen zu bringen. Ist der Vorsprung der Erreger aber sehr groß, ist ihre Wachstumsgeschwindigkeit höher als das Tempo der immunbiologischen Keimvernichtung, so genügt —wir dürfen es annehmen — eine Wachstumsbehinderung geringen Grades nicht mehr — es muß also auf die Erreger eine Kraft wirken, die sie hart an die völlige Wachstumsarretierung bringt. Schließlich sind Situationen denkbar, bei denen auch die volle Wachstumsbehinderung nichts nützt; es sind Fälle, bei welchen zur Heilung eine durch das Chemotherapeuticum selbst bewirkte Sterilisierung notwendig ist (s. S. 127, 159).

Nach diesen Ausführungen kommt jedem Infektionsfall theoretisch eine zur Heilung notwendige chemotherapeutische Mindesteinwirkung zu. Als solche kann man, auf die Gesamtheit des Wirtskörpers bezogen, die antibakterielle Wirkungsgröße ansehen, welche noch gerade in der Lage ist, den Kräften des Wirtsorganismus das Übergewicht zu verschaffen. Das Korrelat dieser Größe wäre dann eine Konzentration, welche das Wachstum gerade über die kritische Schwelle hinaus verlangsamt. Dieser Grenzwert ist natürlich weder explorierbar noch zu formulieren. Man tut aber trotzdem gut daran, ihn als theoretische Größe in Betracht zu ziehen. Wir können nämlich sagen, daß wir einen chemotherapeutischen Erfolg prinzipiell erwarten können, sobald die Konzentration des wirksamen Stoffes im Gewebe so hoch ist, daß sie den Erreger in den Zustand der Wachstumsunterbrechung oder der Wachstumsverlangsamung versetzt. Nun kann man bei jedem chemotherapeutischen Stoff feststellen, daß der Konzentrationsbereich zwischen der vollen Bacteriostase und der eben wahrnehmbaren Wachstumsverlangsamung relativ eng ist: Er beträgt nur selten mehr als eine Zweierpotenz. Für die Voraussage genügt es demnach festzustellen, in welcher Größenordnung sich die voll bacteriostatische Konzentration befindet. Wir können dann abschätzen, ob der Ansprechbarkeitsbereich des Stammes innerhalb derjenigen Konzentrationen liegt, welche wir im Blut und Gewebe des Kranken erzeugen können, oder ob er außerhalb dieser Werte liegt: Im ersten Fall ist ein Erfolg *möglich*, im zweiten Fall nicht. Wir haben gesehen (s. S. 44), daß das, was wir als Hemmungsdosis im Reagenzglasversuch bestimmen, keineswegs der Dosis minima bacteriostatica entspricht, sondern diejenige Konzentration bezeichnet, welche eine dem freien Auge als „Hemmung" imponierende *Wuchsverlangsamung* hervorruft. Der für die volle Hemmung im Sinne des absoluten Wachstumsstillstandes erforderliche Betrag ist diesem Wert jedenfalls sehr benachbart, so daß wir für die Praxis kurzweg sagen können: Aussicht auf einen chemotherapeutischen Erfolg besteht dann, wenn die im bakteriologischen Versuch bestimmte „Hemmungsdosis" kleiner ist als die im Organ vorhandene Hemmstoffkonzentration.

Die vorstehenden Ableitungen und Folgerungen sind anhand von Spekulationen bestimmt worden. Es erhebt sich die Frage, inwieweit sie nachweisbar für die Verhältnisse der Praxis Geltung besitzen. Mit anderen Worten: Läßt es sich durch klinische Beobachtung belegen, daß eine Heilung dann erfolgt, wenn die Hemmungsdosis des Erregers kleiner ist als der Organkonzentration entspricht? Läßt es sich umgekehrt auch zeigen, daß ein chemotherapeutischer Erfolg nicht zu erwarten ist, wenn die Schwellendosis des Erregers wesentlich höher ist als der Hemmstoffgehalt des Krankheitsherdes? — Der erste Teil der Frage kann nur unter Einschränkungen beantwortet werden: Wir können einen chemotherapeutischen Erfolg bei der zuerst genannten Situation dann erwarten, wenn die Heilung nicht durch komplizierende Faktoren behindert wird. Hierüber wird in Kapitel 4 dieses Abschnittes noch Näheres gesagt werden. Zum zweiten Teil der Frage kann hingegen wesentlich eindeutiger Stellung genommen werden: Man kann ohne weiteres sagen, daß eine chemotherapeutische Wirkung dann ausgeschlossen ist, wenn die Hemmungsdosis des Erregers wesentlich höher ist als der Organkonzentration entspricht, wenn also der im Organismus realisierte Hemmstoffspiegel im Hinblick auf die Wachstumsbehinderung des Erregers nach dem Ausfall des bakteriologischen Versuchs unterschwellig bleibt. Diese Erfahrung ist für ein überwältigendes Krankengut als gültig erkannt worden. Berichte über klinische Heilungen trotz bakteriologisch erwiesener Resistenz halten einer wissenschaftlichen Kritik nicht stand (s. Kapitel VII, A, 4). Im Tierexperiment will eine Gruppe von Autoren unter bestimmten Bedingungen abweichendes Verhalten beobachtet haben[145]; diese Befunde besitzen für die Klinik jedoch keine Relevanz.

Man charakterisiert das Verhalten des Erregers im Hinblick auf die Organkonzentration des jeweiligen Falles mit den Kurzbezeichnungen *„resistent"* oder *„sensibel"*. Mikrobiologisch gesehen liegt die Erscheinung der Resistenz dann vor, wenn die Hemmungsdosis des Erregers über der erreichbaren Organkonzentration liegt. Läßt sich die Organkonzentration durch besondere Maßnahmen über den Wert der Hemmungsdosis hinaus steigern, so sprechen wir von *relativer Resistenz*. Ein Beispiel hierzu stellt das Verhalten der Enterokokken dar: Bei diesen Erregern finden wir Stämme, deren Hemmungsdosis für Penicillin bei 5 E/ml liegt. Bei der gewöhnlich angewendeten Verabreichung von 500 000 E Penicillin pro Tag als Depot kann nicht damit gerechnet werden, daß im Gewebe eine Konzentration entsteht, die höher ist als die angegebene Hemmungsdosis des Stammes. Trotzdem besteht die Möglichkeit, diese Infektion mit Penicillin zu behandeln, sofern es gelingt, die Organkonzentration über das Niveau der Hemmungsdosis zu heben.

Hierzu stehen zur Verfügung: 1. Erhöhung der Dosis. Bei 10 000 000 E pro die kann man mit einem Gewebespiegel zwischen 8 und 10 E/ml rechnen. 2. Lokale Anwendung als Pulver, Lösung oder Salbe. Hier können unschwer lokale Konzentrationen von 100 und mehr Einheiten pro ml erreicht werden. (Beispiel: Lokale Penicillintherapie bei chronischen Mittelohreiterungen, oder Infektionen des Auges.) 3. Man kann schließlich durch Verzögerung der Ausscheidung die Organkonzentration höhertreiben. Ein Beispiel hierzu ist die Anwendung des Caronamid und seiner Abkömmlinge. Diese Stoffe verlangsamen durch spezifische Nierenblockade die Penicillinausscheidung und erhöhen so die Gewebekonzentrationen.

Eine *absolute Resistenz* liegt vor, wenn die Hemmungsdosis des Stammes so hoch ist, daß auch bei Anwendung der eben geschilderten Maßnahmen keine Aussicht besteht, eine Organkonzentration zu realisieren, die höher ist als die Hemmungsdosis des Stammes. Wenn ein Stamm von Proteus 1200 E/ml Penicillin zu seiner Hemmung benötigt, so sprechen wir dem Stamm eine absolute Resistenz gegen Penicillin zu. Jeder Behandlungsversuch ist hier vergeblich.

2. Homogenes und heterogenes Verhalten von Erregergruppen

Die chemotherapeutische Resistenz oder die Sensibilität kann in der Art begründet sein oder innerhalb derselben Species von Stamm zu Stamm wechseln. So zeigt z. B. die serologische Gruppe A des Str. pyogenes gegen Penicillin eine einheitliche Sensibilität, die durchwegs sehr hoch ist. Echte Ausnahmen sind so selten, daß man sie vernachlässigen kann. Die Penicillinempfindlichkeit dieser Erregergruppe ist also eine *homogene*. Ähnliches Verhalten gegenüber dem Penicillin zeigen Pneumokokken, Meningokokken und Gonokokken. Andererseits verhält sich die Gattung Staphylococcus aureus gegenüber dem Penicillin keineswegs einheitlich: Es gibt innerhalb dieser Erregergruppe im Hinblick auf die Penicillinempfindlichkeit zwei Untergruppen: Einerseits die Gruppe der Penicillinasebildner und andererseits die Gesamtheit der Stämme, welche keine Penicillinase produzieren. Die Penicillinasebildner sind penicillinresistent und die Penicillinasenegativen Stämme sensibel. Die chemotherapeutische Sensibilität der Gattung Staph. aur. ist also eine *heterogene*; sie wechselt von Stamm zu Stamm. In diesem Zusammenhang muß auch das Verhalten der Viridansgruppe dem Penicillin gegenüber erwähnt werden. Es ist heterogen, und zwar findet man von den Graden höchster Sensibilität bis zur relativen Resistenz zahlreiche Zwischenstufen.

Man bezeichnet die Gesamtheit der Stämme, die sich gegenüber einem gegebenen Chemotherapeuticum sensibel verhalten, als dessen *Wirkungsspektrum*. Wie aus den obigen Erläuterungen hervorgeht, setzt sich das Wirkungsspektrum einmal aus solchen Gattungen zusammen, die eine homogene, alle Stämme umfassende Sensibilität zeigen; zu diesen kommt noch die Gesamtheit derjenigen Stämme, die als Individuen innerhalb heterogener Arten empfindlich sind.

3. Klinisch begründete Verordnung und bakteriologisch gezielte Therapie

Es ergeben sich für den behandelnden Arzt bei der Verordnung eines Chemotherapeuticums folgende Ausgangsmöglichkeiten:

a) Die Symptomatologie der Krankheit ist so eindeutig, daß die klinische Diagnose die ätiologische Diagnose in sich enthält. Die bakteriologische Untersuchung hat dann für die Diagnose nur noch bestätigenden Charakter. Beispiel: Klinisch *eindeutige* Fälle von Scharlach oder von Angina lacunaris ergeben mit der klinischen Diagnose bereits ausreichende Gewißheit über die Art des Erregers, nämlich den Str. pyogenes A. Da dieser ohne Ausnahme hochempfindlich gegenüber Penicillin ist, steht in praxi die chemotherapeutische Indikation bereits mit der klinischen Diagnose fest. Die Bestimmung der Sensibilität ist hier nicht unbedingt notwendig. Wird sie unternommen, so soll sie nur als Bestätigung der sofort verordneten Penicillintherapie verwendet werden. Ein Zuwarten mit der Therapie bis zum Einlauf der bakteriologischen Diagnose und dem Resultat der Sensibilitätsbestimmung ist besonders bei Patienten mit Rheuma-Anamnese nicht gerechtfertigt. Hierher gehören auch diejenigen Fälle des Typhus abdominalis und der Ruhr, die im Rahmen einer Epidemie ausbrechen und deshalb leicht diagnostizierbar sind. Hier hat die Chloramphenicoltherapie (Typhus) bzw. die Therapie mit schwerlöslichen Sulfonamiden oder mit Breitspektrumantibiotia (Ruhr) sofort einzusetzen. Die bakteriologische Diagnose dient auch hier lediglich zur Bestätigung der eingeleiteten Maßnahmen. Eine Resistenzbestimmung ist nur bei den seltenen Therapieversagern erforderlich, da sowohl S. typhi gegen Chloramphenicol als auch die Erreger der bakteriellen Ruhr gegen Sulfonamide und Tetracyclin mit wenigen Ausnahmen eine hochgradige Empfindlichkeit zeigen*.

b) Bei einem großen Teil der Fälle, mit denen der praktische Arzt zu tun hat, ist die bakteriologische Diagnose zur Präzisierung der klinischen Diagnose

---

* Sulfonamidresistente Fälle von Ruhr kommen bei der E-Ruhr gelegentlich vor. Bei der Flexner-Ruhr sind sie häufiger[28]. Bei der nicht-toxischen Ruhr geht man aber mit Sulfonamiden praktisch kein Risiko ein.

unerläßlich. Sie figuriert damit nicht mehr allein als Bestätigung der bereits ätiologisch formulierten Klinikdiagnose, sondern ist ein Element dieser Diagnose selbst. Beispiel: Ein Ausfluß aus der Harnröhre kann unspezifisch oder gonorrhoisch sein. Eine Meningitis kann durch eine Vielzahl von Erregern hervorgerufen werden. Hier ist die bakteriologische Diagnose Voraussetzung der einzuleitenden Therapie. In den meisten Fällen wird das Grampräparat innerhalb weniger Minuten zeigen, ob die Urethritis gonorrhoisch oder unspezifisch ist, ob die Meningitis durch grampositive oder gramnegative Erreger hervorgerufen ist. Ist die bakteriologische Diagnose „Gonorrhoe" oder „Meningokokkenmeningitis" gestellt, so ist es zunächst wiederum unnötig, eine Sensibilitätsbestimmung durchzuführen, da alle Gonokokken auf Penicillin und alle Meningokokken auf Sulfonamide und Penicillin ansprechen. In diesen und anderen Fällen wird der Bakteriologe dem Kliniker meistens schon auf Grund eines Blickes auf das Grampräparat einen präzisen Therapievorschlag machen können.

c) Bei einem Teil der zur Behandlung kommenden Fälle ist es auch auf Grund einer noch so präzisen bakteriologischen Diagnose nicht möglich, einen bindenden Therapievorschlag zu machen, bevor die Sensibilitätsbestimmung vorgenommen ist. Der Mikrobiologe wird allerdings auch hier versuchen, auf Grund des bakterioskopischen Befundes wenigstens einen vorläufigen Therapievorschlag zu machen; dies geschieht, um die Zeit bis zum Ablesen der Sensibilitätsbestimmung mit einem Mittel zu überbrücken, welches wenigstens mit einer gewissen Wahrscheinlichkeit wirkt. Hier ist die Versuchung natürlich groß, routinemäßig Breitspektrumantibiotica zu verordnen. Um den Verbrauch dieser teuren und keineswegs harmlosen Mittel in vernünftigen Grenzen zu halten, muß der Mikrobiologe von dem Kliniker über die Dringlichkeit eines jeden Falles unterrichtet werden, also darüber, ob ein sofortiger chemotherapeutischer Eingriff notwendig ist, oder ob man mit gutem Gewissen den Ausfall der Sensibilitätsbestimmung abwarten kann. Es ist klar, daß man bei einer Meningitis mit grampositiven, bakterioskopisch nicht näher bestimmbaren Kokken zur Überbrückung sofort Chloramphenicol verordnen muß (s. S. 187). Andererseits ist es ebenso einleuchtend, daß man es einer chronischen Cystitis zumuten sollte, bei Bettruhe abzuwarten, bis alle Untersuchungen abgeschlossen sind. Bei diesen Fällen erweist es sich sogar als besonders wichtig, die Wiederholung der bakteriologischen Untersuchung abzuwarten, um nicht mit einem Antibioticum einen Erreger treffen zu wollen, der im Rahmen einer Bakteriurie nur zeitweise auftritt, oder gar eine Verunreinigung darstellt. Die Situationen, bei welchen es unmöglich ist, nach der klinischen oder bakteriologischen Diagnose allein das optimale Chemotherapeuticum auszuwählen, sind in der Krankenhauspraxis sehr häufig. Es gehören hierher z. B. die Infektionen mit Staphylokokken, mit gramnegativen Stäbchen sowie zahlreiche Mischinfektionen. Hierzu gehören weiter chirurgische Infektionen aller Art, urologische Infektionen, chronische Mittelohreiterungen, chronische Infektionen des Bronchialbaums usw.

Es wird klar geworden sein, daß es keineswegs notwendig ist, bei jedem Fall und bei jeder Erkrankung schematisch vorzugehen, den Erreger zu züchten und seine Chemosensibilität zu bestimmen. Dies ist in der Praxis nur bei solchen Fällen notwendig, bei denen eine klinisch-empirische Arzneiverordnung nicht erfolgen kann; es sind vornehmlich die Fälle, bei welchen der Wirkungsbereich des Antibioticums von resistenten Einzelstämmen „durchlöchert“ ist, wie z. B. bei den Staphylokokken. Im Krankenhausbetrieb wird man natürlich die Sensibilitätsbestimmung in weiterem Rahmen durchführen als in der Praxis.

4. Diskrepanzen zwischen den Ergebnissen der Prüfung in vitro und dem chemotherapeutischen Enderfolg

Wir haben bereits angedeutet, daß auch die höchste in vitro-Sensibilität eines gezüchteten Keimes noch keinerlei Gewähr dafür bietet, daß die klinische Anwendung des betreffenden Medikamentes zum vollen Erfolg führt. Zwischen Erregersensibilität und Enderfolg schaltet sich nämlich eine Anzahl von komplizierenden Faktoren ein. Die Beziehung zwischen in vitro-Sensibilität und klinischem Erfolg muß also besonders vorsichtig formuliert werden. Wir dürfen in diesem Sinne nur sagen, daß es ohne eine entsprechende Sensibilität des Erregers in vivo keine *chemotherapeutische* Heilung geben kann. (Es muß hier daran erinnert werden, daß die Mehrzahl der in der Praxis behandelten Krankheiten auch ohne Chemotherapeuticum heilt!) In der Literatur finden sich zu diesem Themenkomplex eine große Zahl widersprechender Aussagen. Einerseits betonen viele Autoren den Wert der Sensibilitätsbestimmung in so entschiedener Form, daß man den Eindruck hat, die Indikation ihres chemotherapeutischen Eingreifens hinge ausschließlich von dem in vitro-Befund ab. Eine andere Gruppe stellt sich auf den gegenteiligen Standpunkt und behauptet, die Sensibilitätsbestimmungen seien nutzlos, ja irreführend; die Verordnung der Arzneimittel solle ausschließlich nach Gesichtspunkten der rein klinischen Empirie geschehen.

Als Kronzeugen für die in Bausch und Bogen erfolgende Ablehnung der in-vitro-Tests werden Fälle angeführt, deren Ausgang im Widerspruch zu den Ergebnissen des Sensibilitätstestes steht. Hier können zwei Situationen gegeben sein:

1. Der Sensibilitätstest zeigt eine hohe Resistenz gegen das Medikament A. Die mit A durchgeführte Behandlung ergibt trotzdem einen vollen Erfolg.

2. Der Sensibilitätstest zeigt eine hohe Empfindlichkeit gegen das Medikament A. Die mit A durchgeführte Behandlung bleibt ohne klinischen Erfolg.

Diesen Fällen gegenüber stehen andere, bei welchen über eine gute Übereinstimmung (Konkordanz) zwischen klinischem Erfolg und der Sensibilitätsbestimmung berichtet wird. — Die verschiedenartigen Beurteilungen der Laboratoriumsuntersuchungen hinsichtlich ihrer klinischen Brauchbarkeit ergeben sich aus Statistiken, in welchen die Zahl der „konkordanten“ und die Zahl der „diskordanten“ Fälle verglichen werden. Nun gibt es Erfahrungen, die zu einer vernichtenden Kritik der Laboratoriumsverfahren führen [39, 158a, 146], neben solchen, die deren Notwendigkeit, ja Unerläßlichkeit darlegen [31a, 44, 58, 67, 139]. Dem Kliniker fällt hier eine Stellungnahme nicht leicht [88a, 109]. Bevor wir die Frage der Statistiken selbst behandeln, sollen die Faktoren zitiert werden, welche den chemotherapeutischen Erfolg in Widerspruch zum in vitro-Test bringen können.

a) Der Sensibilitätstest wird fehlerhaft ausgeführt. Es wird also damit der Sensibilitätsgrad des Erregers in bakteriologischem Sinne falsch beurteilt. Die zahlreichen Fehlermöglichkeiten, die hierher gehören, werden an anderer Stelle erörtert.

b) Es wird die Sensibilität eines Keimes bestimmt, welcher mit der Ätiologie des zu behandelnden Krankheitsbildes nichts zu tun hat. Am allerhäufigsten ist dieser Fehler bei der urologischen Chemotherapie zu finden. Hier wird vielfach das Züchtungsergebnis schematisch mit dem Erregernachweis identifiziert. Man vergißt dabei allzu leicht, daß aus Urin oft „Erreger" gezüchtet werden, die sich auch ohne Therapie bei einer Wiederholung der Kultur nicht mehr nachweisen lassen, obgleich das klinische Syndrom weiter fortbesteht. Flüchtige Bakteriurien, Kontaminationen und Sekundärbesiedlung mit apathogenen Erregern sind in diesem Bereich sehr häufig. Man sollte es sich deshalb zur Regel machen, einen Keim aus der Blase nur dann als *Erreger* zu betrachten, wenn er bei starker Harnleukocytose in großen Mengen nachgewiesen wird. Ist dies nicht der Fall, so muß die Kultur wiederholt werden. Auf das dringendste sei davor gewarnt, eine einmal nachgewiesene einzelne Kolonie von E. coli, B. Proteus oder Enterokokken ohne Harnleukocytose als „Erreger" zu betrachten und den Sensibilitätstest durchzuführen. Bei solchem Vorgehen ergeben sich dann die erwähnten Diskrepanzen: „Wirkungslosigkeit" der „gezielt" verordneten Chemotherapie, wenn die unter Umständen gänzlich andersartig bedingten Beschwerden nicht aufhören, oder ein „voller Erfolg", wenn beim nächsten Mal die „Erreger" nicht mehr gezüchtet werden. Daß dies auch ohne Chemotherapie der Fall gewesen wäre, läßt sich im Einzelfall post therapiam ja niemals mit Sicherheit nachweisen.

Andere Beispiele rekrutieren sich aus der großen Gruppe der eitrigen Bronchitiden, der Bronchiektasien und der Lungenabscesse. Hier muß nachdrücklich davor gewarnt werden, Keime, die zur Normalbesiedlung der Mundhöhle gehören, wie z. B. vergrünenden Streptokokken, ohne weiteres als „Erreger" anzusehen. Im Sputum findet man stets Normalbewohner der Mundhöhle; ihre Rolle als Krankheitserreger muß im Einzelfall offen gelassen werden, wenn es sich nicht um Reinkulturen bei eitrigem Sputum handelt. So werden im Sputum oft auch Influenzabakterien nachgewiesen, deren Beziehung zur Entzündung keineswegs eindeutig feststeht. Findet man freilich Erreger, deren pathogene Eigenschaften außer Zweifel stehen, wie Staphylokokken oder hämolysierende Streptokokken, — findet man sie dazu noch in Massen, so kann man sie als das Element betrachten, welches die chronische Entzündung unterhält.

Ein letztes Beispiel betrifft die Sensibilitätsbestimmung der Erreger aus der Blutbahn. Hier erlebt man es oft, daß bei wenig eindeutigem Herzbefund eine harmlose Bakteriämie transitorischen Charakters auf die Herzklappe bezogen und dann ohne Wiederholung der Kultur eine Behandlung eingeleitet wird. Ob dieser Fall, der keineswegs eine Endokarditis zu sein braucht, als „voller Erfolg" oder als „Mißerfolg" deklariert wird, hängt dann natürlich von zufälligen Elementen ab.

c) Es wird ein Chemotherapeuticum verordnet, welches auf Grund seiner pharmakodynamischen Beschaffenheit den Infektionsherd nicht erreicht oder nicht in genügender Konzentration. Die Beipiele hierfür sind der Klinik besonders geläufig. Abgeschlossene Empyeme stellen besonders dann, wenn sie von dicken Schichten gefäßarmen Bindegewebes oder Fibrin eingeschlossen sind, der Diffusion des Chemotherapeuticums ein Hindernis entgegen. Hierher gehört z. B. die besondere Situation der Endocarditis lenta oder Infektionen an gefäßarmen Bezirken des Auges. Ein besonderes Kapitel bilden die bakteriell verursachten Erkrankungen der Leber- und Gallenwege. Hier muß besonders darauf geachtet werden, daß ein gallengängiges Medikament verordnet wird. Bei der Behandlung der Meningitis wird man diese Gesichtspunkte ebenfalls zu berücksichtigen haben (s. S. 186 ff.).

d) Bei der chemotherapeutischen Behandlung chirurgischer Eiterungen, die voll ausgebildet sind, wird oft vergessen, daß die Verabfolgung von Medikamenten, seien diese auch noch so wirksam, keinesfalls die Entleerung des abgeschlossenen Eiterherdes überflüssig machen können. Man kann zwar durch sehr frühzeitiges Ansetzen der Chemotherapie beginnende Abscesse kupieren. Eine voll ausgebildete Osteomyelitis oder Mastitis aber wird man operieren müssen, ebenso einen paranephritischen Absceß, oder eine Mastoiditis. Ist aber dem Eiter einmal Abfluß verschafft, so heilt bekanntlich der Absceß auch allein — wenigstens in der Mehrzahl der Fälle. Die Anwendung von chemotherapeutischen Stoffen wird den Heilungsverlauf zwar unterstützen — wer aber möchte entscheiden, was hier a conto des chirurgischen Eingriffes zu veranschlagen ist und was auf die unternommene Chemotherapie zurückgeht?

e) Bei gewissen Infektionen ist es zu dem Zeitpunkt, in welchem eine klinische Diagnose möglich wird, für eine chemotherapeutische Einwirkung bereits zu spät. Hierher gehören die Syndrome, die durch stark toxinbildende Stämme hervorgerufen werden. Tetanus, Diphtherie und Botulismus bieten der Chemotherapie kaum direkte Angriffspunkte zu einer Heilung. Diese sind vielmehr in einer entgiftenden Therapie (Serum) zu suchen. Man wird natürlich Chemotherapeutica anwenden, weil sie nichts verderben können — im übrigen wird man seine Hoffnung aber mehr auf die Serumtherapie und gegebenenfalls auf die chirurgische Sanierung der Giftproduktionsstätte setzen. Besondere Erwähnung mögen hier die Infektionen mit stark toxinbildenden Staphylokokken finden, wie sie als Operationssaalinfektionen der Wunde auftreten. Eine zweite, gleichermaßen gefürchtete Erscheinungsform der Staphylokokkeninfektion ist die Enteritis. In beiden Fällen wird zwar das Schicksal des Erkrankten auch von der antibakteriellen Einwirkung auf die Erreger abhängen. Die wichtigste Frage aber ist, ob es gelingt, die Erscheinungen der Toxinämie zu überwinden. Es wird also auch hier Fälle geben, bei welchen mit einem Mißerfolg trotz guter in vitro-Sensibilität gerechnet werden muß.

f) Die Fähigkeit der einzelnen Chemotherapeutica, aus dem Blut in die Gewebe einzuwandern, ist sehr verschieden. Es wird bei der Frage, ob ein Stamm als resistent oder als sensibel zu betrachten ist, sehr oft von der erreichbaren Serumkonzentration ausgegangen. Dabei muß man aber berücksichtigen, daß sich bei bestimmten Chemotherapeutica im Gewebe nur ein Bruchteil der Blutkonzentration vorfindet. Dies gilt vor allem für bestimmte Sulfonamide. Bei einigen ist der Verteilungskoeffizient 0,1, bei anderen 0,8. Wenn also im Serum eine Konzentration von 50 mg-% herrscht, so würde im ersten Fall das Gewebe nur 5 mg-% aufweisen, im zweiten Fall aber 40 mg-%. Bei Penicillin muß man mit einer Bindung an die Bluteiweißkörper rechnen. Diese ist beim Penicillin X so exzessiv groß, daß dieses Penicillin trotz seiner im Reagenzglas typischen Penicillinwirkung im Tierversuch und in der Klinik versagt. Beim Penicillin G ist die Bindung nicht dermaßen hoch wie beim Penicillin X. Sie beträgt aber auch etwa 50%. Es ist deshalb notwendig, darauf hinzuweisen, daß zwischen der Blutkonzentration und der Hemmungsdosis des Erregers ein gewisser Abstand bestehen muß, den man als *therapeutische Mindestreserve* bezeichnen kann. Wenn also ein Erregerstamm mit der Penicillin-Hemmungsdosis von 0,2 E/ml aufgefunden wird, so ist es unter Umständen bedenklich, diesen Stamm als „sensibel" zu bezeichnen. Die unter praktischen Ärzten übliche Tagesdosis von 0,5 Mega Penicillin realisiert zwar einen Spiegel von 0,3—0,5 E/ml über eine lange Zeit. Die therapeutische Reserve ist hier aber so klein, daß die eigentliche chemotherapeutische Wirkung schon durch minimale Beeinträchtigungen zunichte gemacht werden kann.

Fassen wir die vorstehenden Erörterungen zusammen, so ist folgendes festzustellen: Der Ausfall des Sensibilitätstests gibt zwar eine grundsätzliche Auskunft über die Möglichkeiten, dieses oder jenes chemotherapeutische Mittel zu verwenden. Eine präzise Voraussage ist aber nicht möglich. Im Einzelfall sind Diskrepanzen in jeder der beiden Richtungen möglich. Es können also Therapieversager bei mikrobiologisch erwiesener Sensibilität ebenso vorkommen, wie Behandlungserfolge bei Auffindung resistenter Keime.

Im Lichte der eben diskutierten Komplikationen erscheinen zahlreiche Untersuchungen über die Brauchbarkeit der Sensibilitätstests schwach fundiert — mögen sie nun auf Grund „ausgedehnter Erfahrungen" und mit „großem Material" feststellen, daß sich der therapeutische Enderfolg in Übereinstimmung mit den Resultaten des Sensibilitätstests befindet, oder daß er im Gegensatz dazu steht. Die Ursache für den geringen Wert dieser statistischen Untersuchungen liegt darin, daß das „Material" zum großen Teil aus solchen Syndromen besteht, die auch ohne chemotherapeutische Eingriffe zu heilen pflegen, daß überaus häufig Mikroorganismen als Erreger betrachtet und getestet werden, deren ätiologische Beziehung zum behandelten Symptomenbild eine sehr fragwürdige ist und daß schließlich keine einwandfreien Gegenkontrollen zur Verfügung stehen (die Tatsache, daß in vielen Fällen die Tests selbst falsch angewendet und interpretiert werden, soll außer Betracht bleiben). Man kann eben nicht alle Routinefälle, die im Laufe einiger Jahre behandelt worden sind, einfach zusammenstellen, sie danach gruppieren, ob der chemotherapeutische Erfolg mit dem Resultat des Sensibilitätstests übereinstimmt und dann über den Wert des Tests entscheiden wollen. Eine diesbezügliche Untersuchung müßte, wenn sie wirklichen Aufschluß bringen sollte, über ein weitgehend homogenes Material von Fällen verfügen, bei denen es sicher ist, daß sie ohne chemotherapeutische Maßnahmen nicht heilen. Dieses Material müßte dann wieder geteilt werden: Eine Hälfte müßte nach dem Ausfall der Sensibilitätstests behandelt werden, die andere Hälfte aber mit den nach dem Test kontraindizierten Medikamenten. Es ist klar, daß eine solche Untersuchung nicht durchgeführt werden kann. Uns erscheint deshalb das Bemühen, den Sensibilitätstest um jeden Preis durch klinische Statistiken legitimieren zu wollen, irreal. Fragen dieser Art können eben nur an relativ einfachen Modellen, wie sie z. B. der Tierversuch darstellt, untersucht und beurteilt werden. Und in dieser Hinsicht kann kein Zweifel darüber bestehen, daß die *chemotherapeutische* Wirkung im Wirtsorganismus in erster Linie davon abhängt, daß die Erreger durch die in vivo herrschenden Konzentrationen am Wachstum gehindert werden. Hier muß auch deutlich zum Ausdruck gebracht werden, daß es nicht angeht, die Richtigkeit der befolgten Testmethodik nach „klinischen Erfolgszahlen" zu beurteilen. Darüber, ob ein Testsystem richtig funktioniert, kann aus den erwähnten Gründen niemals auf Grund der Heilungsstatistik entschieden werden, sondern immer nur durch eine genaue Analyse der experimentellen Einzelfaktoren und durch ihre sinngemäße Berücksichtigung unter Einbeziehung pharmakodynamischer, chemischer, physikochemischer und tierexperimenteller Daten.

Die vorstehenden Ausführungen laufen erneut auf die Feststellung hinaus, daß ein guter Teil der in der Routine mit Antibiotica behandelten Fälle einen fehlerhaften Test oder eine fehlerhafte Indikation durchaus verträgt, ohne daß der therapeutische Enderfolg darunter leidet. In der Mehrzahl der Fälle verordnet der Arzt heute Antibiotica dort, wo die Heilung auch ohne den chemotherapeutischen Eingriff vor sich gehen würde. Die Situationen, in welchen der richtige oder falsche Einsatz des Chemotherapeuticums direkt und eklatant wahrnehmbar über klinische Heilung oder Mißerfolg entscheidet, machen nur einen Bruchteil des Krankengutes aus. Nun sind es aber gerade diese Situationen, welche die sorgfältige und genaue Zusammenarbeit des Arztes mit dem Laboratorium als zwingendes Gebot erscheinen lassen. Anders ausgedrückt: Der Mikrobiologe wird sich in der Mehrzahl der Fälle sagen, daß der von ihm ausgeführte Test für den Kranken nicht gerade über Leben und Tod entscheidet, sondern deshalb ausgeführt wird, weil auch im Bagatellfall eben alles getan wird, um die Therapie optimal zu gestalten. In einer kleinen Zahl von Fällen aber entscheidet der richtige Therapievorschlag des Mikrobiologen direkt über das Leben des Patienten. Je größer im übrigen die chemotherapeutischen Kenntnisse und Erfahrungen des Klinikers bzw. des Mikrobiologen sind, desto öfter werden sie es verantworten können, auf die Tests zu verzichten. Unserer Erfahrung nach wird ein Schaden nicht nur durch Unterlassung der Tests angerichtet, sondern oft auch durch übereifrige schematische Ausführung und Bewertung desselben.

5. Wirkungsmodus und Sensibilitätsbegriff

Wir haben in den bisher behandelten Abschnitten die quantitative Bewertung der antibakteriellen Wirkung auf Grund von Hemmungsversuchen vorgenommen. Wir werden sehen, daß den Verfahren der Sensibilitätstests dasselbe Prinzip zugrunde liegt. Der Hemmungstest erfaßt nun, wie wir verschiedentlich hervorgehoben haben, die bacteriostatische Wirkung, d. h. sein Ablese-Endpunkt entspricht einem bestimmten Grad der Wachstumsverlangsamung. Er ist prinzipiell nicht in der Lage, über evtl. auftretende Absterbevorgänge Auskunft zu geben. Nun haben wir in Abschnitt II, A, 2 die Art und Weise der chemotherapeutischen Wirkung für verschiedene Einzelmedikamente besprochen und dabei festgestellt, daß mit einer bactericiden Wirkung nur bei dem Penicillin, dem Streptomycin und dem Bacitracin zu rechnen ist. (Neomycin, Polymyxin B und Tyrothricin weisen unter bestimmten Bedingungen zwar ebenfalls bactericide Wirkungen auf; sie werden aber selten verwendet.) Es erhebt sich die Frage, ob bei den bactericiden Stoffen die Angabe der Hemmungsdosis für die Kennzeichnung der therapeutischen Potenz ausreicht. Andererseits ist zu fragen, ob es nicht Fälle gibt, bei denen sich für die chemotherapeutische Heilung ein rein bacteriostatischer Effekt als ungenügend erweist.

Man kann für den Großteil der bakteriellen Infektionen behaupten, daß die Verwendung von bactericiden Medikamenten keinen Vorteil ergibt, wenn man sie mit der Wirkung von bacteriostatischen Medikamenten vergleicht. Wir wissen, daß es kaum möglich ist, zu behaupten, die bacteriostatischen Breitspektrumantibiotica befänden sich dem bacterициden Penicillin gegenüber in einem durch den Wirkungstyp bedingten Nachteil. Tatsächlich verhält sich die Mehrzahl der Fälle so, als ob mit der Bacteriostase das Schicksal der Erregerpopulation besiegelt sei: Die leukocytäre Keimvernichtung geht offensichtlich so rasch vonstatten, daß eine zusätzliche, direkt vom Antibioticum bewirkte Lysis für die Schnelligkeit der Heilungsvorgänge kaum mehr ins Gewicht fällt. Dies gilt, wie gesagt, für die Mehrzahl der bakteriellen Infektionen. Nun existieren aber Grenzfälle, bei denen der Heilerfolg im Hinblick auf sein Ausmaß und die Schnelligkeit seines Eintrittes davon abhängt, ob das verabreichte Medikament unabhängig von den Leukocyten eine direkte chemotherapeutische Bactericidie bewirkt. Solche Situationen scheinen bei gewissen Formen der Meningitis vorzuliegen.

Hier konnte beobachtet werden, daß Penicillin allein besser wirkt als in Kombination mit Aureomycin[106]. Vom letztgenannten Medikament weiß man, daß es in vitro unter bestimmten Bedingungen den Grad der Penicillinbactericidie herabsetzt, die Penicillinwirkung also mehr dem bacteriostatischen Typ annähert. Das Manko dieser Untersuchung liegt aber darin, daß eine Angabe darüber nicht gemacht wird, wie in dieser Serie das rein bacteriostatisch wirkende Aureomycin für sich allein abschneidet. Wenn die Theorie der Autoren richtig ist, so müßte Aureomycin allein gleiche oder noch schlechtere Ergebnisse zeigen als die Kombination Penicillin + Aureomycin und keinesfalls bessere als Sulfonamid (gleiche Sensibilität der Erreger vorausgesetzt). Dies zu verifizieren, fällt allerdings schwer, da bei der Meningitisbehandlung die pharmakodynamischen Gegebenheiten der verschiedenen Medikamente eine besonders große Rolle spielen. Besonders weitreichend kann aber der angenommene prinzipielle Vorteil des bactericiden Wirkungstyps nicht sein, denn bis heute ist es kaum möglich zu beweisen, daß bei der Meningokokken-Meningitis das bactericide Penicillin mehr Vorteile bringe als das bacteriostatische Sulfonamidderivat Sulfapyrimidin.

Bei der Agranulocytose könnte man annehmen, daß bactericide Medikamente vor bacteriostatischen eindeutige Vorteile besäßen. Überzeugend ist dies aber bis heute nicht dargetan worden. Die Beurteilung wird stets dadurch erschwert, daß beinahe jedes Medikament seine besonderen pharmakodynamischen Gegebenheiten hat. Dazu kommt noch, daß die bactericiden Stoffe ein enges Wirkungsspektrum haben, während die bacteriostatischen Stoffe wenigstens z. T. zu den Antibiotica mit breitem Spektrum gehören. In Tierversuchen hat man zeigen können, daß es gelingt, durch antagonistische Herabsetzung der Bactericidierate (Zusatz von Chloramphenicol oder Tetracyclin zu Penicillin) die Heilungsquote herabzusetzen[86, 140, 141]. Auch hier erhebt sich aber die Frage, in welchem Ausmaß diese mit experimentellen Kunstgriffen herausmodellierten Verhältnisse für die Klinik Gültigkeit haben[31, 156]. Der Kliniker wird bei der Chemotherapie der Infektionskrankheiten eine generelle Bevorzugung der bactericiden Medikamente wegen ihres Wirkungstyps allein kaum stichhaltig vertreten können. — In dieser Hinsicht gibt es nur eine einzige Ausnahme, und das ist die Endocarditis lenta[3, 98]. In der Tat sind hier die Heilerfolge mit bacteriostatischen Medikamenten durchweg schlechter als mit bactericiden[81]. Es läßt sich darüber hinaus zeigen, daß die Kombination Streptomycin-Penicillin die besten Resultate ergibt, wobei gleichzeitig bewiesen werden kann, daß diese Kombination die Bactericidierate erheblich steigert[64, 84, 123].

Bei der Endokarditis lenta ist nun tatsächlich der Begriff „Sensibilität" in einem von den sonstigen Gepflogenheiten der Chemotherapie abweichendem Sinne zu formulieren. Wir verwenden hier zur Charakterisierung der chemotherapeutischen Sensibilität nicht die *Hemmungsdosis*, sondern die *sterilisierende* Dosis, d. h. die kleinste Konzentration, welche eine gegebene Population innerhalb eines bestimmten Zeitraumes total vernichtet.

Wir können abschließend feststellen, daß als gemeinschaftlicher Nenner der chemotherapeutischen Wirkung die bacteriostatische Wirkung betrachtet werden kann. Dementsprechend genügt als Kennzeichen für die Sensibilität eines Stammes die im Hemmungsversuch ermittelte kleinste Wirkungsdosis. Nur bei der Endokarditis ist dies Merkmal unzureichend. Hier tritt anstelle der Hemmungsdosis die sterilisierende Dosis.

Ob einige Chemotherapeutica neben der bacteriostatischen Wirkung nicht auch einen davon unabhängigen „opsonischen" Effekt haben, ist unbekannt, erscheint aber nicht ausgeschlossen. Unter opsonischer Wirkung versteht man eine besondere Art der Einwirkung auf die Erreger, die sich in einer höheren Phagocytosebereitschaft zeigt.

6. Festlegung der Grenzen zwischen Sensibilität und Resistenz für die einzelnen Stoffe

Wir haben in Absatz 1 dieses Abschnittes dargelegt, daß bei dem Gebrauch des Begriffes „chemotherapeutische Sensibilität" stets zwei Größen miteinander in Beziehung gesetzt werden, nämlich einerseits die Konzentration, mit welcher wir in vivo rechnen können, und andererseits die zur Hemmung des fraglichen Stammes in vitro notwendige Dosis. Damit ist gesagt, daß die Gewebskonzentration das Definitionskriterium für den Begriff Resistenz und Sensibilität bildet.

Nun ist aber zu betonen, daß bei der Formulierung des Begriffes der „chemotherapeutischen Sensibilität" die erwähnte Beziehung Gewebekonzentration — Hemmungsdosis keineswegs von Anfang an verwendet worden ist. Der Begriff der mikrobiologisch prüfbaren Sensibilität ist ja mit dem Aufkommen der Antibiotica sehr früh in Gebrauch gekommen und hat anfänglich eine rein empirische Festlegung erfahren. In rein empirischem Sinne bezeichnen wir einen Stamm gegenüber einem Chemotherapeuticum als „sensibel", wenn uns die klinische Erfahrung lehrt, daß Infektionen mit ihm und seinen Artgenossen durch die chemotherapeutische Behandlung eindeutig und eindrucksvoll beeinflußt werden.

Um dies anschaulich darzulegen, versetzen wir uns in Gedanken in die Lage von Klinikern, denen Penicillin zur Verfügung steht, die aber zu klinischen Erfahrungsberichten keinerlei Zugang haben mögen. Wir erleben in dieser Lage nun Infektionen mit A-Streptokokken und stellen fest, daß sie in der Klinik so gut wie immer prompt und eindrucksvoll auf Penicillin ansprechen. Die Größe, die das chemotherapeutische Verhalten der A-Streptokokken gegenüber Penicillin zum Ausdruck bringt, ist die Hemmungsdosis. Sie beträgt ungefähr 0,01 E/ml. Dürfen wir diese Beziehung im Analogieschluß verallgemeinern, dürfen wir also ohne weiteres damit rechnen, daß sich auch Infektionen mit andersartigen Mikroorganismen als penicillinempfindlich erweisen, wenn die Hemmungsdosis für ihre Erreger in der gleichen Dimension liegt wie diejenige der A-Streptokokken? Es erscheint uns von großer Wichtigkeit darauf hinzuweisen, daß dieses direkte Analogieverfahren unter Umgehung der klinischen Empirie für die Praxis prinzipiell unstatthaft ist. Wenn wir also Staphylokokkenstämme finden, welche in vitro die gleiche Penicillinempfindlichkeit aufweisen, wie wir sie für die klinisch gut ansprechenden A-Streptokokken als charakteristisch ansehen, so kann letzten Endes doch erst die klinische Beobachtung erweisen, ob die *Infektion* mit diesen Staphylokokken ebenso auf Penicillin anspricht wie die Streptokokkeninfektion. Das obige Gedankenexperiment soll darlegen, daß der klinisch benutzte Begriff „Sensibilität" keineswegs allein auf dem mikrobiologischen Verhalten des Erregerstammes einem bestimmten Chemotherapeuticum gegenüber beruht, sondern seine Legitimation erst durch die direkte klinische Empirie erfährt. Wenn ich demnach als Hemmungsdosis eines Staphylokokkenstammes 0,02 E/ml Penicillin finde und den Stamm als „sensibel" bezeichne, so steckt dahinter einmal die allgemeine Erfahrung, daß Erreger, deren Hemmungsdosis in dieser Größenordnung liegt, klinisch auf Penicillin ansprechen. Es steckt dahinter aber auch die spezielle Erfahrung, daß die Staphylokokken von dieser Regel keine Ausnahme machen.

Die Behauptung, ein Stamm einer bestimmten Art XY sei „penicillinempfindlich", ist in klinischer Hinsicht also stets *doppelt fundiert*: Einmal durch das *mikrobiologische Experiment* des Einzelfalles, welches den Stamm in eine bestimmte Empfindlichkeitskategorie einreiht, zum andern aber durch die *klinische Erfahrung*, daß Infektionen mit in vitro gleichartig reagierenden Angehörigen der Art XY auf Penicillin klinisch tatsächlich gut ansprechen. Dies zu betonen, ist deshalb so wichtig, weil in der Praxis der Sensibilitätsbestimmung immer wieder die Versuchung naheliegt, den Boden der direkten klinischen Empirie zu verlassen und aus der Hemmungsdosis allein Indikationen zu stellen. Ein Beispiel hierfür liefert z. B. der Typhus abdominalis. Der Typhuserreger zeigt in vitro gegenüber Tetracyclin und Chloramphenicol eine hohe Empfindlichkeit. Nun hat aber die klinische Erfahrung eindeutig erwiesen, daß das Krankheitsbildbild des Typhus abdominalis durch Chloramphenicol unvergleichlich viel besser beeinflußt wird als durch Tetracyclin. Die Ursachen hierzu sind noch nicht endgültig geklärt. Wenn wir also vom Typhuserreger sagen, er sei chloramphenicolempfindlich, besitzt diese Aussage klinische Verbindlichkeit und ist in der erwähnten doppelten Form fundiert. Sobald wir aber erklären, der Typhuserreger sei „empfindlich" gegenüber Tetracyclin, beruht unsere Feststellung allein auf mikrobiologischen Daten; es fehlt ihr der Hintergrund der direkten klinischen Erfahrung — sie wird ärztlich gesehen zum Unsinn. Das gleiche kann man z. B. auch für den Fall der Erreger des Tetanus und der Diphtherie behaupten. Im Reagenzglasversuch reagieren diese Mikroorganismen gegenüber einigen Antibiotica mit der gleichen Empfindlichkeit wie gewisse andere Erreger, deren klinisches Ansprechen auf die entsprechende Antibiotica-Behandlung außer Zweifel steht. Trotzdem ist es ärztlich gesehen falsch, wenn wir auf Grund eines Tests erklären, der Stamm X des Cl. tetani sei „sensibel" gegen das Antibioticum Y. Die klinische Erfahrung lehrt ja eben, daß beim Tetanus und der Diphtherie eine Erregerhemmung im Reagenzglas klinisch wenig besagt. Wenn wir also nach dem Ausfall der mikrobiologischen Untersuchung ein Medikament empfehlen, so drücken wir damit nicht nur die Beziehung der Hemmungsdosis zur Organkonzentration aus; das Urteil ruht auch in direkten klinischen Erfahrungen.

Damit soll gesagt werden, daß ein einfaches „Ablesen" und routinemäßiges Weitergeben der rein mikrobiologischen Befunde an den Kliniker dem Sinn und den Gegebenheiten des Sensibilitätstests strikte zuwiderläuft. Der Mikrobiologe ist verpflichtet, die abgelesenen Resultate mit den speziellen Verhältnissen des Krankheitsfalles in Beziehung zu setzen; er darf dem Kliniker keinesfalls einen mikrobiologischen *Befund* mitteilen, sondern er muß ihm sein ärztliches *Urteil* abgeben. Daß der Kliniker dann wieder seinerseits dieses Urteil auf eine höhere Ebene bringt und von seiner Sicht aus noch einmal verarbeitet, ist nur natürlich. Es muß aber eben betont werden, daß der Mikrobiologe seine Aufgabe nicht darin sehen soll, Hemmhöfe abzulesen und ihre Größe dem Arzt mitzuteilen, — dazu ist nach entsprechendem Anlernen jeder Laborant in der Lage! — Wir sehen das Verhältnis des Mikrobiologen zu dem behandelnden Arzt viel eher als ein konsiliarisches an, in welchem der breite Hintergrund an Spezialkenntnissen in den klinischen Befund hinein verarbeitet wird. In diesem Sinne möchten wir besonders entschieden gegen die Usancen mancher Laboratorien Stellung nehmen; diese sehen die Aufgabe des mikrobiologischen Tests lediglich darin, den Arzt auf die in vitro unwirksamen Medikamente als solche aufmerksam zu machen und überlassen im übrigen die Wahl unter den mikrobiologisch wirksamen Arzneien gänzlich dem Kliniker.

Es ist anhand der obigen Erörterungen einleuchtend, daß schon für die Einordnung eines Stammes in die klinisch und mikrobiologisch fundierte Klasse der höchsten Sensibilität gewisse Schwierigkeiten bestehen. Diese Schwierigkeiten werden nun aber erheblich größer, sobald die Hemmungsdosis des Stammes ansteigt und sich jenem Bereich nähert, welcher als Grenze zwischen Sensibilität und Resistenz angesehen wird. Mit anderen Worten: Sobald der Abstand zwischen Organkonzentration und Hemmungsdosis klein wird, sobald sich also die therapeutische Reserve vermindert, ist die Voraussage darüber, ob der Stamm auf die Therapie ansprechen wird, sehr schwierig; das Risiko eines Versagers ist wesentlich höher. Es erhebt sich die Frage nach dem Anteil dieser zweifelhaften Fälle an dem klinischen Krankengut.

Die Praxis der Chemotherapie hat gezeigt, daß für zahlreiche Erregerarten und Chemotherapeutica die Entscheidung einfach ist: Der Stamm erweist sich entweder als hochsensibel oder aber als eindeutig resistent. Wir erwähnten bereits, daß es unter den Species der Meningokokken, Pneumokokken, A-Streptokokken und Gonokokken Stämme mit abweichendem Sensibilitätsverhalten gegenüber Penicillin nicht gibt. Es ist hier noch nachzutragen, daß diese Erreger nach der Höhe ihrer Hemmungsdosis zu den penicillinempfindlichsten Mikroorganismen gehören, die wir kennen. Die klinische Erfahrung zeigt denn auch, daß die klassischen Krankheitsbilder der Meningitis, der lobären Pneumonie, Erysipel, Scharlach und der Gonorrhoe dramatisch auf die Penicillintherapie ansprechen; ihr Verlauf zeigt unter der antibiotischen Therapie eine Wendung, die eindeutig auf den therapeutischen Eingriff zu beziehen ist. Die gleichen Verhältnisse zeigen die Staphylokokkeninfektionen: Sofern sich die Stämme gegen Penicillin überhaupt als empfindlich erweisen, ist diese Empfindlichkeit eindeutig, eklatant und zweifelsfrei. Liegt Resistenz vor, so ist diese absolut (s. S. 120). Für die Sulfonamide gilt im Hinblick auf die Meningokokken das gleiche, wie wir es bei Penicillin gesehen haben. Auch hier ist die Sensibilität homogen und dazu hochgradig.

Ein sehr instruktives Beispiel für die Frage der nicht hochgradigen, der mäßigen Empfindlichkeit, also der verringerten therapeutischen Reserve bietet die Sulfonamidtherapie der Staphylokokkeninfektion.

Im Krieg und in den ersten Nachkriegsjahren standen zur Behandlung der Staphylokokkeninfektionen keine anderen Mittel zur Verfügung als die Sulfonamidpräparate. Die Hemmungsdosis des Sulfapyrimidins für Staphylokokken bewegt sich nun etwa in der Nähe dessen, was man bei extrem hoher Dosierung (15 g täglich) im Blut als Konzentration realisieren kann, nämlich bei 150—200 γ/ml. In der Tat zeigten die Sulfonamide bei Staphylokokkeninfektion eine gewisse Wirkung. Sie war mit derjenigen, die man später beim Penicillin kennenlernte, an Sicherheit und Promptheit nicht zu vergleichen, konnte aber nicht geleugnet werden. Durch die Einführung des Penicillins ist die damals als relativ angesehene Sensibilität der Staphylokokken gegenüber den Sulfonamiden praktisch gesehen zu einer absoluten Resistenz geworden: Kein verantwortungsbewußter Arzt wird den Versuch machen, eine Staphylokokkeninfektion mit den extrem hohen Dosen Sulfonamid zu behandeln, auf die man früher mangels einer anderen Lösung zurückgreifen mußte. Heute stehen uns gegenüber der Staphylokokkeninfektion Mittel zur Verfügung, denen gegenüber die Sensibilität der Staphylokokken sowohl mikrobiologisch als auch klinisch-empirisch extrem ist; damit wird das Risiko erheblich vermindert. Die Sulfonamide stellen für eine Staphylokokkeninfektion also keine Indikation mehr dar.

Die erwähnten Beispiele illustrieren eine wichtige Tatsache: Mit zunehmender Bereicherung unseres chemotherapeutischen Arzneimittelschatzes wird die Zahl der Fälle mit nur relativer Sensibilität kleiner. Es kommt immer seltener vor, daß wir uns in Ermangelung eines besseren entschließen müssen, ein Mittel zu verordnen, welches den Erreger nur geringgradig beeinflußt. Die Möglichkeiten, ein hochwirksames Mittel zu wählen, werden mit dem Erscheinen neuer Chemotherapeutica reichhaltiger. Dies hat zur Folge, daß man es sich leisten kann, den Begriff des klinischen Wirkungsspektrums immer mehr auf die *extrem* sensiblen Erreger zu beschränken. Dies ist heute z. B. bei den Sulfonamiden zu beobachten; hier sind die nicht gerade hochgradig sensiblen Erreger in das Indikationsgebiet der Breitspektrum-Antibiotica bzw. des Penicillins oder des Streptomycins gerückt. Ein ähnlicher Vorgang hat sich nach der Entdeckung der Breitspektrum-Antibiotica auch bei dem Penicillin und dem Streptomycin abgespielt.

Eine Verordnung von geringgradig wirksamen Medikamenten muß bei den Keimen erfolgen, für die therapeutisch eine bessere Lösung auch heute noch nicht gefunden werden kann. Hierher gehören Pyocyaneus, Proteus, manche Stämme von Coli u. a. m. Weiterhin wird man es bei Mischinfektionen eventuell in Kauf nehmen, den Keim, der mutmaßlich die Hauptrolle spielt, mit einem hochwirksamen Medikament zu treffen — auch dann, wenn dieses für die Begleitkeime vielleicht weniger wirksam ist. So genügt z. B. für die Therapie der bronchialen Mischinfektionen oft das Penicillin, ohne daß alle Keime, die man züchtet, höchstsensibel sein müssen. Ein besonderer Fall der Indikation von nur relativ wirksamen Stoffen ist die Endokarditis lenta.

Bei der chemotherapeutischen Behandlung von Infektionen der Hohlorgane, wie der Gallen- und der ableitenden Harnwege, pflegt man mit den Anforderungen, die man für die Zuerkennung des Prädikats „sensibel" stellt, etwas nachgiebiger zu sein. Die Berechtigung hierzu ergibt sich nach einer weit verbreiteten Meinung aus der Tatsache, daß sich in Flüssigkeiten wie Galle oder Urin die chemotherapeutischen Stoffe in wesentlich höherer Konzentration befinden, als dies im Gewebe der Fall ist. Bei den Tetracyclinen beispielsweise wird im Urin unter Umständen eine Konzentration von $300-400$ γ/ml erreicht — im Blut höchstens 5 γ/ml! Man nimmt an, daß diese hohe Konzentration chemotherapeutisch besonders wirksam ist. Dies ist aber nicht sicher — es hängt jedenfalls in hohem Maße von der pathologisch-anatomischen Situation ab. Bei einer verschorfenden Cystitis, bei welcher die Erreger in der Tiefe des verschorfenden Gewebes sitzen, wird man sich kaum vorstellen können, daß die hohe Harnkonzentration viel nützt. Wer die chemotherapeutischen Voraussetzungen in Hohlorganen in diesem Sinne betrachtet wissen will, der faßt die chemotherapeutische Behandlung als einen besonderen Fall der Lokaltherapie auf. Nun weiß man aber aus der Dermatologie und der Chirurgie, daß den höheren Konzentrationen, die man bei der lokalen Therapie örtlich erzielt, keineswegs immer ein entsprechend höherer und sicherer therapeutischer Effekt gegenübersteht. Man tut also gut daran, die Kriterien des Sensibilitätsbegriffes bei der Therapie von Hohlorganen und der lokalen Therapie nicht allzu locker zu fassen. Auch hier sollen nach Möglichkeit solche Mittel ausgewählt werden, an deren hochgradiger Wirksamkeit auch bei nicht lokaler Anwendung kein Zweifel besteht. Ist dies nicht möglich, so kann in bestimmten Fällen die lokale Anwendung eines relativ weniger wirksamen Mittels durch die höheren Konzentrationen, in denen es zur Auswirkung kommt, einen Erfolg doch noch erzielen. In dieser Hinsicht ist die Pyocyaneus-Infektion von chronischen Mittelohreiterungen bemerkenswert: Trotz der hohen Hemmungsdosis des Chloramphenicols gegenüber Pyocyaneus (sie beträgt bis zu 100 γ/ml, also das Dreifache des Blutspiegels bei der oralen Therapie) kann man mit lokaler Anwendung einer Chloramphenicollösung von 1000 γ/ml die Eiterung oftmals zum Versiegen bringen. Gleichwohl ist es unmöglich, den Sensibilitätsbegriff und seine Kriterien, wie sie sich für die parenterale und orale Verabreichung der Chemotherapeutica entwickelt haben, für die lokale Therapie und die Besonderheiten der Hohlorgane speziell umzumodeln. Während man für die Allgemeintherapie einigermaßen verbindlich sagen kann, was „hochsensibel" bedeutet, ist dies für den Fall der Hohlorgane und der lokalen Therapie nicht möglich. Hinzu kommt noch, daß bei den Infektionen der Hohlorgane und den lokalen Erkrankungen die klinische Beurteilung der chemotherapeutischen Wirkung nicht immer in dem Maße möglich ist, wie bei den klassischen, dramatischen Fällen, die wir S. 121 u. 186 erwähnt haben. Wir werden im folgenden den Begriff der Sensibilität in allererster Linie im Hinblick auf die bei der Allgemeintherapie erreichbaren Gewebekonzentrationen formulieren.

Tabelle 12. *Einteilung der Erreger in Sensibilitätskategorien nach ihrer Hemmungsdosis**

	hochsensibel	mäßig sensibel	andeutungsweise sensibel	resistent
Penicillin	0,1 E/ml und weniger	0,1—0,5 E/ml	0,5—5 E/ml	5 E/ml und mehr
moderne Sulfonamide	10 γ/ml und weniger	10—50 γ/ml	50—200 γ/ml	200 γ/ml und mehr
Streptomycin . . .	1 γ/ml und weniger	1—5 γ/ml	5—30 γ/ml	30 γ/ml und mehr
Tetracyclingruppe .	1 γ/ml und weniger	1—5 γ/ml	5—30 γ/ml	30 γ/ml und mehr
Chloramphenicol . .	5 γ/ml und weniger	5—20 γ/ml	20—50 γ/ml	50 γ/ml und mehr
Erythromycin . . .	0,3 γ/ml und weniger	0,3—2 γ/ml	2—10 γ/ml	10 γ/ml und mehr
Polymyxin B. . . .	10 E/ml und weniger	10—30 E/ml	30—50 E/ml	100 E/ml und mehr
Neomycin	1 γ/ml und weniger	1—5 γ/ml	5—50 γ/ml	50 E/ml und mehr
Bacitracin	0,1 E/ml und weniger	0,1—0,5 E/ml	0,5—2 E/ml	2 E/ml und mehr

B. Sensibilitätsbestimmung im Reihen-Verdünnungstest

Die Bestimmung des Sensibilitätsgrades einer Bakterienkultur gegenüber einem antimikrobiellen Stoff erfolgt am genauesten dadurch, daß man die Hemmungsdosis für den Stamm im Verdünnungsverfahren ermittelt. Dies kann mit Hilfe von festen oder flüssigen Nährböden erfolgen. Im Prinzip fertigt man eine Serie von Nährbodenchargen an und fügt von Charge zu Charge steigende Mengen des zu prüfenden Stoffes hinzu. Jede Charge wird mit der gleichen Einsaatmenge beimpft. Nach einer angemessenen Zeit, die sich nach den Wachstumseigenschaften des Stammes richtet, wird diejenige Konzentration an Chemotherapeuticum als Hemmungsdosis notiert, die das Wachstum der Einsaat um einen festgelegten Anteil reduziert. Bei flüssigem Nährboden pflegt man das völlige Ausbleiben des mit dem freien Auge sichtbaren Wachstums als Ablese-Effekt anzusehen. Falls man die Verdünnungsreihe in festen Nährböden anlegt, notiert man entweder das völlige Ausbleiben jeder Koloniebildung oder eine Verminderung der Koloniedichte auf etwa 50%.

Wir haben auf S. 42—48 die Elemente des Verdünnungstests in flüssigem und festem Nährboden ausführlich diskutiert und das Zustandekommen derjenigen Größe, die als Hemmungsdosis abgelesen wird, analysiert. Wir verweisen auf die früher gemachten Ausführungen und wollen diese im folgenden auf die besonderen Fragen der Sensibilitätsbestimmung anwenden.

1. Schwankungen der Hemmungsdosis und ihre Ursachen

Wir haben in Abschnitt III A dargelegt, daß es einen Hemmwert schlechthin für eine bestimmte Bakterienkultur und ein gegebenes Chemotherapeuticum nicht gibt. Die Ursache dafür liegt in der Tatsache, daß die Wirkungsintensität der Chemotherapeutica von einer Reihe von Faktoren abhängt, deren Änderung sich sofort auf die Größe der Hemmungsdosis auswirkt. Neben der Größe der Einsaat ist die *Zusammensetzung des Nährbodens* ebenso bedeutsam wie seine

---

* Als Ausgangspunkt dienen die bei der Allgemeintherapie gemachten Erfahrungen. Die Verhältnisse bei der lokalen Anwendung können präzise nicht formuliert werden.

physikochemischen Bedingungen (p_H, Salzgehalt)[44, 45, 87, 117]. Es ergeben sich bei der Variation dieser Größen für ein und dieselbe Bakterienkultur Schwankungen der Hemmungsdosis, die unter Umständen 2—3 Zweierpotenzen umfassen[82], also Differenzen der Ablesung bis zum 8fachen*.

Bei der *Titrierung* der Chemotherapeutica im Verdünnungstest sind die Höhe der Hemmungsdosis und ihre eventuellen Schwankungen ohne Bedeutung, da sie sich gleichmäßig auf die Testreihe und die Standardreihe beziehen. Die absolute Höhe der Hemmungsdosis des Teststammes wird damit zu einem biologischen Parameter, der sich bei der Berechnung wegkürzt und im Endresultat gar nicht erscheint. Bei der *Sensibilitätsbestimmung* ist unser Interesse nun aber gerade auf die Frage gerichtet, welche Hemmungsdosis dem geprüften Stamm selbst zukommt. Es leuchtet ein, daß wir diese immer nur im Hinblick auf die speziellen Bedingungen des jeweiligen Versuchs angeben können. Nun gibt es chemotherapeutische Stoffe, deren Hemmungsdosen besonders starken Schwankungen unterliegen. So hat die Einsaatgröße für die Sulfonamid- und Streptomycinhemmungsdosis eine besondere Bedeutung. Für das Streptomycin wissen wir, daß das p_H des Milieus die Hemmungsdosis entscheidend beeinflußt. Dies gilt z. B. auch für Erythromycin. Bei p_H 8 ist die Wirkung von beiden Medikamenten am größten, während sie gegen den sauren Bereich zu erheblich abnimmt. Erythromycin wirkt z. B. bei p_H 8 etwa zehnmal stärker als bei p_H 6,5.

Bei der Sensibilitätsbestimmung kommt ein weiterer Faktor hinzu, der bei der Titration nur eine geringgradige Rolle spielt. Wir wissen, daß bei 37° C Wärme und einem p_H von 7,4 manche der zu testenden Chemotherapeutica rapide an Wirkung verlieren. In der Praxis ist dies besonders beim Chlortetracyclin der Fall. Bei der Titration der Chemotherapeutica wirkt sich, wie wir gesehen haben, die Inaktivierung des Hemmstoffes auf das Endresultat nicht aus, sofern sie in Standard- und Testreihe gleichmäßig vor sich geht; es wird lediglich die Empfindlichkeit des Teste gemindert. Bei der Bestimmung der Sensibilität hat natürlich eine Titerabnahme des Hemmstoffes einen direkten Einfluß auf die Hemmungsdosis selbst. Es wird in diesem Falle eine Hemmungsdosis abgelesen, die erheblich oder geringfügig über dem „wahren Wert" liegt. Die Größe der Abweichung hängt von dem Tempo und dem Ausmaß der Hemmstoffinaktivierung ab.

Aus diesen Angaben geht hervor, daß eine Hemmungsdosis als scharf umschriebener reproduzierbarer Wert für zahlreiche Stoffe und Stämme gar nicht existiert. Man sollte in solchen Fällen der Klarheit halber das Wort Hemmungsdosis eigentlich vermeiden und es durch andere unverbindlichere Bezeichnungen, wie z. B. „Hemmbereich", ersetzen. Nun kann man einen großen Teil der Experimentalbedingungen, welche die Hemmungsdosis beeinflussen, vereinheitlichen, z. B. die Eigenschaften des Nährbodens. Wenn man bei allen Bestimmungen ein gleichmäßig zusammengesetztes Medium mit konstantem Salzgehalt und p_H benutzt, so braucht man von dieser Seite aus mit Schwankungen der Hemmdosis nicht zu rechnen. Man wird in fast allen Fällen mit einem Milieu auskommen, welches aus 1% Liebigs Fleischextrakt, 1% Pepton und 1% Dextrose besteht (0,3% NaCl und m/40 Phosphatpuffer p_H 7,4 kommen dazu). Für die Züchtung von anspruchsvollen Erregern, wie Tuberkelbakterien, Hämophilus u. a. verwendet man die bekannten Spezialnährböden, wobei aber sorgsam auf gleiches p_H und gleichen Salzgehalt zu achten ist.

Von den Faktoren, welche die Hemmungsdosis zum Schwanken bringen, bleiben nach Standardisierung der Nährböden übrig: die Einsaatgröße und die Zerstörung des Antibioticums während des Tests.

Die *Einsaatgröße* spielt bei der Sensibilitätsbestimmung gegen Penicillin und Sulfonamide eine große Rolle. Für die Sulfonamide ist es bekannt, daß ihre Hemmungsdosis mit der Dichte der Einsaat stark ansteigt. Beim Penicillin

---

* In der Literatur sind Schwankungen bis zum 1024fachen beschrieben[55]. Mit Differenzen dieser Größe ist aber in der Praxis nicht zu rechnen.

beobachten wir zwei Formen des Verhaltens; beide sind bei der Gattung Staphylococcus aureus zu beobachten: Penicillinase-bildende Staphylokokkenstämme zeigen die gleiche Einsaatabhängigkeit der Hemmungsdosis, wie sie für die Sulfonamide charakteristisch ist. Im Gegensatz hierzu ist bei Penicillinasefreien Staphylokokken die Hemmungsdosis praktisch unabhängig von der Größe des Inoculums. Bei der Sensibilitätsbestimmung ist es nun zu empfehlen, die Prüfung gegen Sulfonamide mit kleinen Einsaaten vorzunehmen, während beim Penicillintest große Einsaaten zu verwenden sind. Diesem Vorschlag liegt folgende Überlegung zugrunde: Bei den Sulfonamiden und auch bei dem Streptomycin ist es zwar möglich, Therapie-sensible von Therapie-resistenten Stämmen durch die Höhe der Hemmungsdosis zu unterscheiden. Es gelingt aber die Darstellung dieser Verschiedenartigkeit nur dann, wenn die Einsaatmengen klein sind. Wird ein großes Inoculum eingesät, so verwischt sich der Unterschied. Beide, sowohl die Therapie-empfindlichen als auch die Therapie-resistenten Erreger zeigen unter diesen Bedingungen extrem hohe Hemmungsdosen; diese liegen weit außerhalb des Bereichs der im Organismus realisierbaren Medikament-Konzentration. Für das Penicillin besteht eine andere Ausgangssituation. Die klinisch resistenten Penicillinasebildner zeigen gerade bei kleinen Einsaaten nicht selten Penicillin-Hemmungsdosen, wie wir sie als charakteristisch für die Penicillinase-freien Therapie-sensiblen Stämme kennen. Der Unterschied zwischen den beiden Staphylokokkentypen zeigt sich aber sofort, sobald man die Einsaat erhöht. Die Penicillinasebildner zeigen unter diesen Bedingungen eine extrem hohe Hemmungsdosis (s. Abb. 27 S. 46), während die Penicillinase-freien Stämme ihre niedere Hemmungsdosis beibehalten*. Die Empfehlung, beim Sulfonamidtest niedere und beim Penicillintest hohe Keimzahlen zu verwenden, bezieht sich in erster Linie auf die Untersuchung in flüssigen Nährböden. Bei festen Nährböden sind die Täuschungsmöglichkeiten geringer.

Die *Wirksamkeitsabnahme* während der Bebrütung, wie sie sich vor allem beim Chlortetracyclin bemerkbar macht, zwingt uns, hier einen Test mit hoher Einsaat und kurzer Bebrütungszeit zu empfehlen. Es wird dabei eine Einsaat genommen, die knapp unter der Sichtbarkeitsgrenze für das unbewaffnete Auge liegt (500000 Zellen/ml). Die Beendigung der Bebrütung erfolgt dann, wenn die Kontrolle gutes Wachstum zeigt, meistens nach 3—4 Std. Ist eine längere Bebrütung nicht zu umgehen, so können Inaktivierungsverluste beim Chlortetracyclin weitgehend vermieden werden, wenn man den Nährboden auf p_H 6,1 einstellt. Wir ziehen dies Verfahren vor. Im übrigen braucht man in der Praxis nicht alle 3 Stoffe der Tetracyclingruppe gesondert zu prüfen. Dies ist nur in besonderen Fällen notwendig[131, 157]. Man nimmt als Vertreter der Gesamtgruppe das relativ stabile Tetracyclin. In den meisten Fällen gilt dessen Hemmungsdosis auch für die beiden restlichen Stoffe der Gruppe.

2. Einsatz des Verdünnungstests in der Praxis

Es ist noch die Frage zu behandeln, in welchen Fällen der Verdünnungstest unbedingt notwendig ist und in welchen Fällen er zugunsten der einfacheren

---

* Einige Autoren haben darüber berichtet, daß Infektionen mit schwach Penicillinasebildenden Staphylokokken durch höhere Dosen Penicillin klinisch gut beeinflußt wurden. Die Erfolge sind aber so unregelmäßig, daß man besser jeden Penicillinasebildner als resistent betrachtet und sich nach anderen therapeutischen Möglichkeiten umsieht.

Diffusionstests (speziell des Blättchentests) aufgegeben werden kann. Die Praxis lehrt, daß es für die Erkennung einer *hochgradigen* Sensibilität gegen ein bestimmtes Antibioticum nicht nötig ist, den Verdünnungstest anzulegen. Mit anderen Worten: Eine hochgradige und eindeutige Empfindlichkeit wird sich im Agar-Blättchentest ebenso klar erkennen lassen, wie im Reihen-Verdünnungstest. Das eigentliche Anwendungsgebiet des Verdünnungstests liegt dort, wo wir gezwungen sind , ein Chemotherapeuticum trotz *geringer Erregerempfindlichkeit* zu verwenden, da ein anderes mit eindeutiger Wirkung nicht zur Verfügung steht.

Solche Situationen ergeben sich vor allem bei der Prüfung von Proteus und von Pyocyaneus. Diese Erreger zeigen eine hohe Sensibilität meistens nur gegenüber den relativ giftigen Stoffen Polymyxin B (Pyocyaneus) und Neomycin (Proteus). Nun kann man aber bei Proteus und Pyocyaneus gar nicht so selten eine Sensibilität geringen Grades gegen Chloramphenicol, Sulfonamide oder Streptomycin feststellen. Die Hemmungsdosen gegenüber diesen Stoffen sind oft so hoch, daß der Stamm im Blättchentest als resistent imponiert; sie sind aber wiederum nicht so hoch, daß keinerlei therapeutische Chance bestünde. Dies gilt besonders unter Berücksichtigung der hohen Harnkonzentrationen bei der Behandlung mit diesen Stoffen. Findet man z. B. bei urologischen Fällen bei Proteus oder Pyocyaneus eine Hemmungsdosis bis zu 200 γ/ml für Chloramphenicol, Tetracyclin oder Streptomycin, so wird man zögern, eine evtl. vorhandene hohe Sensibilität gegen Polymyxin und Neomycin als Indikation für eine Allgemeintherapie mit diesen Mitteln anzusehen. Man erreicht in solchen Grenzfällen durch eine Behandlung mit den weniger wirksamen, aber auch weniger giftigen Stoffen sehr oft noch das Ziel*. Dies gilt natürlich nur für die Verhältnisse, wie sie eine nicht unbedingt lebensbedrohliche Erkrankung der Harnwege mit sich bringt. Handelt es sich um eine Meningitis oder eine Sepsis mit Proteus oder Pyocyaneus, so wird man die Sensibilitätskriterien natürlich wieder strenger fassen. Man wird in dieser Situation gegebenenfalls eine Allgemeintherapie mit den giftigen, aber unter Umständen hochwirksamen Antibiotica durchführen müssen. Es gibt übrigens zahlreiche Stämme von Proteus und Pyocyaneus, die auch auf Polymyxin und Neomycin im Hinblick auf die bei der Allgemeintherapie erreichbaren Konzentrationen nur schwach oder gar nicht ansprechen.

Anhand des obigen Beispiels wird es klar geworden sein, daß der Verdünnungstest vor allem da eine Rolle spielt, wo wir uns bei einem Medikament an den Grenzen zwischen Sensibilität und Resistenz bewegen und kein anderes Mittel zur Verfügung haben, welches eindeutig wirkt. Haben wir nach dem Ergebnis des sichtenden Blättchentests die Auswahl zwischen mehreren Medikamenten, von denen sich das eine als schwach wirksam und das andere als hochwirksam erweist, so werden wir natürlich das hochwirksame Medikament verordnen, wenn nicht zwingende Gründe dagegensprechen. Ist dies der Fall, so muß vom schwach wirkenden Medikament ein Verdünnungstest angelegt werden, um die Hemmungsdosis genauer zu bestimmen.

Eine Situation wie die zuletzt geschilderte ergibt sich sehr oft bei der Endokarditis· Der Blättchentest zeigt hier unter Umständen eine enorme Wirksamkeit des Tetracyclins oder des Chloramphenicols an, während die Sensibilität gegenüber Penicillin schwach erscheint. Die besonderen Bedingungen der Endocarditis lenta erheischen es aber in diesem Fall, daß wir dem Penicillin den Vorzug geben. In jedem Fall von Endocarditis lenta ist mit dem gezüchteten Stamm ein Verdünnungstest anzulegen, wobei nicht nur die Hemmungsdosis gegen Penicillin, sondern auch die sterilisierende Dosis und der Bactericidie-Synergismus mit Streptomycin geprüft werden muß. Wir verweisen hierzu auf den Abschnitt VII D. 2.

In der Praxis ist demnach die Ausführung des Reihenverdünnungstests eine Maßnahme, die nur unter besonderen Umständen erforderlich ist. Für die meisten

---

* Die Giftigkeit des Neomycins und des Polymyxins ist nur bei der Allgemeintherapie zu berücksichtigen. Bei der Lokaltherapie spielt sie keine Rolle.

Fälle der Routine ermöglicht der Blättchentest eine ausreichende Orientierung und erlaubt es, die eindeutig hochwirksamen Medikamente zu erkennen. Den Reihenverdünnungstest grundsätzlich in allen Fällen der Praxis auszuführen, halten wir für eine verfehlte Maßnahme. Da jeder Stamm gegen mehr als sechs Hemmstoffe geprüft werden sollte, ist der Aufwand an Zeit und Material ein ganz erheblicher. Er bringt keinerlei Gewinn vor einem System, in welchem je nach Lage des Falles ein einzelner Verdünnungstest „gezielt" vorgenommen wird.

3. Technik und Beurteilung der Verdünnungstests in flüssigen Nährböden

Versuchsbeispiel. Es soll die Hemmungsdosis für einen Stamm von Enterokokken gegen Penicillin ermittelt werden. Von dem Stamm wird eine Kolonie in eine Nährbouillon ohne Zucker verimpft; diese wird 18 Std. bebrütet und dient als Vorkultur. Man legt in steriler Traubenzuckerbouillon (p_H 7,4) eine geometrische Verdünnungsreihe mit Penicillin an (Volumen pro Reagenzglas 1 ml). Die Reihe beginnt mit einer Konzentration von 10 E/ml und umfaßt 10 Zweierpotenzen. (1. Röhrchen: 1,8 ml Bouillon + 0,2 ml einer Stammlösung von 400 E/ml Penicillin in Puffer; es erfolgt das Überpipettieren von je 1 ml von Röhrchen zu Röhrchen.) Zur Einsaat wird die Vorkultur 1:100 verdünnt und pro Reagenzglas 1 Tropfen dieser Keimsuspension mittels Pipette verimpft; 18 Std. Bebrütung; bei der Ablesung gilt der Penicillingehalt des letzten klar gebliebenen Röhrchens als Hemmungsdosis. Ein Kontrollröhrchen ohne Antibioticum wird als 11. Röhrchen mitbesät.

Nach dem Schema dieses Versuchs wird der Verdünnungstest mit allen Keimen vorgenommen, die sich in flüssigem Nährboden züchten lassen. Die einzigen Experimentalbedingungen, die von Fall zu Fall verändert werden, sind bei gleichbleibendem Nährboden die Einsaat und die Konzentration des 1. Röhrchens an Hemmstoff. Als Faustregel für die Größe des Inoculums kann folgende Angabe gelten: Um eine „mittlere Einsaat" zu erzielen, wird eine Staphylokokkenkultur von 18 Std., die in traubenzuckerfreiem Medium gewachsen ist, dem Testmedium in der Endverdünnung 1:2000 zugesetzt. Dies entspricht einer Zugabe von einem Tropfen (0,05 ml) der 1:100 verdünnten Vorkultur pro ml Testflüssigkeit. Als „kleine Einsaat" wird eine Endverdünnung von 1:100000 betrachtet, als „große" Einsaat eine Endverdünnung von 1:200. Hierbei wird davon ausgegangen, daß eine eben noch wahrnehmbare Opaleszenz in einem gewöhnlichen Reagenzglas einer Keimdichte von etwa $1 \cdot 10^6 - 5 \cdot 10^6$/ml entspricht. Nun hat eine 18 Std.-Kultur von Staphylokokken in traubenzuckerfreiem Milieu etwa 10 bis $50 \cdot 10^6$ Keime/ml. Die „mittlere Einsaat" entspricht dann einem Inoculum von 5000—25000 Zellen/ml. Die dichte Einsaat hat etwa 50000—250000 Zellen pro ml, die dünne Einsaat 100—500 Keime/ml.

Welchen Konzentrationsbereich soll man nun für die einzelnen Chemotherapeutica durchlaufen? Man wird in jedem Fall versuchen, die Konzentration im ersten Röhrchen so zu nehmen, daß die therapeutisch interessierenden Konzentrationen der höchsten Sensibilität in dem einen Ende der Reihe noch enthalten sind, während nach oben hin der Bereich der relativen Sensibilität so durchlaufen werden soll, daß auch Aussagen für besondere Fälle, z. B. für die Lokalbehandlung möglich sind. Im folgenden geben wir eine Zusammenstellung der wichtigsten Versuchskonstanten für den Verdünnungstest in Bouillon. Angaben über die Handhabung der Testsubstanzen finden sich in Abschnitt IX.

Das Kontrollsystem beim Verdünnungstest. a) Wir haben bereits eine Kontrolle erwähnt: Sie besteht darin, daß man bei jedem Sensibilitätstest ein hemmstofffreies Röhrchen mit dem Stamm besät. Dies dient dazu, um gegebenenfalls

Tabelle 13. *Angaben für die Durchführung des Reihen-Verdünnungstests in flüssigem Nährboden (Für 18 Std. Bebrütungsdauer)*

Testsubstanz*	Konzentrationsbeginn der Verdünnungsreihe (10 Zweierpotenzen)	Nährboden-p_H	Einsaatgröße
Penicillin	10 E/ml	7,4 besser 6,5	100 000/ml
Streptomycin	40 γ/ml	7,4	5 000/ml
Sulfadiazin**	200 γ/ml	7,4 (Antagonisten-freies Milieu)	100—1 000/ml
Tetracyclin***	40 γ/ml	6,5 (bei Chlortetra-cyclin 6,1)	50 000/ml (bei kurzer Be-brütung 500 000)
Chloramphenicol	80 γ/ml	7,4	50 000/ml
Erythromycin	10 γ/ml	7,4	50 000/ml
Bacitracin	4 E/ml	7,4	50 000/ml
Neomycin	200 γ/ml	7,4	50 000/ml
Polymyxin.	200 E/ml	7,4	50 000/ml

festzustellen, ob der Stamm überhaupt fähig ist, in dem angebotenen Milieu zu wachsen. Von Bedeutung ist diese Frage dann, wenn sämtliche Röhrchen der Verdünnungsreihe unbewachsen bleiben. Erst dann, wenn der Stamm in dem hemmstofffreien Nährboden wächst, können wir annehmen, daß es der Hemmstoffgehalt der Verdünnungsreihe war, der ihn am Wachstum verhindert hat. In diesem Fall dürfen wir seine Hemmungsdosis kleiner ansetzen als der Konzentration des letzten Röhrchens entspricht. Bleibt das Kontrollröhrchen ebenfalls unbewachsen, so soll der Test in den Brutschrank zurückgestellt werden. Oft zeigt sich dann nach 48 Std. ein ablesbares Resultat. Ist dies nicht der Fall, so muß man den Test als mißlungen betrachten und ihn unter anderen Bedingungen wiederholen. (Andere, evtl. feste Nährböden.) Dieser Fall tritt bei Erregern ein, die sich auf flüssigem Nährboden schlecht fortführen lassen, z. B. bei Pneumokokken oder Hämophilen.

b) Die Ablesung des Verdünnungstests als Trübung gilt selbstverständlich unter der Voraussetzung, daß steril gearbeitet wird und daß nicht etwa eine Verunreinigung für die abgelesene Trübung verantwortlich ist. Man wird also gut daran tun, in Zweifelsfällen eine Subkultur des letzten bewachsenen Röhrchens anzulegen; wie oft man dies tut oder ob man es sich gar zur Gewohnheit macht, hängt von den Erfahrungen ab, die man mit dem „Sterilitätsklima" seines Laboratoriums macht. Wir legen Subkulturen nur bei solchen Befunden an, die uns überraschend erscheinen und in eklatanter Diskrepanz zu dem Blättchentest stehen.

c) Das dritte Kontrollelement der Sensibilitätsbestimmung im Verdünnungstest ist die gleichzeitige Ausführung eines Parallelversuchs mit einem Stamm von bekannter Empfindlichkeit. Dieser Kontrollversuch hat eigentlich nur dann einen Sinn, wenn man annehmen muß, daß im Verlaufe der Bebrütung die antibakterielle Aktivität in den Röhrchen so sehr nachläßt, daß die abgelesene Hemmungsdosis vom „wahren Wert" stark abweicht. Als „wahren Wert" der

---

* Herstellung der Stammlösungen s. Abschnitt IX.
** Als Vertreter der Sulfonamidgruppe (s. hierzu S. 150, 171).
*** Als Vertreter der Tetracyclingruppe (s. hierzu S. 150).

Hemmungsdosis bezeichnen wir die Hemmungsdosis, die wir theoretisch ablesen würden, wenn eine Inaktivierung des Hemmstoffes in der Verdünnungsreihe nicht erfolgen würde. Wir haben bereits betont, daß Wirkungseinbußen bis zu 50% bei der Sensibilitätsbestimmung keine grundsätzliche Fehlbeurteilung zur Folge haben. Die einzige Substanz, die in dieser Hinsicht für eine Korrektur in Betracht kommt, ist das Chlortetracyclin. Wenn man aus bestimmten Gründen gerade das Chlorderivat des Tetracyclins untersuchen will, so sollte man, wenn man den Test mit kurzer Bebrütungszeit ablehnt und besonders korrekt verfahren will (etwa für wissenschaftliche Untersuchungen), zwei gleiche Verdünnungsreihen mit dem Chlortetracyclin anlegen. Die eine wird mit dem Stamm besät, dessen Empfindlichkeit wir untersuchen wollen; die zweite wird mit einem Teststamm besät, dessen Sensibilität bekannt ist. Am besten nimmt man den offiziellen, zur Titrierung empfohlenen Bac. cereus, dessen Hemmungsdosis bei 0,002 γ/ml liegt. Man kann dann daran, daß sich die Hemmungsdosis des authentischen Stammes erhöht, erkennen, daß ein Wirkungsverlust während der Bebrütung eingetreten ist; es ist dann möglich, einen groben Korrektionsfaktor zu formulieren. Es sei aber nochmals darauf hingewiesen, daß es bei korrekter Herstellung der Lösungen, entsprechendem p_H usw. keineswegs notwendig ist, bei jedem Röhrchentest einen „Eichstamm" mitlaufen zu lassen. Bei dem Verdünnungstest müssen wir uns eben auf die eingewogene Menge Hemmstoff in den Röhrchen verlassen können. Das Mitlaufen des Teststammes hat bei den stabilen Stoffen höchstens insoweit Sinn, als man gröbste Fehler dadurch erkennt — etwa wenn man vergessen hat, das Antibioticum hinzuzufügen. Merkwürdigerweise halten viele Laboratorien an dem ständigen Mitlaufenlassen des Kontrollstammes fest. Unseres Erachtens bedeutet dies eine unnötige Mühe.

4. Verdünnungstest in festen Nährböden

Ebenso wie in flüssigem Milieu kann die Abstufung des Hemmstoffes auch in Einzelportionen von festem Nährboden vorgenommen werden. Die Verdünnungsreihe besteht dann nicht aus einer Serie von Reagenzgläsern mit Bouillon, sondern aus Platten mit Agar.

Versuchsbeispiel. Es soll die Hemmungsdosis des Chloramphenicols gegenüber einem Stamm von E. coli festgestellt werden. Der Verdünnungssatz besteht aus 4 Platten mit den Konzentrationen 50 γ/ml, 20 γ/ml, 5 γ/ml und Null (hemmstofffreie Kontrolle). Es werden 19 ml eines flüssigen Blutagargemisches bei 50° mit 1 ml einer Chloramphenicollösung versetzt. Die zugegebene Lösung enthält jeweils 1000 γ/ml, 400 γ/ml, 100 γ/ml Chloramphenicol in Puffer (p_H = 7,2). Nach Vermischen des Zusatzes mit dem Agar erfolgt das Ausgießen in Petrischalen. *Herstellung des Blutagars:* Man füllt flüssigen Nähragar (ohne Traubenzucker) zu 18 ml in weite Reagenzgläser ab und sterilisiert sie. Die Agarchargen werden im Kühlschrank aufbewahrt. Bei Bedarf erhitzt man die erstarrten Agarschalen in Dampf auf 100° und stellt sie anschließend in ein Wasserbad von 50°. Nach Abwarten des Temperaturausgleichs wird zu jedem Reagenzglas 1 ml Blut und 1 ml der Chloramphenicollösung gegeben (Blut und Chloramphenicollösung vorwärmen!). Ausgießen der Platten in Petrischalen von 10 cm Durchmesser. Man muß bei der Einstellung des p_H berücksichtigen, daß der Blutzusatz alkalisch ist. Das End-p_H der Blutplatten soll p_H 7,4 betragen (für Tetracyclin 6,5). Mit dem zu prüfenden Stamm wird ein Sektor der Platte beimpft. Als Impfmaterial dient eine kleine Öse einer Bouillonkultur. Hochsensible Keime werden dadurch erkannt, daß sie nur auf der hemmstofffreien Kontrolle wachsen und auf allen Testplatten gehemmt sind. (Hemmungsdosis kleiner als 5 γ/ml.) Bei der Ablesung der Hemmungsdosis achte man auf völliges oder überwiegendes Ausbleiben der Koloniebildung. Die Einsaatdichte spielt beim

Plattentest keine so große Rolle wie bei dem Röhrchentest (Ausnahme: Sulfonamide). Der Impfstrich sollte so angelegt werden, daß zu seinem Ende hin Einzelkolonien sichtbar werden.

Das angegebene Versuchsbeispiel zeigt, daß der Plattentest große Umständlichkeiten mit sich bringt, wenn er für einzelne Stämme herangezogen wird. Bei einem Untersuchungsbetrieb, in welchem täglich eine große Anzahl von Stämmen getestet werden, ist der Aufwand eher lohnend. Man kann sich dann einen Vorrat von Platten gießen und diese im Eisschrank deponieren. Für die meisten Hemmstoffe braucht man erst nach einer Woche mit Titerabfällen zu rechnen, die das Resultat merklich beeinflussen. Hingegen ist eine gewisse Vorsicht beim Gießen der Platten selbst geboten — vor allem beim Penicillin und Chlortetracyclin. Man ersetzt das letztere deshalb lieber durch Tetracyclin. Das Antibioticum soll in keinem Fall Temperaturen ausgesetzt werden, die höher sind als 50° C. Wird diese Regel eingehalten, so ist auch für das relativ empfindliche Penicillin und das Tetracyclin kein nennenswerter Hitzeverlust zu befürchten. Die Stabilität der Antibiotica wird ganz wesentlich erhöht, wenn man das p_H des Agars genau einstellt. Um Titerverluste zu erkennen, ist es beim Plattentest *notwendig, für jedes Antibioticum einen hochempfindlichen Kontrollstamm mit auszustreichen*, dessen Hemmungsdosis bekannt ist. Am besten eignet sich hierzu der vielseitig sensible Staph. aur. SG 511. Sofern der Kontrollstamm auf der Platte mit dem niedrigsten Gehalt an Antibioticum gehemmt wird, ist der Plattensatz als einwandfrei anzuerkennen; sobald der Kontrollstamm hingegen Wachstum zeigt, muß der Plattensatz wegen Inaktivierung des Hemmstoffes verworfen werden.

Die beim Versuchsbeispiel des Chloramphenicol erläuterten Prinzipien befolgt man bei den übrigen Hemmstoffen sinngemäß. Natürlich kann es sich kaum ein Laboratorium leisten, den Plattensatz in Analogie zum Röhrentest aus 10 Verdünnungsstufen bestehen zu lassen. Für die Zwecke der Praxis ist das aber auch nicht nötig; es genügt, wenn die in den Platten vorhandenen Konzentrationen so gewählt werden, daß sie eine Einreihung der Stämme in die auf S. 133 fixierten Kategorien „hochsensibel", „mäßig sensibel", „andeutungsweise sensibel" und „resistent" erlauben. Dementsprechend mag man als Konzentration für die Platten folgende Werte gebrauchen:

Tabelle 14

	Platte 1	Platte 2	Platte 3	Platte 4	Kontrollstamm
Penicillin	5 E/ml	0,5 E/ml	0,1 E/ml	—	Staph. SG 511
Sulfonamide (besonderer Nährboden!)	200 γ/ml	50 γ/ml	10 γ/ml	—	Flexner-R.
Chloramphenicol .	50 γ/ml	20 γ/ml	5 γ/ml	—	Staph. aur. SG 511
Tetracyclin	30 γ/ml	5 γ/ml	1 γ/ml	—	Staph. aur. SG 511
Streptomycin . . .	30 γ/ml	5 γ/ml	1 γ/ml	—	Staph. aur. SG 511
Erythromycin . .	10 γ/ml	2 γ/ml	0,3 γ/ml	—	Staph. aur. SG 511
Polymyxin B . . .	100 E/ml	30 E/ml	10 E/ml	—	B. pyocyaneum
Bacitracin	2 E/ml	0,5 E/ml	0,1 E/ml	—	Staph. aur. SG 511
Neomycin	50 γ/ml	5 γ/ml	1 γ/ml	—	Staph. aur. SG 511

Die Methode des Plattensatzes hat unbestreitbar einige *Vorteile*. Diese sind vor allem augenfällig, wenn man den Plattensatz mit dem Röhrchentest vergleicht. Verunreinigungen werden sofort erkannt. Die Platten sind bei guter Organisation des Betriebes vorrätig, der Bakteriologe braucht also die Verdünnungsreihe nicht mehr selbst herzustellen, sondern nur noch zu beimpfen. Auf einer Platte können

7—12 Sektoren beimpft werden. Die Tatsache, daß die Verdünnungsschritte größer sind als beim Röhrchentest, spielt für die klinische Praxis keine große Rolle, wenn durch entsprechende Wahl der Plattenkonzentrationen die Einreihung in die klinisch sinnvollen Kategorien der Sensibilitätsstufen möglich ist. Nun wiegen aber die Vorteile der Plattenmethode nicht mehr so schwer, sobald man sich auf den Standpunkt stellt, daß ein Papierblättchentest mit einem richtig eingestellten Besteck für nahezu alle Fälle der Klinik genügt. Immer wieder müssen wir darauf hinweisen, daß bei dem größten Teil der Stämme klinisch ein Interesse nur daran besteht, herauszufinden, gegen welchen Hemmstoff der Stamm als „hochsensibel" zu bezeichnen ist. Dies kann mit dem Papierblättchentest so gut wie immer entschieden werden. Erst dann, wenn sich keine therapeutische Lösung im Sinne einer extremen Sensibilität ergibt, wird die Frage nach der quantitativen Formulierung der Hemmungsdosis aktuell (s. S. 135, 136). Für die wenigen Fälle aber, welche es doch noch notwendig machen, die Hemmungsdosis genauer zu bestimmen, lohnt sich die Mühe der Plattenherstellung nicht. Hier wird man mit einem einzeln angelegten Röhrchentest wirtschaftlicher verfahren. Eine Ausnahme bilden nur die Sulfonamide. Hier ist der Verdünnungstest im Agarplattensatz zuverlässiger als in flüssigen Nährböden.

Der Plattentest ist dann wirtschaftlicher und praktischer als der Röhrchentest, wenn der Wunsch besteht, von *jedem* Stamm eine quantitativ formulierte Hemmungsdosis angeben zu können. Im Hinblick auf eine spätere wissenschaftliche Auswertung ist er der Kombination aus Papierblättchentest und bedarfsweise ausgeführtem Röhrchentest vorzuziehen. Vom rein klinisch-praktischen Standpunkt aus gesehen ist es aber nicht nötig, jeden Stamm gegen jedes Antibioticum quantitativ durchzutesten. Es genügt für die tägliche Arbeit vollauf der orientierende Papierblättchentest, der in Einzelfällen durch den Röhrchentest ergänzt wird.

C. Sensibilitätsbestimmung im Agar-Diffusionsverfahren

1. Experimentelle Faktoren des Papierblättchentests

Bei der Ausführung des Papierblättchentests werden kreisrunde Filtrierpapierblättchen mit einer Lösung des zu prüfenden Antibioticums getränkt und in nassem Zustand oder nach vorheriger Trocknung auf eine Agarplatte gelegt; diese ist vorher mit dem zu prüfenden Keim diffus beimpft worden. Das Antibioticum diffundiert vom Papierblättchen in den Agar. Wird die Platte bebrütet, so entsteht ein Rasen, der bei entsprechender Empfindlichkeit des Keimes rings um das Papierblättchen ausgespart ist. Die Größe des so entstandenen Hemmhofes gibt jedoch nur orientierende Anhaltspunkte für die Bewertung der Erregerempfindlichkeit, da sie von zahlreichen Faktoren beeinflußt wird[8, 93, 99, 149]. Die wichtigsten von ihnen sind folgende:

a) Schichtdicke des verwendeten Agars. Diese ist für die Normalpetrischalen leicht zu standardisieren, indem stets gleiche Mengen an Agar (z. B. 15 ml) pro Petrischale ausgegossen werden. Ist bei gleichem Hemmstoffgehalt des Blättchens eine Platte dicker als die andere, so verkleinert sich der Hemmhof. In der Praxis des Sensibilitätstests braucht man indessen mit den erwähnten Schwankungen als Quelle ins Gewicht fallender Fehler nicht zu rechnen.

b) Beziehung zwischen Diffusion und Rasenbildung. Die diesbezüglichen Verhältnisse sind z. T. in Abschnitt V, A 5 geschildert worden. Man kann dabei folgendes feststellen: Je schneller der dem freien Auge sichtbare Bakterienrasen nach Auflegen der Blättchen erscheint, um so kleiner werden die Hemmhöfe. Umgekehrt gilt: Je länger der Zeitraum ist, der nach dem Diffusionsbeginn bis zur Rasenbildung verstreicht (Diffusionszeit), um so größer wird der entstehende Hemmhof. Der Grund hierzu ist die Tatsache, daß die Bildung einer hemmstoffhaltigen Agarzone rings um das Blättchen eine gewisse Zeit beansprucht. Entstünde der sichtbare Rasen im Augenblick der Blättchenauflage in Sekundenschnelle, so würde er dicht um das Blättchen ohne jeden Abstand liegen. Die sofort einsetzende Diffusion des Hemmstoffes würde den bereits gebildeten Rasen dann „unterlaufen" und ihn allenfalls daran hindern, dichter zu werden — der Hemmhof selbst aber würde völlig unterdrückt. Verginge andererseits eine sehr lange Zeit bis zum Erscheinen des sichtbaren Rasens, so würde bei entsprechend hoher Beschickung des Blättchens der Hemmstoff über die ganze Ausdehnung der Petrischale diffundieren und der Hemmhof extrem groß sein. Die Größe des Hemmhofes ist danach das Resultat eines Wettlaufes zwischen der Diffusion des Antibioticums und dem Bakterienwachstum.

Die Schnelligkeit der Diffusion hängt ihrerseits von folgenden Faktoren ab:

1. In geringem Grade *von der Konsistenz des Agars* (bei dünnem Agar ist sie etwas größer).

2. *Von der Natur des Hemmstoffmoleküls.* Die beiden eindrucksvollsten Beispiele hierfür sind das schnell diffundierende Chloramphenicol und die langsam diffundierenden Antibiotica von Polypeptidcharakter, z. B. Bacitracin.

3. *Von dem Gehalt des Blättchens an Antibioticum.* Ist der Gehalt des Blättchens an Hemmstoff klein, so ist die Diffusionsgeschwindigkeit wegen des geringen Konzentrationsgefälles niedrig. Da mit zunehmender Verteilung des Hemmstoffes das Konzentrationsgefälle (vis a tergo) schnell abnimmt, erfolgt das Vorrücken der hemmenden Schwellenkonzentration von Anfang an träge und kommt nach einigen Stunden praktisch zum Stillstand. Damit tritt bei geringem Hemmstoffgehalt des Blättchens eine gewisse Stabilisierung der Hemmstoffverteilung ein. Erfolgt die Rasenbildung *nach* dieser Stabilisierung, so spielt der Zeitpunkt, zu dem der Rasen sichtbar wird, für die Größe des Hemmhofes keine Rolle mehr. — Enthält das Blättchen dagegen sehr viel Hemmstoff, so erfolgt die Verlangsamung der Verteilungsbewegung relativ spät. Es ist dann unter Umständen unmöglich, die Rasenbildung bis zur Verteilungsstabilisierung zu verzögern; in diesem Falle hat also das Tempo der Rasenbildung über einen sehr viel größeren Zeitbereich einen Einfluß auf die Größe des Hemmhofes. Abb. 43 veranschaulicht diese Verhältnisse.

Die Zeit, die von der Beimpfung bis zum Erscheinen des Rasens vergeht (*Rasenbildungszeit*), ist ihrerseits das Resultat verschiedener Bedingungen:

1. *Dichte der Einsaat.* Liegen die Keime zu Beginn des Versuchs sehr dicht auf dem Agar, so ist die Zahl der Zellteilungen, die bis zum Sichtbarwerden des Rasens notwendig sind, relativ klein; außerdem beginnen die Mikroorganismen bei dichten Einsaaten unverzüglich mit der Vermehrung, während sie bei dünner Inocula erst eine „Erholungs-" oder „Anpassungszeit" (lag phasis) benötigen.

2. Ist zur Verwirklichung des sichtbaren Rasens eine bestimmte Anzahl Generationen notwendig, so spielt für die Zeitdauer der Rasenbildung die *Generationsgeschwindigkeit der Keime* eine wesentliche Rolle, d. h. die Zeit, die sie durchschnittlich für eine Zellteilung (Verdoppelung) benötigen. Die Generationszeit hängt von der Temperatur, von der Güte des Nährbodens und von der Natur

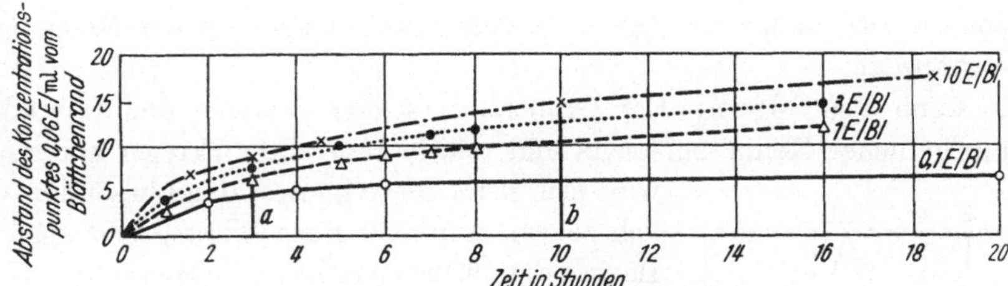

Abb. 43. Kinetik der Penicillinverteilung im Agar beim Blättchentest. Die Blättchen enthalten: 0,1, 1,0, 3,0 und 10,0 E Penicillin. Es ist die Wanderung eines Punktes der Konzentration 0,06 E/cm³ vom Blättchenrand weg verfolgt. Vertikale a: Zu erwartender Hemmungshof für SG 511 bei 2½ Std. Latenzzeit; Vertikale b: Hemmungshof bei 10 Std. Latenzzeit (bezogen auf das Blättchen mit 10 E)

des Stammes ab. E. coli hat in Nährbouillon eine Generationszeit von etwa 20 Minuten, während diejenige eines Streptokokkenstammes bei 45—60 Min. oder darüber liegen kann.

3. Der *Stoffwechselzustand* der verimpften Keime erlaubt bei entsprechender Einsaatdichte entweder sofortige Vermehrung oder aber er erzwingt eine längere oder kürzere „Anpassungszeit". Die hängt ihrerseits wiederum von der Güte des Nährbodens und den Eigenheiten des Stammes ab. Keime, die mitten aus dem Wachstum heraus verimpft werden, benötigen keine oder nur eine sehr kurze Anpassungszeit, während alte Kulturen erst nach einer längeren Latenz mit der Zellteilung beginnen.

Wenn man von großen Höfen auf empfindliche Keime schließen will und von kleinen auf relativ resistente Erreger, so muß man sich noch über den

c) Verteilungsmodus des Hemmstoffes im Agar klar werden. Experimentelle Untersuchungen fehlen hier noch mangels geeigneter Methoden. Man kann aber schon aus den allgemeinen Versuchsbedingungen einiges folgern. Am Anfang des Diffusions-

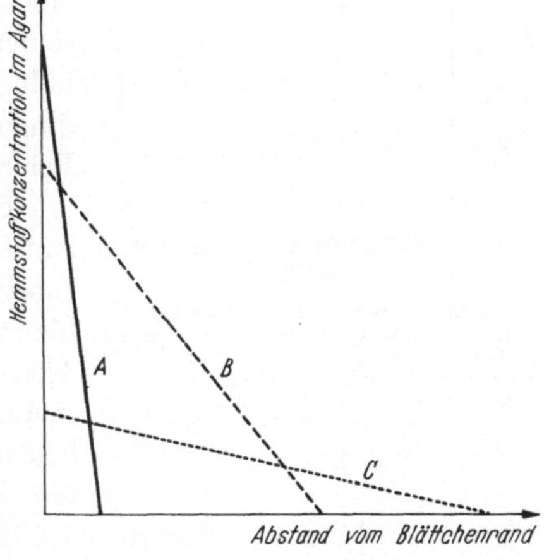

Abb. 44. Verteilung des Hemmstoffes im Agar zu verschiedenen Zeitpunkten nach der Applikation des Testblättchens (schematisch)

vorganges hat die direkt unter dem Blättchen liegende Agarpartie einen sehr hohen Hemmstoffgehalt, da sich (leichte Löslichkeit und gute Diffusion vorausgesetzt) der gesamte Blättchengehalt in diesem Sektor verteilt. Die Konzentration im Agar außerhalb des Blättchens fällt zu diesem Zeitpunkt mit zunehmender Entfernung vom Blättchenrand sehr schnell auf Null (Abb. 44 A). Zu einem späteren Zeitpunkt verläuft die Konzentrationskurve schon flacher (Abb. 44 B). Der Nullpunkt ist weiter hinausgerückt; es verteilt sich jetzt der zur Verfügung stehende Hemmstoffgehalt des Blättchens auf eine größere Agarpartie, wobei zwangsläufig die Konzentration dicht neben und unter dem Blättchen abnehmen muß. Zu einem noch späteren Zeitpunkt hat die Verteilung den Zustand der Kurve C erreicht und verändert sich entsprechend den weiter oben dargelegten Prinzipien immer langsamer. Ob beim Zustand der Kurve A, B oder erst bei C eine praktisch als Stabilisierung zu bezeichnende Verlangsamung der weiteren Diffusion eintritt, hängt bei gegebener Hemmstoffmenge von der Molekülgröße der Substanz ab.

Man kann also folgern: Der Größenunterschied zwischen den Hemmhöfen hochempfindlicher Keime einerseits und relativ resistenter Erreger andererseits wird sich beim Blättchentest dann besonders deutlich zeigen, wenn die Rasenbildung erst spät nach Beginn der Diffusion erfolgt; die Hemmhofdifferenz ist hierbei maximal, wenn schnell diffundierende Substanzen im Blättchen vorhanden sind und die Rasenbildung erst nach der Verteilungsverlangsamung eintritt.

An Hand dieser Überlegungen erscheint es auf den ersten Blick möglich, zwischen höchstempfindlichen und resistenten Keimen bekannter Hemmungsdosis eine gleitende Skala von zugehörigen Hemmhofgrößen im Sinne einer Art Eichkurve zu konstruieren. Es könnte dann die Hemmungsdosis eines unbekannten Stammes durch Interpolation seiner Hemmhofgröße in die Eichkurve wenigstens halbquantitativ bestimmt werden. Eine Vorbedingung hierzu ist natürlich die Ausschaltung des Fehlers, der dann entsteht, wenn die Rasenbildung schon vor der Verteilungsstabilisierung im Agar eintritt. Diese Fehlerquelle kann aber durch ein Intervall beseitigt werden: Man ermittelt die Zeit bis zur Stabilisierung der Hemmstoffverteilung im Agar und verzögert das Wachstum und die Rasenbildung dementsprechend. Dies erfolgt durch Stehenlassen der beimpften und mit Blättchen beschickten Platte bei niederer Temperatur. Für viele

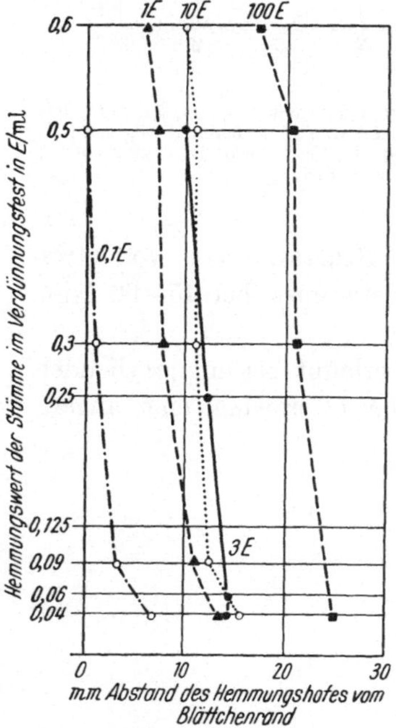

Abb. 45. Beziehung zwischen der Hemmhofgröße unterschiedlich empfindlicher Stämme und den entsprechenden Hemmdosen im Verdünnungstest. Beschickung der Blättchen mit 0,1; 1,0; 3,0; 10 und 100 E Penicillin. Beimpfung 5 Std. nach Applikation der Blättchen

Testbestecke genügt hierzu ein 5 Std. währender Aufenthalt der mit Blättchen beschickten, besäten Platte bei Zimmertemperatur. Ungenügend wird dieses *5 Std.-Intervall* erst dann, wenn die Blättchen sehr hohe Mengen Hemmstoff enthalten. Dies ist bei einigen käuflichen Bestecken der Fall.

Wie verhalten sich nun die Hemmhofgrößen von Stämmen verschiedener Empfindlichkeit? Wir haben diese Frage am Beispiel des Penicillins untersucht. Es wurden Stämme, deren Hemmungsdosen zwischen 0,03 und 0,5 E/ml lagen, mit dem Blättchentest untersucht. Das 5 Std.-Intervall wurde eingehalten. Die Penicillinhemmhöfe wurden gegen die im Verdünnungstest ermittelten Hemmungsdosen aufgetragen. Abb. 45 zeigt, daß sich zwar Unterschiede in der Hofgröße ergeben. Diese sind jedoch so geringfügig, daß die Darstellung der Beziehung zwischen Hemmhofgröße und Sensibilitätsstufe (Röhrchentest) zu einer recht steilen Kurve führt. Die weiter oben diskutierten Voraussetzungen einer Differenzierung in mehr oder weniger empfindliche Erreger behalten zwar ihre prinzipielle Gültigkeit; es zeigt sich aber schon am Beispiel des Penicillins, daß für den relativ engen Bereich der *klinisch* interessierenden Sensibilitätsstufen eine feinere Abstufung der Empfindlichkeitsgrade nach Hemmhofgrößen nicht möglich ist. — Angesichts dieser Tatsachen ist bei dem Blättchentest die gleichzeitige Untersuchung eines Kontrollstammes bekannter Sensibilität nur als eine grobe Kontrolle

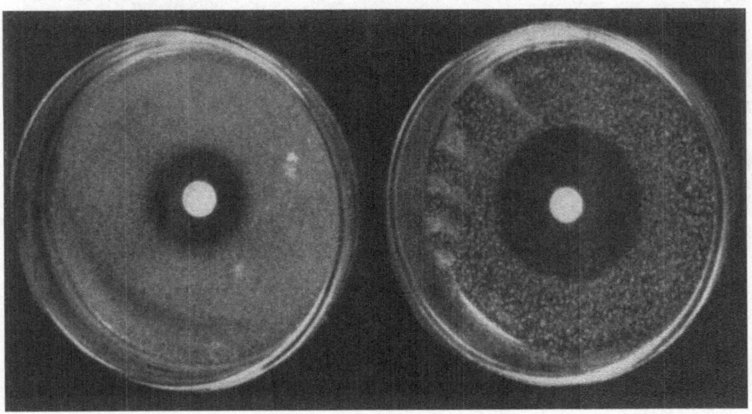

Abb. 46. Ungleichheit der Hemmungshöfe trotz gleicher Blättchencharge und gleichem Bakterienstamm (SG 511) durch relativ hohe Blättchenbeschickung (1 E Penicillin pro Blättchen), ungleiche Aussaat und verschiedene Nährböden bei sofortigem Auflegen des Blättchens nach der Beimpfung. Links: Blutplatte mit 1% Dextrose, massive Aussaat. Rechts: Nähragar, Aussaat 1:100

über die Intaktheit des Besteckes zu bewerten. Sie kann also nur dazu dienen, grobe Ausfälle, z. B. ein erhebliches Nachlassen des Hemmhoftiters im Blättchen, festzustellen.

Es hat nicht an Versuchen gefehlt, eine feste Beziehung zwischen Hofgröße und Sensibilitätsstufe des Stammes herzustellen und den jeweils gemessenen Hemmhof in sie zu interpolieren[8, 58]. In der Tat wird in vielen Laboratorien der Hemmungshof des zu testenden Stammes (Blättchen- oder Lochtest) mit dem Meßzirkel ausgemessen. Je nach Größe des Durchmessers wird der Stamm dann als „hochsensibel", „mäßig sensibel", „schwach sensibel" oder „resistent" bezeichnet. Nun hat man zwar zu zeigen vermocht, daß diese Methode für zahlreiche Keime eine gute Übereinstimmung mit dem Resultat des Röhrchentests ergibt. Die diesbezüglichen Untersuchungen sind aber alle unter Bedingungen durchgeführt worden, bei denen die Schwankungen der Rasenbildungszeit relativ geringfügig sind. Es sind nämlich bei den getesteten Stämmen vorwiegend schnell wachsende Stämme von E. coli und Staph. aur. verwendet worden. Wie groß der Unterschied in der Hemmhofgröße ein und desselben Stammes sein kann, wenn die Rasenbildungszeit erheblich variiert, zeigt Abb. 46. Es wurden zwei mit Staph. aur. besäte Platten mit je einem Blättchen (Penicillingehalt 1 E) beschickt. Die eine Platte (A, links) enthielt einen üppigen Nährboden mit Dextrose — die andere (B, rechts) nur Nähragar. Platte A wurde überdies mit einer sehr dichten Einsaat inoculiert. Platte B wurde mit 1/100 der Einsaat von A beimpft. Man sieht, daß nach den Auswerteregeln der erwähnten Autoren derselbe Staphylokokkenstamm einmal hochsensibel, das andere Mal aber mäßig sensibel erscheinen würde. Nun ist freilich in diesem Versuch ein Extremfall demonstriert. Er zeigt aber doch, daß wir mit erheblichen Schwankungen der Hemmhöfe bei gleich empfindlichen Stämmen rechnen müssen. Die Hemmhofgröße hängt eben nicht allein vom Blättchengehalt und der Sensibilität des Stammes ab, sondern vor allem von der

Beziehung Rasenbildungszeit — Diffusionsvorgang. Abb. 47 zeigt zwar, daß die Differenz der Abb. 46 einigermaßen nivelliert werden kann, wenn man schwach beschickte Blättchen verwendet und das 5 Std.-Intervall einhält. Für die quantitative Verwertung der Hemmhofgrößen ergibt sich aber trotzdem keine befriedigende Grundlage.

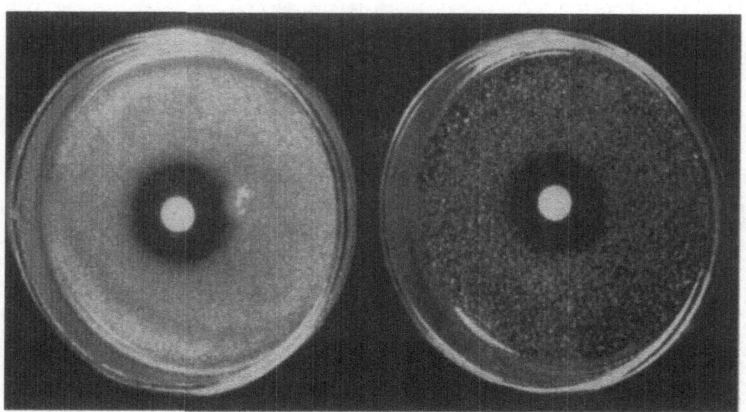

Abb. 47. Ausschaltung der Fehlerquellen durch geringe Blättchenbeschickung (0,1 E/Blättchen) und Einhalten des 5 Std.-Intervalls zwischen Blättchenapplikation und Beimpfung. Nährböden und Aussaat wie in vorstehender Abbildung. Hemmhöfe gleich groß

2. Folgerungen für die Praxis

Die Diskussion des vorigen Abschnittes hat ergeben, daß zwischen der Stammsensibilität und der Größe des Hemmungshofes keine einfache Beziehung besteht; die Bildung des Hemmungshofes wird z. T. von Faktoren bestimmt, deren Einfluß bei der Durchführung des Versuchs nicht zu veranschlagen ist. Es ist zwar *möglich*, daß zwei Kulturen von gleicher Sensibilität gleichgroße Hemmhöfe ergeben. wenn ihre individuellen Rasenbildungszeiten übereinstimmen. Es ist dies aber nicht grundsätzlich als gegeben anzunehmen. Wir müssen vielmehr mit großen Differenzen rechnen, z. B. zwischen den langsam wachsenden Streptokokken oder Pneumokokken einerseits und den schnell wachsenden gramnegativen Stäbchen andererseits. Vom Standpunkt der Praxis ist nun die Frage zu stellen, ob eine feinere Abstufung nach Sensibilitätsstufen für die Mehrzahl der klinischen Fälle überhaupt ein Erfordernis ist.

Eine bestimmte Gattung Mikroorganismen kann sich gegenüber einem Antibioticum folgendermaßen verhalten:

a) Es gibt ausschließlich oder vorwiegend höchstempfindliche Stämme (Beispiel: Scharlachstreptokokken-Penicillin).

b) Es gibt höchstempfindliche und daneben hochresistente Stämme, dazwischen aber keine Übergänge, also keine relativ oder mäßig resistenten Stämme. Es besteht ein „chemotherapeutischer Hiatus" (Beispiel: Staph. aur.-Penicillin).

c) Es gibt nur hochresistente Stämme (Beispiel: Bact. Proteus-Penicillin).

d) Die Gattung besteht zu einem Teil oder ganz aus relativ resistenten Stämmen. Bei diesen liegt die Hemmungsdosis geringfügig über der bei der Normaldosierung erreichbaren Blut- und Gewebekonzentration. (Beispiel: Penicillin bei Enterokokken oder bei Viridans-Streptokokken; Polymyxin bei Pyocyaneus).

Für die Bewertung des Blättchentestes ergibt sich hieraus:

Der *Gehalt des Blättchens an Hemmstoff* ist bei den Kategorien a), b) und c) vollkommen gleichgültig, sobald das Blättchen eine Minimaldosis enthält: Die hochsensiblen Keime werden auf jeden Fall Höfe ergeben, während die absolut resistenten zur Hofbildung eine Blättchenkonzentration benötigen, die praktisch unerreichbar ist. Ein großer Teil der pathogenen Mikroorganismen gehört zu dieser Kategorie. Für diese ist eine zahlenmäßige Formulierung der Hemmungsdosis nach dem Röhrchentest nur von theoretischem Interesse: Es ist praktisch gleichgültig, ob ein Keim durch 0,002 oder durch 0,15 E/ml eines Antibioticums gehemmt wird, wenn mit diesem Stoff Gewebsspiegel von 5 E/ml erreicht werden. Es ist auf der anderen Seite auch gleichgültig, ob der Keim zur Hemmung 2000 oder 10000 γ/ml benötigt; er kommt für das Antibioticum als Therapieobjekt sowieso nicht in Betracht. — Gehört der Erreger zur Kategorie d), so ergibt sich ein anderes Bild: Entweder es wird ein anderes Antibioticum gefunden, gegenüber welchem sich der Erreger zweifelsfrei hochempfindlich verhält, oder man ist aus bestimmten Gründen gezwungen, bei einem schwach wirksamen Medikament zu bleiben. Es ist dann oft noch möglich, durch eine Dosiserhöhung Erreger von schwacher Sensibilität wirksam zu bekämpfen. In diesem Falle muß die Sensibilitätsstufe aber quantitativ, und zwar im Röhrchentest beurteilt werden. Zu diesen Fällen gehört außer der Verbindung Enterokokken-Penicillin auch noch die Verbindung Proteus-Neomycin und Pyocyaneus-Polymyxin B. Damit stellen wir wieder fest, daß durch die Sensibilitätsbestimmung in erster Linie die *hochgradige* Empfindlichkeit eines Erregers angezeigt werden soll. Hierfür ist der Blättchentest durchaus geeignet, wenn der Hemmstoffgehalt pro Blättchen unter diesem Gesichtspunkte bemessen wird. Damit erhebt sich eine zweite Frage; sie lautet: Welche Auswirkungen hat für die klinische Praxis ein zu hoher und ein zu niedriger Hemmstoffgehalt der Blättchen? Welches ist der „richtige" Wert?

Wir haben erwähnt, daß der Gehalt des Blättchens an Hemmstoff nur bei einer einzigen Kategorie von Krankheitserregern bedeutsam ist, bei den Stämmen nämlich, die eine *schwache Sensibilität* bzw. eine *relative Resistenz* zeigen. Hier können sich zwei Möglichkeiten ergeben: Ist der Gehalt des Blättchens an Hemmstoff sehr hoch, so werden Keime, deren Hemmungsdosis im Organismus gar nicht realisiert werden kann, als Hofbildner registriert und mit dem Prädikat „sensibel" bezeichnet — die Folge ist unter Umständen ein klinischer Mißerfolg trotz vermeintlich guter Empfindlichkeit. Dies ist einer der Gründe für die oft zitierten Diskrepanzen zwischen Laborbefund und klinischem Resultat. Ist das Blättchen andererseits zu niedrig mit Hemmstoff beschickt, so werden Keime, deren Hemmungsdosis unter Umständen noch durchaus innerhalb der erreichbaren Organkonzentration liegt, vorschnell als resistent bezeichnet — der Kliniker wird also einer eventuellen chemotherapeutischen Chance beraubt. Dies ist indessen für die Mehrzahl der Fälle das kleinere Übel. Es werden nämlich bei diesem Verfahren dann nur diejenigen Drogen vorgeschlagen, bei denen tatsächlich höchste Empfindlichkeiten bestehen. Für Keime, die gegenüber einem Antibioticum keine eindeutige Empfindlichkeit zeigen, ergibt sich meistenteils eine andere Therapie-Möglichkeit. Für den größten Teil der Fälle erfolgt nach den vorliegenden Erfahrungen bei einer relativ niedrigen Blättchenkonzentration tatsächlich nur eine gewisse Verlagerung der Verordnungshäufigkeit von einem Antibioticum auf ein anderes. Dort, wo im Blättchentest keines der geprüften und niedrig dosierten Antibiotica einen Hemmhof erzeugt, kann immer noch eine therapeutische Chance bestehen, nämlich in Gestalt einer mäßigen Sensibilität. Man kann in diesen Fällen einen zweiten Test mitlaufen lassen, in welchem die Blättchen mit einer höheren Charge an Hemmstoff beschickt sind. In den meisten Fällen wird die Erfahrung es aber erlauben, die Zahl der überhaupt in Betracht kommenden Stoffe sehr einzuschränken. In diesen Fällen sollte man lieber zum Röhrchentest greifen, um die Hemmungsdosis gleich von vornherein exakt festzulegen.

Es hat z. B. keinen Sinn, einen Stamm von B. pyocyaneus oder Proteus im Blättchentest lediglich mit Streptomycin, Tetracyclin, Chloramphenicol und Sulfonamiden daraufhin zu testen, ob er sich gegen einen dieser Stoffe „hochsensibel" verhält. Dies Vorkommnis ist so selten, daß man in solchen Fällen sofort einen Röhrchentest mit Polymyxin B, Neomycin, Chloramphenicol und Streptomycin ansetzen sollte. Der Röhrchentest ist hier deshalb notwendig, weil zu erwarten ist, daß in dem einen oder anderen Fall eine nur relative Sensibilität angetroffen wird, die sich in einem Blättchentest mit höher beschickten Blättchen nur ungenau abschätzen läßt oder gar nicht erkannt wird. Ein Beispiel in diesem Sinne ist auch die Endokarditis mit viridans-Streptokokken. Hier ist es von Anfang an geboten, die entsprechenden Röhrchentests mit Penicillin und Streptomycin anzusetzen. Vom Blättchentest kann in keinem Fall mehr erwartet werden als Orientierungen, die in diesem Sonderfall nicht genügen.

In den meisten Fällen ergibt der Agartest mit schwachem Hemmstoffgehalt der Papierblättchen ein eindeutiges Resultat. Meistens reagiert der Stamm gegenüber einem oder mehreren Stoffen hochsensibel. Es bleibt in diesem Fall nur noch die Differentialindikation zwischen den mikrobiologisch hochaktiven Stoffen zu überlegen.

Mit den eben entwickelten Überlegungen ist auch die Frage nach dem „richtigen" Wert der Papierblättchenkonzentration beantwortet: Sie sollte derart gehalten sein, daß solche Keime einen angedeuteten Hof bilden, welche durch die in vivo normalerweise realisierbaren Konzentrationen experimentell eben gerade noch gehemmt werden können (5 Std.-Intervall beachten!). Alle Keime, die eine höhere Empfindlichkeit besitzen, ergeben dann größere Hemmhöfe. Dies bezieht sich auf diejenigen Infektionen, bei denen das Antibioticum durch den Blutkreislauf an den Krankheitsherd gebracht wird. Hierzu gehört wohl auch die Mehrzahl der bakteriellen Schleimhautentzündungen von Hohlorganen wie z. B. Cystitis (s. S. 132). Zahlreiche der im Handel befindlichen Blättchenbestecke sind nach obigen Ausführungen für den Gebrauch bei der Allgemeinbehandlung zu hoch beschickt. Sie ergeben oft noch Hemmhöfe, wenn die Sensibilität des geprüften Keimes klinisch schon sehr fragwürdig ist. Aus diesem Grunde ist es für jedes Laboratorium lohnend, ein eigenes Besteck nach den geschilderten Prinzipien auszuarbeiten — oder gar zwei Bestecke: eines für lokale Behandlung und eines für Allgemeinbehandlung. Notwendig sind aber bei jedem Besteck ergänzende und kontrollierende Paralleluntersuchungen mit dem Röhrchentest. Das Indikationsprinzip wird sich dann bei Berücksichtigung der geschilderten Richtlinien und der klinischen Befunde leicht ergeben. Jedenfalls gehört auch der oft als „narrensicher" angesehene Blättchentest in die Hand des urteilskräftigen, bakteriologisch ausgebildeten Arztes, wenn die Übereinstimmung mit den therapeutischen Erfolgen der Klinik einen hohen Grad erreichen soll.

Wünscht man die Wirkung einer *Arzneimittelkombination* einem Erreger gegenüber zu prüfen, so wird man in jedem Fall zuerst die Wirkung der einzelnen Kombinationskomponenten beurteilen müssen. Meistens ergeben sich hieraus schon ausreichende Daten. Will man aber den evtl. zu erwartenden Synergismus beurteilen, so müssen andere Methoden als der Blättchentest herangezogen werden. Die Erfassung des Synergismus läuft nämlich auf die Prüfung gewisser Konzentrationskonstellationen der beiden Medikamente hinaus. Im Agartest diffundiert aber jedes Antibioticum nach seinem eigenen Modus. Hat man also auf einem Blättchen ein Gemisch zweier Antibiotica, wie z. B. Penicillin und Streptomycin, so wird der Hemmhof nur in Grenzfällen durch das Zusammenwirken dieser beiden Stoffe gebildet. In den meisten Fällen ist der Hemmhofrand das Resultat des Vorauseilens eines der beiden Antibiotica im Agar (s. S. 158). Es ist nicht möglich, die beiden Antibiotica im Blättchen quantitativ so abzustimmen, daß an jedem Punkt des Agars und zu jedem Zeitpunkt ein gleichbleibendes Verhältnis der Konzentration besteht. Der Hemmhof um ein Blättchen mit einem Gemisch von zwei Hemmstoffen kommt demnach auf gänzlich undurchschaubare Weise zustande; er ist überhaupt nicht zu bewerten[66].

Der *Blättchentest* ist in gewissen Situationen *nicht verwendbar*. Hierzu gehören z. B. diejenigen seltenen Spezialfälle, bei welchen eine Bactericidie am Krankheitsherd absolute Notwendigkeit ist. So wird man bei der Endocarditis lenta die Größe der Hemmungshöfe im Blättchentest als Orientierung ablehnen müssen, da diese ja gleicherweise von bacericiden und bacteriostatischen Medikamenten hervorgerufen werden. Verbindlich ist hier nur der Röhrchentest mit Bestimmung der sterilisierenden Dosis. Eine Ergänzung durch den quantitativen Röhrchentest sollte der Blättchentest auch stets dann erfahren, wenn mit einer besonderen Abkapselung des Krankheitsherdes zu rechnen ist, die als Diffusionshindernis die örtliche Hemmstoffkonzentration niederhält. Dies muß z. B. für alle Fälle von pyogener Sepsis angenommen werden (Thrombophlebitis). Hier ist eine genauere Beurteilung der Resistenzverhältnisse dringend erwünscht. Sie kann nach Ausschaltung der im Blättchentest als unwirksam befundenen Stoffe erfolgen. Der Blättchentest hat hier lediglich die Funktion einer sichtenden und ausschließenden Vorprobe. Die geschilderten Versuchsfaktoren des Blättchentests erfahren bei den Sulfonamiden eine weitere Komplizierung dadurch, daß sich in den üblichen Nährböden in nicht abzuschätzender Menge Antagonisten befinden, welche den Wirkstoffgehalt des Blättchens erheblich inaktivieren (s. S. 38, 39, 166 ff.).

In Fällen, in denen keine Zeit zu verlieren ist, kann man als Notbehelf das entnommene Material, Eiter o. ä., direkt auf die Agarplatte (Blutagar) verimpfen und die Blättchen auflegen. Dies hat aber nur Sinn, wenn nach dem Grampräparat die Keime in genügender Menge vorhanden sind, um einen Rasen zu bilden. Das Material muß außerdem noch für die diagnostisch-bakteriologische Aufarbeitung reichen. Im anderen Falle muß zuerst der Erreger isoliert und angereichert werden. In jedem Falle ist der mit dem eingesandten Material direkt durchgeführte Blättchentest mit der Reinkultur zu wiederholen; bei Mischinfektionen ergeben sich nämlich oftmals auf der „Direktplatte" Befunde, die eine Deutung nicht zulassen oder an Hand der Reinkultur revidiert werden müssen.

3. Das Blättchenbesteck der Praxis und seine Handhabung

Aus den Ausführungen des vorigen Abschnittes geht hervor, daß es uns beim Blättchentest vor allem darauf ankommt, die Kategorie der hochsensiblen Keime als solche zu erkennen. Diese sollen im Blättchentest regelmäßig einen großen Hemmhof bilden. Es macht nichts aus, wenn bei der Kategorie der nur relativ sensiblen Keime der Hemmhof schwach ausgebildet ist oder in Einzelfällen sogar unterdrückt wird. Findet sich nach dem Blättchentest in dieser Form keine therapeutische Lösung, so wird der Röhrchentest oder der Test mit höherer Blättchenbeschickung die Verhältnisse klären. Für die Arbeit der Praxis benutzen wir die Blättchen der Firma Schleicher und Schüll Nr. 22 von 9 mm Durchmesser. Sie haben einen Kapillar-Fassungsraum von etwa 20 Kubikmillimeter Flüssigkeit. Der Hemmstoffgehalt der Blättchen für die einzelnen Chemotherapeutica ist in Tab. 15 angegeben.

Tabelle 15

	Gehalt pro Blättchen I (schwach)	Gehalt pro Blättchen II (stark)
Penicillin	0,2 E	5 E
Streptomycin . . .	5 γ	50 γ
Sulfapyrimidin . . .	25 γ	200 γ
Tetracyclin	10 γ	50 γ
Chloramphenicol . .	5 γ	100 γ
Erythromycin . . .	1 γ	10 γ
Bacitracin	2 E	20 E
Neomycin	10 γ	50 γ
Polymyxin B. . . .	10 E	50 E

Es muß ausdrücklich betont werden, daß das Besteck I (schwach) das wichtigste ist. Besteck II (stark) soll nur dann bewertet werden, wenn Besteck I keinen eindeutigen, therapeutisch vertretbaren Befund ergibt. Die Befunde des Bestecks II sind nur grob zu bewerten. Es kann nach der Größe des Hemmhofes kaum ein Anhaltspunkt für die Hemmungsdosis gegeben werden. Man kann nur sagen, daß ein Keim, der mit Besteck I keinen oder einen nur angedeuteten Hemmhof zeigt, dagegen mit Besteck II einen solchen produziert, auf keinen Fall in die Klasse der hochsensiblen Erreger eingereiht werden kann. Ob er freilich in die Kategorie der „mäßig sensiblen" (s. S. 133) oder der nur „andeutungsweise sensiblen" Erreger gehört, ist schwer zu sagen. Mäßig sensible Erreger, deren Empfindlichkeitsgrad aber doch noch nahe der Kategorie „hochsensibel" liegt, machen mit Besteck I im allgemeinen einen reduzierten Hemmungshof. Dieser wird bei der Blättchenbeschickung I (schwach) ziemlich schnell unterdrückt, wenn die Sensibilität nachläßt. Sein Fortfall bedeutet deshalb nicht, daß mit dem entsprechenden Präparat keinerlei therapeutische Möglichkeit besteht; es bedeutet dies nur, daß die therapeutische Reserve — und damit die Erfolgsgewißheit — bei der üblichen Dosierung nicht mehr ganz so groß ist, wie bei höchstsensiblen Keimen. Man wird in diesen Fällen natürlich lieber doch noch versuchen, ein hochwirksames Mittel zu finden. Wenn dies nicht möglich ist, zieht man Besteck II oder den Röhrchentest zu Rate.

Es soll besonders betont werden, daß wir sowohl für die Tetracycline als auch für die Sulfonamide nur einen einzigen Vertreter der ganzen Stoffklasse prüfen. Die Unterschiede innerhalb der Sulfonamid- und der Tetracyclingruppe[131, 157] liegen nämlich nicht so sehr in der rein mikrobiologischen Wirkung als vielmehr in pharmakodynamischen Eigenschaften und Momenten der Verträglichkeit. Diese aber sind im Blättchentest nicht darstellbar, sondern müssen bei der klinischen Differentialindikation der einzelnen Präparate berücksichtigt werden. Es muß betont werden, daß die Entscheidung darüber, ob dem Patienten Aureomycin, Terramycin oder Tetracyclin gegeben werden soll, in der Praxis so gut wie niemals von Differenzen der mikrobiologischen Wirksamkeit bestimmt wird, sondern vornehmlich eine Frage der Verträglichkeit und der Pharmakodynamik ist (s. hierzu S. 171, 176). Das gleiche gilt prinzipiell für die Sulfonamide[45]. Es ist Unfug, zwei oder drei Sulfapyrimidinderivate im Blättchentest zu prüfen und dann einfach dasjenige, welches aus irgendwelchen — oft unberechenbaren — Gründen den größten Hemmhof produziert, kurzerhand als das „Optimale" zu bezeichnen. Die Differentialindikation der Sulfonamide wie auch der Tetracycline ist eine *klinische* und keine Frage des Tests, jedenfalls keine solche des Blättchentests! Für das Supronal gilt im übrigen das für Kombinationspräparate Gesagte (s. S. 158).

Herstellung der Testblättchen. Bei der Herstellung der Testblättchen kommt es darauf an, einen bestimmten Betrag einer Hemmstofflösung auf das Blättchen zu bringen. Man verfährt folgendermaßen: Die Blättchen werden mit Bleistift mit den Anfangsbuchstaben des betreffenden Hemmstoffes einzeln signiert oder durch Färbung markiert und auf einer Glasplatte ausgebreitet. Man zieht eine 1 ml-Pipette in eine Capillare aus und probiert mit Aqua dest., ob ein Tropfen dieser Capillarpipette groß genug ist, das ganze Blättchen zu durchfeuchten. Das befeuchtete Blättchen darf andererseits beim Verschieben auf der Glasplatte keine Flüssigkeitsspur hinterlassen. Erweist sich die Tropfengröße als zu gering, so kürzt man die Capillare und probiert es mit dem nunmehr größeren Capillar-Endkaliber noch einmal.

Abb. 48. Technik der gleichmäßigen Beschickung von Testblättchen

Hat man die Capillarpipette auf die richtige Tropfengröße eingestellt, so ermittelt man, wieviele Tropfen bei dieser Pipette aus 1 ml ablaufen. Man findet beispielsweise 53 Tropfen pro ml und soll auf ein Blättchen 10 γ Tetracyclin bringen. Es muß dann ein Tropfen

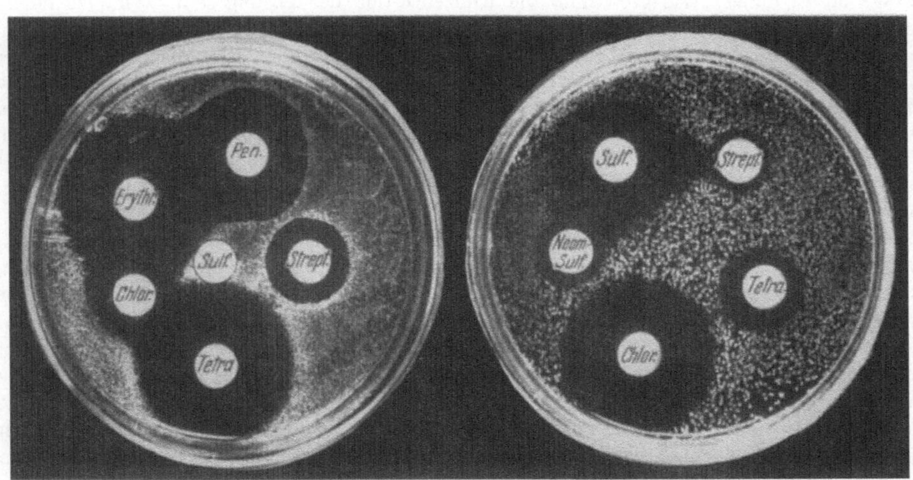

Abb. 49. Beispiele für den Ausfall eines Blättchentests (Besteck I) bei Staph. aur. (links) und B. Proteus O (rechts). Bei dem geprüften Staphylokokkenstamm besteht gegen alle geprüften Antibiotica gute, z. T. hochgradige Empfindlichkeit; gegen Sulfadiazin verhält sich der Stamm resistent. Der Proteusstamm zeigt höchste Sensibilität gegen Chloramphenicol und Sulfadiazin. Auf Neomycin, Tetracyclin und Streptomycin spricht er schwächer an

10 γ Tetracyclin enthalten oder 1 ml der Lösung $10 \cdot 53 = 530 \, \gamma$/ml Tetracyclin. Diese Lösung wird in die Pipette hochgezogen und auf jedes Blättchen 1 Tropfen gebracht (Abb. 48). Das Verfahren hat zur Voraussetzung, daß die Auflösung des Antibioticums die Oberflächenspannung des als Lösungsmittel dienenden Wassers und damit die Tropfengröße nicht

beeinflußt. Dies trifft für alle gebräuchlichen Chemotherapeutica zu; lediglich das Bacitracin stellt eine Ausnahme dar. Die Herstellung der Bacitracinblättchen muß dementsprechend anders erfolgen: Man bringt mit einer Kahnpipette auf jedes Blättchen 0,025 ml einer Lösung von 80 E/ml Bacitracin. Der Endgehalt ist dementsprechend 2 E Bacitracin pro Blättchen. Die Blättchen werden 1—2 Std. im Brutschrank getrocknet und in Glasgefäßen trocken aufbewahrt. Bei sachgemäßer Lagerung ist auch nach einem Jahr noch kein Wirkungsverlust festzustellen.

Zur Anlegung des Blättchentests spatelt man die Erreger in Reinkultur oder evtl. in Form des Untersuchungsmaterials (Eiter o. a.) auf eine Blutplatte aus und appliziert die Blättchen mit einer Pinzette. Die Platte wird 5 Std. bei Zimmertemperatur belassen und anschließend bebrütet. Wenn man sehr in Eile ist, so legt man den Test direkt mit dem eingesandten Untersuchungsmaterial an. Immer aber ist es dann notwendig, den Test mit der Reinkultur zu wiederholen (s. S. 189). Abb. 49 zeigt zwei Beispiele einer Ablesung.

4. Der Agar-Lochtest

Zur Bestimmung der Erregersensibilität gelten für den Agar-Lochtest die gleichen Grundsätze wie für den Papierblättchentest. Auch hier kann aus der Größe des Hemmungshofes die Sensibilitätsstufe des untersuchten Stammes nur grob abgeschätzt werden.

Technik. Es wird der zu untersuchende Stamm auf einer Agarplatte diffus verimpft. Auf der beimpften Platte werden 3 Löcher ausgestanzt (Korkbohrer mit 9 mm Durchmesser). Die Löcher werden mit Lösungen des zu prüfenden Hemmstoffes (3 Konzentrationsstufen) gefüllt. Anschließend Bebrütung. Man kann, wenn man sparsam sein will, anstelle der diffusen Beimpfung auch einzelne Impfstriche radiär zum Loch ziehen. Auf diese Weise kann man mit einem einzigen Lochsatz 4—5 Stämme prüfen.

Für die *Beurteilung* des Lochtests ist es notwendig, den Zusammenhang zwischen 3 Elementen des Versuchs zu kennen. Diese sind: 1. *Die Konzentration der applizierten Hemmstofflösung;* 2. *die Empfindlichkeitsstufe des Stammes* und 3. *die Größe des Hemmhofes.* Die erste Frage lautet daher: Wie groß muß die Konzentration der Lösung sein, wenn bei einem Stamm, dessen Empfindlichkeit bekannt ist, ein Hemmungshof gerade noch erzeugt werden soll? Wir haben diese Frage bereits in einem anderen Zusammenhang diskutiert. Bei der Untersuchung des zur Penicillintitration verwendeten Lochtests konnten wir feststellen, daß die kleinste Penicillinkonzentration, die im Lochtest noch eben einen Hemmhof bildet, etwa 4—5 mal höher liegt als der Hemmungsdosis des betreffenden Stammes in flüssigem Milieu entspricht. Ein Staphylokokkenstamm, dessen Hemmungsdosis im Röhrchentest mit 0,05 E/ml bestimmt wird, ergibt im Lochtest bei der Konzentration 0,1 gerade noch einen deutlich wahrnehmbaren Hof. Für das Beispiel des Penicillin-Lochtests zur Sensibilitätsbestimmung würde dies heißen: Die drei Löcher werden mit je einer Lösung von 0,5 E/ml, 2 E/ml und 10 E/ml beschickt. Keime, welche um alle drei Löcher einen Hemmhof bilden, können als hochsensibel angesehen werden. Fehlt der Hemmhof um das erste Loch, so ist der Keim als mäßig sensibel anzusehen. Fehlt der Hemmhof um das erste und zweite Loch, ist eine schwache Sensibilität anzunehmen. Fehlt schließlich der Hemmungshof um alle drei Löcher, so muß man den Stamm als absolut resistent betrachten. Wir haben auf S. 133 die Kriterien genauer definiert, nach welchen ein Stamm den gebräuchlichen Hemmstoffen gegenüber als „hochsensibel", „mäßig sensibel" „andeutungsweise sensibel" und schließlich als „resistent" bezeichnet wird. Man kann nun im Hinblick auf den Lochtest für jeden Hemmstoff diejenigen 3 Konzentrationen ausfindig machen, die in Löcher appliziert eine grobe Einreihung des getesteten Stammes in eine der klinisch-bakteriologisch formulierten Sensibilitätsstufen ermöglichen. Die Tabelle 16 bringt hierzu einige Vorschläge.

Bei der Beurteilung soll ausdrücklich davon ausgegangen werden, die Größe der Hemmhöfe selbst nicht zu berücksichtigen. Wir haben auf S. 141 ff. gesehen, wie sehr diese von Faktoren abhängt, die wir im Einzelfall nicht übersehen. Hinzu kommt noch der Komplex der besonderen Diffusionseigenschaften bei jedem einzelnen der verwendeten Hemmstoffe. Sobald also überhaupt ein Hemmhof zu bemerken ist, muß er als solcher berücksichtigt werden. Bei Penicillin sind in diesem System die Hemmhöfe relativ groß, weil das Penicillin schnell und leicht in den Agar diffundiert — bei Bacitracin sind sie klein, weil Bacitracin nur langsam in den Agar vordringt. Die Beurteilung erfolgt für alle Hemmstoffe in der gleichen Form: Bei Hemmhöfen in I., II. und III. wird das Prädikat „hochsensibel" verliehen. Bei Hemmhöfen in II. und III. nehmen wir eine mäßige Sensibilität an. Ein Hemmhof in III. allein wird als Zeichen einer nur andeutungsweise vorhandenen Sensibilität betrachtet und das Fehlen aller Hemmhöfe schließlich als „Resistenz".

Tabelle 16

	Lösung I	Lösung II	Lösung III
Penicillin	0,5 E/ml	2 E/ml	10 E/ml
Streptomycin	20 γ/ml	60 γ/ml	150 γ/ml
Sulfapyrimidin	50 γ/ml	200 γ/ml	500 γ/ml
Tetracyclin	5 γ/ml	20 γ/ml	100 γ/ml
Chloramphenicol	20 γ/ml	100 γ/ml	250 γ/ml
Erythromycin	5 γ/ml	10 γ/ml	30 γ/ml
Bacitracin	1 E/ml	3 E/ml	10 E/ml
Neomycin	50 γ/ml	100 γ/ml	300 γ/ml
Polymyxin B	50 E/ml	100 E/ml	300 E/ml

Das System des Lochtests, wie es geschildert worden ist, kann natürlich auch auf die Verwendung der Lösung I beschränkt werden. Trotz dieser Vereinfachung nimmt sich der Lochtest im Vergleich zum Blättchentest schwerfällig und unpraktisch aus, ohne wesentliche Vorteile zu bringen. Man muß dauernd Lösungen bereit halten und benötigt bei der Prüfung für jeden einzelnen Hemmstoff eine besondere Platte. So ist der Lochtest heute auch in den meisten Laboratorien zugunsten des einfacheren und praktischen Blättchentests aufgegeben worden.

5. Andere Modifikationen. Käufliche Bestecke

Der Agar-Diffusionstest ist natürlich auch eindimensional möglich, z. B. indem man einen Graben der Agarplatte mit einer Hemmstofflösung füllt und vorher bis zum Rand dieses Grabens Impfstriche mit den zu prüfenden Stämmen anlegt. Eine besondere Form stellt der Tabletten-Test dar: Anstelle der Testblättchen werden hemmstoffhaltige Tabletten von 6—8 mm Durchmesser gepreßt und auf den Agar gelegt. Diese Tabletten sind käuflich.

Zahlreiche der im Handel befindlichen Blättchen-Bestecke weisen grundsätzliche Mängel auf. Bei einigen fehlt jede Angabe darüber, wieviel Hemmstoff das einzelne Blättchen enthält. Andere enthalten Kombinationen von 2 Hemmstoffen, „um den Kombinationseffekt zu prüfen". Dies ist nicht zulässig und ergibt irreführende Resultate. Wir verweisen hierzu auf S. 148-149 und S. 158. Zu alledem ist der Preis der im Handel befindlichen Blättchenbestecke außerordentlich hoch. Im Laboratorium kann man sich die Testblättchen zu einem Bruchteil dessen herstellen, was sie im Handel kosten. Viele Testblättchen des Handels enthalten im übrigen viel höhere Mengen an Hemmstoff, als es den von uns erläuterten Prinzipien entspricht. Bei vielen Bestecken wird vom Hersteller die Ausmessung der Hemmhöfe mit dem Zirkel empfohlen, wobei von dem ermittelten Durchmesser auf die Sensibilität des Stammes geschlossen werden soll. Unsere Bedenken gegen dieses Verfahren haben wir S. 145 erläutert. Keinesfalls darf man Blättchen mit hohem Hemmstoffgehalt, wie sie kommerziell angeboten werden, nach den Kriterien auswerten, wie wir sie für Blättchen mit schwachem Hemmstoffgehalt abgeleitet haben. Die Folge wäre, daß man mäßig und schwach sensible Erreger als hochsensibel bezeichnet. Wir möchten hier noch einmal unserer Ansicht Ausdruck geben, daß ein großer Teil der klinischen Versager und Diskrepanzen (Mißerfolg trotz „guter Sensibilität in vitro") darauf beruhen, daß durch zu hoch beschickte Blättchen relativ resistente Erreger einen Hemmhof bilden, der dann fälschlich als Zeichen einer hohen Sensibilität angesehen wird. Dies ist besonders dann zu befürchten, wenn der Hemmhof durch geringe Einsaat, tiefe Bruttemperatur oder langsames Wachstum des Stammes besonders groß ausfällt (s. S. 142 ff.).

D. Die mikrobiologische Beurteilung der Kombinationstherapie

Wir haben im ersten Teil dieses Buches gesehen, daß die Wirkungssteigerung bei der Kombination von 2 antibakteriellen Stoffen unter zwei Gesichtspunkten betrachtet werden kann. Man kann einerseits die Frage stellen, inwieweit die im Hemmungsversuch ablesbare bacteriostatische Wirkungsgröße durch die Kombination verändert wird, und man kann andererseits fragen, inwieweit die im Bactericidie-Test erkennbare Abtötungskraft beeinflußt wird. In diesem Abschnitt sollen zunächst die Verfahren zur Beurteilung der bacteriostatischen Wirkungssteigerung behandelt werden. Die Abschätzung der bactericiden Wirkungsgröße, die durch eine Arzneimittelkombination entsteht, wird am Beispiel der Endokarditis behandelt werden.

1. Beurteilung der bacteriostatischen Wirkungssteigerung für die Praxis. Andere Ziele der Kombinationstherapie

Wir haben im Abschnitt II B 2 ausführlich dargelegt, daß die Kombination zweier Arzneimittel im Hinblick auf die bacteriostatische Wirkungsgröße eine einfache Addition oder aber eine Potenzierung ergeben kann. Dies hängt sowohl von der Art der Medikamente als auch von den Eigenheiten des verwendeten Stammes ab. Der resultierende Hemmeffekt ist, wie wir gesehen haben, für jede der sich ergebenden zahllosen Konzentrationskonstellationen verschieden zu beurteilen. Es leuchtet ein, daß es in der Laboratoriumspraxis unmöglich ist, die komplizierten und zeitraubenden Verfahren anzuwenden, welche die erschöpfende Darstellung der auf S. 29 beschriebenen Kombinationsfunktion ermöglichen. Für die Praxis ist die Fragestellung auch viel enger umschrieben.

Die Hemmungsdosis eines Enterokokkenstammes betrage für Penicillin 1 E/ml und für Streptomycin 20 γ/ml. Der Stamm ist also im Hinblick auf beide Medikamente als schwach sensibel zu bezeichnen. Die Konzentrationen, die bei der gewöhnlichen Penicillin- bzw. Streptomycintherapie im Gewebe erzielt werden, reichen für eine Hemmung dieses Erregers bei weitem nicht aus. Es fragt sich nun, ob der Erreger nicht doch gehemmt wird, wenn die einzeln unwirksamen Gewebskonzentrationen kombiniert auf ihn einwirken. Um diese Frage zu prüfen, muß man sich folgendes überlegen: Die Gewebekonzentration des Penicillin kann je nach der Höhe der pro Tag verabreichten Dosis von 0,5 E/ml bis zum Fünfzigfachen dieses Wertes gesteigert werden. Dies ist für Streptomycin nicht möglich, da sich für den Erwachsenen eine Tagesdosis von mehr als 1,5—2 g täglich wegen der Toxicität des Mittels verbietet. Man kann dementsprechend nicht mit einem beliebig steigerungsfähigen Streptomycin-Gewebespiegel rechnen, sondern muß ihn mehr oder weniger als Fixum betrachten. Angesichts dieser Sachlage stellt sich die Lösung der Aufgabe relativ einfach dar. Wir veranschlagen als durchschnittlichen Gewebsspiegelwert bei der Streptomycintherapie eine Konzentration von etwa 5 γ/ml und fragen: Wenn der Stamm für Penicillin eine Hemmungsdosis von 1 E/ml besitzt — welchen Betrag hat diese Hemmdosis dann, wenn die Bestimmung in Gegenwart einer konstanten Menge von 5 γ/ml Streptomycin erfolgt, einer Menge also, welche für sich allein keinerlei Hemmwirkung ausübt? Der Test wird ausgeführt, indem der zur Verdünnung verwendeten Bouillon von vornherein ein Betrag von 5 γ/ml Streptomycin zugefügt wird. Die Penicillinverdünnung wird mit dieser Bouillon wie gewöhnlich durchgeführt. Die Reihe enthält dann im ersten Röhrchen 10 E/ml Penicillin + 5 γ/ml Streptomycin, im zweiten Röhrchen 5 E/ml Penicillin + 5 γ/ml Streptomycin, im dritten Röhrchen 2,5 E/ml Penicillin + 5 γ/ml Streptomycin usw. Wir lesen unter diesen Bedingungen eine Hemmungsdosis von 0,15 E/ml Penicillin ab, während der gleichzeitig im streptomycinfreien Milieu unternommene Penicillin-Sensibilitätstest eine Hemmungsdosis von 1,25 E/ml ergibt. Nach diesem Versuch setzt also die Anwesenheit von solchen Streptomycinkonzentrationen, wie wir sie im Organismus erzielen können und die selbst unterschwellig bleiben, die Hemmungsdosis für Penicillin erheblich herab. Wenn man also in diesem Fall auf eine Grundlage von 1—1,5 g Streptomycin pro die eine Penicillinmedikation von 2 Mega täglich aufpfropft, wird die therapeutische Reserve größer.

Es ist von großer Wichtigkeit zu beachten, daß von der bacteriostatischen Potenzierung allenfalls eine *unterstützende* Wirkung erwartet werden kann. Es ist zwar bei geeigneter Konstellation möglich, die therapeutische Reserve zu vergrößern — man darf aber niemals damit rechnen, einen resistenten Stamm durch geeignete Kombination hochsensibel zu machen. Die Dosierung des Penicillins im vorliegenden Fall ist ja auch trotz des günstigen Befundes so gewählt worden, als ob man die Hemmungsdosis für Penicillin allein berücksichtige und ihre Herabsetzung durch Streptomycin ignoriere.

Wir können anhand dieses Beispiels und der Ergebnisse des Abschnitts II B 2 sagen: Die Kombination zweier antibakterieller Stoffe hat im Hinblick auf die Steigerung der bacteriostatischen Wirkung klinisch nur dann einen Sinn, wenn gegen beide Stoffe eine gewisse Mindest-Sensibilität besteht. Verhält sich der Erregerstamm gegen eines der Kombinationselemente nach klinisch-bakteriologischen Begriffen absolut resistent, so verspricht die Kombination keinerlei Gewinn. Eine Kombination in der Hoffnung auf eine bacteriostatische Wirkungssteigerung ist klinisch also nur dort zu verantworten, wo uns keine andere Wahl bleibt, als zwei Medikamente zu verordnen, gegen die der Erreger eine nur schwache Empfindlichkeit zeigt. Dies ist z. B. bei Proteus und Pyocyaneus der Fall, wenn von allen geprüften Stoffen nur einer oder zwei eine Wirkung zeigen, und auch diese nur in relativ geringem Ausmaß. Findet man bei der Sensibilitätsbestimmung ein Mittel, welches als hochwirksam angesehen werden muß und gegen welches keine absoluten Kontraindikationen besteht, so ist die Kombinationstherapie mit zwei schwach wirksamen Medikamenten auch dann abzulehnen, wenn der Kombinationstest eine starke Potenzierung zeigt.

Die mikrobiologische Beurteilung des Kombinationseffektes für die Praxis geht somit davon aus, die Hemmungsdosis gegenüber einem Medikament in Gegenwart einer konstanten Konzentration eines zweiten zu bestimmen. Wie gestaltet sich nun anhand unseres Beispiels die Untersuchung, wenn ein Stamm vorliegt, der gegenüber einem der Kombinationselemente als sensibel anzusehen ist? Wir untersuchen einen anderen Enterokokkenstamm, dessen Hemmungsdosis für Penicillin 1,25 E/ml und gegen Streptomycin 1 γ/ml betragen möge. Wie ist hier die Kombination zu beurteilen? Die Frage ist insoweit überflüssig, als der Stamm gegen Streptomycin hochsensibel ist. Es kann also erwartet werden, daß eine Behandlung mit Streptomycin allein zum Erfolg führt. Man kann jetzt allerdings die Frage stellen, ob eine Zugabe von Penicillin zum Streptomycin nicht doch einen Nutzen verspräche — etwa im Hinblick auf eine Steigerung der therapeutischen Reserve. Diese Frage kann mikrobiologisch beantwortet werden, wenn sie auch mehr akademische als praktische Bedeutung hat. Wir stellen in diesem Fall fest, wie hoch die Hemmungsdosis für Streptomycin ist, wenn wir die Bestimmung in Gegenwart von 0,2 E/ml Penicillin ausführen. Wir stellen uns dabei auf den Standpunkt, daß nach einer normal dosierten Penicillinmedikation mit einem Gewebsspiegel von etwa 0,2 E/ml gerechnet werden darf. Wird die Hemmungsdosis für Streptomycin durch die Anwesenheit des Penicillins tatsächlich herabgesetzt, so kann man eine Erhöhung der therapeutischen Reserve annehmen. Dies soll aber nur dann geschehen, wenn die Herabsetzung eindeutig ist, also mindestens 2—3 Zweierpotenzen umfaßt.

Zur Beurteilung der Kombinationstherapie mag man sich folgende Faustregel merken (s. S. 31, 32): Durch Kombination mit einem als „Adjuvans" figurierenden, unterschwellig bleibenden Stoff kann man die Hemmungsdosis des Medikamentes, dessen Wirkung man steigern will, so gut wie niemals stärker herabsetzen als auf $^1/_{10}$ ihres Ausgangswertes. Andererseits: Ein als Adjuvans verwendetes Medikament bleibt als „Potenzierer" selbst wirkungslos, sobald es in Konzentrationen verwendet wird, die kleiner sind als $^1/_5$—$^1/_{10}$ des Betrages, der, allein verwendet, zur Hemmung des Stammes notwendig ist. Wenn wir also einen Stamm betrachten, dessen Hemmungsdosen 50 E/ml für Penicillin und 100 γ/ml für Streptomycin betragen, so ergibt sich: Streptomycindosen, die kleiner sind als 10—20 γ/ml, bleiben auch im Hinblick auf ihre Wirkung als Aktivator des Penicillins unterschwellig — sie setzen die Penicillinhemmungsdosis nicht herab. Selbst eine Dosis von 20 γ/ml Streptomycin könnte die Hemmungsdosis des Penicillins nicht stärker reduzieren als auf 10 E/ml. Auch hier ergibt sich, daß als Kombination nur solche Stoffe eine klinisch realisierbare Wirkungssteigerung aufweisen, die auch für sich allein innerhalb der in vivo erreichbaren Konzentrationen eine Wirkung entfalten.

Gründe für die Anwendung von Arzneimittelkombinationen. Nach den geschilderten Überlegungen kann es keinen Zweifel daran geben, daß die Steigerung der bacteriostatischen Wirksamkeit durch Kombination zweier Arzneimittel für die klinische Therapie eine recht problematische Angelegenheit ist. Praktisch gesehen kommt der Mikrobiologe nur in Ausnahmefällen in die Lage, Fragen zu beantworten, wie sie anhand unserer Beispiele gestellt worden sind. Die Steigerung der bacteriostatischen Wirkung ist, wie wir gesehen haben, durch so viele Umstände eingeschränkt, daß wir gut daran tun, bei der so häufig durchgeführten Kombinationstherapie der ärztlichen Praxis nicht mit ihr zu rechnen.

Wenn in Firmenprospekten von „potenzierter" Wirkung einer Kombination gesprochen wird, entsteht leicht der Eindruck, dies wäre eine allgemeingültige Eigenschaft des angepriesenen Präparates. Es wird oft übersehen, daß die in vitro-Experimente, mit denen in den Prospekten solche „Potenzierungen" belegt werden, auf der Verwendung besonders ausgesuchter Stämme und spezieller Versuchsanordnungen beruhen. Es können also die Erscheinungen der Potenzierung nur in Einzelfällen und auch da nur mit besonderen Kunstgriffen demonstriert werden. Schon im Tierexperiment ist es schwierig, den therapeutischen Effekt des Zusammenwirkens zweier Medikamente als Vorteil gegenüber der Einzeltherapie darzustellen. Immerhin ist es in einigen Fällen gelungen. In der Klinik wird man das Plus an Wirkung, welches sich durch die beschriebenen Vorgänge der Addition und Potenzierung ergibt, mit Recht gering veranschlagen[146] und nur in verzweifelten Fällen als letzte Ausflucht damit rechnen und danach suchen.

Daß die Kombinationstherapie in der Praxis so großen Anklang findet, ist auch weniger auf die Auswirkung der Potenzierung zurückzuführen, sondern vor allem auf die Tatsache, daß sich die *Spektren* der einzelnen Medikamente *vorteilhaft* *ergänzen.* So ist die klinische Verwendung einer Kombination von Penicillin mit Sulfonamiden oder mit Streptomycin in der Tatsache begründet, daß man mit dieser Medikation zahlreiche Mischinfektionen mit gramnegativen und grampositiven Keimen erfassen kann, während die einzeln gegebenen Medikamente hierzu nicht in der Lage sind. Die Kombinationspräparate dienen in diesem Sinne als „Breitspektrumantibiotica des praktischen Arztes". Sie können vor allem da eingesetzt werden, wo eine mikrobiologisch gezielte Therapie aus verschiedenen Gründen nicht möglich ist.

Ein weiterer Grund für die Verordnung von Arzneimittelkombinationen ist die *Verhütung der Resistenzsteigerung*. Abb. 50 zeigt hierzu ein Beispiel. Es wurde hierbei ein Stamm von Staph. aur. über Passagen mit steigendem Streptomycingehalt gebracht. Man sieht, daß nach 8 Passagen die Hemmungsdosis auf das 130fache des Ausgangswertes geklettert ist. Läßt man die Serie von Streptomycinpassagen aber in Gegenwart einer konstantbleibenden, unterschwelligen Dosis Penicillin ablaufen, so erfolgt, wie man sieht, die Resistenzsteigerung viel langsamer. Man kann hierbei sehen, daß eine wirksame Verlangsamung des Tempos, in welchem die Resistenzsteigerung vor sich geht, nur dann erfolgt, wenn sich die zugegebene Menge Penicillin der Hemmungskonzentration des Stammes nähert. Bruchteile dieser Hemmungskonzentration, die kleiner sind als $^1/_4$, können die Resistenzentwicklung nur unwesentlich verlangsamen, aber nicht unterdrücken. Auch hier zeigt sich, daß ein besonderer Effekt beim Zusammenwirken zweier Arzneimittel nur dann erwartet werden kann, wenn *beide* in einer Konzentration vorliegen, die sich zumindest in der Nähe ihrer Hemmungsdosis befindet.

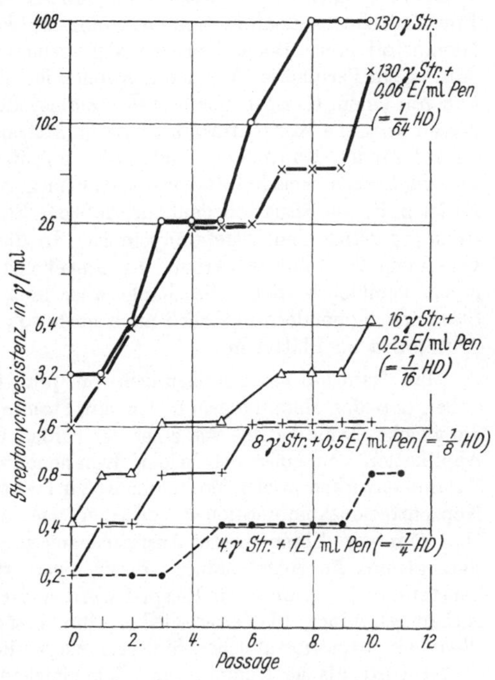

Abb. 50. Steigerung der Streptomycinresistenz von Staph. aur. in Bouillon und ihre Verhütung durch gleichzeitig anwesende unterschwellige Penicillindosen

Die Resistenzsteigerung ein und desselben Stammes unter der Behandlung spielt im übrigen nur bei der Tuberkulosetherapie eine praktisch wichtige Rolle. Bei bakteriellen Infektionen kommt sie kaum vor. Anderslautende Berichte beruhen zum großen Teil auf Fehlbeobachtungen, z. B. auf Erregerwechsel. Bei der Tuberkulose erfolgt die Kombinationstherapie dementsprechend fast nur unter dem Gesichtspunkt der Verhütung der Resistenzsteigerung. Bei den bakteriellen Infektionen besteht hierfür kein dringendes Bedürfnis.

Im Zusammenhang mit der Erörterung des bacteriostatischen Synergismus muß noch ein Punkt geklärt werden, der für die tägliche Arbeit eine gewisse Bedeutung besitzt. Er betrifft die bereits auf S. 148, 153 erwähnte Frage, ob der bacteriostatische Synergismus auch im *Agar-Diffusionsversuch* nachgewiesen werden kann. In einigen Laboratorien scheint diese Frage kurzerhand bejaht zu werden, denn es gibt im Handel Testblättchen, die mit einer Kombination von Streptomycin und Penicillin imprägniert sind. Eine Darstellung und Beurteilung des

Zusammenwirkens von zwei Antibiotica ist im Agartest rundweg unmöglich[66]. Die Gründe hierfür liegen in der Tatsache begündet, daß sich jeder der beiden Stoffe seinem eigenen Diffusionsmodus folgend im Agar verteilt.

Wie man unschwer zeigen kann, erfolgt die Diffusionsbewegung beider Körper vollkommen unabhängig voneinander mit verschiedenen Geschwindigkeiten. Wir erinnern uns (s. S. 97), daß der Rand des Hemmungshofes dem geometrischen Ort aller derjenigen Punkte entspricht, die zum Zeitpunkt der Rasenbildung die Hemmungsdosis des Teststammes enthalten. Wir haben dargelegt, daß die Punkte mit dieser kritischen Konzentration im Verlauf der Diffusion vom Blättchen weg peripherwärts wandern, wobei die Geschwindigkeit ihrer Wanderung nach einem bestimmten Modus fortlaufend abnimmt (s. Abb. 43 auf S. 143). Eine Antibiotica-Kombination hat somit *zwei* kritische Konzentrationen, nämlich für jeden Hemmstoff eine. Beide bewegen sich nach eigenen Gesetzen unabhängig über den Agar hinweg zur Peripherie. Man kann prophezeien, daß der Hemmungshof in den meisten Fällen nur von einem einzigen der beiden Hemmstoffe gebildet werden wird, nämlich demjenigen, dessen kritische Konzentration sich zum Zeitpunkt der Rasenbildung am weitesten peripherwärts befindet. Nun müssen wir für die zu prüfenden Stämme mit einer unbeschränkten Zahl von denkbaren Sensibilitätskonstellationen gegenüber Penicillin und Streptomycin rechnen. Es ist z. B. die Situation denkbar, daß der Stamm penicillinempfindlich, aber relativ resistent gegenüber dem Streptomycin ist. In diesem Fall wird der Hemmhof ausschließlich vom Penicillin gebildet werden. Im umgekehrten Fall wird er ausschließlich vom Streptomycin gebildet werden. Dies hängt aber nicht nur von der Sensibilitätskonstellation des Stammes ab, sondern natürlich auch noch von dem mengenmäßigen Verhältnis der beiden Antibiotica im Blättchen.

Man kann diese Überlegungen im praktischen Versuch verifizieren. Es zeigt sich dabei, daß der Hemmungshof, den ein Stamm einer Kombination gegenüber bildet, stets die gleiche Größe besitzt wie einer der beiden Hemmungshöfe, der sich durch die getrennte Applikation von einer der beiden Komponenten entwickelt. Es ist eben unmöglich, das Zusammenwirken zweier Medikamente zu beurteilen, wenn diese in absolut unübersehbaren Konzentrationskombinationen vorliegen, wie es bei unserem Beispiel im Agar der Fall ist. Man könnte im Sinne unserer Ausführungen von S. 154 daran denken, den bacteriostatischen Synergismus im Agar dadurch darzustellen, daß man eine der beiden Konzentrationen konstant hält. In unserem Beispiel würden wir einen Agar, der selbst 5 γ/ml Streptomycin enthält zu einer Platte ausgießen, ihn besäen und ein Penicillinblättchen applizieren. Wenn ein bacteriostatischer Synergismus vorliegt, so ist zu erwarten, daß der Hemmhof größer würde als der Hemmhof mit dem gleichen Penicillinblättchen auf einem streptomycinfreien Agar. Auch dieser Weg ist aber nicht gangbar, denn die Erklärung für das Größerwerden des Penicillin-Hemmhofes auf der Streptomycinplatte bleibt immer zweideutig: Es kann die Ursache dafür in einer Wachstumsverzögerung der Keime liegen, die durch die in Agar enthaltene unterschwellige Streptomycinkonzentration bedingt ist. Wir hätten dann einfach das Phänomen des größeren Hofes durch Diffusionsvorsprung (s. S. 98, 142). Es kann andererseits natürlich auch ein echter Synergismus dazukommen und den Hof zusätzlich vergrößern. Die beiden Komponenten sind aber voneinander nicht zu trennen.

Als Fazit können wir notieren, daß es im Agartest grundsätzlich nicht möglich ist, die Wirkungssteigerung einer Hemmstoffkombination zu erkennen und zu beurteilen. Nur der Röhrchentest, wie wir ihn S. 154 geschildert haben, kann hier Auskunft geben. Die Verwendung von Testblättchen mit Arzneimittelkombinationen ist infolgedessen wegen der ihr innewohnenden grundsätzlichen Unklarheit strikt abzulehnen. Ihre Resultate sind eine reine Illusion.

Es mag zum Abschluß dieses Kapitels noch einmal darauf hingewiesen werden, daß in der ärztlichen Praxis eine bacteriostatische Wirkungssteigerung als Grund für die Anwendung einer bestimmten Arzneimittelkombination nur sehr wenig und sehr selten ins Gewicht fällt. Eine gänzlich andere Situation ergibt sich aber, sobald wir die Frage des bactericiden Synergismus aufrollen. Diesem Phänomen

— es muß von der bacteriostatischen Wirkungssteigerung scharf unterschieden werden — kommt in einigen besonders gelagerten Fällen eine überragende Bedeutung für den klinisch-therapeutischen Erfolg zu[43a, 44a].

2. Nachweis und Beurteilung des bactericiden Synergismus. Prinzipien der Endokarditistherapie

Wir haben im Abschnitt II B3 dargelegt, daß die Kombination zweier Antibiotica sich unter gewissen Umständen in einer Steigerung ihres Abtötungseffektes zeigen kann. Es wurde bereits berichtet, daß dieses Phänomen mit einer gewissen Regelmäßigkeit bei der Anwendung der Kombination Penicillin-Streptomycin gegenüber Enterokokken oder viridans-Streptokokken nachgewiesen werden kann.

Bei dieser Steigerung der bactericiden Wirkung, die weit über den Summeneffekt der Einzelkomponenten hinausgeht, kann man mit dem Wort „bactericider Synergismus" das Wesen des zugrundeliegenden Vorganges nur unvollkommen charakterisieren. Die Wirkung der Kombination besteht nämlich unter Umständen in Erscheinungen, die durch Anwendung des Einzelmedikamentes grundsätzlich nicht erreicht werden können — auch in den höchsten Dosen nicht. Dies zeigt sich daran, daß die Kombination oftmals einen sterilisierenden Effekt auf solche Populationen ausübt, bei denen auch bei höchsten Dosen der Einzelmedikamente „persisters" übrig bleiben. Dieser Kombinationseffekt wechselt von Stamm zu Stamm, von Gattung zu Gattung und von einem Kombinationstyp zum andern. Immerhin ergeben sich gewisse Häufungen bei einigen Medikamenten- und Erregergruppen. So ist ein bactericider Synergismus vor allem dort zu erwarten, wo bactericide Medikamente untereinander kombiniert werden. Hierfür kommen vornehmlich in Frage: Penicillin, Streptomycin und Bacitracin, daneben auch Neomycin und Polymyxin (s. S. 34). Er ist für die ersten beiden Medikamente besonders häufig bei viridans-Streptokokken und Enterokokken und anscheinend seltener bei Staphylokokken. Mit Ausnahmen muß man aber für alle Medikamenten- und Erregergruppen rechnen.

Die bedeutungsvollste und klinisch imposanteste Auswirkung hat der bactericide Synergismus bei der *Therapie der Endocarditis lenta* erfahren. Die klinische Erfahrung hat hier eindeutig gezeigt, daß Medikamente vom bacteriostatischen Wirkungstyp bei der Behandlung dieser Krankheit in der Regel auch dann versagen, wenn mikrobiologisch eine extreme Sensibilität des pathogenen Stammes besteht. Die Tatsache, daß von allen Antibiotica sich eigentlich nur das bactericide Penicillin bewährt hat, ist das Resultat ausgedehnter Erfahrungen[3, 81, 84, 98]. Man kann heute mit Recht sagen, daß die Heilung einer subakuten bakteriellen Endokarditis in erster Linie davon abhängt, inwieweit es gelingt, eine chemotherapeutische Bactericidie an der Klappe zu realisieren. In dieser Hinsicht nimmt diese Krankheit unter allen Infektionen eine absolute Sonderstellung ein. Die Gründe für dieses besondere Verhalten scheinen darin zu liegen, daß die Erreger in der Herzklappe so gut wie immer hinter dicken Schichten von Fibrin liegen. Diese versperren sowohl den Leukocyten als auch den bactericiden Serumfaktoren den Weg in das Klappeninnere, schützen also die Erreger vor der immunbiologischen Lysis bzw. vor der Phagocytose. Die Überführung der proliferierenden Endokarditiserreger in die Bacteriostase ist nicht geeignet, die Voraussetzungen zur biologischen Keimvernichtung einzuleiten. Sie bleibt bei diesem Sonderfall ohne therapeutische Wirkung.

Bei der Ausführung des Sensibilitätstests an Endokarditiserregern wird also die Hemmungsdosis primär überhaupt nicht interessieren. Der Begriff der Keimempfindlichkeit bezieht sich hier vielmehr ausschließlich auf die sterilisierende Dosis. Diese muß in einer besonderen Form des Sensibilitätstests eruiert werden und dient als Grundlage für die therapeutischen Maßnahmen — vorausgesetzt, daß die Züchtung des Erregers glückt.

Verfahren. Mit dem in Reinkultur vorliegenden viridans-Stamm wird zur Orientierung ein Blättchentest angelegt. Gleichzeitig werden drei Röhrchentests angelegt, und zwar:
1. mit Penicillin,
2. mit Streptomycin,
3. mit Penicillin in Gegenwart einer konstanten Menge von 5 γ/ml Streptomycin.

Die Anlage der Verdünnungsreihen für Penicillin beginnt mit 40 E/ml und endet bei 0,078 E/ml (10. Röhrchen). Streptomycin beginnt mit 40 γ/ml und endet bei 0,078 γ/ml. Die dritte Reihe wird in der Art angelegt, wie sie auf S. 154 geschildert worden ist. Die Reihen werden mit einer großen Population besät: Man verdünnt die mit viridans bewachsene Vorkultur mit Bouillon, bis gerade noch ein schwacher Schimmer von Opalescenz eben wahrnehmbar ist und sät von dieser Suspension 1 Tropfen in jedes Röhrchen. Wachstumskontrolle. Nach 24 Std. werden die Resultate nach den Kriterien des Hemmungstests abgelesen. Gleichzeitig wird von jedem klargebliebenen Röhrchen 1 Öse in ein neues hemmstofffreies Bouillonröhrchen überimpft. Diese Subkultur soll darüber Auskunft geben, ob sich in 1 Öse noch lebensfähige Keime befinden; sie wird nach weiteren 24 Std. auf Wachstum beurteilt (Trübung) und das Ergebnis notiert.

Es hängt nun vom Ausfall dieses Versuches ab, ob sich ein vertretbarer Therapievorschlag formulieren läßt, oder ob andere Medikamente untersucht werden müssen. Wir bringen einige Beispiele aus unserer Erfahrung.

Tabelle 17 (Beispiel A)

	Penicillin allein	Streptomycin allein	Penicillin in Gegenwart von 5 γ/ml Streptomycin
Hemmungsdosis nach 24 Std.	0,07 E/ml	1 γ/ml	< 0,07 E/ml
Sterilisierende Dosis nach 24 Std.	0,07 E/ml	5 γ/ml	< 0,07 E/ml

Beurteilung: Dieser Fall bietet außerordentlich günstige Verhältnisse. Sowohl das Streptomycin als auch das Penicillin wirken für sich allein schon sterilisierend, und zwar in Konzentrationen, die bei der normalen Dosierung im Blut erreicht werden. Zu beachten ist, daß beim Penicillin die Hemmungsdosis mit der sterilisierenden Dosis zusammenfällt. Dies ist nur sehr selten und besonders günstig zu beurteilen. Der Keim ist also im Hinblick auf die sterilisierende Wirkung schon gegen allein appliziertes Streptomycin und Penicillin hochsensibel. Wir schlagen trotzdem eine Kombinationstherapie vor, weil eine Potenzierung, die wir in unserem Test wegen zu großer Empfindlichkeit nicht erfassen konnten, wahrscheinlich ist und die therapeutische Reserve nur vergrößern kann.

Tabelle 18 (Beispiel B)

	Penicillin allein	Streptomycin allein	Penicillin in Gegenwart von 5 γ/ml Streptomycin
Hemmungsdosis nach 24 Std.	0,3 E/ml	5 γ/ml	überall Hemmung (durch den Streptomycinzusatz)
Sterilisierende Dosis nach 24 Std.	2,5 E/ml	20 γ/ml	0,3 E/ml

Beurteilung. Man erkennt, daß bei Penicillin und Streptomycin die sterilisierende Dosis wesentlich höher liegt als die hemmende Dosis. Bei dem Kombinationstest kann die Hemmungsdosis für Penicillin in Gegenwart von Streptomycin nicht abgelesen werden, weil der konstante Streptomycinzusatz allein genügt, um das Wachstum in jedem Röhrchen zu hindern. Bei der Subkultur zeigt sich dann aber, daß die sterilisierende Dosis für Penicillin durch die Streptomycinzugabe wesentlich reduziert wird. Hier ist eine Wirkungssteigerung zu konstatieren. Der Stamm verhält sich zwar nicht derart sensibel wie bei dem vorigen Beispiel, ist aber immerhin noch als relativ sensibel anzusehen. Wir schlagen eine kombinierte Therapie mit Penicillin und Streptomycin vor.

Tabelle 19 (Beispiel C)

	Penicillin allein	Streptomycin allein	Penicillin in Gegenwart von 5 γ/ml Streptomycin
Hemmungsdosis nach 24 Std.	1 E/ml	2,5 γ/ml	0,5 E/ml
Sterilisierende Dosis nach 24 Std.	8 E/ml	10 γ/ml	4 E/ml

Beurteilung. Dieser Fall ist in seiner Prognose zweifelhaft. Es ist die sterilisierende Dosis durch Streptomycin auf 4 E/ml heruntergedrückt worden. Wir können bei einer sehr hohen Tagesdosis (50 Mega) eine Serumkonzentration von etwa 40 E/ml Penicillin realisieren. Aber selbst dann wäre die therapeutische Reserve bedenklich klein. Die Erfahrung hat nämlich gelehrt, daß vor allem die Fälle günstig ausgehen, bei welchen die sterilisierende Dosis des Stammes höchstens $^1/_{30}$ des erzielten Blutspiegels beträgt. Wir verordnen hier eine besonders hohe Dosierung von Penicillin in Kombination mit Streptomycin und suchen im übrigen nach wirksameren Kombinationen (s. unten).

Tabelle 20

	Penicillin allein	Streptomycin allein	Penicillin in Gegenwart von 5 γ/ml Streptomycin
Hemmungsdosis nach 24 Std. . .	3 E/ml	10 γ/ml	0,6 E/ml
Sterilisierende Dosis nach 24 Std. .	>40 E/ml (2500 E/ml späterer Versuch)	40 γ/ml	40 E/ml

Beurteilung. Dieser Fall ist ungünstig zu beurteilen. Es muß nach einer wirksameren Kombination gesucht werden. Man beachte, daß hier ein bacteriostatischer Synergismus besteht, während ein bactericider Synergismus innerhalb der Konzentrationsdimensionen des Versuchs nicht nachweisbar ist. Zu beachten ist weiterhin die erhebliche Diskrepanz zwischen sterilisierender und hemmender Dosis beim Penicillin. Die sofortige Einleitung der Penicillin-Streptomycintherapie kann hier nur als Überbrückung empfohlen werden, bis andere Versuche evtl. eine wirksamere Kombination ergeben.

Untersuchung anderer Kombinationen. Wir sind bei der Untersuchung der Kombination des Penicillins mit dem Streptomycin von der Tatsache ausgegangen, daß der Penicillinspiegel je nach der Größe der Medikation variabel ist, während dies für Streptomycin nicht der Fall ist. Man kann beim Streptomycin höhere Dosen als 2 g pro die sowieso nicht geben. Es muß hier mit einem festen Blutspiegelniveau gerechnet werden, das wir auf 5 γ/ml veranschlagt haben. Aus diesem Grunde haben wir bei dem Anlegen der kombinierten Reihe das Penicillin als Variable und das Streptomycin als Konstante genommen. Die Untersuchung der übrigen Antibiotica geht nun ebenfalls von der Voraussetzung aus, daß der mit ihnen erreichbare Serumspiegel nach oben begrenzt ist. In der Tat ist dies praktisch bei allen Antibiotica außer dem Penicillin der Fall. Man kann bei den Antibiotica *grob* mit nebenstehenden Serumspiegeln rechnen.

Tabelle 21

Antibioticum	Zu veranschlagender Serumspiegel
Penicillin	hängt von der Dosis ab; bis zu 50 E/ml und mehr
Streptomycin	5 γ/ml
Tetracyclin und Derivate . . .	5 γ/ml
Chloramphenicol	20 γ/ml
Erythromycin	1 γ/ml
Bacitracin	1 E/ml

Wir werden versuchen, unter diesen Medikamenten bzw. ihren Zweierkombinationen eine sterilisierende Wirkung auf unseren Stamm des Beispiels 4 ausfindig zu machen:

1. Es wird die sterilisierende Dosis von allen Medikamenten bestimmt. Außer Penicillin, Streptomycin und Bacitracin besteht allerdings kaum Aussicht, daß eines der übrigen Medikamente eine Sterilisierung bewirkt. Ihr Wirkungstyp ist bekanntermaßen bacteriostatisch.

2. Es wird die sterilisierende Dosis von Penicillin in Gegenwart sämtlicher übriger Medikamente ermittelt. Der konstante Zusatz der übrigen Medikamente ist identisch mit den in der Tabelle angegebenen Serumkonzentrationen.

3. Es werden sämtliche Zweierkombinationen der Medikamente Streptomycin, Bacitracin, Tetracyclin, Chloramphenicol, Erythromycin geprüft. Für jede der möglichen Zweierkombinationen wird ein Röhrchen verwendet. Die Medikamente werden in den Endkonzentrationen kombiniert, wie sie die obige Tabelle als Serumkonzentrationen angibt.

Es kommt vor, daß man bei dieser sehr mühevollen Prüfung doch noch eine therapeutische Möglichkeit findet, also einen sterilisierenden Effekt, der mit normalen Blutkonzentrationen erzwungen werden kann. Hat man eine einzige Kombination ausfindig gemacht, welche sterilisiert, so kann man der Klinik die Anwendung dieser Kombination empfehlen. Hat man zwischen zwei Kombinationstypen zu entscheiden, die beide sterilisierend wirken, so muß neben Gesichtspunkten der Verträglichkeit derjenigen Kombination der Vorzug gegeben werden, welche die größere therapeutische Reserve verspricht. Man läßt dann von dieser Kombination ein Medikament bei Konstanthalten des anderen abfallen und bestimmt auf diese Weise die sterilisierende Dosis für beide Kombinationselemente.

Es soll nicht verschwiegen werden, daß es bei der Endokarditis Fälle gibt, bei denen sich mikrobiologisch eine therapeutische Chance überhaupt nicht ergibt. Man wird dann auf die bactericide Wirkung verzichten müssen und behandelt mit dem Antibioticum, welches sich im gewöhnlichen Hemmungstest als das wirksamste erweist. Gelegentlich glückt bei entsprechenden Maßnahmen (Reizkörpertherapie, Bluttransfusion, Pyrifer) dann doch noch die Heilung.

Dosierung des Penicillins. In den meisten Fällen wird sich eine therapeutische Chance für die Kombination Penicillin — Streptomycin ergeben. Diese sollte deshalb in allen Fällen angewendet werden, wo die Züchtung des Erregers nicht gelingt. Für die mikrobiologisch günstigen Fälle empfehlen wir eine Tagesdosis von 9 Mega-Einheiten Penicillin und 1—2 g Streptomycin. Die Streptomycindosis sollte baldmöglichst — etwa nach Entfieberung —

auf 1 g täglich reduziert werden. Die Verabreichung erfolgt alle 8 Std. durch intramuskuläre Injektion einer Mischspritze. Ihre Zusammensetzung ist:

1. 2 Mega-Einheiten Procain-Penicillin
2. 1 Mega-Einheit kristallinisches Penicillinsalz
3. 0,33—0,7 g Streptomycin.

Für manche Kranken ist das große Volumen dieser Mischspritze unangenehm. Dann kann man die Dosis auf fünfmal verteilen. Dieses Behandlungsschema ergibt Blutspiegel, die aus Abb. 51 ersichtlich sind. Bei jedem Endokarditisfall sollte der Blutspiegel kontrolliert werden.

Hat man mikrobiologisch weniger günstige Fälle (Beispiel C), so sollte man die angegebene Penicillindosis auf das 2- bis 3fache erhöhen. Dies bedeutet eine große Beanspruchung für den Patienten. Bei den Riesendosen Penicillin ist mit dem plötzlichen Auftreten allergischer Zufälle zu rechnen*. (Eosinophile beachten und Adrenalin und Antihistaminica bereithalten!). Eine Procainvergiftung ist deshalb nicht zu befürchten, weil das Procain nur nach und nach resorbiert und schnell abgebaut wird.

Bei Fällen, in welchen der Erregernachweis nicht glückt, ist eher eine höhere Dosierung zu empfehlen. Nachdrücklich sei hervorgehoben, daß wir in keinem Fall weniger empfehlen als 9 Mega täglich. Die Kurdauer beträgt 8 Wochen. Anschließend für ½ Jahr täglich 0,5 Mega orales Penicillin, um eine erneute Besiedlung der in der Konsolidierung befindlichen Klappe zu erschweren.

Die Endokarditisbehandlung gehört zu den Höhepunkten der Zusammenarbeit zwischen Arzt und Mikrobiologen. Wenn in vielen anderen Fällen

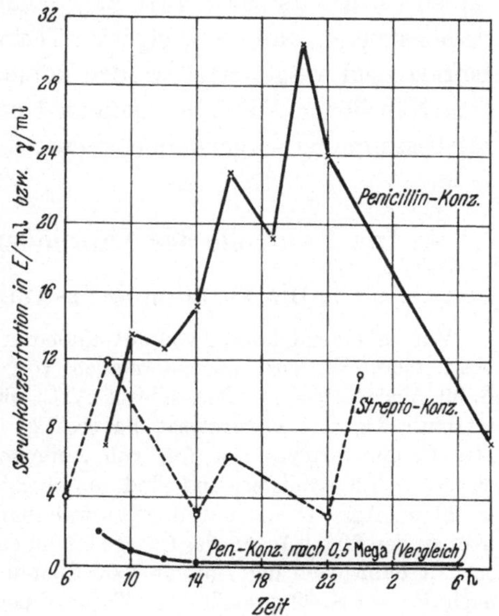

Abb. 51. Serumkonzentrationen für Penicillin und Streptomycin bei der kombinierten Behandlung in hohen Dosen (Endocarditis lenta. Behandlungsdauer 10 Wochen. Heilung)

die Kräfte des Organismus manche falsche Verordnung und sinnlose Therapie „korrigieren", so hat bei der Endokarditisbehandlung ein planvolles Vorgehen des Mikrobiologen und des behandelnden Arztes oft den Wert einer Lebensrettung.

Wir erwähnten auf S. 127, 128, daß sich bei der Meningitis und bei einigen anderen Krankheitsbildern Anhaltspunkte dafür finden, daß auch hier bactericide Stoffe wirksamer sind als bacteriostatische. Dies hat jedoch nur bei der klinischen Differentialindikation zwischen zwei als hochwirksam befundenen Medikamenten eine Auswirkung (s. S. 186 ff.). Eine quantitative Berücksichtigung der bacericiden Wirkung bei der Sensibilitätsbestimmung ist jedoch nur bei der Endokarditis notwendig.

VIII. Mikrobiologische Methoden zur Beurteilung der Sulfonamidwirkung

Innerhalb der mikrobiologischen Auswertungstechnik nehmen die Sulfonamide zweifelsohne eine Sonderstellung ein. Ihre eigenartige Position zeigt sich nicht nur darin, daß für die Konzentrationsbestimmung mikrobiologische Nachweisverfahren zugunsten der chemischen völlig vernachlässigt werden; sie erweist sich auch bei dem Problem der Sensibilitätsbestimmung. Ein einfaches und einwand-

---

* Vor Beginn der Behandlung ist ein Cutantest auf Penicillin und Novocain auszuführen.

frei funktionierendes System der Sulfonamid-Sensibilitätsbestimmung wird vielfach für unmöglich gehalten. Die Tatsache, daß diese Stoffe sich in der mikrobiologischen Arbeitstechnik nicht recht haben einbürgern können, beruht darauf, daß die Demonstration ihrer antibakteriellen Wirkung durch Antagonisten behindert werden kann; diese finden sich in jedem der gebräuchlichen bakteriologischen Nährböden[8, 42, 45]. Daneben spielt noch die besondere Einsaat-Hemmungsdosis-Beziehung eine Rolle[37, 63, 127]. Die grundsätzlichen Probleme, die hierher gehören, haben wir bereits auf S. 45 ff. abgehandelt. In folgendem soll versucht werden, zu demonstrieren, daß bei geeigneter Technik auch die Sulfonamide mikrobiologisch befriedigend ausgewertet werden können. Vorbedingung dazu sind antagonistenfreie Nährböden. Mit ihnen kann die Konzentrationsbestimmung und die Sensibilitätsbestimmung vorgenommen werden.

A. Die Kontrolle der Nährböden auf Freiheit von Antagonisten

1. Die Titration der p-Aminobenzoesäure im Lochtest

Wir haben eine Lösung von p-Aminobenzoesäure und wollen ihren Gehalt mikrobiologisch bestimmen. Es wird folgendermaßen vorgegangen: Es werden nach den Vorschriften S. 90 Agarplatten mit Bac. subtilis ATCC 6633 besät. Der Agar hat folgende Zusammensetzung: 3% Caseinhydrolysat Bayer, 1% Glucose; 0,3% NaCl; 3% Agar Bayer; p_H 7,4. Das Caseinhydrolysat ist frei von Antagonisten, der Agar ebenso. Gewisse Agarsorten enthalten Antagonisten und sind unbrauchbar. Der Plattenguß erfolgt in Chargen von je 80 ml Agar in die auf S. 88 erwähnten Schalen. Gleichzeitig mit der Einsaat gibt man zu den 80 ml Agar jeder Charge 0,5 ml einer Lösung von 64 γ/ml Sulfadiazin. Der Agar enthält dann nach der Einsaat 7500 Sporen pro ml und 0,4 γ/ml Sulfadiazin. Es werden nach der auf S. 90 geschilderten Technik Löcher in den Agar gestanzt. In die erste Platte wird ein Standard von eingewogener p-Aminobenzoesäure in Phosphatpuffer p_H 7,4 pipettiert. In eine zweite Platte des gleichen Versuchs pipettiert man die unbekannte Lösung in den Verdünnungen 1/1, 1/2, 1/4, 1/8 usw.

Das zugegebene Sulfadiazin befindet sich in der Platte in einer Konzentration, welche knapp über der Hemmungsdosis liegt. Bei Bebrütung können dementsprechend die eingesäten Keime nicht zu Kolonien auswachsen. Diffundiert nun aber die p-Aminobenzoesäure in die Agarpartie rings um das Loch, so fällt die bakteriostatische Wirkung weg und es erfolgt Wachstum. Wir haben dann im Standard, wie die Abb. 52 zeigt, keine *Hemmungs*höfe in bewachsener Umgebung, sondern *Wachstums*höfe in gehemmter Umgebung, also gewissermaßen das Negativ von Antibiotica-Hemmungshöfen. Man sieht aus Abb. 52, daß die unterste Nachweisgrenze im Standard bei 0,002 γ/ml p-Aminobenzoesäure liegt. Die Ausmessung der Wachstumshöfe, die Aufzeichnung des Standards als Kurve und die Interpolation der gemessenen Hofgrößen in den Standard erfolgen nach den gleichen Prinzipien, wie sie für die Penicillintitrationen beschrieben worden sind.

Man kann mit diesem System die verschiedenen Nährbodenkomponenten auf Agardiffusible (!) Antagonisten untersuchen. Natürlich bleibt bei der Untersuchung organischer Stoffe strenggenommen die Frage offen, ob es sich hierbei um p-Aminobenzoesäure oder um andere Antagonisten, etwa Folsäure oder Purinderivate handelt. Die Folsäure kann man aber ausschalten, weil der von uns verwendete Teststamm Folsäure aus dem Milieu nicht aufnehmen kann. Folsäure hat also bei Verwendung unseres Teststammes keine antagonistische Wirkung. Wenn man nun noch nach den Prinzipien der S. 37 nachweist, daß der Antagonist, welcher den Wachstumshof gebildet hat, ein kompetitives Verhalten zeigt (Röhrchentest s. S. 165), so kann man, ohne einen großen Fehler zu machen, die Hemmhofbildung in unserem System auf die Wirkung der p-Aminobenzoesäure beziehen. Eine absolute Spezifität kommt ja nur solchen Methoden zu, die mit p-Aminobenzoesäure-freien, synthetischen Nährböden arbeiten und p-Aminobenzoesäure-abhängige Mikroorganismen verwenden. Für unsere Zwecke genügt der Nachweis anhand des Antagonismus.

2. Untersuchung der Nährbodenantagonisten im Verdünnungstest

Das Prinzip des Antagonisten-Nachweises im Verdünnungstest ist die Erhöhung der Sulfonamid-Hemmungsdosis[114]. Wie bereits ausgeführt wurde, zeigt sich ein Antagonismus von Nährbodenbestandteilen sofort dadurch, daß die Sulfonamid-Hemmungsdosis für Bac. subtilis ATCC 6633 nach dem kompetitiven oder nach dem nicht kompetitiven Typ erhöht wird. Wir verweisen auch hierzu auf unsere Ausführungen S. 37 und besprechen nur die Technik.

Versuchsbeispiel. Es soll von einem Trockennährboden festgestellt werden, ob er Antagonisten gegen Sulfonamide enthält. Der Trockennährboden soll als 1%ige Lösung gebraucht werden. Wir setzen 4 Sulfadiazin-Verdünnungsreihen an und bestimmen in jeder gesondert die Hemmungsdosis des Sulfadiazin für den Sporenstamm ATCC 6633. Das Grundmilieu für die Bestimmung ist eine 3%ige Lösung von Caseinhydrolysat mit 1% Dextrose, 0,3% NaCl, p_H 7,4. Dieses Grundmilieu wird in der ersten Reihe, die als Kontrolle dient, unverändert verwendet. In der zweiten Reihe wird das Grundmilieu mit einem Zusatz von 2% des zu prüfenden Trockennährbodens versehen. Die dritte und vierte Reihe enthalten das Grundmilieu mit einem Zusatz von 4% bzw. 8% des zu prüfenden Stoffes. Der Konzentrationsbeginn für Sulfadiazin im ersten Röhrchen beträgt bei allen 5 Reihen 6,4 γ/ml. Der Abfall der Sulfadiazinkonzentration erfolgt in Zweierpotenzen. Die Einsaat erfolgt mit einer Sporensuspension des Teststammes (s. S. 90) und beträgt 2000 Sporen/ml (Enddichte). Nach 24 Std. Bebrütung werden die Hemmungsdosen abgelesen.

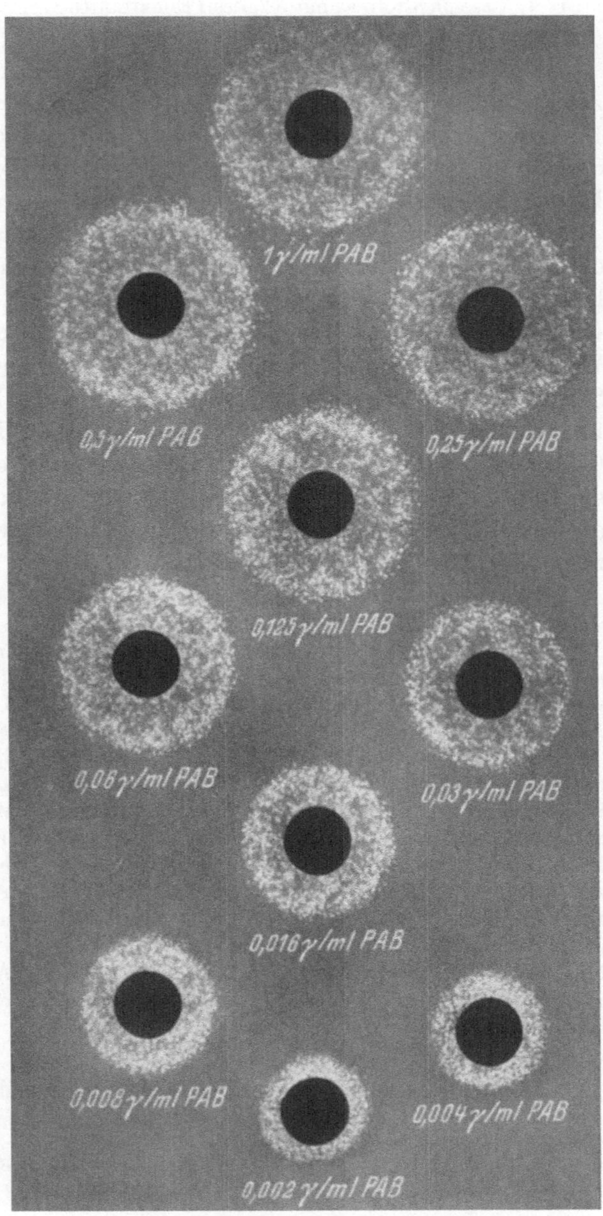

Abb. 52. Wachstumshöfe im Lochtest bei der Auswertung der p-Aminobenzoesäure mit einer Agar-Sulfonamidvorlage von 0,4 γ/ml Sulfadiazin

In einem Versuch hat sich beispielsweise ergeben:

Tabelle 22

	Milieu	Hemmdosis Sulfadiazin γ/ml
1	Caseinhydrolysat ohne Zusatz (Kontrolle)	0,025
2	Caseinhydrolysat mit 2% des Prüfextraktes	0,025
3	Caseinhydrolysat mit 4% des Prüfextraktes	0,05
4	Caseinhydrolysat mit 8% des Prüfextraktes	0,05

Man sieht, daß mit steigenden Zusätzen des zu prüfenden Nährbodensubstrates zum antagonistenfreien Grundmilieu nur ganz geringfügige Steigerungen der Hemmungsdosis auftreten; sie brauchen nicht berücksichtigt zu werden. Nach diesem Versuch ist der Nährboden praktisch frei von Sulfonamid-Antagonisten. Da wir aber wissen, daß einzelne Antagonisten bei gewissen Stämmen nicht nachzuweisen sind, wie z. B. bei unserem Stamm die Folsäure (s. S. 39), tut man gut daran, den geprüften Nährboden erst dann endgültig als antagonistenfrei zu bezeichnen, wenn der gleiche Versuch mit mehreren Teststämmen verschiedener Eigenschaften durchgeführt worden ist und kein anderes Ergebnis gezeitigt hat. Wir haben den hier erwähnten Trocken-Nährboden noch mit je einem Stamm der Sh. flexneri, des Streptococcus pyogenes A und der E. coli überprüft. In keinem Fall ergab sich eine Steigerung der Hemmungsdosis. Danach kann der Nährboden tatsächlich als „frei von Sulfonamid-Antagonisten" deklariert werden. —Enthält der zu prüfende Nährboden kompetitive oder nicht kompetitive Antagonisten, so ergeben sich die Erhöhungen der Hemmungsdosis, wie wir sie schon in den Abb. 22 u. 23 S. 37 u. 38 dargestellt haben.

Die Erhöhung der Sulfonamid-Hemmungsdosis im Röhrchentest stellt ein außerordentlich empfindliches Nachweisverfahren dar. Man kann selbstverständlich ebenso, wie wir es für den Plattentest beschrieben haben, eine Titration von kompetitiven Antagonisten (PAB) mit einer Sulfonamidvorlage auch im Röhrchentest durchführen. Man arbeitet dann mit einem flüssigen Milieu von Caseinhydrolysat, dem man 0,5 γ/ml Sulfanilamid zusetzt. Mit diesem Medium legt man als Standard eine Verdünnungsreihe von p-Aminobenzoesäure an (Beginn im ersten Röhrchen mit 0,1 γ/ml). Einsaat 300 Sporen/ml. Nach der Bebrütung beobachtet man, daß in den Röhrchen mit relativ hoher p-Aminobenzoesäurekonzentration Wachstum erfolgt, während gegen Ende der Reihe die Wirkung der Sulfonamidvorlage durchschlägt und das Wachstum verhindert wird. Als kleinste Dosis p-Aminobenzoesäure, welche die hemmende Wirkung der Sulfonamidvorlage noch gerade aufheben kann, fanden wir für ATCC 6633 eine Konzentration von 0,00006 γ/ml PAB. Die Testreihe wird mit der unbekannten PAB-Lösung entsprechend angelegt. Auswertung wie sonst. Um den Test besonders empfindlich zu machen, haben wir als Vorlage ein Sulfonamid genommen, dessen Empfindlichkeit gegen die antagonistische Wirkung der PAB besonders hoch ist. Sulfanilamid ist in dieser Hinsicht das geeignetste Sulfonamid. Sein Neutralisationsindex hat für PAB bekanntlich den Wert von etwa 20000 (s. S. 38).

3. Der Gehalt der bakteriologischen Nährböden an Antagonisten. Antagonistenfreie Medien

Bei einer Untersuchung von Nährbodenelementen der täglichen Praxis mit dem Lochtest ergaben sich, auf p-Aminobenzoesäure bezogen, folgende Resultate (s. Tab. 23). Die angegebenen Zahlen liegen wegen der begrenzten Spezifität der Methode eher zu hoch als zu niedrig. Unter Verwendung derselben Methodik ergab sich bei 28 Serumproben keine nachweisbare Menge an PAB. Nur eine einzige Serumprobe ergab einen Gehalt von 0,008 γ/ml PAB.

Aus der Tabelle ist ersichtlich, daß bei der üblichen Zubereitung des Nährbodens (1% Pepton, 1% Liebigsextrakt) der PAB-Gehalt sehr gering ist. Er beträgt etwa 0,001 γ/ml. Unter der Voraussetzung, daß das Molekulargewicht der PAB in derselben Zehnerpotenz liegt wie das des Sulfadiazin, ergibt sich grob, daß die im normalen Nährboden vorhandenen Mengen von 0,001 γ/ml PAB zu ihrer Neutralisation eine Menge von 0,1 γ/ml Sulfadiazin benötigen würden. Dieser Fehler spielt praktisch keine Rolle. Selbst unter der Annahme, daß der Nährboden 2% Hefeextrakt enthielte, ergäbe sich aus der Tabelle eine Erhöhung der Hemmungsdosis für Sulfadiazin von nur 0,5 γ/ml, ein Fehler, der gleichfalls nicht ins Gewicht fällt. Würde allerdings statt Sulfadiazin Sulfanilamid gewählt, so wäre die geringe Menge von 0,001 γ/ml PAB dem Betrag von 20 γ/ml Sulfanilamid äquivalent; bei Verwendung von Hefeextrakt würde der Hemmungswert sogar um etwa 100 γ/ml zu hoch liegen. In diesem Falle wäre also die Bestimmung der Hemmungsdosis mit erheblichen Fehlern belastet.

Tabelle 23

geprüfte Flüssigkeit	Gehalt an PAB pro ml γ/ml
Hefeextraktlösung 40%	0,11
Peptonlösung 40%.	0,014
Lösung von Liebigs Fleischextrakt 40% . .	0,028
Kalbfleischbrühe 10fach eingedickt	0,026

Es ergibt sich hieraus insgesamt, daß der PAB-Gehalt der üblichen bakteriologischen Nährböden die Sulfonamid-Hemmungsdosis für pathogene Keime praktisch nicht nennenswert erhöht, sofern Sulfapyrimidin oder eines seiner Derivate Verwendung findet. Da diese Sulfonamide die derzeitige moderne Sulfonamid-Therapie beherrschen, kann man verallgemeinern, daß der PAB-Gehalt der Nährböden für den klinischen Sulfonamid-Test heute im Gegensatz zu früher keine Rolle mehr spielt und somit ein vielfach gültiges Hemmungsmoment für die Anwendung des in vitro-Testes für Sulfonamide in Fortfall kommt. Gänzlich anders verhält sich die Sachlage nun freilich, wenn wir den Gehalt der bakteriologischen Nährböden an nichtkompetitiven Antagonisten betrachten. Auf S. 38,39 haben wir ausführlich dargelegt, daß sowohl das Pepton als auch Liebigs Fleischextrakt nichtkompetitive Antagonisten enthält, welche die Hemmungsdosis unberechenbar in die Höhe treiben (s. Abb. 23, S. 38).

Ein *antagonistenfreier Nährboden* soll für die Darstellung der Sulfonamidwirkung in zwei Formen verwendbar sein: Er muß als Nährboden für den zur Sulfonamidtitration verwendeten Teststamm geeignet sein; andererseits muß er auch allen pathogenen Keimen, welche in der Praxis der Sensibilitätsbestimmung eine Rolle spielen, ausreichende Wachstumsbedingungen gewähren.

Als *Nährboden für die Konzentrationsbestimmung der Sulfonamide* verwenden wir die auf S. 165 geschilderte Caseinhydrolysatlösung entweder als flüssiges Milieu oder als Grundlage für den Agar. Der zur Titration verwendete Bac. subtilis ist anspruchslos und zeigt ein üppiges Wachstum.

Als *Nährboden für die Sensibilitätsbestimmung* empfehlen wir folgende Zusammenstellungen, die sich uns bewährt haben:

1. 1 Pfd. Pferde- oder Kalbfleisch wird in Würfel geschnitten (Cave Fleischwolf oder Starmix*) und mit 1 Liter Wasser über Nacht stehengelassen. Anschließend $^1/_2$ Std. kochen. Abfiltrieren und auf p_H 7,4 einstellen. Zu dieser Brühe wird 0,3% NaCl und 1% Dextrose gegeben. Außerdem kommt 2% Caseinhydrolysat dazu. Die Fleischbrühe enthält normalerweise nur geringe Mengen p-Aminobenzoesäure. Diese fallen nicht ins Gewicht. Der angegebene Nährboden dient zur Bestimmung der Sensibilität im Röhrchentest. Er eignet sich für fast alle der interessierenden pathogenen Keime, zeigt aber bei Streptokokken und Pneumokokken Lücken. Diese anspruchsvollen Keime wachsen aber üppig, wenn man den Zucker aus dem Nährboden fortläßt und 5% Blut zufügt.

2. Man kann mit dem oben beschriebenen Nährsubstrat einen 3%igen Agar herstellen und diesen als 5%igen Blutagar ausgießen. Dieser Nährboden ist einer Blutplatte eines Pepton-Nährbodens fast gleichwertig.

3. Ein besonders hergestelltes Fleischhydrolysat erwies sich wie wir feststellten als gänzlich frei von Antagonisten**. Es ist als 2%ige Lösung ohne weitere Zusätze verwendbar. Der Nährboden leistet in der Blutplatte das gleiche wie ein peptonhaltiges Fleischwassermilieu. Wir verwenden ihn als Blutplatte für alle Resistenzbestimmungen. Dadurch können wir den Sulfonamid-Sensibilitätstest zusammen mit der Untersuchung der übrigen Hemmstoffe in einem Arbeitsgang erledigen.

B. Die mikrobiologische Titration der Sulfonamide

Zur Titration der Sulfonamide eignet sich der Reihenverdünnungstest nicht. Die Eigentümlichkeiten der Sulfonamidwirkung schließen das quantitative Arbeiten im flüssigen Nährboden aus. Als einzige Bestimmungsmethode steht dem Mikrobiologen der Agar-Diffusionstest zur Verfügung. Er wird am besten als Agar-Lochtest ausgeführt.

1. Titration einer Serumprobe im Lochtest

Die Methode wird unter Verwendung der gleichen Agarschalen durchgeführt wie alle Lochtests (s. S. 88). Es wird der antagonistenfreie Agar Nr. V (s. Anhang S. 195) verwendet p_H 6,8. Einsaat von Sporen des Bac. subtilis ATCC 6633 wie im Penicillintest (7500Sporen/ml). Guß der Platten bei 65—70° mit 80 ml besätem Agar. Die Löcher werden mit einem Korkbohrer von 12,8 mm Durchmesser gestanzt. Pro Loch werden 0,2 ml Test- bzw. Standardflüssigkeit einpipettiert. Der Standard wird in einem Milieu von Phosphatpuffer p_H 6,8 verdünnt. Man beginnt im ersten Röhrchen mit 100 γ/ml; im zweiten befinden sich 50 γ/ml usw. Einpipettieren des so hergestellten Sulfonamidstandards in eine Lochreihe von 10 Löchern. Die zum Standard verwendete Substanz muß natürlich identisch mit der zu titrierenden Substanz sein.

Der Grund, warum man den Standard in Abweichung von unserem sonstigen Verfahren nicht in Serum, sondern in Pufferlösung anlegt, liegt in folgendem: Die Adsorption der Sulfonamide an das Serumeiweiß ist so beträchtlich, daß die Hemmhöfe der gleichen Konzentration im Serum-Milieu erheblich kleiner ausfallen als im Puffermilieu. Nun ist aber nicht nur die Bindungskraft von Menschen- und Pferdeserum sehr verschieden, sondern verschiedene Patienten zeigen, wenn man ihre Seren darauf prüft, untereinander einen sehr verschiedenen Grad der Sulfonamid-

---

* Bei der vollständigen Zertrümmerung des Muskelgewebes werden nichtcompetitive Antagonisten frei.

** „Busam 57", Nährbodengrundlage. Bezugsquelle: Bayer, Leverkusen.

bindung. Dieser individuelle Faktor macht ein Arbeiten im Serum-Milieu gänzlich unmöglich. Die einzige Lösung besteht darin, die Bindungskraft des Patientenserums durch Enteiweißung überhaupt auszuschalten, d. h. das absorbierte Sulfonamid durch Eiweißfällung mit Trichloressigsäure zum Abdissoziieren zu bringen.

Verarbeitung des Patientenserums. 2 ml Patientenserum werden mit 1 ml 10%-iger Trichloressigsäure versetzt. Das gefällte Eiweiß wird bei 3000 U/min abzentrifugiert (20 min) und dekantiert. Von der enteiweißten Flüssigkeit werden 1,5 ml mit 0,5 m leiner $\frac{5}{3}$ molaren Lösung von sekundärem Natriumphosphat versetzt. (Die Phosphatlösung wird durch Auflösen von 28 g $Na_2HPO_4 \cdot 2\,H_2O$ auf 100 ml Wasser hergestellt). Das p_H des enteiweißten Serums beträgt nach dem Phosphatzusatz $= 6{,}8$. Das Patientenserum ist durch die Zusätze von Trichloressigsäure und Phosphat insgesamt auf $1:2$ verdünnt worden. Mit dem eiweißfreien, neutralisierten Serum wird eine geometrische Verdünnungsreihe von 6—8 Stufen angelegt; als Verdünnungsflüssigkeit dient Phosphatpuffer p_H 6,8. Die Verdünnungsstufen beginnen demnach mit $1:2$. Von der Patienten-Serum-Verdünnungsreihe (enteiweißt) wird eine Lochreihe im Agar beschickt. Man kann im übrigen auch von 1 ml Patientenserum ausgehen. Die Zusätze verändern sich dann entsprechend. Ausmessung und Interpolation wie üblich.

Die Streuung der Einzelresultate ist etwas größer als bei den Antibiotica. Dies liegt daran, daß die Hemmhöfe etwas weniger scharf sind. Man kann die Schärfe der Hemmhöfe vergrößern, wenn man die Platten sofort nach Erscheinen des ersten zarten Rasens (10—15 Std. Bebrütung) ausmißt. Die Empfindlichkeit der Methode ist erheblich; sie ist zwar größeren Schwankungen unterworfen als bei den Antibiotica, kommt aber derjenigen der chemischen Methoden auch in ungünstigen Fällen immer noch gleich. Die Empfindlichkeit verändert sich etwas von einem Sulfonamidderivat zum anderen.

Tabelle 24

Sulfonamid-Typ	unterste Nachweisgrenze im Lochtest γ/ml
Sulfadiazin . .	1—2
Sulfamerazin .	2—4
Sulfamethazin .	3—6
Sulfisoxazol . .	3—6
Sulfadimetin .	5—10

2. Anwendung der mikrobiologischen Titrationsverfahren für Sulfonamide

Wie bereits erwähnt, wird in allen Laboratorien die Sulfonamidkonzentration im Serum nach chemischen Verfahren bestimmt. Die meisten Methoden beruhen auf dem von MARSHALL ausgearbeiteten Vorgehen. Hierbei werden die nicht acetylierten Sulfonamide diazotiert und auf kolorimetrischem Wege ausgewertet. Das hier beschriebene Verfahren der mikrobiologischen Auswertung weist die Sulfonamide direkt an Hand ihrer bakteriostatischen Wirkung nach.

Eine besondere Situation ergibt sich, wenn bei einem Patienten ein Mischpräparat von zwei oder drei Sulfonamiden verabreicht wird. Diese Form der Sulfonamidbehandlung ist heute sehr gebräuchlich, da sie einen zusätzlichen Sicherheitsfaktor im Hinblick auf renale Nebenwirkungen schafft. Wie ist nun die pharmakodynamische Situation eines Mischsulfonamids zu prüfen? Wenn man ganz korrekt vorgehen wollte, so müßte man die einzelnen Komponenten im Serum gesondert prüfen und notieren. Dies ist aber mangels genügend differenzierter Nachweisverfahren unmöglich. Wenn z. B. eine Mischung aus Sulfadiazin und Sulfamethazin gegeben wird, so pflegt man die Gesamtheit der diazotierbaren

Körper zu bestimmen und drückt sie einfach als mg-% Sulfadiazin aus. Dies Vorgehen wäre vom chemotherapeutischen Standpunkte aus gesehen auch zu verantworten, wenn die beiden Substanzen mikrobiologisch vollkommen gleiche Wirkungen zeigen würden. Dies ist aber nicht der Fall. Für manche Erreger ergeben sich erhebliche Unterschiede. So liegt z. B. die Hemmungsdosis unseres Teststammes für Sulfadiazin bei 0,02 γ/ml, während sie bei Sulfamethazin bei 0,5 γ/ml liegt. Die Beurteilung einer aus mehreren Teilkonzentrationen verschiedener Präparate zusammengesetzten „Gesamtkonzentration" im summarischen Verfahren ist also strenggenommen unkorrekt. Man muß es trotzdem gelegentlich tun. Im mikrobiologischen Verfahren ergibt sich das gleiche: Hat man es beispielsweise mit einer Mischung aus Sulfadiazin und Sulfamethazin zu tun, so ist zunächst der Agar-Diffusionstest abzulehnen, weil wir annehmen müssen, daß beide Stoffe einem besonderen Diffusionsmodus folgen und darüber hinaus verschiedene Wirkungsgrößen zeigen. Bei Mischsulfonamiden soll deshalb die chemische Bestimmungsmethode angewendet werden.

C. Der Sensibilitätstest gegen Sulfonamide

1. Blättchentest

Wir empfehlen den Sensibilitätstest auf festen Nährböden auszuführen, und zwar als Blättchentest. Nur in besonderen Fällen soll er als Röhrchentest herangezogen werden. Als Nährboden für die Sensibilitätstests gegenüber sämtlichen von uns geprüften Chemotherapeutica benutzen wir den Blutagar mit dem Nährboden Nr. V (s. S. 195). Ein besonderes Augenmerk muß bei dem Sulfonamidtest der *Größe der Einsaat* zugewendet werden. Wegen der bereits erläuterten besonderen Beziehung zwischen Hemmungsdosis und Keimzahl (s. S. 45) sind nur solche Tests brauchbar, die mit dünnen Einsaaten angelegt werden. Die Einsaat auf dem Agar sollte immer so dünn sein, daß einzelne Kolonien entstehen. Rasenbildung ist unbedingt zu vermeiden.

Man rechnet pro Platte mit 1 Tropfen einer Keimverdünnung, die folgendermaßen hergestellt wird: Man verdünnt die mit dem Testkeim bewachsene Bouillon so lange, bis ein schwacher Schimmer von Opalescenz eben gerade noch wahrzunehmen ist. Diese Suspension wird noch einmal auf 1:100 verdünnt und hiervon 1 Tropfen auf den Agar ausgespatelt. Ist die Einsaat zu dicht, so ist es auch bei hochsensiblen Stämmen unmöglich, eine Hemmhofbildung zu demonstrieren.

Das Testblättchen enthält 25 γ Sulfadiazin. Keime, die der klinischen Erfahrung nach hochsensibel sind, wie Shigellen, A-Streptokokken, Pneumokokken, zeigen bei diesem Verfahren durchweg einen Hemmhof von etwa 20 mm. Man muß sich darüber im klaren sein, daß die Sulfonamide heute mehr denn je nur bei extrem sensiblen Keimen therapeutische Anwendung finden. Ein großer Teil der Sulfonamid-Indikationen bedarf keiner mikrobiologischen Begründung oder Kontrolle, weil sich die betreffende Gattung „homogen" verhält, also eine alle Stämme umfassende Empfindlichkeit zeigt. Diese Situation ist z. B. bei Meningokokken und praktisch auch bei der Ruhr gegeben. Bei A-Streptokokken hingegen müssen wir mit einer Durchlöcherung des Spektrums durch resistente Varianten bereits rechnen. Dies gilt auch für Coli. Bei diesen Keimen und der Gattung Proteus liegt das eigentliche Anwendungsgebiet des mikrobiologischen Tests. Abb. 49 S. 151 zeigt das Resultat eines Sensibilitätstests von E. coli unter Einschluß von Sulfadiazin bei dünner Einsaat und bei dichter Einsaat. Man erkennt, daß die dichte Einsaat den Sulfonamid-Hemmhof unterdrückt, obwohl der Stamm an sich hochsensibel ist.

In einigen Laboratorien werden *mehrere Sulfonamide* geprüft, z. B. zwei oder drei Derivate des Sulfapyrimidins und dazu das Sulfaisoxazol[110]. Gelegentlich wird auch ein aus zwei verschiedenen Sulfonamidkörpern bestehendes *Kombinationspräparat* auf die Testblättchen gebracht. Hier muß nachdrücklich betont werden, daß die Prüfung eines einzigen, die neueren Sulfonamidkörper repräsentierenden Präparates vollkommen genügt. Wir prüfen als Repräsentanten der modernen Sulfonamidkörper das Sulfadiazin. Es ist zwar richtig, daß sich die einzelnen Derivate in ihrer antimikrobiellen Wirksamkeit nicht ganz unwesentlich unterscheiden. Es ist aber zu betonen: Sulfonamide werden heute im allgemeinen nur noch dort verordnet, wo die Erreger tatsächlich einen extremen Grad von Sensibilität zeigen. Bei der Einwirkung auf höchstsensible Erreger ist die therapeutische Reserve dann so groß, daß die Unterschiede in der antimikrobiellen Wirkung praktisch zu vernachlässigen sind. Wenn in einem Gewebe 80 γ/ml Sulfonamid vorhanden sind, so ist es für den therapeutischen Effekt prinzipiell gleichgültig, ob der Erreger in vitro schon durch 0,2 γ/ml oder durch 1,5 γ/ml gehemmt wird. Die therapeutische Reserve wird hierdurch kaum verändert. Dementsprechend liegt bei der Differentialindikation der Sulfonamide das Problem nicht darin, dasjenige Präparat ausfindig zu machen, welches im mikrobiologischen Test die höchste Wirksamkeit besitzt, sondern dasjenige, welches am besten verträglich ist. Bei der Beschränkung der Sulfonamidverordnung auf diejenigen Fälle, in welchen die Erreger höchste Sensibilität zeigen, ist nämlich ein Unterschied der mikrobiologischen Wirksamkeit, wie er z. B. zwischen Sulfamethazin und Sulfadiazin besteht, nur von akademischem Interesse. Dazu kommt noch die Tatsache, daß bei den verschiedenen Sulfonamidpräparaten der Verteilungskoeffizient zwischen Blut und Gewebe sehr schwankt. Für verschiedene Präparate der Sulfapyrimidine kann er sich zwischen 0,2 und 0,8 bewegen. Wenn also das Präparat A mit einem Verteilungskoeffizient von 0,2 mikrobiologisch doppelt so wirksam ist wie das Präparat B, dessen Verteilungskoeffizient 0,8 beträgt, so ist trotz des in vitro-Tests das Präparat B in vivo doppelt so wirksam als das Präparat A. Mit anderen Worten: Wir können im mikrobiologischen Test nur die Erreger aussuchen, welche gegen die Familie der modernen Sulfonamide im ganzen sensibel sind. Welches spezielle Präparat dann vorzuziehen ist, kann unter keinen Umständen durch den in vitro-Test entschieden werden[45]. Jede diesbezügliche „Indikation" ist ein Trugschluß.

2. Verdünnungstest in flüssigem Milieu

Aus den obenstehenden Ausführungen ist zu entnehmen, daß die Frage einer quantitativen Bestimmung der Hemmungsdosis gegenüber Sulfonamiden im Sinne einer genauer bewertbaren Sensibilitätsbestimmung für die klinische Praxis keinerlei Bedeutung hat. Diese Sachlage ist schon dadurch gegeben, daß die Hemmungsdosis für Sulfonamide eine Funktion der Keimdichte ist, wie wir an anderer Stelle ausgeführt haben. Die Fehlerquellen sind im flüssigen Milieu wesentlich größer, als auf festen Nährböden. Man wird also die Bestimmung der Hemmungsdosis gegenüber Sulfonamiden im Röhrchentest nur dann vornehmen, wenn dies für die Einstellung und Überwachung der Tests notwendig ist, also für Nährbodenüberprüfungen, Konzentrationsbestimmungen (als Standard) usw. Die Beurteilung geschieht hier selbstverständlich stets im antagonistenfreien Milieu. Vorzuziehen ist aber auch hier der Verdünnungstest in einem Satz von Agarplatten mit abgestuftem Sulfonamidgehalt (s. S. 139).

IX. Die Untersuchung der einzelnen Stoffe im Laboratorium

Im folgenden geben wir für jedes einzelne der in der Praxis häufiger gebrauchten Chemotherapeutica zusammenfassende Richtlinien für das praktische Vorgehen bei der Auswertung. Diese stützen sich auf die in den vorigen Kapiteln ausführlich dargelegten Prinzipien, welche damit nunmehr als bekannt vorausgesetzt werden können. Selbstverständlich beschränkt sich unsere Darstellung auf die in unserem Laboratorium erprobten Verfahren. Jeder Arbeiter wird nach Kenntnisnahme der im folgenden skizzierten Hinweise wahlweise seine eigenen Modifikationen ausarbeiten können. Dementsprechend sollen die folgenden Beschreibungen auch nur als Vorschläge dafür dienen, wie man es machen kann und nicht als bindende Vorschriften. Einzeldaten für die verwendeten Teststämme finden sich auf S. 105, 106.

A. Penicillin

Penicillin ist das Produkt des Schimmelpilzes Penicillium notatum bzw. chrysogenum. Seine chemische Struktur ist nur im Grundgerüst einheitlich. An diesem Grundgerüst können verschiedene Seitenketten hängen, die durch R bezeichnet sind; dementsprechend unterscheidet man:

Penicillin G = Benzylpenicillin
Penicillin F = 2-pentenyl-Penicillin
Penicillin X = p-hydroxy-benzylpenicillin
Penicillin K = n-heptyl-Penicillin
Penicillin O = Allylmercaptomethyl-Penicillin
Penicillin V = Phenoxymethlpenicillin

$$RCH_2CONH-\underset{\underset{O=C-N}{|}}{\overset{\overset{H}{|}}{C}}-\underset{|}{\overset{\overset{H}{|}}{C}}\diagup\overset{S}{\diagdown}\underset{CH-COONa}{\overset{CH_3}{C}\diagdown{CH_3}}$$

In der Praxis finden nur Penicillin G, Penicillin V und Penicillin O Verwendung. Bei der parenteralen Therapie spielt Penicillin G bei weitem die Hauptrolle. Penicillin V hat als relativ säurestabiles Präparat bei der oralen Therapie Verwendung gefunden. Penicillin O wird nur in Sonderfällen verwendet: dann nämlich, wenn gegen das Penicillin G Überempfindlichkeit besteht. Hier wird es vielfach besser vertragen, aber nicht immer.

Wirkungsspektrum. Penicillin ist ein Antibioticum mit engem Wirkungsspektrum. Es umfaßt unvollständig die grampositiven Kokken. Die therapeutischen Lücken umfassen einen erheblichen Anteil der Staphylokokken und der Streptokokken außerhalb der serologischen Gruppe A. Hier ist die Resistenzbestimmung besonders wichtig. Die gramnegativen Meningokokken und Gonokokken sprechen auf Penicillin zu 100% an. Die Resistenzbestimmung ist hier nicht unbedingt erforderlich. Von den grampositiven Stäbchen kann man sagen, daß sie auf Penicillin gut ansprechen. Resistenzbestimmung ist im Einzelfall erforderlich, da es sowohl bei den Aeroben als auch den Anaeroben kein absolut homogenes Verhalten gibt. Die gramnegativen Stäbchen sind durchweg penicillinresistent. Von den Pilzen zeigt Actinomyces bakteriologisch teilweise Empfindlichkeit. Die klinischen Resultate sind aber nicht eindeutig.

Therapie. Penicillin wird parenteral, oral oder lokal gegeben. Die parenterale Behandlung mit Penicillin G ist vorläufig am weitesten verbreitet, jedoch nimmt die orale Anwendungsform mit Penicillin V zu. Bei der parenteralen Behandlung werden heute meistens schwerlösliche Salze des Penicillins (als Depot) injiziert. Am meisten verbreitet ist die Verwendung des Novocain-Salzes (Procainsalz). Eines der neueren Präparate mit extrem langsamer Resorption ist das Benzathin-Penicillin. Je nach Verabreichungsform und Dosierung kann man bei der Penicillintherapie eine Serumkonzentration von 0,03—30 E/ml erzielen. Die Serumkonzentration nach der Dosis von 0,5 Mega-Einheiten eines Novocainpräparates bewegt sich von anfänglich 2 E/ml bis zu 0,03 E/ml nach etwa 24 Std. Den Wert 0,03 E/ml pflegt man als therapeutischen Mindestspiegel zu bezeichnen. Bei kleineren Werten betrachtet man die therapeutische Wirkung der gegebenen Dosis als erloschen. Als Faustregel kann man sich merken, daß für jede Mega-Einheit pro die jeweils mit einer Serumkonzentration von 1 E/ml gerechnet werden kann. Einer Dosis von 10 Mega-Einheiten pro die entspricht dann etwa ein Serumspiegel von ungefähr 10 E/ml. Weitere Angaben siehe WELCH, HEILMEYER und WALTER.

Löslichkeit, Stabilität. Im Laboratorium findet Penicillin G als Natrium- oder Kaliumsalz Verwendung, Penicillin V als Kaliumsalz oder als freie Säure. Alle Alkalisalze sind leicht wasserlöslich. Das in Form der freien Säure zur Verwendung kommende Penicillin V ist im Wasser nur beschränkt löslich, dagegen gut in Methylalkohol. Alle Penicillinpräparate werden bei p_H 6,5 gelöst (Phosphatpuffer m/15). In dieser Form kann man sie eingefroren bei $-20°$ C über Wochen aufbewahren, ohne daß ein Titerverlust eintritt. Man füllt die Stammlösungen von 10 E/ml in kleinen Portionen in Reagenzgläser ab und bewahrt diese in der Tiefkühltruhe. Eine einmal aufgetaute Lösung wird nach Gebrauch verworfen. Für die Stabilität der Penicillin-Stammlösung ist es grundsätzlich wichtig, daß ein p_H von 6,5 eingehalten wird. Bei der Resistenzbestimmung kann man für 24 Std. Brutschrankaufenthalt bei p_H 7,4 mit einem Titerverlust von 50% rechnen. Dies fällt bei der klinischen Ermittlung der Hemmungsdosis nicht ins Gewicht. Bei der Titration spielt die Titerabnahme für das Resultat überhaupt keine Rolle, wenn darauf geachtet wird, daß der Standard gleiche Milieubedingungen aufweist wie die Testflüssigkeit.

Einwaage. Standardisierung. Die im Handel befindlichen Ampullen „für Testzwecke" enthalten eine Einwaage von 10000 oder 50000 Einheiten. Man kann sich auf die Genauigkeit der Einwaage im allgemeinen verlassen. Hat man keine fertigen Testampullen zur Verfügung, so muß man sich die Einwaage selbst herstellen. Hierbei ist folgendes zu berücksichtigen: 1 mg eines Penicillin G-Kaliumpräparates enthält theoretisch 1595 E/ml. Diese Reinheit wird aber in der Praxis nur selten erreicht. Eine Angabe über den „Milligrammtiter" des betreffenden Präparates ist deshalb unerläßlich und muß vom Produzenten angefordert werden. In praxi kann man damit rechnen, daß ein Penicillin G-Kaliumpräparat 1400 bis 1550 E pro Milligramm enthält. 1 mg eines Penicillin-Natriumsalzes enthält bei idealer Reinheit 1667 E/ml. Als Urmaß (Master Standard) für die Wertbestimmung dient ein in London aufbewahrtes hochgereinigtes Präparat des Penicillin G-Natriumsalzes. Von diesem ausgehend werden andere Präparate geeicht und als praktisch verwendete Bezugssysteme verschickt und verwendet. Eine internationale Penicillin-Einheit entspricht der Wirksamkeit von 0,6 γ/ml des erwähnten Londoner Urmaßes. Sie ist fast identisch mit der alten Oxford-Einheit. Für andere Penicilline als das Penicillin G ist die Definition der Einheit nicht anerkannt. Man spricht in der Praxis von einer Einheit des V-Penicillins und meint damit einen Betrag an Penicillin V, der einer Penicillin G-Einheit äquivalent ist. Da die Wirksamkeit des Penicillins V gegenüber den Teststämmen von derjenigen des Penicillin G verschieden sein kann, so ist strikte darauf zu achten, daß ein Präparat des Penicillin V immer nur mit der Wirkung eines Standards aus Penicillin V verglichen wird[41]. Das gleiche gilt für Penicillin G. Der Standard muß also strukturidentisch mit dem geprüften Penicillin sein. Ob Penicillin G dem Patienten als Kaliumsalz, als Novocainsalz oder als Benzathinsalz verabreicht wird, ist für die Titration gleichgültig, sofern man einen Standard aus Penicillin G verwendet. Ebenso gleichgültig ist es, ob man für den Standard ein Penicillin G-Präparat als Kaliumsalz oder als Natriumsalz verwendet. Es ist bei der Einwaage nur darauf zu achten, daß beide Salze durch ihr verschiedenes Molekulargewicht verschiedene Milligrammtiter besitzen.

Wenn man eine Stammlösung von Penicillin herstellt, so ist bei den Verdünnungsoperationen sorgfältig darauf zu achten, den Pipettierfehler klein zu halten. Penicillinpräparate für den Laboratoriumsgebrauch sind von den Penicillinproduzenten anzufordern.

Titrationsmethoden; Sensibilitätsbestimmung. Da wir in diesem Buch nahezu alle der geschilderten Laboratoriumsmethoden am Beispiel des Penicillins erläutert haben, erübrigt sich eine besondere Schilderung an dieser Stelle. Von den geschilderten Titrationsmethoden erscheint uns der Lochtest am ehesten als günstiger Kompromiß zwischen der Forderung nach hoher Genauigkeit und geringem Arbeitsaufwand. Von den Titrationsmethoden des Penicillins sollte verlangt werden, daß sie im Serummilieu eine Mindestmenge von 0,01—0,02 E/ml anzeigen. Man mag bei lediglich orientierenden Methoden (Mikrotest u. a. m.) diese Grenze bis zu 0,05 E/ml erhöhen.

Teststämme. Der von uns verwendete Teststamm ATCC 6633 (subtilis) zeigt als Sporensuspension eine Hemmungsdosis von 0,0015 E/ml Penicillin. In Gegenwart von Serum beträgt die Hemmungsdosis etwa 0,003 E/ml. Im Lochtest ist die kleinste nachweisbare Penicillinmenge mit diesem Stamm 0,005 E/ml, im Serummilieu beträgt sie 0,02 E/ml. Das Test-p_H beträgt 6,5. Als Verdünnungsflüssigkeit für die Serumtitration eignen sich Rinder- und Pferdeserum gleich gut.

Zur Titration des Penicillins können noch A-Streptokokken, Staphylococcus aureus und Sarcina lutea verwendet werden[9, 11, 12, 34, 52, 90, 103, 128, 129, 147, 151]. Von den A-Streptokokken kann jeder Stamm verwendet werden. Das Milieu muß in diesem Fall einen Blutzusatz von 5% enthalten, der gleichzeitig als Indicator (Hämolyse) wirkt. Bei allen Vegetativformen kann die Platte nicht als flüssiger Agar besät werden (Hitzeschädigung). Die Beimpfung der Platten erfolgt durch Überlaufenlassen einer Bouillonkultur. Der in Deutschland oft verwendete Stamm SG 511 des Staph. aureus hat im Bouillonmilieu eine Hemmungsdosis von 0,03—0,05 E/ml. Wegen seiner relativ geringen Empfindlichkeit wird er in unserem Laboratorium nicht gerne verwendet. In Amerika wird der Test vielfach mit Sarcina lutea ATCC 9341[11, 12, 50a] ausgeführt. Im übrigen kann man geeignete Teststämme leicht selbst finden. Unter den aeroben Sporenbildnern, die als Kontamination im Laboratorium gezüchtet werden, finden sich zahlreiche Stämme mit höchster Penicillinempfindlichkeit.

Die Sensibilitätsbestimmung gegenüber Penicillin bietet keine besonderen Schwierigkeiten. Hierbei braucht Penicillin V und Penicillin G ebensowenig gesondert geprüft zu werden wie die verschiedenen Sulfonamidderivate. Die geringen Verschiedenheiten des Wirkungsspektrums haben für die Beurteilung der Sensibilität keine Bedeutung. Sie sind nur bei der Titration im Hinblick auf die Identität von Standard- und Testpräparat zu berücksichtigen.

B. Streptomycin

Streptomycin ist das Produkt des Streptomyces griseus (siehe Formel S. 175). An Stelle des R steht bei der Streptomycinbase CHO; bei der Base des Dihydrostreptomycins steht CH_2O. Das Streptomycin wird in der Klinik in diesen beiden Formen verwendet. Ihre Wirkung ist mikrobiologisch im großen und ganzen gleich. Die Unterschiede zwischen Dihydrostreptomycin und Streptomycin liegen in der Natur der toxischen Nebenwirkungen mehr als in Verschiedenheiten des Wirkungsspektrums.

Das **Wirkungsspektrum** des Streptomycins umfaßt vor allem gramnegative Keime und begrenzt grampositive Erreger, vor allem Kokken. Klinisch besonders wichtig ist die Wirkung auf M. tuberculosis. Das in der Praxis ausgenutzte Wirkungsspektrum des Streptomycins ist erheblich schmäler als der Bereich der mikrobiologisch feststellbaren Wirksamkeit. Bei der Behandlung bakterieller Infektionen ist es von anderen Stoffen stark verdrängt worden.

Immerhin ergeben sich auch hier Situationen, welche eine Verordnung des Streptomycins berechtigt erscheinen lassen. Für das Wirkungsspektrum des Streptomycins ist es charakteristisch, daß sich kaum Gattungen finden, die zu 100% empfindlich sind. Stets ist mit einzelnen Stämmen zu rechnen, die Resistenz zeigen. Bei der Verordnung des Streptomycins spielt also die Sensibilitätsbestimmung eine größere Rolle als beim Penicillin. Es gibt kaum Fälle, bei denen von vornherein darauf verzichtet werden kann wie z. B. beim Penicillin.

Wegen seiner Giftigkeit kann Streptomycin in höheren Dosen als 1,0 g täglich als Dauerbehandlung nicht gegeben werden. Es sind Serumspiegel zwischen 0,5 γ/ml und 40 γ/ml zu erwarten. Als unterste Nachweisgrenze im Serummilieu ist ein Betrag von etwa 0,5 γ/ml wünschenswert.

Wirkungsoptimum. Stabilität. Streptomycin ist in alkalischem Milieu wesentlich aktiver als bei saurer Reaktion. Das Aktivitätsoptimum liegt bei etwa p_H 8,5 bis 9,0. Bei unseren Titrationen pflegen wir ein p_H von 7,8 einzuhalten (Phosphatpuffer). Bei höherem p_H wachsen unsere Teststämme nicht mehr. Das Streptomycin ist in wäßriger Lösung (Puffer p_H 7,4) wesentlich haltbarer als das Penicillin. Bei 24 Std. Brutschrankaufenthalt in einem Puffer von p_H 7,4 ist mit einem Titerverlust von etwa 15% zu rechnen. Die Streptomycinstammlösung von 800 γ/ml wird tiefgekühlt aufbewahrt. Das Streptomycin ist als Sulfat oder als Hydrochlorid in Wasser gut löslich.

Standardisierung. Die Angaben in γ beziehen sich auf den Gehalt an Streptomycin-Base. Wenn die Streptomycin-Base einen theoretischen Titer von 1000 γ pro Milligramm hat, so beträgt der Titer bei dem Sulfat theoretisch nur 798 γ pro Milligramm. Die im Handel befindlichen Testampullen enthalten an Streptomycinbase gewöhnlich 50000 γ als Sulfat oder Hydrochlorid.

Titration. Wir bevorzugen den Plattentest mit dem Stamm Bac. subtilis ATCC 6633. Er wird mit einigen Unterschieden ebenso ausgeführt wie die Penicillintitration.

Besonderheiten. Der Agar wird auf ein p_H von 7,8 eingestellt (Vorsicht, Agar genau einstellen! Bei p_H 8,0 wächst der Teststamm bereits nicht mehr). Der Standard beginnt mit 80 γ/ml. Zweierpotenzen. Die Standardkurve ist steiler als beim Penicillin. Unterste Nachweisgrenze 0,5—1,0 γ/ml. Sie Streptomycinhemmhöfe sind ebenso scharf wie diejenigen des Penicillins. Der Verdünnungstest für Streptomycin kann mit dem Stamm Bac. subtilis ATCC 6633 ebenfalls bequem ausgeführt werden. Es gelten für ihn die gleichen Regeln wie für den Penicillin-verdünnungstest. Als Verdünnungsmilieu für die Serumtitration wird Rinder-serum verwendet.

An **Teststämmen** findet außer dem erwähnten Bac. subtilis noch Verwendung K. pneumoniae ATCC 10031 [11],[12],[117],[150].

Die **Sensibilitätsbestimmung** gegenüber Streptomycin bietet keine besonderen Probleme. Zu beachten ist lediglich die Tatsache, daß die Hemmungsdosis im flüssigen Milieu von der Einsaatdichte abhängt (kleine Einsaaten!) und daß die Aktivität des Streptomycins vom p_H abhängt. Es braucht nur Streptomycin geprüft zu werden. Das Dihydrostreptomycin zeigt mikrobiologisch keinen wesentlichen Unterschied.

C. Die Tetracyclingruppe

Zur Tetracyclingruppe gehören das als Aureomycin bekannte Chlortetracyclin, das als Terramycin bekannte Oxytetracyclin und das Tetracyclin selbst. Die Formel des Tetracyclins ist:

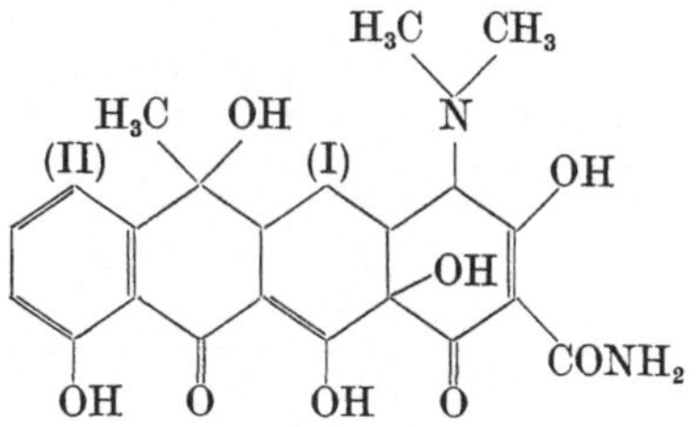

$$\text{H}_3\text{C} \quad \text{CH}_3$$

Das Oxytetracyclin hat an der mit (I) bezeichneten Stelle eine OH-Gruppe. Beim Chlor-tetracyclin steht hingegen an der mit (II) bezeichneten Position ein Cl-Atom.

Aureomycin ist 1948 als Produkt des Strahlenpilzes Streptomyces aureofaciens entdeckt worden, Terramycin im Jahre 1950 als Produkt des Streptomyces rimosus. Das Tetracyclin ist bei Arbeiten über die Struktur der vorgenannten Naturstoffe dargestellt worden. Heute wird Tetracyclin ebenfalls biologisch produziert.

Das **Wirkungsspektrum** des Tetracyclins und seiner Verwandten ist praktisch gleich. Es ergeben sich zwar zwischen den erwähnten drei Vertretern dieser Gruppe bei ein und demselben Stamm gelegentlich Differenzen der Hemmungsdosis. Diese sind aber für die klinische Wirkung — einige Sonderfälle vielleicht ausgenommen (s. S. 136) — bedeutungslos. So kann man mit Recht von einem Spektrum der Tetracyclingruppe sprechen. Es umfaßt nahezu alle bakteriellen Erreger und großen Viren und Rickettsien. Die Lücken werden durch Proteus, Pyocyaneus und M. tuberculosis repräsentiert. Für die Praxis wichtig ist die Tatsache, daß S. typhi klinisch gesehen aus dem Spektrum der hohen Tetracyclinwirksamkeit herausfällt. Hier ist das Mittel der Wahl Chloramphenicol. Für das Tetracyclinspektrum ist es charakteristisch, daß sich in fast jeder Gattung, die an sich im Bereich des Wirkungsspektrums liegt, auch resistente Stämme finden können. Dies gilt z. B. besonders für Staphylokokken und E. coli, aber auch für grampositive aerobe Bacillen. Gasbrand zeigt fast stets hohe Empfindlichkeit. Die Friedländergruppe zeigt zum großen Teil eine relative Sensibilität.

Therapie. Bei der klinischen Behandlung kann man bei einer Tagesdosis von 1—2 g täglich mit Serumkonzentrationen bis zu 5 γ/ml rechnen. Im Harn werden mehrere 100 γ/ml erreicht. Im Darminhalt werden ähnliche Konzentrationen wie im Harn erreicht.

Als **Standard** dient ein hochgereinigtes Präparat von Chlortetracyclin-Hydrochlorid, Oxytetracyclinbase oder Tetracyclinhydrochlorid mit dem theoretischen Gehalt von jeweils 1000 γ pro mg. Alle Angaben beziehen sich gravimetrisch auf diese Präparate. So hat Oxytetracyclinhydrochlorid einen Gehalt von 927 γ/mg Oxytetracyclinbase. Umgekehrt hat ein mg eines reinen Präparates von

Chlortetracyclin als Base die gleiche Wirksamkeit wie 1076 γ Chlortetracyclin-Hydrochlorid. Bei der Titration sind als Standard die drei erstgenannten Stoffe zu verwenden. Hat man sie nicht zur Verfügung, so ist notfalls eine sinngemäße Umrechnung vorzunehmen.

Die **Stabilität** der Tetracyclingruppe ist unterschiedlich. Chlortetracyclin zeigt die geringste Stabilität. Nach 24 Std. Brutschrankaufenthalt bei 37° C und p_H 7,2 ist zu 98% zerstört; bei p_H 7,4 werden 100% zerstört. Diese Besonderheit des Chlortetracyclins ist bei der Titration und der Sensibilitätsbestimmung zu berücksichtigen. Die Stabilität des Tetracyclins ist größer: Man findet nach 24 Std. bei 37° C und p_H 7,2 noch 33% als unzerstörten Rest. Beim Oxytetracyclin sind die Werte ähnlich. Alle Präparate der Tetracyclingruppe sind wasserlöslich. Testampullen mit 20000 γ sind durch die Produzenten zu erhalten. Als Stammlösung wird vom Tetracyclin und beim Oxytetracyclin eine Lösung von 1000 γ/ml bei p_H 6,1 (Phosphatpuffer) in der Tiefkühltruhe gefroren aufbewahrt. Die Stammlösung des Chlortetracyclins wird mit gleichem Gehalt stets frisch bereitet (p_H 6,1).

Titration[12, 130, 134, 148]. Das Prinzip bei der Tetracyclintitration ist, die Verluste durch ein saures p_H des Nährbodens möglichst klein zu halten. Wir verwenden den Bac. cereus ATCC 9634 als Sporensuspension (vg. S. 106). Diese wird in gleicher Form hergestellt wie diejenige der anderen Sporenstämme (s. S. 90). Beim *Agar-Lochtest* wird ein Fleischwasser-Agar (2% Pepton, 1% Fleischextrakt, 1% Hefeextrakt) verwendet. Einsaat etwa 1000000 Zellen pro ml. Der Agar wird auf p_H 6,1 eingestellt. Die Testflüssigkeit und der Standard werden in einem Milieu von angesäuertem Pferdeserum von p_H 6,1 verdünnt. Herstellung des zur Verdünnung verwendeten Serums: Zu 100 ml Pferdeserum kommt 0,76 ml 25%iger Ortho-Phosphorsäure. Es resultiert ein p_H von 6,1 (s. S. 104). Mit dem gesäuerten Pferdeserum wird der Standard beginnend mit 20 γ/ml angelegt. Geometrischer Abfall 1:2 usw. Das Testserum wird ebenfalls angesäuert: Zu 1,9 ml Testserum werden 0,1 ml einer 4,3%igen Ortho-Phosphorsäurelösung gegeben. Das p_H beträgt dann 6,1 (s. S. 104). Dieses Serum wird mit dem gesäuerten Pferdeserum in geometrischer Reihe verdünnt. Standard und Test werden in Löcher einpipettiert usw. Die Nullgrenze der Methode beträgt in Gegenwart von Serum für Chlortetracyclin, Tetracyclin und Oxytetracyclin gleichermaßen 0,02 γ/ml. Diese trotz unvermeidlicher Verluste hohe Empfindlichkeit ist der extremen Sensibilität des Teststammes zu verdanken. Dieser hat für alle 3 Stoffe eine Hemmungsdosis von 0,002 γ/ml. Die Standardkurven für die Tetracyclinderivate sind mittelmäßig steil. Die Einsaat ist deshalb so dicht (10^6 Zellen pro ml Agar), weil der Test nach Möglichkeit schon nach 6—8 Std. abgelesen werden soll. Dies ist auch meistens möglich. Bei Ablesung nach 18 Std. sind die Verluste aber auch nicht so groß, daß sie die Empfindlichkeit des Tests wesentlich herabsetzen.

Ein Verdünnungstest für die Tetracyclinderivate kann für den Bac. cereus entsprechend den geschilderten Prinzipien zwar ebenfalls ausgearbeitet werden. Er ist aber nicht zu empfehlen, weil das Wachstum des B. cereus in flüssigem Milieu nur spärlich erfolgt. Der *Verdünnungstest* soll infolgedessen mit Staphylococcus aureus ausgeführt werden. (Man nimmt, wenn möglich, den Stamm ATCC 9634.) Dieser Stamm ist aber bei weitem nicht so empfindlich wie der B. cereus. Die Inaktivierungsverluste können durch die Empfindlichkeit des Teststammes also nur unvollkommen kompensiert werden. Wenn hohe Ansprüche an Empfindlichkeit gestellt werden, kann diese Methode nur als turbidimetrischer Schnelltest ausgeführt werden[12]. Bei der 4 Std. Bebrütungszeit, wie sie dieser Test verlangt, ist der

Verlust klein. Man arbeitet bei einem Bouillon-p_H von 5,5. Für Serum und ähnliche Körperflüssigkeiten eignet sich der turbidimetrische Test nicht, weil die Opalescenz der Eiweißkörper die Resultate verfälscht. Für die Titration von Flüssigkeiten ist der Lochtest mit Bac. cereus deshalb die einzige Lösung von hoher Empfindlichkeit. Es sei in Erinnerung gebracht, daß der Standard mit der gleichen Substanz angelegt werden muß, wie sie in der Testflüssigkeit enthalten ist. Der Grund hierfür ist die verschiedenartige Stabilität der drei Körper, kleinere Differenzen in der Empfindlichkeit des Teststammes und Diffusionsdifferenzen.

Sensibilitätsbestimmung. Es ist unnötig, alle drei Tetracyclinkörper gesondert zu prüfen. Wir wählen für den Blättchentest und — falls notwendig — für den Röhrchentest das relativ stabile Tetracyclin

D. Chloramphenicol

Chloramphenicol ist das Produkt des Streptomyces venezuelae (1947). Die Synthese ist gelungen und wird zur Produktion in großtechnischem Maßstab verwendet. Formel:

$$NO_2-C \underset{\underset{H}{\overset{|}{C}}\!=\!\underset{H}{\overset{|}{C}}}{\overset{\overset{H}{\overset{|}{C}}\!=\!\overset{H}{\overset{|}{C}}}{}} C-\underset{\overset{|}{H}}{C}-\underset{\overset{|}{NH-CO-CHCl_2}}{C}-CH_2OC(CH_2)_{14}CH_3$$

Der **Wirkungsbereich** des Chloramphenicol umfaßt praktisch die gleichen Erregergruppen wie derjenige des Tetracyclins. Eine besondere und ausschließliche Indikation des Chloramphenicol stellt darüber hinaus der Typhus abdominalis dar. Bei diesem ist keine Resistenzbestimmung erforderlich. Beim Paratyphus bzw. der Enteritis gibt es gelegentlich relativ resistente Stämme. Im Vergleich zum Tetracyclin hat das Chloramphenicol einen geringfügig erweiterten Wirkungsbereich bei Proteus und Pyocyaneus. Hier finden sich immer wieder Stämme, die auf Chloramphenicol doch noch reagieren. Die Staphylokokken verhalten sich gegenüber Chloramphenicol zum allergrößten Teil (97—100%) sensibel. Ob dies durch die bisher geübte Zurückhaltung in der Chloramphenicolverordnung erklärt werden muß, oder ob sich die Gattung Staphylococcus aur. gegen Chloramphenicol in Abweichung zu ihrem sonstigen Verhalten homogen verhält, ist vorläufig noch nicht definitiv zu beurteilen.

Therapie. Bei der Chloramphenicoltherapie ist im Blut eine Konzentration bis zu 60 γ/ml zu erwarten (1—3 g pro die). Im Harn sind Konzentrationen von 200 γ/ml und mehr zu finden. Besonders hervorzuheben ist die regelmäßige und zuverlässige Diffusion des Chloramphenicols durch die Blut-Liquorschranke. Dies hat für die ungezielte Meningitisbehandlung große Bedeutung[136].

Stabilität. Standardisierung. Chloramphenicol ist das stabilste der Antibiotica Man kann es innerhalb eines weiten p_H-Bereiches über 1 Std. und mehr kochen. Bei Brutschrankaufenthalt ist keinerlei Verlust zu befürchten. Die Lösungen halten sich, ohne gepuffert zu sein, bei Zimmertemperatur wochenlang. Die Wasserlöslichkeit ist gering. In Wasser lösen sich bei Zimmertemperatur etwa 2500 γ/ml. Man löst das eingewogene Chloramphenicol mit einigen Tropfen Methylalkohol vor und fügt dann Puffer p_H 6,5 hinzu. Die Stammlösung enthält 1000 γ/ml. Die Standardisierung erfolgt nach der Reinsubstanz in Gewichtseinheiten. Ein Reinpräparat Chloramphenicol mit dem Molekulargewicht 323,14 hat einen theoretischen Milligrammtiter von 1000 γ wirksamer Substanz. Testampullen mit eingewogenen Präparaten (2 mg, 5 mg, 20 mg und 50 mg) sind von den Herstellerfirmen erhältlich.

Titration.[12, 130, 137]. Es gibt keine Teststämme, deren Empfindlichkeit gegenüber Chloramphenicol höher liegt als einer Hemmungsdosis um 0,5—1,0 γ/ml entspricht. Dementsprechend liegt die Nullgrenze aller Methoden im günstigsten Falle bei 1—3 γ/ml. Wir prüfen auch Chloramphenicol im *Lochtest* mit dem Teststamm Bac. subtilis ATCC 6633 (s. S. 90, 105). Er bietet unserer Erfahrung nach sogar ein gewisses Plus an Sensibilität gegenüber anderen Stämmen (Hemmdosis in Bouillon 0,5—1 γ/ml Chloramphenicol). Das Test-p_H beträgt 6,5. Andere Laboratorien[137] gebrauchen den Stamm Bac. subtilis ATCC 4969 (Hemmdosis in Bouillon 1 γ/ml). Dieser ist in seiner Empfindlichkeit im Plattentest aber nicht ganz so hoch zu bewerten wie Bac. subtilis ATCC 6633. In Frage kommt noch Sarcina lutea ATCC 9341. Die Stämme des Bac. subtilis ATCC 6633 und ATCC 4969 werden als Sporensuspension genau so verwendet, wie wir es beim Lochtest für Penicillin beschrieben haben. Der Chloramphenicolstandard beginnt mit 100 γ/ml. Testserum und Standard werden in Pferde- oder Rinderserum verdünnt. Die Standardkurve des Chloramphenicols verläuft sehr flach (s. Abb. 38 S. 99); der Test ist also sehr genau. Die unterste Nachweisgrenze im Serummilieu beträgt im Plattentest mit ATCC 6633 3 γ/ml. Mit ATCC 4969 ergibt sich im gleichen Test eine Nullgrenze von 6 γ/ml im Serum. Zur Steigerung der Empfindlichkeit ist eine Wachstumsverzögerung von 5 Std. nützlich. Man läßt nach Einpipettieren der Lösungen in die Löcher die Platten 5 Std. bei Zimmertemperatur stehen. Die Hemmhöfe des Chloramphenicols sind übrigens in Puffer- und in Serummilieu fast gleich groß. Die Anlage des Standards im Serum ist also mehr eine formale Maßnahme. Sie sollte trotzdem erfolgen.

Für den *Verdünnungstest* mit Chloramphenicol kann der Stamm B. subtilis ATCC 6633 oder ATCC 4969 verwendet werden. Der Verdünnungstest erfolgt wie beim Penicillin. Wir ziehen den Lochtest vor. Eine weniger empfindliche Methode ist der auf S. 79 beschriebene turbidimetrische Chloramphenicoltest. Er eignet sich natürlich nicht für Serum, sondern allenfalls für Urin o. ä. Hier ist aber keine so hohe Empfindlichkeit erforderlich.

Die Nullgrenze liegt für alle Methoden sehr nahe an der therapeutischen Sensibilitätsstufe der hochempfindlichen Erreger (z. B. der S. typhi). Das, was beim Penicillin die Tests so hochempfindlich macht, ist die Tatsache, daß es apathogene Stämme gibt, die eine oder mehrere Zehnerpotenzen empfindlicher sind als die hochempfindlichen pathogenen Stämme. Hierdurch liegt die Nullgrenze des Penicillinnachweises im allgemeinen ziemlich weit unterhalb der therapeutischen Schwelle. Diese hochempfindlichen „Außenseiter" findet man beim Chloramphenicol nicht; der Chloramphenicoltest ist infolgedessen relativ unempfindlich.

Die **Sensibilitätsbestimmung** erfolgt bei Chloramphenicol im Blättchentest oder bei Bedarf im Verdünnungstest. Das Chloramphenicol diffundiert im Agar besonders leicht und schnell. Die Beschickung der Blättchen soll deshalb eher niedrig gehalten werden.

E. Erythromycin

Erythromycin ist das Produkt des Streptomyces erythreus (1952). Die Reindarstellung ist zwar gelungen, jedoch ist die chemische Struktur noch nicht bekannt. Die Summenformel ist $C_{57}H_{67-69}NO_{13}$. Die Erythromycinbase wird als gravimetrisches Bezugssystem mit dem theoretischen Milligrammtiter von 1000 γ verwendet. Im Handel ist das Erythromycin als Stearat, Äthylcarbonat, Glucoheptonat und Lactobionat erhältlich.

Standardisierung. Als Testsubstanz findet wegen seiner Wasserlöslichkeit das Glucoheptonat Verwendung. 1 mg des Glucoheptonats entspricht der Aktivität von 764 γ der Erythromycinbase. Daneben ist auch das Lactobionat in Wasser löslich. Letzteres hat einen Milligrammtiter von 672 γ wirksamer Substanz.

Das **Wirkungsspektrum** des Erythromycins umfaßt alle grampositiven Kokken. Einzelne resistente Stämme sind überaus selten. Bei Staphylococcus aur. wirkt Erythromycin in Deutschland z. Z. noch fast 100%ig. Dies gilt nicht für alle Länder. In Amerika haben erythromycinresistente Staphylokokkenstämme überhandgenommen. Die klinischen Indikationen des Erythromycins sollten deshalb eng begrenzt werden: Es sollte im allgemeinen nur dort eingesetzt werden, wo alle übrigen Antibiotica versagen. Vor allem gilt dies für Staphylokokken. Außer den grampositiven Kokken reagieren auch Diphtheriebakterien, Gonokokken und die Gattung Haemophilus auf Erythromycin. Gegenüber grampositiven Sporenbildnern Actinomyceten, Meningokokken und Listerien wirkt Erythromycin ebenfalls, wenngleich die zuletzt genannten Erreger in der Praxis kaum einer Erythromycinbehandlung zugeführt werden. Im großen und ganzen kann man das Spektrum des Erythromycins mit demjenigen des Penicillins als gleichwertig ansehen (Ausnahme: Staphylokokken uud Enterokokken). Penicillin hat aber gegenüber den Keimen seines Wirkungsspektrums allerdings eine wesentlich intensivere klinische Wirkung als Erythromycin gegen die Keime des seinigen.

Bei der Erythromycintherapie (oral oder parenteral) kann man mit Serumspiegeln von höchstens 5—10 γ/ml rechnen (1—2 g täglich).

Stabilität. Erythromycin bleibt bei p_H 7,4 und 24 Std. Bebrütung (37° C) zu 100% aktiv. Verluste sind also weder bei der Titrierung noch bei der Sensibilitätsbestimmung zu befürchten, sofern das Medium alkalischer ist als p_H 6,5. Die Aktivität des Erythromycins wird in leicht alkalischem Milieu erheblich gesteigert. Bei p_H 8,0 hat das Antibioticum eine Wirkung, die rund 10mal stärker ist als bei p_H 6,5. Die zum Laboratoriumsgebrauch abgegebene Substanz (Glucoheptonat) ist gut wasserlöslich. Die vom Produzenten gelieferten Testampullen enthalten 10 mg, bezogen auf die Erythromycinbase. Die Stammlösung enthält im Puffer von p_H 8,0 200 γ/ml. Aufbewahrung in gefrorenem Zustande.

Titration[68, 75, 91, 160]. Zur Titration im Lochtest kann auch für Erythromycin der vielseitig verwendbare Stamm Bac. subtilis ATCC 6633 genommen werden. Seine Hemmungsdosis ist in Bouillonmilieu bei p_H 7,8 0,004 γ/ml. Daneben werden noch Sarcina lutea ACTT 9341 und Stämme von A-Streptokokken und C-Streptokokken empfohlen. Der von uns verwendete Subtilis hat aber eine gleiche oder wesentlich günstigere Nullgrenze als die genannten Stämme und daneben die Vorteile der Sporensuspension. Der *Lochtest* wird genau so ausgeführt wie beim Streptomycin. Der Agar hat ein p_H von 7,8. Die Verdünnung des Standards und der Testflüssigkeit erfolgen bei der Serumtitration in Rinderserum (s. hierzu S. 102, 107). Die Standardkurve beginnt mit 20 γ/ml. Sie verläuft ziemlich steil und im allgemeinen mit und ohne Serumzusatz gleich. Trotzdem sollte man auf das Serum als Verdünnungsflüssigkeit nicht verzichten. Die unterste Nachweisgrenze unseres Lochtests mit B. subtilis ATCC 6633 liegt bei 0,04 γ/ml. Der Röhrchentest kann nach den Prinzipien der Penicillintitration mit dem Staph. aur. SG 511, Sarcina lutea ATCC 9341 oder dem Subtilis ATCC 6633 ausgeführt werden. Auch A- und C-Streptokokken sind verwendbar. Die Titration im Röhrchentest soll bei p_H 7,6—7,8 erfolgen. Wir ziehen im übrigen den Agar-Lochtest vor.

Sensibilitätstest. Die Ermittlung der Hemmungsdosis im flüssigen Milieu sollte bei p_H 7,4 erfolgen. Erythromycin diffundiert etwas langsamer in den Agar als andere Antibiotica, z. B. Penicillin oder Chloramphenicol.

An dieser Stelle sei das *Carbomycin*[56] kurz mitbehandelt. Es ist ein Produkt des Streptomyces halstedii. Sein Spektrum ist identisch mit demjenigen des Erythromycins. Es besteht das Verhältnis der Kreuzresistenz zum Erythromycin. Carbomycin bietet klinisch einige Nachteile, so daß es sich nicht in dem Maße durchsetzen konnte wie Erythromycin. Die Sensibilitätsbestimmung gegenüber Carbomycin erübrigt sich; sie kann aus dem Ausfall des Erythromycintests ohne weiteres beurteilt werden[60]. Die Titration erfolgt nach denselben Prinzipien wie beim Erythromycin[12, 74].

F. Bacitracin

Das Antibioticum Bacitracin ist aus dem Kulturfiltrat eines der Subtilisgruppe zugehörigen Stammes (B. Tracey) isoliert worden. Es ist ein Gemisch mehrerer Polypeptide mit einem Molekulargewicht von etwa 1500 (Bacitracin A, B, C). Die Reinigung ist noch nicht vollkommen gelungen. Die Präparate des Handels enthalten nach Schätzungen bis zu 80% wirksamer Substanz, vorwiegend Bacitracin A.

Angesichts dieser Sachlage ist an den gravimetrischen Bezug auf ein chemisch charakterisierbares *Standardpräparat* natürlich nicht zu denken. Man benutzt als Maßsystem eine ursprünglich biologisch definierte Einheit. Als solche wurde eine Menge Wirkstoff verstanden, die in 2 ml gelöst unter bestimmten Bedingungen das Wachstum eines Stammes von A-Streptokokken hemmt. Diese Einheit hat jetzt dadurch eine exaktere Festlegung erfahren, daß man sie mit einem Arbeitsstandard (working standard) in Verbindung bringt. Ein besonders gereinigtes Präparat wurde 1953 von der Food & Drug Administration Washington zum Arbeitsstandard deklariert. Er enthält pro mg 52,1 E Bacitracin. Der theoretische Titer von reinem Bacitracin A wird auf 72 E pro mg geschätzt. Reinste Präparate haben diesen Titer mehrfach erreicht, sie haben sich aber als labil erwiesen. Als "Master Standard" wird deshalb ein Präparat aufbewahrt, welches bei nur 42,0 E/mg sehr stabil ist.

Wirkungsspektrum. Therapie. Das Wirkungsspektrum des Bacitracins umfaßt alle grampositiven Kokken und alle gramnegativen Kokken, Spirochäten und E. histolytica[71]. Bacitracin wird in der Therapie relativ selten verwendet, weil es nicht ganz frei von toxischen Nebenwirkungen ist. Seine vorläufig wichtigste Indikation ist der Einsatz bei Staphylokokken im Falle der Erythromycinresistenz und gleichzeitiger Resistenz gegen Penicillin, Streptomycin, Tetracyclin und Chloramphenicol. Von großer Bedeutung ist die Tatsache, daß Bacitracin bactericid wirkt. Man wird also in verzweifelten Fällen von Endocarditis lenta die Möglichkeiten einer Behandlung mit Bacitracin prüfen müssen. In Verbindung mit anderen Antibiotica wird Bacitracin als Lokaltherapeuticum angewendet[72], z. B. mit Neomycin, Thyrothricin oder Polymyxin als Salbe. Bei der parenteralen Bacitracinbehandlung (60000 E täglich) ist mit Serumkonzentrationen von 0,03—0,8 E/ml zu rechnen. Höhere Dosen als 80000 E sollten pro Tag nicht gegeben werden (Nierenschädigung). In den Liquor geht Bacitracin schlecht über. Im Bedarfsfall intrathekale Applikation.

Die im Laboratorium gebrauchte *Testsubstanz* enthält pro mg 40 — 45 E Bacitracin. Man bekommt im Handel meistens Präparate mit Titerangabe, die man einwiegen muß. Bacitracin wird bei p_H 6,5 gelöst. Seine *Wasserlöslichkeit* ist ausgezeichnet. Die Haltbarkeit der Lösung in der Kühltruhe bei —20° ist gut (mehrere Monate).

Titration. Als Standard für die Titration benutzt man am besten ein stabiles Handelspräparat, dessen Titer von der Herstellerfirma gegen den offiziellen Standard festgelegt worden ist. Der "working standard" kann im übrigen von der Food & Drug Administration bezogen werden. Bacitracin wird am besten im *Agar-Lochtest* titriert. Als Teststamm verwenden wir einen Stamm von Pseudodiphtheriebakterien von extremer Empfindlichkeit (s. S. 106). Stämme dieser Art sind in jedem Routinebetrieb leicht aufzufinden. Der Stamm hat eine Hemmungsdosis in Bouillon von 0,001—0,005 E/ml. Die Titrierung erfolgt auf Platten mit 5%-igem Blutagar und Zusatz von 1% Dextrose; p_H 7,4. Die Beimpfung erfolgt oberflächlich durch Überlaufenlassen einer Bouillonkultur. Der Standard beginnt mit 1 E/ml Bacitracin. Die Standardkurve ist sehr steil. Die unterste Nachweisgrenze dieser Methode liegt bei 0,015 E/ml. Man kann den Lochtest auch mit anderen Stämmen durchführen. Empfohlen wird Micrococcus flavus ATCC 10240[12]. Ein turbidimetrischer Test mit Staph. aur. ATCC 10537 wird für pharmazeutisch-technische Fragestellungen benutzt[12]. *Der Röhrchentest* kann mit allen diesen Stämmen durchgeführt werden.

Sensibilitätstest. Wegen der geringen Diffusionsfähigkeit des Bacitracins wird das Testblättchen relativ hoch beschickt (2 E). Der Blättchentest ist deshalb besonders grob. Aus diesem Grunde testen wir Bacitracin für die Sensibilitätsbestimmung stets im Röhrchentest in Bouillon p_H 7,4.

G. Tyrothricin

Tyrothricin ist ein Produkt des Bac. brevis (1939) eines grampositiven Sporenbildners. Das Wirkungsspektrum umfaßt grampositive und gramnegative Kokken, Diphtherie- und Pseudodiphtheriebakterien[126, 143]. Tyrothricin ist ein Polypeptid. Es besteht aus zwei Komponenten, dem Tyrocidin und dem Gramicidin. Das Molekulargewicht liegt bei etwa 3000. Im Wasser ist es unlöslich. Die wäßrige Lösung wird mit Cetylpyrimidiniumchlorid als Lösungsvermittler hergestellt. Die Lösung verträgt Kochen. Tyrothricin wird nur lokal, oft als Kombination mit anderen Lokalantibiotica angewendet. Es wird besonders bei Diphtheriebakterienträgern empfohlen. Seine Anwendung geschieht im allgemeinen ohne Sensibilitätsbestimmung.

An **Titrationsverfahren** wird von den amerikanischen Behörden lediglich eine turbidimetrische Methode in flüssigem Milieu empfohlen[12]. Für die Titration in Körperflüssigkeiten besteht kein Bedürfnis.

Die **Sensibilitätsbestimmung** gegen Tyrothricin bietet wegen der schlechten Löslichkeit große Schwierigkeiten. Man benutzt eine wäßrige Tyrothricinlösung (Lösungsvermittler) und stellt die Hemmungsdosis im Röhrchentest fest (Kontrolle mit Lösungsvermittler allein). Testsubstanz und Lösungsvermittler werden vom Produzenten geliefert. Routinemäßig ist eine laufende Bestimmung der Tyrothricinsensibilität unnötig.

H. Polymyxin

Polymyxin ist eine Bezeichnung für einen Komplex chemisch verschiedener Körper, die vom Bac. polymyxa produziert werden. Von den Polymyxinen A, B, C, D, E wird in der Therapie vor allem Polymyxin B (Aerosporin) verwendet. Es handelt sich um ein Polypeptid mit einem Molekulargewicht von etwa 1000.

Das **Wirkungsspektrum** des Polymyxins umfaßt vor allem gramnegative Keime: E. coli, Salmonellen. Das spezielle Indikationsgebiet ist indessen die Infektion mit P. aeruginosa (pyocyaneus).

Therapie. Polymyxin wird oral zur Darmsterilisierung (z. B. vor Operationen) verwendet. Es wird vom Darm her nicht resorbiert. Parenteral gegeben besteht die Gefahr der Nerven- oder Nierenschädigung. Die Indikation für die parenterale Gabe ist infolgedessen streng auf solche Fälle zu beschränken, in welchen Polymyxin die einzige Lösung ist. Der klassische Fall ist hier die Sepsis bzw. Meningitis mit P. pyocyanea. Polymyxin wird lokal oft in Kombination mit anderen Antibiotica, z. B. Tetracyclin, verwendet. Oral und lokal besteht keinerlei Gefahr im Hinblick auf Nebenwirkungen. Nach parenteraler Therapie ist mit Serumkonzentrationen von 1—8 E/ml zu rechnen, im Urin bis zu 150 E/ml.

Stabilität. Standardisierung. Polymyxin ist in Wasser gut löslich. Bei einem p_H von 2—7 ist es stabil. Im alkalischen Milieu erfolgt schnell die Inaktivierung.

Die Testsubstanz für das Laboratorium ist das Polymyxin-B-Sulfat. Der Gehalt an wirksamer Substanz ist etwa 75%. Die Eichung des Polymyxins B erfolgt unter Bezug auf ein relativ reines Präparat (working standard), dem arbitrarisch pro mg 10000 biologische Einheiten zugesprochen werden. Man stellt sich mit einem der käuflichen Präparate (Titerangabe beachten!) eine Stammlösung von 1000 E/ml in Puffer von p_H 6,0 her. Aufbewahrung in kleinen Portionen in der Tiefkühltruhe.

Die **Titration** im Plattentest erfolgt mit Brucella Bronchiseptica ATCC 4617[12]. Wir haben mit diesem Test keine eigene Erfahrung. Die Angaben, mit denen man einen Test aufbauen kann, finden sich bei GROVE und RANDALL.

Der **Sensibilitätstest** bei Polymyxin kann nur mehr oder weniger übersichtsweise im Blättchentest ausgeführt werden. Da das Molekül groß ist, muß das Testblättchen relativ hoch beschickt werden (10 E). Wir pflegen für Polymyxin regelmäßig einen Röhrchentest auszuführen. Beginn mit 200 E/ml.

J. Neomycin

Neomycin ist das Produkt von Streptomyces fradiae. Es ist ein Gemisch mehrerer Körper. Man kennt die Neomycine A, B und C. Neomycin A hat die Summenformel $C_{12}H_{26}N_4O_6$. Es ist wahrscheinlich ein Degradationsprodukt von Neomycin B und C. Diese sind höchstwahrscheinlich einander isomer. Ihre proponierte Summenformel ist $C_{29}H_{58}O_{16}N_8$. In den Handel kommt das Neomycin als Sulfat. Das käufliche Neomycinsulfat besteht aus einem Gemisch von Neomycin B und C, dessen Proportionen nicht konstant sind. Das Molekulargewicht der Neomycinbase (B und C) beträgt 774,84, dasjenige des Sulfates 1167,16. Man nimmt als Bezugssystem für die Eichung den Gehalt eines Präparates an reiner Base.

Standardisierung. Früher verwendete man WAKSMAN-Einheiten. Diese wurden als Übergang formuliert, bis ein reines, chemisch definierbares Präparat zur Verfügung stand. Als 1 WAKSMAN-Einheit bezeichnete man ursprünglich diejenige Gewichtsmenge, die in 1 ml Nährboden das Wachstum von E. coli ATCC 9637 unter bestimmten Bedingungen verhindert. Heute kann man diese Menge praktisch mit 5 γ reinem Neomycin B-Sulfat bzw. 3,3 γ reiner Base gleichsetzen.

Ein reines Präparat von Neomycinsulfat B enthält theoretisch 1000 γ Neomycinbase pro mg. Es dient als „Arbeitsstandard“. Man kann gegen diesen Standard ein Gemisch von Neomycin B und C mikrobiologisch nur dann einstellen, wenn man zum Test einen Stamm benutzt, der auf die beiden Isomeren gleich reagiert. Diese Bedingungen erfüllt der Staph. aureus ATCC 6538 P. Die Handelspräparate können also als Sekundärstandard für das praktische Arbeiten dann verwertet werden, wenn sie mit dem erwähnten Stamm gegen das Reinpräparat des Neomycins B vorher austitriert worden sind. Die Titerangabe für 1 mg des Handelspräparates erfolgt gelegentlich noch in WAKSMAN-Einheiten, heute meistens in γ der Neomycinbase.

Das Wirkungsspektrum umfaßt vorwiegend gramnegative Erreger. Die wichtigste medizinische Eigenschaft des Neomycins ist seine Wirksamkeit gegen Proteus. Außerdem hat es eine tuberkulostatische Wirkung. Bei der parenteralen Therapie kann man mit einem Serumgehalt von 1—10 E/ml rechnen. Das Neomycin ist giftig (Niere, Hirnnerven), so daß es parenteral nur in verzweifelten Fällen von Proteus-Sepsis bzw. Meningitis als letzter Ausweg gegeben werden sollte. Die Lokaltherapie ist indessen ebenso wie die orale Therapie ungefährlich, da Neomycin auf diesem Wege nicht resorbiert wird. Neomycin wird in Kombination mit anderen Antibiotica zum Zwecke der präoperativen Darmsterilisierung benutzt.

Bei chloramphenicolresistenten Salmonellen des Verdauungstraktes erweist es sich bei Versagen der Sulfonamide gelegentlich von durchschlagender Wirkung. Für die Urologie verordnet man Neomycin bei erwiesener Empfindlichkeit als Spülung (0,5%iges Neomycin in physiologischer Kochsalzlösung).

Stabilität. Neomycin ist gut wasserlöslich. Es ist sehr stabil und hält sich bei p_H 8 fast unbeschränkt (Zimmertemperatur). Die im Handel befindlichen Ampullen enthalten 0,5 g Neomycinsulfat mit einem Titer von etwa 200 Einheiten pro mg. Die Stammlösung wird in Puffer von p_H 8,0 hergestellt (100 γ/ml).

Für die **Titration** kommt aus den erwähnten Gründen nur der Stamm Staph. aur. ATCC 6538 P in Betracht. Es wird der Platten-Lochtest mit oberflächlicher Impfung verwendet (s. GROVE und RANDALL). Die Diffusion in den Agar erfolgt langsam, die Eichkurve ist also steil.

In der **Sensibilitätsbestimmung** kann Neomycin im Blättchentest bei relativ hoher Beschickung geprüft werden. Ein Blättchen sollte etwa 10 γ der Base enthalten.

K. Fumagillin

Es ist das Produkt des Aspergillus fumigatus. Sein einziges Indikationsgebiet ist die Behandlung der Amöbiasis und der gewisser Protozoenkrankheiten. Ein mikrobiologischer Test existiert nicht. Fumagillin wird nach klinischen Prinzipien verordnet und mit der UV-Spektrophotometrie titriert.

L. Viomycin

Viomycin ist das Produkt des Streptomyces puniceus bzw. floridae vinaceus. Es ist ein Polypeptid mit der Rohformel $C_{18}H_{31-33}N_9O_8$. Es wirkt in therapeutisch interessierender Stärke nur auf Tuberkelbakterien. Bei parenteraler Therapie kann man Serumkonzentrationen zwischen 10 und 100 γ/ml erwarten.

Viomycin ist als Hydrochlorid und Sulfat wasserlöslich. Die Eichung bezieht sich auf den Gehalt an reiner Base. 1 mg eines Reinpräparates von Viomycinsulfat hat einen theoretischen Gehalt von 911 γ Viomycinbase.

Die **Titration** kann im Lochtest mit dem vielseitig verwendbaren Bac. subtilis ATCC 6633 erfolgen. Hemmungsdosis 0,0125 γ/ml. Technik wie beim Penicillin. Agar p_H 7,8. Die Standardkurve ist steil. Nullgrenze bei 3 γ/ml. Man bebrüte die Platten erst nach 5 Std. Aufenthalt bei Zimmertemperatur.

Die **Sensibilitätsbestimmung** gegen Viomycin erfolgt nach den für den Erreger der Tuberkulose gültigen Regeln.

M. Nystatin, Anisomycin

Es handelt sich bei diesen zwei Stoffen um fungistatische Körper. Sie werden bei Pilzinfektionen verwendet und können bei lebensbedrohlichen Mykosen wie Soorpneumonie u. ä. lebensrettend wirken. Die Sensibilitätsbestimmung ergibt keine Vorteile vor der klinischen Indikation. Die Titration erfolgt im Plattentest mit einem Hefestamm Saccharomyces cerevisiae ATCC 9763 (s. GROVE und RANDALL).

N. Nitrofurane

Es sind synthetisch hergestellte Körper, für deren Entwicklung das Furacin den Ausgangspunkt bildete:

Furacin kann nur äußerlich angewendet werden. Ein oral anwendbares Präparat ist das N-(5-Nitro-2-furfuryliden)-1-aminohydantoin. Es kommt in Deutschland unter dem Namen Furadantin in den Handel. Es hat eine im Reagenzglas nachweisbare Wirkung gegen Coli, Staphylokokken, Streptokokken[36, 43, 101, 120]. Es wird ausschließlich für die Behandlung der Harnwegsinfektionen verwendet. Im Harn kann man Konzentrationen bis zu 400 γ/ml erzielen. (Tagesdosis etwa 400 mg pro Tag.) Eine Behandlung von anderen als urologischen

Infektionen ist nicht möglich, da die pharmakodynamischen Voraussetzungen fehlen (sehr niedrige Serumspiegel). Die Hemmungsdosis für Coli beträgt etwa 10—50 γ/ml.

Das Präparat ist nur schwer in Wasser löslich. Löslichkeit in Polyglykol. Eine *Sensibilitätsbestimmung* erscheint problematisch, da die Beziehung zwischen der Harnkonzentration und der bakteriostatischen Dosis der Erreger vorläufig noch viele Unsicherheitsfaktoren aufweist. Eine zahlenmäßige Korrelation zwischen den Resultaten des in vitro-Tests und dem therapeutischen Erfolg läßt sich unseres Erachtens noch nicht geben. Man wird deshalb Furadantin vorwiegend nach klinischen Gesichtspunkten verordnen. Für die Sensibilitätsbestimmung im Agar-Test werden vom Produzenten Tabletten mit 10 mg Substanz geliefert. Diese sollen bei klinisch sensiblen Keimen Hemmhöfe produzieren. Ein größeres Erfahrungsmaterial über die Sensibilitätskriterien beim Furadantin muß noch abgewartet werden, bevor man eine einwandfrei gezielte Therapie erhoffen kann. Klinisch verordnet, ergibt Furadantin oft gute Erfolge. Eine mikrobiologische Titration ist nicht möglich. Die Wertbestimmung erfolgt UV-spektrophotometrisch.

O. Sulfonamide

Heutzutage sind im wesentlichen zwei große Gruppen von Sulfonamiden in Gebrauch. Es ist die Gruppe der Sulfapyrimidine und des Sulfa-Isoxazols. Dazu kommen die Verbindungen vom Typ des Marbadals. Die chemischen Formeln werden als bekannt vorausgesetzt. Kennzeichen der genannten Körper ist ihre relativ geringe Wirkungseinbuße bei Anwesenheit von p-Aminobenzoesäure. Man kann für die modernen Sulfonamide mit einem Verdrängungskoeffizienten von etwa 100 rechnen, während das alte Sulfanilamid einen Verdrängungsindex von 20000 zeigt. Das *Wirkungsspektrum* der modernen Sulfonamide umfaßt Pneumokokken, Meningokokken zu 100%. Bei A-Streptokokken und Ruhrbakterien ist die Wirkung nicht für jeden Stamm gleichmäßig[28]. Die früher fast zu 100% empfindlichen Angina-Erreger sind vor allem in Amerika durch die Sulfonamid-Rheuma-Prophylaxe mit resistenten Stämmen durchsetzt. In Deutschland muß man mit ihnen aber auch rechnen. Man kann also strenggenommen bei A-Streptokokken Sulfonamide ohne Sensibilitätsbestimmung nicht mehr verordnen. Bei der Ruhr wird man trotz der resistenten Stämme von der Resistenzbestimmung nur bei klinischen Versagern Gebrauch machen. Von den Coli-Stämmen erweisen sich etwa 80% als Sulfonamid-empfindlich. Eine Wirkung auf Proteus und Pyocyaneus ist nicht selten vorhanden und bildet dann oft die einzige therapeutische Möglichkeit. Gegen Staphylokokken ist die Wirkung schwach.

Bei der heute üblichen Dosierung von 2—5 g täglich kann man mit Serumspiegeln bis zu 150 γ/ml (15 mg-%) rechnen. Im Harn findet man Konzentrationen von 500—600 γ/ml.

Löslichkeit. Die modernen Sulfonamide vertragen über kürzere Zeit eine Temperatur von 100° C. Ihre Löslichkeit in Wasser ist nicht groß. Man löst die Substanzen der Sulfapyrimidingruppe am besten, indem man das Lösungsmittel durch Zugabe von 10%iger Natronlauge alkalisiert. Beispiel: Es wird etwas mehr als 1 g Sulfadiazin in einen 100 ml-Meßkolben eingewogen. Es wird 50 ml Wasser dazugegeben. Hierzu kommt tropfenweise unter Schwenken 10%ige Natronlauge bis zur völligen Lösung. Man benötigt etwa 2 ml Natronlauge. Anschließend Auffüllen bis 100 ml und volumetrische Korrektur des Einwaageüberschusses. Die Lösung enthält dann genau 10000 γ/ml Sulfadiazin als Natriumsalz. Die Reaktion liegt bei p_H 9,0. Ist sie alkalischer, so kann man sie vor der Auffüllung auf p_H 9,0 zurückbringen. Kurzes Sterilisieren im Dampftopf für 10 Minuten. Diese Stammlösung hält sich monatelang. Die gleichen Vorschriften gelten für die Lösung von allen Sulfonamiden, die in Wasser schwerlöslich sind. Es ist dringend abzuraten, für den Standard gelöste Sulfonamidpräparate aus Ampullen zu benutzen. Diese Lösungen sind unter Zuhilfenahme von Lösungsvermittlern hergestellt, die von den Herstellern nicht angegeben werden. Sie können das Resultat verfälschen. Man beschaffe sich in jedem Fall Reinsubstanz vom Hersteller.

Titration und Sensibilitätsbestimmung. Die Sensibilitätsbestimmung soll auf antagonistenfreiem Nährboden erfolgen. Praktisch kommt nur der Blättchentest in Betracht. Der Verdünnungstest ergibt leicht falsche Resultate, da seine Hemmungsdosis besonders stark von der Einsaatgröße abhängt. Wir verweisen im übrigen auf S. 168 und S. 170.

X. Klinische Gesichtspunkte bei der Einleitung chemotherapeutischer Maßnahmen

A. Sofort-Therapie bei akut bedrohlichen Fällen. Schnelltests

Wir haben bereits an verschiedenen Stellen dieses Buches davon gesprochen, daß sich für zahlreiche Fälle der Praxis die chemotherapeutische Indikation eigentlich von selbst ergibt, sobald die klinische oder die bakteriologische Diagnose gestellt ist. Als Schulbeispiel für diese Kategorie von Krankheitsbildern haben wir eindeutige Fälle von Angina lacunaris erwähnt und betont, daß sich in vielen Fällen die Erregerzüchtung oder gar die Sensibilitätsbestimmung erübrigt. Man kann auf die klinische Diagnose, wenn erforderlich, sofort mit der Penicillintherapie einsetzen. Eine ähnliche Situation findet man bei den klinischen Syndromen der Ruhr, der bakteriologisch gesicherten Gonorrhöe und dem Scharlach. Auch bei diesen Krankheitsbildern wird man das richtige Chemotherapeuticum meistens ohne eine Sensibilitätsbestimmung verordnen.

Die Tatsache, daß sich bei korrekter Beobachtung und sauberer Diagnose ein großer Teil der Sensibilitätstests als entbehrlich erweist, ist von besonders großer Bedeutung dort, wo wir uns genötigt sehen, ohne Verzug therapeutisch einzugreifen. Es sind die Situationen, bei welchen keine Möglichkeit besteht, mit der Einleitung der Therapie zu warten, bis die mikrobiologischen Untersuchungen abgeschlossen sind. Die Fälle, in denen es darauf ankommt, mit dem Therapiebeginn keine Zeit zu verlieren, sind sorgfältig abzugrenzen; ihr Bereich ist eng zu ziehen. Nicht jeder ungeklärte fieberhafte Infekt gehört zu diesen Situationen — auch dann nicht, wenn er aussieht wie eine septische Erkrankung. Man muß sich jedenfalls hüten, den Kreis der chemotherapeutischen Notfälle allzuweit zu ziehen; das endet allzuleicht darin, daß man Antibiotica als Antipyretica verordnet.

Zu den echten therapeutischen Notfällen gehört zunächst das Syndrom der *akuten Meningitis*. Hier ist eine sofortige Entscheidung notwendig. Dazu ist die Beurteilung des Liquors unerläßlich.

Man muß sofort nach der Liquorentnahme eine Zellzählung vornehmen. Mit dem Schleudersatz des Liquors fertigt man außerdem Präparate nach GIEMSA, nach GRAM, nach ZIEHL-NEELSEN und mit Methylenblau an. Die übrigen Untersuchungen (Eiweiß, Zuckergehalt usw.), die man ansetzen muß, sollen hier nicht diskutiert werden. Als erstes wird man entscheiden, ob die Meningitis zum lymphocytären oder zum leukocytären Typ gehört. Man kann ohne weiteres sagen, daß man bei der *akuten* Form der lymphocytären Meningitis höchstwahrscheinlich eine nicht durch Bakterien verursachte Hirnhautentzündung vor sich hat. Diese Fälle kann man von chemotherapeutischen Sofortmaßnahmen getrost zurückstellen. Die wichtigste Laboratoriumsuntersuchung ist hier die Komplementbindung des Patientenserums mit den Antigenen von Poliomyelitis, Choriomeningitis, Herpes, Coxsackie und anderen Viruserkrankungen. Man muß darauf achten, daß man nicht eine tuberkulöse Meningitis als akute lymphocytäre Meningitis ansieht. Hier hilft außer der Komplementbindung die gründliche Bakterioskopie des Spinnwebgerinnsels, die Filtration des Liquors durch Membranfilter und die Durchmusterung der säurefest gefärbten Filter unter dem Mikroskop. Auch eine besonders starke Erniedrigung des Liquorzuckers spricht für tuberkulöse Ätiologie. — Findet man im GIEMSA-Präparat Leukocyten, so sind zwar Viruserkrankungen, Tbc-Meningitis oder eine Leptospirose noch immer nicht auszuschließen; viele dieser Fälle verlaufen am Anfang nämlich leukocytär. — Das Auffinden und die erste Beurteilung von Bakterien im Liquor ist im Methylenblau-Präparat bekanntlich wesentlich leichter durchzuführen als im GRAM-Präparat. Dieses soll erst dann herangezogen werden, wenn im Methylenblau-Präparat Erreger nachgewiesen werden, deren Form und Lagerung bekannt sind. Das GRAM-Präparat gibt dann Auskunft über die tinktoriellen Eigenschaften.

Es können sich nun aus der Betrachtung der mit Methylenblau und nach GRAM gefärbten Präparate eine Reihe von Möglichkeiten ergeben:

1. Man findet *gramnegative Kokken*. Hier ist die Diagnose „Meningokokkenmeningitis" schon vor dem Ergebnis der Züchtung berechtigt und verpflichtet zum sofortigen Eingreifen mit Penicillin und Sulfonamiden. Das bakterioskopische Auffinden der Meningokokken kann sehr schwierig sein. Man begnüge sich also keinesfalls mit einem Blick durchs Mikroskop, sondern mustere das Präparat gründlich durch. Verwechslungen mit gramnegativen Stäbchen sind kaum zu befürchten. Der sehr seltene Diplococcus mucosus (B. anitratum)[112] ergibt dagegen ein ähnliches Bild wie die Meningokokken. Er spricht nur auf Tetracyclin an.

2. Man findet *grampositive Kokken*. Hier kann eine Differenzierung nach der Lagerung und den sonstigen Merkmalen nicht immer getroffen werden. Wir müssen also die bakteriologische Diagnose „Pneumokokken", „A-Streptokokken" oder „Staphylokokken" gelegentlich offenlassen. Findet man einwandfreie Kettenkokken bzw. bekapselte, lanzettförmige Diplokokken, so ist die Berechtigung zur Wahrscheinlichkeitsdiagnose „A-Streptokokken" bzw. „Pneumokokken" gegeben. Da diese beiden Spezies auf Penicillin zu 100% ansprechen, verordnet man sofort Penicillin und gibt dazu sicherheitshalber Streptomycin. In den meisten Fällen wird man aber bei dem Befunde „grampositive Kokken" das Vorliegen einer Staphylokokkeninfektion nicht sicher ausschließen können. Da bei den Staphylokokkeninfektionen heute mit 70% Wahrscheinlichkeit eine Penicillinresistenz und mit 10—20% Wahrscheinlichkeit eine Streptomycinresistenz anzunehmen ist, so verordnet man *Chloramphenicol*. Begründung: Chloramphenicol zeigt gegenüber Staphylokokken eine niedrige Versagerquote (1—2%). Diese wird in Deutschland z. Z. nur noch von derjenigen des Erythromycins übertroffen (0—1%). Beim Tetracyclin muß man für die Staphylokokken immerhin auch mit 6—7% resistenter Stämme rechnen. Im Hinblick auf die Homogenität der Empfindlichkeit bei der Gattung Staph. aur. halten sich also Erythromycin und Chloramphenicol die Waage. Nun ist aber die Liquorgängigkeit von Chloramphenicol offenbar doch zuverlässiger als die von Erythromycin, so daß manche Kliniker dem ersteren den Vorzug geben[136]. Man kann im Liquor in der Tat überraschend hohe Konzentrationen mit Chloramphenicol erzielen — Konzentrationen, die nach 1—2 g täglich bei 30 γ/ml liegen. Wichtig ist, daß ganz offensichtlich die Liquorgängigkeit des Chloramphenicol unabhängig davon ist, ob sich die Meningen in entzündetem oder normalem Zustand befinden[136]. Das Spektrum des Chloramphenicols umfaßt praktisch alle penicillinempfindlichen Gattungen und ist darüber hinaus noch erheblich verbreitert. Ein letzter Grund, warum wir dem Chloramphenicol den Vorzug geben, ist der, daß wir Erythromycin grundsätzlich nur dann verordnen, wenn nach der Resistenzbestimmung das Versagen aller übrigen Antibiotica feststeht. Dies geschieht, um das Aufkommen erythromycinresistenter Erreger

möglichst lange hinauszuschieben. Zusammenfassend kann man also sagen, daß bei einer akuten Meningitis mit grampositiven Kokken Chloramphenicol in all den Fällen indiziert ist, in welchen sich das Vorliegen einer Staphylokokkeninfektion nicht sicher ausschließen läßt. Kommen Staphylokokken nicht in Betracht, so kann sofort Penicillin und Streptomycin gegeben werden.

Es ist bei unserem Beispiel noch zu klären, warum wir das Chloramphenicol durch Penicillin-Streptomycin ersetzen, sobald es gelingt, Staphylokokken auszuschließen. Dies Problem der Differentialindikation hat seine Lösung aus einem ganz bestimmten Grunde erfahren: Es ist die Einsicht, daß dort, wo eine Erregersensibilität besteht, das Penicillin jedem anderen Antibioticum vorzuziehen ist, auch dann, wenn diesem gegenüber eine ebenso hohe Empfindlichkeit besteht. Dies ist nicht allein damit zu erklären, daß Penicillin eines der verträglichsten Medikamente ist, die wir kennen. Für die einzigartige Stellung des Penicillins ist vor allem auch die Tatsache maßgebend, daß seine therapeutische Reserve (s. S. 125) bei hochempfindlichen Erregern durch entsprechende Dosierung auf einen Stand gebracht werden kann, wie bei keinem anderen Antibioticum. Außerdem besteht gerade bei der Meningitis die Möglichkeit, daß der bactericide Wirkungstyp des Penicillins gewisse Vorteile bringt[106] (s. S. 128), eine Situation, die, wie wir wissen, bei der Endocarditis lenta ganz zweifelsfrei gegeben ist.

Für die ungezielte Meningitisbehandlung spielt weiter eine große Rolle, daß man Penicillin ebenso wie Streptomycin intrathecal geben kann. Aber auch ohne diese Applikationsart ist die Penetrationskraft von beiden Stoffen im Hinblick auf die Blut-Liquorschranke erheblich und durchaus zuverlässig. Dies ist bei den Tetracyclinen nicht in dem Maße der Fall.

3. Findet man bei einer Meningitis im Präparat *gramnegative Stäbchen*, so ist die Entscheidung besonders im Hinblick auf eine evtl. Infektion mit Proteus oder Pyocyaneus verantwortungsvoll. Im übrigen ist auch hier Chloramphenicol das Mittel der Wahl. Dies vor allem deshalb, weil dies Antibioticum in seinem Wirkungsspektrum einen Teil der Proteus- und Pyocyaneusfälle mit enthält. Andere Stämme dieser beiden Gattungen sprechen ausnahmsweise auf Streptomycin an. Dementsprechend wird bei Vorliegen einer Meningitis mit gramnegativen Stäbchen als „Überbrückungstherapie" die kombinierte Verabreichung von Streptomycin und Chloramphenicol empfohlen. Hierbei kann Streptomycin intrathecal appliziert werden. Das Risiko eines evtl. auftretenden Antagonismus muß in Kauf genommen werden. Seine Bedeutung ist aber sicherlich geringer, als es die in vitro-Experimente vermuten lassen (s. S. 34).

Um eine evtl. Proteusinfektion oder eine Pyocyaneus-Infektion mit dem größten Grad an therapeutischer Sicherheit anzugehen, müßte man an sich Neomycin bzw. Polymyxin B geben. Diese Stoffe sind aber toxisch. Wir verordnen sie deshalb stets nur nach gestellter bakteriologischer Diagnose. Bei der bakterioskopisch begründeten einstweiligen Therapie nehmen wir es in Kauf, daß bei einem Proteus- oder Pyocyaneus-Fall das gegebene Chloramphenicol und das Streptomycin evtl. versagen. Um so mehr muß gerade bei Meningitisfällen mit gramnegativen Stäbchen auf schnellste Klärung der bakteriologischen Diagnose und der Sensibilitätsverhältnisse gedrängt werden. Dies geschieht durch den gleichzeitig mit den Präparaten angelegten Schnelltest (s. u.).

Die einstweilige Therapie mit Chloramphenicol-Streptomycin bleibt auch für den Fall bestehen, daß sich die aufgefundenen gramnegativen Stäbchen als sehr klein erweisen, so daß der Gedanke einer Infektion mit Hämophilus naheliegt.

4. Zeigt das Präparat zarte grampositive Stäbchen, so ist in erster Linie an Listeriose[111] zu denken. Auch in diesem Fall kann es bei der einstweiligen Chloramphenicolbehandlung bleiben, die man aber in dieser Situation mit Penicillin kombinieren soll.

Damit bei der *Sensibilitätsbestimmung* kein Zeitverlust entsteht, verimpfen wir einen Teil des Liquorsediments* auf eine Blutplatte oder gegebenenfalls (dies richtet sich nach dem bakterioskopischen Bild) auf eine 30% Vollblut-Fortnerplatte, (CO_2-Ascitesplatte) und eine Röstplatte (Kochblutplatte). Damit das Inoculum dicht bleibt, werden auf eine Platte 3 parallellaufende Impfstriche gezogen und quer dazu zwei weitere Impfstriche. Auf diese Weise entstehen 6 Schnitt- oder Kreuzungsstellen. Auf jede dieser Kreuzungsstellen legt man ein Testblättchen. Hat man sehr wenig Material, so legt man einfach 6 kurze Impfstriche an und versieht das Ende eines jeden mit einem Blättchen. Die so beimpfte Platte wird sofort bebrütet (das 5 Std.-Intervall, welches wir sonst empfehlen, wird hier vernachlässigt, um keinen Zeitverlust entstehen zu lassen). Man nimmt die Platte aus dem Brutschrank, sobald das Wachstum auf den Impfstrichen erkennbar ist und liest ab. Selbstverständlich legt man von der ordnungsgemäß gezüchteten Kultur später einen Blättchentest wie gewöhnlich an. Der *Schnelltest* mit der direkten Verimpfung des eingesendeten Materials hat aber den großen Vorteil, daß Diagnose und Sensibilitätstest zusammenfallen können. Wann man die direkt beimpfte Sensibilitätsplatte ablesen kann, hängt von der Natur des Keimes und von der Größe des Inoculums ab. Im Fall von gramnegativen Stäbchen oder Staphylokokken ist die Platte unter Umständen nach 5—6 Std. für eine vorläufige Ablesung bereit.

Eine Anzahl von Autoren hat sich bemüht, die Zeit von der Beimpfung bis zum Ablesen noch weiter zu verkürzen, indem sie das Wachstum auf der Platte mikroskopisch beobachten[155]. Man mag hiermit einige Stunden gewinnen. Dieser Profit erscheint uns aber fragwürdig. Die Umständlichkeit dieses Verfahrens und seine Einbuße an Genauigkeit scheinen den geringen Zeitgewinn nicht aufzuwiegen, den es bringt. Uns scheint in chemotherapeutischen Notfällen die Kombination der geschilderten vorläufigen Therapie mit dem direkt angelegten Blättchentest (Schnelltest) am vorteilhaftesten. Für den Fall der Meningitis ist noch die Möglichkeit zu erwähnen, daß bei einer einwandfreien Leukocytose der Erregernachweis weder bakterioskopisch noch in der Züchtung gelingt. Um nichts zu versäumen, ist hier mit Chloramphenicol und Streptomycin so lange zu behandeln, bis es feststeht, daß es sich um eine Virusinfektion (etwa um Mumps) handelt. In einigen Fällen von Meningokokkenmeningitis gelingt es tatsächlich nicht, die Erreger im Frischpräparat zu finden. Bei anbehandelten Fällen kann manchmal auch die Kultur versagen. Hier muß dann eben ungezielt behandelt werden.

Zum Abschluß des Kapitels der Meningitis als chemotherapeutischem Notfall sei noch daran erinnert, daß sowohl die gramnegativen Stäbchen als auch die grampositiven Kokken an eine chirurgische Ursache der Meningitis denken lassen. Sofern Schädelverletzungen u. a. ausgeschlossen werden können, ist oto-rhinologisch gründlich zu untersuchen. Die beste antibiotische Meningitisbehandlung ist sinnlos, wenn sie durch ein nicht entdecktes und nicht behandeltes Cholesteatom oder einen Hirnabszeß unterhalten wird.

---

* Der Liquortransport muß wegen der hochgradigen Kälte-Empfindlichkeit der Meningokokken in höchster Eile ausgeführt werden (Kurier).

Ein zweites Kapitel der chemotherapeutischen Notfälle, bei denen nicht lange gezögert werden darf, wird von den *septischen Syndromen* gebildet, die man in der Urologischen Klinik beobachtet. Ihre Ursache ist stets eine *Pyelitis* bzw. eine *Pyelonephritis*. Hier ist die Züchtung der Erreger für gewöhnlich leicht zu bewerkstelligen. Der Schnelltest ergibt meist sofort ein Resultat. Es sind so gut wie immer Darmkeime nachzuweisen, also Coli oder Proteus. Als Richtlinien für die vorläufige Chemotherapie dieser Fälle kann man folgende Empfehlung geben:

1. Stets Breitspektrumantibiotica zur Allgemeintherapie verwenden. Parenterale Applikation ist in hochseptischen Fällen anzuraten (Chloramphenicol als Dauertropfinfusion, Tetracyclin intramuskulär).

2. Zusätzlich zur allgemeinen Behandlung kann bei Therapieversagern die Applikation lokal erfolgen, und zwar als Blasenspülung mit einer Lösung, die $^1/_2\%$ Neomycin und $^1/_2\%$ Polymyxin B enthält. Diese an sich toxischen Antibiotica können von der Schleimhaut nicht resorbiert werden und sind in dieser Form deshalb unschädlich. Sie wirken aber lokal unter Umständen ausgezeichnet.

Zusammenfassend kann man zur Frage der urologischen Notfälle feststellen, daß die Sensibilitätsbestimmung nahezu in allen Fällen den Charakter einer Korrektur oder Bestätigung der bereits eingeleiteten Therapie hat. Da wir oft mit Mischinfektionen rechnen müssen und außerdem der Darm als Reservoir für die Infektionserreger dient, können hier nur Antibiotica mit breiten Spektren empfohlen werden.

Eine besondere Gruppe der dringlichen Fälle wird von den *akuten schweren Durchfällen des Kindesalters* gebildet. Hier muß man differentialtherapeutisch 2 Möglichkeiten in Betracht ziehen: Entweder es handelt sich um eine Dyspepsie mit gramnegativen Stäbchen (Coli, Proteus, Salmonella oder Ruhr), oder aber um eine Infektion mit enterotoxinbildenden Staphylokokken. In dieser Situation bringt ein Schnelltest sehr eindrucksvoll die Klärung: Man beimpft mit dem Stuhl eine Blutplatte, beschickt sie mit Blättchen und stellt sie in den Brutschrank. Man kann das Resultat meistens schon nach 3 Stunden ablesen. Man macht von dem gewachsenen Rasen ein GRAM-Präparat und kann dann schnell entscheiden, ob es sich um grampositive Kokken oder um gramnegative Stäbchen handelt. Im ersten Fall wird man darauf achten, ob Empfindlichkeit gegen Chloramphenicol und Erythromycin besteht. Im zweiten Fall wird mit Tetracyclin oder Chloramphenicol behandelt. Staphylokokken, welche zu einer Darmerkrankung wie dieser führen, sind so gut wie immer tripelresistent (gegen Penicillin, Streptomycin, Tetracyclin) oder gar quadrupelresistent (gegen die genannten drei Antibiotica und dazu noch gegen Chloramphenicol).

Liegt eine schwere Darminfektion vor, bei welcher der Stuhl fast nur Wachstum von Staphylokokken ergibt, so verordne man unverzüglich Erythromycin. Dies ist auch in den Fällen indiziert, bei welchen die Chloramphenicolsensibilität erhalten geblieben ist. Der Grund, warum wir auch hier mit der Verordnung von Chloramphenicol zurückhaltend sind, ist folgender: Durch Staphylokokken bedingte Darminfektionen kommen vornehmlich bei solchen Kindern vor, deren Darmflora durch Breitspektrum-Antibiotica im ganzen geschädigt ist. Meistens handelt es sich um Folgen einer Kur mit Tetracyclinderivaten. Die Verwendung von Chloramphenicol würde in diesen Fällen den Wiederaufbau der normalen Darmflora verzögern. Unsere Maßnahmen sollen ja aber gerade darauf hinauslaufen, die Coliflora im Darm schnellstens wieder herzustellen und zu gleicher Zeit die Staphylokokken zu unterdrücken, ohne daß die gramnegative Flora beeinträchtigt wird. Dies geschieht am besten durch das Spektrum-begrenzte Erythromycin. Ergibt sich mikrobiologisch gegenüber Erythromycin Resistenz, so ist sofort Neomycinsulfat oral zu geben, evtl. auch als Notbehelf große Dosen schwerlöslicher Sulfonamide. Die Wirkung dieser letzteren ist nicht 100% sicher, sollte aber bei Erythromycinresistenz dann versucht werden, wenn Neomycin nicht zur Verfügung steht. Klinisch ist bei diesen Fällen zu bemerken, daß die Symptome der Toxämie stets im Vordergrund stehen. Die antimikrobielle Therapie kann gegen die bereits eingetretene toxische Schädigung nichts ausrichten. Es sollte deshalb keine Maßnahme unterlassen werden, welche zur Entgiftung beitragen kann, also Infusionen mit Blutersatzmitteln (Periston N, Dextran), evtl. antitoxisches Staphylokokkenserum. Die Erythromycingabe erfolgt am besten sowohl i.v. als auch oral sowie evtl. als Klysma.

Die Toxämie steht auch bei einem anderen bedrohlichen Krankheitsbild im Vordergrund: Es ist die *Operationsinfektion mit hochtoxischen Staphylokokken.* Im Anschluß an große Eingriffe, z. B. am Thorax (Herz- und Lungenchirurgie), kommt es gelegentlich zu foudroyanten Bildern einer Wundinfektion. Diese erinnern an eine Sepsis (Temperaturerhöhung, Puls bis 140) und führen meistens innerhalb 36 Std. zum Tode. Bei der Sektion findet man in allen Organen Staphylokokken; meistens sind es tripelresistente Stämme. Die Blutkultur ist zu Lebzeiten negativ. Bei diesen Fällen des modernen Hospitalismus handelt es sich höchstwahrscheinlich nicht um eine mit Bakteriämie einhergehende Sepsis im Sinne der Pyämie mit Lungenmetastasen usw., sondern um eine lokal bleibende Wundinfektion, die erst sub finem bakteriämisch wird. Im Vordergrund steht die Toxinproduktion in der infizierten Wunde. Durch die enorm große Resorptionsfläche kommt es zu einem „Toxin-Überfall", und die antibiotische Behandlung kommt fast stets zu spät. Hat man einen solchen Fall diagnostiziert, so ist sofort antitoxisches Staphylokokkenserum zu spritzen und alle verfügbaren Allgemeinmaßnahmen zur Entgiftung einzusetzen. Man gebe dazu hohe Dosen Erythromycin, mache sich aber im Hinblick auf die Wirkung keine großen Hoffnungen. Eventuell Wundrevision mit lokaler Erythromycinapplikation als Instillation.

Ein chemotherapeutischer Notstand im Sinne des bisher Dargelegten besteht *nicht,* wenn es sich um ein *unklares septisches Bild* handelt. Wenn bei Schüttelfrösten, hohem Puls und anderen Zeichen einer Sepsis in Panikstimmung irgendein Breitspektrumantibioticum gegeben wird, bevor der Fall zu übersehen ist, schadet man im allgemeinen durch die Verschleierung des Bildes mehr als man nützt. In vielen Fällen erweist sich bei fieberhaften Infekten von septischem Charakter eine vorschnelle Applikation von Antibiotica als ähnlich verhängnisvoll wie die Verabreichung von Morphium bei einem unklaren akuten Oberbauchsyndrom. Man hat eigentlich immer Zeit, die Blutkulturen abzunehmen und den Patienten wenigstens 24 Std. ohne antibiotische Behandlung zu lassen und ihn zu beobachten. Wir möchten also die Bilder eines chirurgisch bedingten hochfieberhaften Zustandes, wie z. B. das einer Osteomyelitis oder einer otologisch bedingten Sepsis ausdrücklich von der Aufzählung jener Fälle streichen, die ein sofortiges chemotherapeutisches Eingreifen erfordern. Dringlich sind die erwähnten Fälle schon — sie lassen sich aber nur durch die Auffindung und Sanierung des Sepsisherdes behandeln und nicht durch planloses Hantieren mit Antibiotica. Dieses gilt ganz besonders auch für die hochfieberhaften Krankheiten nichtseptischen Charakters. Hier kann stets abgewartet werden, wie sich das Bild entwickelt. Insbesondere gilt dies für beginnende Fälle von Typhus abdominalis, Bang u. ä.

B. Zur klinischen Beurteilung mikrobiologischer Befunde.
Fragen der Differentialindikation

Wir haben an verschiedenen Stellen dieses Buches daran erinnert, daß für die überwiegende Mehrzahl der klinischen Fälle das Resultat der Sensibilitätsbestimmung nur dann einen Sinn hat, wenn es von einem klinisch orientierten Mikrobiologen und einem mikrobiologisch versierten Kliniker zusammen interpretiert wird. In der Tat gibt es nur ganz wenige Fälle, bei welchen nach dem Resultat der Sensibilitätsbestimmung mechanisch das entsprechende Medikament verordnet werden kann. Zunächst ergibt sich häufig eine Sensibilität gegen mehrere Chemotherapeutica; es entsteht die Notwendigkeit einer klinisch und pharmakologisch begründeten Differentialindikation. Weiterhin gibt es zahlreiche Fälle, bei welchen die Chemotherapie trotz guter Sensibilität des gezüchteten Keimes prinzipiell fragwürdig bleibt. Die hierher gehörigen Probleme haben wir auf S. 123 u. 129 diskutiert. Hier sollen für einige der besonders häufigen Routinefälle in der Bewertung der Sensibilität klinische Gesichtspunkte geltend gemacht werden.

Bei der *akuten Cystitis*, wie sie bei jungen Menschen vorkommt, soll mit der Chemotherapie ruhig gewartet werden, bis der mikrobiologische Befund da ist. Inzwischen verordnet man Bettruhe, Wärmeflaschen und viel Flüssigkeitsaufnahme. Ist man sehr ungeduldig, so kann man Sulfonamide geben. In der Mehrzahl der Fälle ist die entscheidende Besserung bereits eingetreten, wenn das Laboratoriumsergebnis vorliegt. Dieses lautet fast immer auf *E. coli*. Dieser Keim ist in der Regel gegen Sulfonamide, Streptomycin, Tetracyclin und Chloramphenicol empfindlich. Bei den Überlegungen, welches Mittel wir hier verordnen sollen, steht an erster Stelle der Gedanke, Breitspektrumantibiotica nicht zu verwenden, wenn sich andere Lösungen anbieten und eine Beteiligung der Niere (Pyelonephritis) ausgeschlossen werden kann. Zu einer Streptomycintherapie wird man sich deshalb nicht gerne entschließen, weil dieser Stoff nicht frei von Nebenwirkungen ist. So kommt man für die unkomplizierten Fälle per exclusionem zu der *Sulfonamidtherapie*. Sie ist das einfachste und auch wirtschaftlichste Vorgehen. Von den Coli-Stämmen sind über 80% hochempfindlich gegen Sulfonamide. Bei Pyelonephritis sind Sulfonamide wegen der Möglichkeit der Tubulusschädigung kontraindiziert. Hier muß man Breitspektrum-Antibiotica geben. Gelegentlich findet man bei einer akuten Cystitis auch *B. Proteus*. Hier ist die Frage bedeutsam, ob der Stamm nicht doch auf Chloramphenicol, Streptomycin oder Sulfonamide anspricht, was keineswegs so selten ist, wie man vielfach glaubt. Hierbei ist auch eine nur relative oder schwache Sensibilität als Berechtigung für die Verordnung aufzufassen, da die Konzentration der Medikamente im Harn ein Vielfaches der im Blut zu messenden beträgt. Ergibt sich bei einer Proteuscystitis nach einer Woche kein klinischer Erfolg oder liegt von Anfang an eine Resistenz gegen die nicht-toxischen Antibiotica vor, so kann man, falls Sensibilität besteht, auf Spülungen mit Neomycin zurückgreifen. Bei Proteus zeigt auch oral gegebenes Furadantin sehr häufig mikrobiologisch und klinisch eine gute Wirkung. Man wird also evtl. bei entsprechender Sensibilität eine orale Furadantintherapie mit lokaler Neomycinapplikation kombinieren. Dies ist aber bei akuten Cystiden ohne Abflußhindernis sehr selten notwendig. Im übrigen heilt bei jungen Menschen auch eine Proteus-Cystitis meistens ohne

Therapie aus. — Bei einer akuten Cystitis durch *Staphylokokken* ist die Gabe von Sulfonamiden auch dann sinnvoll, wenn der Blättchentest keine höchste Empfindlichkeit zeigt. Die hohe Harnkonzentration kompensiert die nur schwache Sensibilität. Im übrigen kann man bei entsprechender Sensibilität natürlich Penicillin geben, welches im Harn ebenfalls angereichert wird. Auch hier sei man mit Streptomycin zurückhaltend.

Oft findet man bei nur geringer Harnleukocytose und wenig ausgeprägten klinischen Beschwerden *Enterokokken* und vergrünende *Streptokokken* im Harn. Hier muß man in der Beurteilung ganz besonders vorsichtig sein. Oft haben die Enterokokken nichts mit den Beschwerden zu tun, sondern sind das Resultat einer flüchtigen Bakteriurie. Eine Behandlung, bei welcher die Sensibilität der Enterokokken berücksichtigt werden muß, ist eigentlich nur dann notwendig, wenn *wiederholt* und *massiv* Enterokokken bei erheblicher Leukocytose gefunden werden. Andernfalls sollte man bei der Beurteilung des Falles lieber an nicht-infektiöse Umstände denken, wie Steine, Polypen u. ä. Hämolysierende Streptokokken in dem Harn gehören so gut wie nie zur Gruppe A (pyogenes), sondern fast immer zur Gruppe der Enterokokken (Str. zymogenes). Sie sind ebenso zu bewerten wie Enterokokken. Die Hämolyse ist keineswegs ein Zeichen für höhere Pathogenität.

Bei den *chronischen Cystitiden* der Prostatakranken und Träger mechanischer Abflußhindernisse (Polypen, Steine u. a.) muß man sich darüber im klaren sein, daß die Chemotherapie hier grundsätzlich nur palliativen Charakter hat. Der Mikrobiologe wird bei palliativ operierten Fällen von Prostatahypertrophie, bei der Blasenscheidenfistel usw. in die Lage kommen, jeden dritten Tag eine Urinprobe zur Untersuchung zu bekommen. Hierbei stellt man dann jedesmal andere Keime fest. Die Kunst, diese Fälle möglichst keimarm zu halten, besteht weniger darin, nach den Resultaten der Sensibilitätsbestimmung einen einmaligen Therapiestoß in der Hoffnung auf Sanierung zu setzen, sondern darin, einen bakteriologisch kontrollierten Wechsel in der Therapie auf lange Zeit zu gewährleisten. Da die Blase in jedem dieser Fälle eine erhebliche Infektabwehrschwäche aufweist, muß man mit einem permanenten Infektionsnachschub vom Darm her rechnen. Steht dann die Blase unter dem Einfluß eines bestimmten Antibioticums, so werden sich aus der großen Auswahl der Darmflora eben solche Keime ansiedeln, die das Antibioticum vertragen. Zur Infektion wird es auf jeden Fall kommen. Man muß dann eine Sensibilitätsbestimmung machen und nach deren Resultat das Antibioticum wechseln. Man wird also einen von der Sensibilitätsbestimmung geleiteten Turnus zwischen Sulfonamiden, Tetracyclin, Chloramphenicol und Furadantin praktizieren. Die unterstützende Spülungsbehandlung evtl. mit Antiseptica und Chemotherapeutica ist hier von besonderer Bedeutung. Man wird sie aber im Interesse des Patienten ebenfalls nur periodisch anwenden. Zwischendurch sollte man immer darauf hinarbeiten, den Darm wenigstens zeitweise keimarm zu halten.

Die Behandlung der *Pneumonie* erfolgt meistens ohne Sensibilitätstest. Hier kommt man mit einer Kombination von Penicillin und Streptomycin oder von Penicillin mit Sulfonamiden meistens aus. Die echte lobäre Pneumonie ist heute so selten geworden, daß man mit ihr kaum zu rechnen braucht. Die in der Praxis vorkommenden Fälle sind immer Bronchopneumonien. Die Frage, ob die eingeschlagene Therapie ein Treffer oder ein Versager ist, wird stets klinisch entschieden: Wenn bei alten Leuten nach 48 Std. kein Anzeichen einer Besserung erfolgt ist, sollte man zu Breitspektrumantibiotica der Tetracyclingruppe greifen.

Bei allerschwersten Zuständen sollte man dies gleich von Anfang an tun, um nichts zu versäumen. Die mikrobiologische Untersuchung und die Sensibilitätsbestimmung gibt bei der Bronchopneumonie wenig Aufschluß. Man züchtet aus dem Sputum in der Regel eine Vielzahl von nur relativ pathogenen Erregern, deren pathogenetische Rolle schwer abzuschätzen ist. Bei Pneumonien hat deshalb der bakteriologische Befund und die Resistenzbestimmung nur dann einen orientierenden Wert, wenn ein eindrucksvolles Überwiegen einer als pathogen bekannten Keimart festgestellt wird, wie z. B. Pneumokokken, Staphylokokken, A-Streptokokken oder Hämophilen. Meistens wird man nach der Sensibilitätsbestimmung doch ein Breitspektrumantibioticum empfehlen, ohne daß man sagen kann, ob klinisch gesehen nicht auch Penicillin genügt hätte. Diese Situation gilt auch für die chronischen Infekte des Respirationstraktes wie Bronchiektasen und chronische Bronchitis. Auch hier kommt es mehr darauf an, das Mittel ausfindig zu machen, welches rein klinisch gesehen dem Patienten am besten hilft. In den meisten Fällen schafft ein hochdosiertes Penicillinpräparat evtl. als Aerosol dem Patienten Erleichterung. Auch hier ist in der Indikation die klinische Empirie höher zu bewerten als die Sensibilitätsbestimmung. Wenn man sich schematisch an diese hält, kommt man zum Schluß nur dazu, bei jedem Fall Breitspektrumantibiotica zu verordnen.

Eine große Rolle spielt in dem Betrieb interner Kliniken die Therapie der *infektiösen Cholangitis*. Die meisten Kliniker neigen hier dazu, der Sensibilitätsbestimmung einen Wert zuzuschreiben, der ihr nicht zukommt. Man pflegt ja meistens so zu verfahren, daß man mit der Duodenalsonde nach Auslösung des Gallenblasenreflexes Blasengalle entnimmt, nachdem vorher eine Probe der sog. Lebergalle entnommen worden ist. Die mikrobiologischen Befunde sind nur selten verwendbar: Es findet sich meistens Soor (sehr oft aus dem Rachen stammend!), spärlich Coli und einige Enterokokken. Sehr oft wird man Befunde dieser Art schon wegen der Verunreinigungsgefahr als nichtssagend ansehen müssen. Die Agglutination mit dem Patientenserum kann bei gramnegativen Keimen die pathogenetische Rolle bekräftigen. Weitere Handhaben zur Klärung sind: Leukocytengehalt der Galle, Berücksichtigung der Magenacidität und gleichartiger Befund in B-Galle und A-Galle. Dementsprechend ist die Indikation für eine antibakterielle Therapie oft nur das Ergebnis rein klinischer Überlegungen. Man gibt, wenn man eine infektiöse Cholangitis vermutet, ein Antibioticum mit besonders guter Gallengängigkeit. Am besten eignet sich hierzu Tetracyclin. Im übrigen wird hier viel zu oft mit Tetracyclin behandelt. Ein einwandfrei chemotherapeutisch bedingtes Ansprechen zeigen fast nur die Fälle, bei denen sich die klinische Diagnose „akute Cholangitis" förmlich aufdrängt: Schüttelfröste, Koliken, Gelbsucht, hohes Fieber, hohe Senkung usw. Bei diesen Fällen ist im Sinne der dringlichen Therapie sofort Tetracyclin zu geben und im übrigen auf die Gewinnung von Duodenalsaft zu verzichten. Die Mehrzahl der vom Kliniker mit Tetracyclin behandelten Fälle sind keine echten Cholangitiden. Es handelt sich um Patienten mit mehr oder weniger uncharakteristischen Beschwerden, die auf einen Leberschaden hindeuten. In Wirklichkeit sind dies meistens parenchymatöse Prozesse, die in das große Gebiet der nichtbakteriellen Hepatitis und ihrer Folgezustände gehören. Daß bei einer akuten Cholecystitis die Behandlung daneben krampflösend, galletreibend und evtl. chirurgisch sein soll, ist bekannt.

Zu den großen Gebieten der Chemotherapie gehört auch noch die Behandlung der *Peritonitis*. Diese erfolgt eigentlich fast immer unabhängig von der Sensibilitätsbestimmung: Tetracyclin oder Chloramphenicol parenteral und oral Neomycin und Sulfadiazin; evtl. Peritonealspülung mit Neomycin, aber nur bei nachgewiesener sensibler Proteusflora.

Die *lokalen Applikationen* der Chemotherapeutica in der Augen-, Ohren- und Hautklinik bedürfen ebenfalls so gut wie niemals der Sensibilitätsbestimmung. Nachdem hier die meisten Nebenwirkungen der Breitspektrumantibiotica wegfallen, kann man diese Stoffe unbedenklicher verwenden als bei der allgemeinen Therapie. Da lokal sehr hohe Konzentrationen erzielt werden, wird das an sich schon breite Spektrum der Tetracycline und des Chloramphenicols noch weiter verbreitert. Eine noch darüber hinausgehende Verbreiterung wird durch Hinzufügen von Polymyxin und Neomycin erzielt. Auf diese Weise ist der Wirkungsbereich der kombinierten Präparate als Salben oder als Lösungen zur Instillation sehr groß und mit den üblichen Kriterien der Allgemeintherapie kaum zu umreißen.

Zusammenfassend kann man sagen, daß es in der täglichen Praxis zahlreiche Fälle gibt, bei denen die bakteriologische Untersuchung und die Sensibilitätsbestimmung einen nur relativen Wert haben. Bei der Chemotherapie dieser Fälle gebührt das Primat der klinischen Überlegung und nicht dem mikrobiologischen Befund.

Anhang

A. Zusammensetzung der Nährböden

Agar I. 1% Liebigs Fleischextrakt, 1% Proteose-Pepton Nr. III (Difco); 0,3% NaCl, 1% Dextrose. Der Agar wird mit Hilfe von Phosphat auf das gewünschte p_H eingestellt.

Agar II. 1% Liebigs Fleischextrakt; 2% Proteose-Pepton Nr. III (Difco); 2% Hefeextrakt, 1% Dextrose, 0,3% Kochsalz. p_H-Einstellung mit Phosphat.

Agar III. Dem Agar II wird 20% Blut hinzugefügt.

Agar IV. 3% Caseinhydrolysat „Bayer"; 3% Agar „Bayer"; 0,3% NaCl. Das p_H wird mit Phosphat eingestellt. Das Medium ist frei von Sulfonamid-Antagonisten.

Agar V. 2% Fleischhydrolysat „Busam 57"*; 1% Dextrose; 3% Agar. Das Medium ist frei von Sulfonamid-Antagonisten.

Agar VI. (Zur Resistenzbestimmung gegen Sulfonamide und Antibiotica im Blättchentest.) 2% Fleischhydrolysat „Busam 57"; 3% Agar. Dieses Medium wird mit 10% Blut zu Blutplatten ausgegossen (Petrischalen).

Flüssige Nährböden: Die routinemäßig verwendete Bouillon hat bis auf den

Tabelle 25

Lösung I ml	Lösung II ml	p_H der Mischung von Lösung I und II
97,5	2,5	5,3
95,0	5,0	5,6
90	10	5,9
84,7	15,3	6,1
70	30	6,5
60	40	6,6
50	50	6,8
40	60	7,0
30	70	7,2
20	80	7,4
8,5	91,5	7,8
5	95	8,4

* Bezugsquelle: Bayer, Leverkusen.

Tabelle 26. *C. Zusammenfassung*

Hemmstoff	Stammlösung	vorzugsweise empfohlener Teststamm für die Titration	vorzugsweise empfohlener Test
Penicillin	Phosphatpuffer m/15 p_H 6,5 100 E/ml gefroren aufbewahren	Bac. subtilis ATCC 6633 (Sporensusp.)	Agar-Lochtest
Streptomycin	Phosphatpuffer m/15 p_H 7,8 1000 γ/ml gefroren aufbewahren	Bac. subtilis ATCC 6633 (Sporensusp.)	Agar-Lochtest
Tetracyclingruppe	Phosphatpuffer m/15 p_H 5,6 1000 γ/ml gefroren aufbewahren (2 Mon.) (Aureomycin besser frisch herstellen)	Bac. cereus ATCC 8035 (Sporensusp.)	Agar-Lochtest dichte Einsaat!
Chloramphenicol	In kleinen Tropfen Methanol vorlösen. Dann mit Phosphatpuffer m/15 p_H 6,5 auffüllen 1000 γ/ml. Kann bei Zimmertemparatur durch Wochen aufbewahrt werden	Bac. subtilis ATCC 6633 (Sporensusp.)	Agar-Lochtest mit 5 Std.-Wachstumsverzögerung
Erythromycin	Phosphatpuffer m/15 p_H 7,8 1000 γ/ml	Bac. subtilis ATCC 6633 (Sporensusp.)	Agar-Lochtest
Bacitracin	Phosphatpuffer m/15 p_H 6,5 100 E/ml	Pseudodiphtherie (leicht aufzufinden)	Agar-Lochtest Oberflächenbeimpfung
Neomycin	Phosphatpuffer m/15 p_H 7,8 100 γ/ml	Staph. aur. ATCC 6538 P	Agar-Lochtest Oberflächenbeimpfung
Polymyxin B	Phosphatpuffer m/15 p_H 6,5 1000 E/ml	Brucella bronchiseptica ATCC 9617	Agar-Lochtest
Sulfonamide	s. Text (S. 185)	Bac. subtilis ATCC 6633 (Sporensusp.)	Agar-Lochtest

Agarzusatz die Zusammensetzung des Agar I. Für Sulfonamide sind die Prüfungen in den flüssigen Komponenten des Agars IV oder V durchzuführen. Bei anspruchsvollen Keimen Blutzusatz.

Hirnbrühe (für turbidimetrische Tests). Das Hirn eines Rindes wird von allen blutigen Teilen sorgfältig gereinigt und in kleine Würfel zerschnitten. 500 g Hirn werden mit 1 l Wasser 1 Std. lang im Dampftopf gekocht. Die trübe Brühe wird mit Natronlauge auf p_H 9,5—10 gebracht; die Trübung flockt aus und kann *der technischen Daten für die Tests*

unterste Nachweismöglichkeit des empfohlenen Tests im Serum	Nährboden	Bezugsquellen für Testsubstanz in Deutschland	Minimalbeschickung der Blättchen i./Sens. Test
0,02 E/ml	Agar Nr. I, p_H 6,5	Bayer, Leverkusen; Farbwerke Hoechst; Chemie Grünenthal, Stolberg	0,2 E
0,5—1 γ/ml	Agar Nr. I, p_H 7,8	wie bei Penicillin	5 γ
Chlortetracyclin, Tetracyclin und Oxytetracyclin: 0,002 γ/ml	Agar Nr. II Puffer 6,1 Agar Nr. I, $p_H = 6,1$ ist ebenfalls verwendbar	Tetracyclin: Farbwerke Hoechst Bayer, Leverkusen Boehringer, Ingelheim Chemie Grünenthal, Stolberg Chlortetracyclin: Lederle, Fil. München Oxytetracyclin: Pfizer durch Boehringer, Ingelheim	10 γ (nur Tetracyclin)
3 γ/ml	Agar Nr. I $p_H = 6,5$	Bayer, Leverkusen Boehringer, Mannheim	5 γ
0,04 γ/m	Agar Nr. I $p_H = 7,8$	Schering, Berlin	1 γ
0,015 E/ml	Agar Nr. III $p_H = 7,4$	Byk-Gulden, Konstanz	2 E (Röhrchentest geboten)
keine eigenen Erfahrungen, s. GROVE und RANDALL		Byk-Gulden, Konstanz; OWG-Chemie G.m.b.H., Kiel	10 γ (Röhrchentest geboten)
keine eigenen Erfahrungen, s. GROVE und RANDALL	s. GROVE u. RANDALL	Boehringer, Ingelheim	10 E (Röhrchentest geboten)
für Sulfadiazin 0,5 γ/ml; für Sulfamerazin 3 γ/ml; für Sulfamethazin 6 γ/ml	Agar Nr. IV oder V	Bayer, Leverkusen Nordmark, Hamburg	25 γ (nur Sulfadiazin) (antagonistenfreier Nährboden)

abfiltriert werden. Rücksäuerung p_H 7,2. Die Bouillon ist wasserklar und gänzlich farblos. Zusatz von 1% Dextrose. Peptonzusatz ist nicht nötig.

B. Puffer

Es wird durchwegs mit m/15-Phosphat gearbeitet (s. Tab. 25, S. 195).

Lösung I: 9,078 g KH_2PO_4 (Monokaliumphosphat „Sörensen") auf 1 l Wasser.

Lösung II: 11,1876 g $Na_2HPO_4 \cdot 2\,H_2O$ (Dinatriumphosphat „Sörensen") auf 1 l Wasser. Die Lösungen sind vor Luftkohlensäure zu schützen.

Literatur

A. Zusammenfassende Darstellungen, Monographien

[1] ABRAHAM, E. P.: The actions of antibiotics on bacteria in: Antibiotics, Vol. II, S. 1438 bis 1497, London, New York, Toronto: Oxford University Press 1949.

[2] ALBERT, A.: Selective toxicity, with special reference to chemotherapy. London— New York: Methuen & Co. Ltd., John Wiley & Sons Inc. 1951.

[3] BÖHMIG, R., u. P. KLEIN: Pathologie und Bakteriologie der Endokarditis. Berlin, Göttingen, Heidelberg: Springer-Verlag 1953.

[4] COLLIER, H. O. J.: Chemotherapy of infections. London: Chapman & Hall Ltd. 1954.

[5] DAVIS, B. D.: The Binding of chemotherapeutic agents to proteins and its effect on their distribution and activity; in: Evaluation of chemotherapeutic agents. Sympos. New York Ac. Med. Sci. New York: Columbia University Press 1949.

[6] DIFCO-Manual of dehydrated culture media and reagents for microbiological and clinical laboratory procedures. 9th Ed. Detroit 1953.

[7] EHRLICH, P., u. R. GONDER: Chemotherapie. Handbuch der path. Mikroorganismen. 2. Aufl. 3, S. 337, Jena: Gustav-Fischer 1913.

[8] ERLANSON, P.: Determination of the sensitivity in vitro of bacteria to chemotherapeutic agents with special reference to routine tests. Acta path. scand. (Copenh.) Suppl. LXXXV (1951).

[8] FLEMING, A.: Penicillin and its practical application. London: Butterwoorth & Co. Ltd. 1946.

[10] FLOREY, W. H.: Historical introduction; in: Antibiotics Vol. I, S. 1—74. London— New York—Toronto: Oxford University Press 1949.

[11] *Food* and *Drug*-Administration: Compilation of regulations for tests and methods of assay and certification of antibiotic drugs. U. S. Department of Health, Education and Welfare Washington 1954.

[12] GROVE, D. C., and W. A. RANDALL: Assay methods of antibiotics; a laboratory manual. New York: Medical Encyclopedia Inc. 1955.

[13] HEATLEY, N. G.: The assay of antibiotics. Antibiotics Vol. I, S. 110—200. London— New York—Toronto: Oxford University Press 1949.

[14] — Methods for measuring the sensitivity of micro-organisms to antibiotics. Antibiotics Vol. I, S. 200—215. London—New York—Toronto: Oxford University Press 1949.

[15] HENNEBERG, G.: Einführung in die bakteriologische Untersuchungstechnik zur Penicillintherapie. 2. Aufl. Jena: Gustav Fischer 1949.

[16] — Biologische Grundlagen der Streptomycintherapie; in: Weg, Ziel und Grenzen der Streptomycintherapie S. 1—13. Berlin: Walter de Gruyter 1953.

[17] HOBBY, Gl.: Synergism, antagonism and hormesis with references to antimicrobial substances. Beitrag in WELCH, H.: Principles and practice of antibiotic therapy. New York: Medical Encyclopedia 1954.

[18] MARSHALL, E. K. jr.: The significance of drug concentration in the blood as applied to chemotherapy; in: Evaluation of chemotherapeutic agents; Sympos. New York Acad. Sci. New York: Columbia University Press 1949.

[19] MARTIN, R., Y. CHABBERT, B. SUREAU, M. VÉRON et L. MARTIN: Intérêt des antibiotiques nouveaux et des données du laboratoire; in: Rapports du XXXe Congr. français de Médicine, p. 67—123. Paris: Masson 1955.

[20] MILES, A. A.: The concept of biological potency as applied to closely related antibiotics; in: 1st Internat. Sympos. Chem. Microbiol.: Microbial growth and its Inhibition. WHO-Monograph Series Nr. 10. Genève 1952.

[21] MONNIER, J., et J. Quercy: La résistance bactérienne croisée aux antibiotiques; in: Rapports du XXXe Congr. français de Médecine, p. 201—235. Paris: Masson 1955.

[22] OGINSKY, E. L., and W. W. UMBREIT: An Introduction to bacterial physiology. San Francisco: W. H. Freeman & Co 1954.

[23] SEDALLIAN, P., A. BERTOYE et M. CARRAZ: Les associations d'antibiotiques; in: Rapports du XXXe Congr. français de Médecine, p. 123—159. Paris: Masson 1955.

[24] WALTER, A. M., u. L. HEILMEYER: Antibiotika-Fibel. Stuttgart: Georg Thieme 1954.

[25] WELCH, H.: Principles and Practice of antibiotic therapy. New York: Medical Encyclopedia; Blakiston 1954.

[26] WELSCH, M.: La résistance bactérienne aux antibiotiques. Aspects biologiques, in: Antibiotica et Chemotherapia 2, 34—82 (1955). Basel, New York: Karger.

[27] WOOLLEY, D. W.: A Study of Antimetabolites. New York: John Wiley & Sons 1952.

B. Einzelarbeiten

[28] ABBOTT, J. D., and H. E. PARRY: Some dysentery treated with Tetracyclin; comparison with phthalylsulfathiazole and oral streptomycin. Lancet 268, 16—18 (1955).

[29] ABRAHAM, E. P., and E. S. DUTHIE: Effect of p_H of medium on activity of streptomycin and penicillin and other chemotherapeutic substances. Lancet 1946 I, 455.

[30] — E. CHAIN, C. M. FLETCHER, H. W. FLOREY, A. D. GARDNER, N. G. HEATLEY and M. A. JENNINGS: Further observations on penicillin. Lancet 1947 I, 255.

[31] AHERN, J. J., J. M. BURNELL and M. M. KIRBY: Lack of interference of chloramphenicol with penicillin in a hemolytic streptococcal infection in mice. Proc. Soc. Exper. Biol. a. Med. 79, 568 (1952).

[31a] ANDINA, F., u. O. ALLEMANN: Die antibakterielle Behandlung des Dickdarms als Vorbereitung für Operationen im Bereiche des Colons und des Rectums (nach dem Prinzip der „gezielten antibakterillen Behandlung"). Schweiz. med. Wschr. 1950, 1201.

[32] AUHAGEN, E.: Über die Bedeutung der Folinsäure für die Sulfonamidresistenz. Hoppe-Seylers Z. 283, 195 (1948).

[33] BARBER, M., and J. E. M. WHITEHEAD: Bacteriophage types in penicillin resistant staphylococcal infection. Brit. Med. J. 1949 II, 565.

[34] BAUER, K., R. HILTMANN, J. SCHMID u. E. AUHAGEN: Neue kristallisierte Penicillinsalze und ihre Prüfung auf Depotwirkung am Kaninchen. Medizin und Chemie, Bd. 5, 1956.

[35] BAUER, K. M.: Zur Lokalbehandlung der mischinfizierten Harnblase. Medizinische 1955, 713.

[36] BENTNER, E. H., J. J. PETRONIO, H. E. LIND, H. M. TRAFTON and M. CORREIABRANCO: Nitrofurantoin; Rational in vitro Bacterial Sensitivity Testing. Antibiot. Ann. 1954—1955, 988. New York: Medical Encyclopedia Inc. 1955.

[37] BERKMAN, S., R. J. HENRY and R. D. HOUSEWRIGHT: Studies on streptomycin; factors influencing activity of streptomycin. J. Bacter. 53, 567 (1947).

[38] BLISS, E. A., and C. A. CHANDLER: In vitro studies of Aureomycin a new antibiotic agent. Proc. Soc. Exper. Biol. a. Med. 69, 467 (1948).

[39] — and H. P. TODD: A comparison of eight antibiotics agents in vivo and in vitro. J. Bacter. 58, 61 (1949).

[40] BROWNLEE, K. A., C. S. DELVES, M. DORMAN, C. A. GREEN, E. GRENFELL, J. D. A. JOHNSON and N. SMITH: The biologic assay of Streptomycin by a modified cylinder plate method. J. Gen. Microbiol. 2, 40 (1948).

[41] BRUNNER, R.: Die biologische Testung des Penicillin V. Scientia pharmaceut. 22, 151 (1954).

[42] BUNGE, R., u. P. KLEIN: Grundlagen und Voraussetzungen des mikrobiologischen Tests zur Beurteilung der Sulfonamidtherapie. Medizin und Chemie, Bd. 5, 1956.

[43] CARROLL, G., and R. V. BRENNAN: Furadantin. J. Urol. 71, 650 (1954).

[43a] CHABBERT, Y.: Action des Associations d'Antibiotiques sur les Germes Aérobies. Ann. Inst. Pasteur 1953, 1.

[44] — Les erreurs du test de sensibilité aux antibiotiques. Presse Méd. 1954, 565.

[44a] — Technique simplifiée pour l'étude de l'action bactéricide des associations d'antibiotiques. Ann. Inst. Pasteur 85, 122 (1953).

[45] —, F. BAYER et M. DECHAVASSINE: Détermination de la sensibilité microbienne aux sulfamides par une méthode de disques séchés. Ann. Inst. Pasteur 85, 56 (1953).

[45a] CHAIN, E., H. W. FLOREY, N. G. HEATLEY and M. A. JENNINGS: Penicillinase in: Antibiotics Vol. II, S. 1090—1111. London, New York, Toronto: Oxford University Press 1949.

[46] COLEBROOK, L., G. A. H. BUTTLE and R. A. Q. O'MEARA: Mode of action of p-Aminobenzenesulphonamide and Prontosil in hemolytic streptococcal infections. Lancet 1936 II, 1323.

[47] COOPER, K. E., and W. A. GILLESPIE: The influence of temperature on Streptomycin inhibition zones in agar cultures. J. Gen. Microbiol. 7, 1 (1952).

[48] COOPER, K. E. and A. H. LINTON: The importance of the temperature during the early hours of incubation of agar plates in assays. J. Gen. Microbiol. 7, 8 (1952).

[49] — and D. WOODMAN: The diffusion of antiseptics through agar gels; with special reference to the agar cup assay method of estimating the activity of Penicillin. J. of Path. 58, 75 (1946).

[50] DIMMLING, TH.: Eignen sich Testblättchenbestecke zur Empfindlichkeitsbestimmung von Bakterien gegenüber antibiotischen und chemotherapeutischen Substanzen durch den Nichtbakteriologen? Ärztl. Wschr. 1953, 633.

[50a] — Der Sarzinetest, eine Diffusionsmethode zur Bestimmung des Penicillingehaltes im Serum. Zbl. Bakter. I. Orig. 161, 491 (1954).

[51] DOMAGK, G.: Ein Beitrag zur Chemotherapie der bakteriellen Infektionen. Dtsch. med. Wschr. 1935, 250.

[52] DORNER u. LAMMERS: Der Reihenverdünnungstest zur Penicillin-Wertbestimmung. Med. Klin. 1951, 522.

[53] EAGLE, H.: The kinetics of the bactericidal action of Penicillin and the therapeutic significance of the blood penicillin level. 47. Gen. Meet. Amer. Bacteriologists. J. Bacter. 54, 6 (1947).

[54] — A paradoxical zone phenomen in the bactericidal action of Penicillin in vitro. Science (Lancaster, Pa.) 107, 44 (1948).

[54a] — M. LEVY and R. FLEISHMAN: The Effect of the p_H of the medium on the antibacterial action of Penicillin, Streptomycin, Chloramphenicol, Terramycin and Bacitracin. Federal Security Agency 2, 563 (1952).

[55] *Editorial:* Sensitivity of bacteria to antibiotics. New England J. Med. 245, 868 (1951).

[56] ENGLISH, A. R., M. F. FIELD, S. R. SZENDY, N. J. TAGLIANI and R. A. FITTS: Magnamycin. Antibiotics a. Chemother. 2, 678 (1952).

[57] FASSIN, W., R. HENGEL u. P. KLEIN: Bakteriostase und Bakterizidie als Alternativen des antibakteriellen Chloramphenicoleffektes. Z. Hyg. 141, 363 (1955).

[58] FAIRBROTHER, R. W., G. MARTYN and L. PARKER: The laboratory control of antibiotic therapy. Lancet 1951 II, 516.

[59] FILDES, P.: A rational approach to research in chemotherapy. Lancet 1940 I, 955.

[60] FINLAND, M., C. WILCOX, S. S. WRIGHT and E. M. PURCELL: Cross resistance to antibiotics: effect of exposures of bacteria to Carbomycin or Erythromycin in vitro. Proc. Soc. Exper. Biol. a. Med. 81, 725 (1952).

[61] FLEMING, A.: On the antibacterial action of cultures of a Penicillium with special reference to their use in the isolation of B. influencae. Brit. J. Exper. Path. 10, 226 (1929).

[62] FRIEDMANN, S., and A. KIRSHBAUM: The use of resistant organisms for the assay of antibiotic mixtures in preparations and in body fluids. Antibiotics a. Chemother. 4, 1216 (1954).

[63] FRISK, A. R.: Sulfanilamide Derivatives. Acta med. scand. Suppl. (Stockh.) 142 (1943).

[63a] GARROD, L. P.: Action of Penicillin. Lancet 1944 II, 673.

[63b] — The reactions of bacteria to chemotherapeutic agents. Brit. Med. J. 1951 I, 205.

[64] — Combined Chemotherapy in bacterial infections. Brit. Med. J. 1953 I, 953.

[65] GRASSET, E., E. NOVEL, et V. BONIFAS: Etude des facteurs conditionnant les aires d'inhibition produites par la Streptomycine sur la culture en milieu solide d'Escherichia coli B. Schweiz. Z. Path. 15, 398 (1952).

[66] GUNNISON, J. B., and E. JAWETZ: Sensitivity tests with combinations of antibiotics: Unsuitability of disc method. J. Labor. a. Clin. Med. 42, 163 (1953).

[66a] HAIGHT, T. H., and M. FINLAND: Observations on mode of action of Erythromycin. Proc. Soc. Exper. Biol. a. Med. 81, 188 (1952).

[67] HALLMANN, L., u. J. RIESER: Soll die Bakteriensensibilität getestet werden? Dtsch. med. Wschr. 1954, 880.

[68] HARA, Y., S. WATANABE and A. TAMAKI: Studies on antibacterial activity and bio-assay method of Ilotycin (Erythromycin). Acta Med. et Biol. 1, 7 (1953).

[69] HARPER, G. J., and W. C. CAWSTON: In-vitro determination of sulphonamide sensitivity of bacteria. J. of Path. 57, 59 (1945).

[70] HASSING, V., H. O. JUNCHER and F. RAASCHON: Plasma concentrations of penicillin and Streptomycin after simultaneous administration. Antibiot. Med. 1, 539 (1955).

[71] HEIN, H.: Bakteriologische Untersuchungen mit Bacitracin. Arzneimittelforsch. **4**, 204 (1954).

[72] — Bakteriologische Untersuchungen mit Neomycin und Nebacetin. Arzneimittelforsch. **4**, 282 (1954).

[73] HENNEBERG, G.: Wirksamkeitsprüfungen von Kombinationen verschiedener Antibiotica. Arzneimittelforsch. **1**, 25 (1953).

[74] HEWITT, W. L., and J. P. WOOD jr.: Laboratory and clinical experience with Carbomycin. New England J. Med. **249**, 261 (1953).

[75] HIGGENS, C. E., R. C. PITTENGER and J. M. McGUIRE: Microbiologic assay procedures for "Ilotycin". Antibiotics a. Chemother. **3**, 50 (1953).

[76] HIRSCH, J.: Studien über die mikrobiologischen Grundlagen der Sulfanilamid-Therapie. C. r. Ann. et Arch. Soc. Turque Sci. phys. et nat. Istanbul **1942**, Nr. 10.

[77] — Penicillinstudien in vitro. I. Über den Wirkungsmodus des Penicillins. C. r. Ann. et Arch. Soc. Turque Sci. phys. et nat. Istanbul **1945/46**, Nr. 13.

[78] HOBBY, G. L., and M. H. DAWSON: Effect of rate of growth of bacteria on action of Penicillin. Proc. Soc. Exper. Biol. a. Med. **56**, 181 (1944).

[79] — T. F. LENERT, D. PIKULA, M. KISELUCK and E. HUDDERS: The antimicrobial action of Terramycin. Ann. New York Acad. Sci. **53**, 266 (1950).

[80] HUMPHREY, J. H., and J. W. LIGHTBOWN: A general theory for plate assay of antibiotics with some practical applications. J. Gen. Microbiol. **7**, 129 (1952).

[81] HUNTER, T. H.: Speculations on the mechanism of cure of bacterial endocarditis. J. Amer. Med. Assoc. **144**, 524 (1950).

[82] JACKSON, G. G., and M. FINLAND: Comparison of methods for determining sensitivity of bacteria to antibiotics in vitro. A. M. A. Arch. Int. Med. **88**, 446 (1951).

[83] JAWETZ, E.: Antibiotics Synergism and Antagonism; review of experimental evidence. A. M. A. Arch. Int. Med. **90**, 301 (1952).

[83a] — and V. R. COLEMAN: Laboratory and clinical observations on aerosporin (Polymyxin B). J. Labor. a. Clin. Med. **34**, 751 (1949).

[84] — and J. B. GUNNISON: The determination of sensitivity to Penicillin and Streptomycin of Enterococci and Streptococci of the Viridans group. J. Labor. a. Clin. Med. **35**, 488 (1950).

[85] — — and V. R. COLEMAN: The combined action of Penicillin with Streptomycin or Chloromycetin on Enterococci in vitro. Science (Lancaster, Pa.) **111**, 254 (1950).

[86] — and R. S. SPECK: The joint action of Penicillin and Chloromycetin on an experimental infection of mice. Proc. Soc. Exper. Biol. a. Med. **74**, 93 (1950).

[87] JOSLYN, D. A., and M. GALBRAITH: Turbidimetric method for assay of antibiotics. J. Bacter. **59**, 711 (1950).

[87a] KÄMMERER, H., u. A. EBERLE: Über die Verstärkung mancher antibiotischer Substanzen, besonders des Penicillins durch Kobalt. Klin. Wschr. **1952**, 1083.

[88] KANTOROWICZ, O.: An antibiotic tray. J. Gen. Microbiol. **5**, 357 (1951).

[88a] KELLNER, H., E. HALFPAP u. J. JENSEN: Krankheitsverlauf und bakterielle Resistenzprüfung. Medizinische **1954 I**, 872.

[89] KIKUTH, W., u. P. KLEIN: Prinzipien der chemotherapeutischen Arzneimittelkombination. Medizinische **1954**, 582.

[90] KIRBY, W. M. M., and L. A. RANTZ: Methods of measuring Penicillin concentrations in body fluids. J. Bacter. **48**, 603 (1944).

[91] KIRSHBAUM, A., F. W. BOWMAN, D. M. WINTERMERE and E. R. FRIEDMAN: A cup-plate method for the determination of Erythromycin concentrations in serum and other body fluids. Antibiotics a. Chemother. **3**, 537 (1953).

[92] KLEIN, P.: Die mikrobiologische Kontrolle der gezielten Endocarditistherapie. Ther. Wschr. **1952/53**, H. 15/16.

[93] — Über die Diffusionsgeschwindigkeit des Penicillins im Agar und ihre Interferenz mit der Latenzzeit des Inoculums bei der Resistenzprüfung. Zbl. Bakter. I Orig. **159**, 301 (1953).

[94] — Untersuchungen über die Kinetik des Terramycineffektes in vitro. I. Mitt.: Die Wirkung von Grenzdosen. Z. Immun.forsch. **110**, 28 (1953).

[95] — Untersuchungen über die Kinetik des Terramycineffektes in vitro. II. Mitt.: Beziehungen zwischen Keimzahl und bakteriostatischer Wirksamkeit. Z. Immun.forsch. **110**, 113 (1953).

[96] KLEIN, P.: Über die beiden Wirkungsdeterminanten des Terramycin. Klin. Wschr. **1953**, 1087.
[97] — Über die Steigerung der bakteriostatischen Penicillinwirkung durch Sulfonamide und Streptomycin. Zbl. Bakter. I Orig. **161**, 395 (1954).
[98] — Bakteriologie und Immunologie der Endocarditis. Verh. dtsch. Ges. Kreislaufforsch. **20**, 176, (1954).
[99] — u. H. SOUS: Zur Resistanzbestimmung; experimentelle Grundlagen und Fehlerquellen des Papierblättchentests. Dtsch. med. Wschr. **1953**, 1219.
[100] — u. E. HOLLENDER: Auswertung der Hofgröße im Agar-Lochtest bei Kombination zweier Hemmstoffe. Zbl. Bakter. I Orig. **163**, 518 (1955).
[100a] KLOSE, F., u. H. KNOTHE: Zur Wirkungsweise des Chloromycetins (Chloramphenicol). Ärztl. Wschr. **1951**, 558.
[101] KNIGHT, V.: Sensitivity tests. Antibiot. Med. **1**, 64 (1955).
[102] KNOTHE, H., u. O. BUTENBERG: Zur Frage der Temperaturabhängigkeit von Antibiotica gegenüber gramnegativen Darmbakterien. Z. Hyg. **141**, 315 (1955).
[103] KREBS, H.: Zur Methodik des quantitativen Penicillinnachweises insbesondere im Serum. Dtsch. med. Wschr. **1952**, 342.
[104] LAMPEN, J. O., and M. J. JONES: The antagonism of Sulfonamide inhibition of certain Lactobacilli and Enterococci by Pteroylglutamic acid and related compounds. J. of Biol. Chem. **166**, 435 (1946).
[105] LENERT, T. F. and G. L. HOBBY: Observation on action of Streptomycin in vitro. Proc. Soc. Exp. Biol. a. Med. **65**, 235 (1947).
[106] LEPPER, M. H., and H. F. DOWLING: Treatment of pneumococcic meningitis with Penicillin compared with Penicillin plus Aureomycin: Studies including observations on an apparent antagonism between Penicillin and Aureomycin. A. M. A. Arch. Int. Med. **88**, 489 (1951).
[107] LEVINE, M., and A. R. THOMAS jr: Inhibition zone technique for determination of bacterial resistance to Penicillin. J. Labor. a. Clin. Med. **30**, 883 (1945).
[108] LEWIS, D. G., and G. SYKES: The microbiological assay of mixtures of Penicillin and Dihydrostreptomycin. J. Pharmacy a. Pharmacol. **11**, 933 (1953).
[109] LIEBERMEISTER, K.: Zur Wertung des bakteriostatischen in-vitro-Versuchs in der Chemotherapie. Ärztl. Prax. **1953**, H. 14, 18 u. 19.
[110] LINZENMEIER, G., u. H. SEELIGER: Zur Methodik und Bewertung von Sulfonamidresistenzbestimmungen mittels eines modifizierten Gußplattentestes bei Listeria monocytogenes. Z. Hyg. **137**, 440 (1953).
[111] — — Die in-vitro-Empfindlichkeit von Listeria monocytogenes (Pirie) gegen Sulfonamide und Antibiotica. Zbl. Bakter. I Orig. **160**, 543 (1954).
[112] — Das Verhalten des Diplococcus mucosus (B. anitratum) bei der experimentellen Resistenzprüfung. Zbl. Bakter. I Orig. **163**, 348 (1955).
[113] LOEWE, S.: The problem of synergism and antagonism of combined drugs. Arzneimittelforsch. **1953**, 285.
[113a] LOMMEL, H.: Zur Beurteilung der Wirkungsweise von Antibiotica. Arzneimittelforsch. **1955**, 176.
[114] LWOFF, A., F. NITTI, T. TRÉFOUEL et V. HAMON: Recherches sur le sulfamide et les antisulfamides; action du sulfamide sur le flagellé Polytomella caeca; action antisulfamide de l'acide p-Aminobenzoique en fonction du p_H. Ann. Inst. Pasteur **67**, 9 (1941).
[115] MARTIN, R., Y. CHABBERT et B. SUREAU: Les associations d'antibiotiques. Etude et valeur de leurs pouvoirs bactériostatique et bactéricide—applications cliniques. Presse méd. **1953**, 168.
[116] MASSELL, B. F., M. MEYESERIAN and T. D. JONES: In vitro studies concerning the action of Penicillin on the Viridans Streptococci including observations on the so called synergistic effect of Sulfonamide drugs. J. Bacter. **52**, 33 (1946).
[117] MAY, J. R., A. E. VONREKA and A. FLEMING: Some problems in titration of Streptomycin. Brit. Med. J. **1947**, 627.
[118] McILWAIN, H., and HAWKING: Chemotherapy by blocking bacterial nutrients. Lancet **1943** I. 449.
[119] McKEE, C. M., G. RAKE and A. E. O. MENZEL: Studies on Penicillin; production and antibiotic activity. J. Immunol. **48**, 259 (1944).

[120] MINTZER, S., E. R. CADISON, W. H. SHLAES and O. FELSENFELD: Treatment of urinary tract infections with a new antibacterial nitrofuran. Antibiotics a. Chemother. **3**, 151 (1953).

[121] MIYAMURA, S.: Determination of the sensitivity of microorganisms to antibiotics by the agar plate diffusion method. Antibiotics a. Chemother. **3**, 903 (1953).

[121a] MONOD, J.: La croissance des cultures bactériennes. Paris: Hermann 1942.

[122] NESBIT, R. M.: Neomycin. J. Amer. Med. Assoc. **151**, 578 (1953).

[123] NICHOLS, A.: Bactericidal action of Streptomycin-Penicillin mixtures in vitro. Proc. Soc. Exper. Biol. a. Med. **69**, 477 (1948).

[124] NITTI, F., et J. TABONE: Etudes sur le pouvoir antisulfamide; le comportement de l'acide p-Aminobenzoique et des peptones vis-à-vis de quelques espèces microbiennes. Ann. Inst. Pasteur **68**, 360 (1942).

[125] PATRICK, W. C., G. H. CRAIG and M. C. BACHMAN: Diameter of inhibition zones correlated with tube sensitivities using 6 antibiotics. Antibiotics a. Chemother. **1**, 133 (1951).

[126] PETERSEN, K. F.: Untersuchungen über die antibiotische Wirksamkeit des Tyrosolvins. Arch. f. Hyg. **134**, 314 (1951).

[127] PIKE, R. M., and A. ZIMMERMAN-FOSTER: Demonstration of sulfonamide inhibitor production by bacteria on agar containing sulfonamide. J. Bacter. **47**, 97 (1944).

[128] RAMMELKAMP, D. H.: A method of determining the concentration of Penicillin in body fluids and exsudates. Proc. Soc. Exper. Biol. a. Med. **51**, 95 (1942).

[129] — and C. S. KEEFER: The absorption and excretion and distribution of Penicillin. J. Clin. Invest. **22**, 425 (1943).

[130] RANDALL, W. A., A. KIRSHBAUM, J. K. NIELSON and D. WINTERMERE: Diffusion plate assay for Chloramphenicol and Aureomycin. J. Clin. Invest. **28**, 940 (1949).

[131] REEDY, R. J., W. A. RANDALL and H. WELCH: Variations in the antimicrobial activity of the Tetracyclines II. Antibiotics a. Chemother. **5**, 115 (1955).

[132] RITZERFELD, W.: Untersuchungen über die kombinierte Wirkung von Penicillin und Aureomycin bei Staphylococcen. Z. Hyg. (im Druck).

[133] ROEHL, W.: Grundfragen der Chemotherapie. Dtsch. med. Wschr. **1926 II**, 2017.

[134] SANSONNENS, R.: Dosage biologique des antibiotiques à froid. Schweiz. Z. Path. **16**, 783 (1953).

[135] SCHMIDT, W. H., and A. J. MEYER: Penicillin: methods of assay J. Bacter. **47**, 199 (1944).

[136] SEELEMANN, K., u. B. KORNATZ-STEGMANN: Zur Behandlung bakterieller Meningitiden. Dtsch. med. Wschr. **1955**, 1089.

[137] SMITH, D. G., C. B. LANDERS and J. FORGACS: Cylinder plate assay for Chloromycetin in body fluids and tissue extracts. J. Labor. a. Clin. Med. **36**, 154 (1950).

[138] SOUS, H.: Die Wirkung der Kombination von Penicillin mit Streptomycin auf Colibakterien in vitro. Z. Hyg. **137**, 28 (1953).

[139] SPAULDING, E. H., and T. G. ANDERSON: Selection of antimicrobial agents by laboratory means. J. Amer. Med. Assoc. **147**, 1336 (1951).

[140] SPECK, R. S., and E. JAWETZ: Antibiotic synergism and antagonism in a subacute experimental Streptococcus infection in mice. Amer. J. Med. Sci. **223**, 280 (1912).

[141] — — and J. B. GUNNISON: Studies on antibiotic synergism and antagonism. The interference of Aureomycin or Terramycin with the action of Penicillin in infections of mice. A. M. A. Arch. Int. Med. **88**, 168 (1951).

[142] SPICER, S., and D. BLITZ: A study of the response of bacterial populations to the action of Penicillin; a quantitative determination of its effect on the organisms. J. Labor. a. Clin. Med. **33**, 417 (1948).

[143] SPIELMANN, H.: Untersuchungen über die antibakterielle Wirkung von Tyrosolvin. Dtsch. med. Wschr. **1952**, 174.

[144] SPINK, W. W., V. FERRIS and J. VIVINO: Comparative in vitro resistance of Staphylococci to Penicillin and to Sodium Sulfathiazole. Proc. Soc. Exper. Biol. a. Med. **55**, 207 (1944).

[144a] STAMP, T. C.: Bacteriostatic action of Sulphanilamide in vitro. Lancet **1939 I**, 10.

[145] STONE, R. L., W. S. BONIECE and C. G. GULBERTSON: A comparison of the in vitro and in vivo effects of Erythromycin, Penicillin, and Oxytetracycline against resistant Staphylococci. Antibiotics a. Chemother. **5**, 574 (1955).

[146] SWANTON, E. M., H. E. LIND and E. H. BUETNER: Streptomycin-Oxytetracycline combined therapy-correlation between in vivo and in vitro trials. Antibiotics a. Chemother. **5**, 124 (1955).

[147] TOMPSETT, R. S., S. SHULTZ and N. McDERMOTT: Relation of Protein binding to pharmacology and antibacterial activity of Penicillins X, G, dihydro, F, and K. J. Bacter. **53**, 581 (1947).

[148] TOPLEY, E., E. J. L. LOWBURY and L. HURST: Bacteriological control of Aureomycin therapy. Lancet **1951**, 87.

[149] VESTERDAL, J.: Studies on the inhibition zones observed in the agar cup method for Penicillin assay. Acta path. scand. (Copenh.) **24**, 272 (1947).

[150] VIETINGHOFF-SCHEEL, O. v., u. E. HAGENDORFF: Streptomycinbestimmung im Serum mit dem Wasserblautest. Klin. Wschr. **1951**, 703.

[151] — — Wasserblau (Hollborn) als Indikator zur Penicillinbestimmung (Modifikation des Phenolrot-Testes nach Fleming). Dtsch. med. Wschr. **1951**, 551.

[151a] — — Blutspiegelbestimmung bei kombinierter Penicillin-Streptomycin-Behandlung mit dem Wasserblau-Test. Arch. f. Hyg. **135**, 311 (1951).

[152] VINCENT, J. G., and H. W. VINCENT: Filterpaper disc modification of Oxford cup Penicillin determination. Proc. Soc. Exper. Biol. a. Med. **55**, 162 (1944).

[153] WAKSMAN, S. A., E. KATZ and H. LECHEVALIER: Antimicrobial properties of Neomycin. J. Labor. a. Clin. Med. **36**, 93 (1950).

[154] — and H. A. LECHEVALLIER: Neomycin, a new antibiotic active against Streptomycin resistant bacteria including tuberculosis organism. Science (Lancaster, Pa.) **109**, 305 (1949).

[155] WALCH, E.: Bakteriologischer Schnelltest zur Resistenzbestimmung gegen Antibiotica. Klin. Wschr. **1951**, 540.

[156] WALKER, S. H.: Study of possible interference of Chloramphenicol with Penicillin in acute Streptococcal pharyngitis. Antibiotics a. Chemother. **3**, 677 (1953).

[157] WELCH, H., W. A. RANDALL, R. J. REEDY and E. J. OSWALD: Variations in antimicrobial activity of the Tetracyclines. Antibiotics a. Chemother. **4**, 741 (1954).

[158] WELTE, E., u. F. HARREN: Möglichkeiten und Grenzen der Kombinationstherapie von Sulfonamiden und Antibiotica. Medizinische **1955**, 1163.

[158a] WILDE, W.: Der Wert des in-vitro-Tests für die klinische Prognose; Rückblick über 30000 in-vitro-Tests bei chemotherapeutisch Behandelten. Dtsch. med. Wschr. **1951**, 1658.

[159] WOODS, D. D.: The relation of p-Aminobenzoic acid to the mechanism of the action of Sulphanilamide. Brit. J. Exper. Path. **21**, 74 (1940).

[160] ZIEGLER, D. W., and J. M. McGUIRE: A bioassay for the determination of Ilotycin in serum and other body fluids. Antibiotics a. Chemother. **3**, 67 (1953).

Sachverzeichnis